U0222704

李东光 主编

净水剂
配方与制备手册

化学工业出版社
·北京·

内 容 简 介

《净水剂配方与制备手册》精选近年来350多种净水剂制备实例，包括民用净水剂、工业用净水剂、农用净水剂，详细介绍了原料配比、制备方法、产品应用、产品特性等内容。

本手册可供净水剂研发、生产、应用的人员和精细化工相关专业的师生参考使用。

图书在版编目（CIP）数据

净水剂配方与制备手册 / 李东光主编. -- 北京 ： 化学工业出版社，2025. 1. -- ISBN 978-7-122-46541-2

Ⅰ. TU991. 2-62

中国国家版本馆 CIP 数据核字第 2024G25M20 号

责任编辑：张　艳　　　　文字编辑：林　丹　师明远

责任校对：刘　一　　　　装帧设计：王晓宇

出版发行：化学工业出版社

（北京市东城区青年湖南街 13 号　邮政编码 100011）

印　　装：北京盛通数码印刷有限公司

787mm×1092mm　1/16　印张 20¾　字数 546 千字

2025 年 1 月北京第 1 版第 1 次印刷

购书咨询：010-64518888　　　　售后服务：010-64518899

网　　址：http://www.cip.com.cn

凡购买本书，如有缺损质量问题，本社销售中心负责调换。

定　　价：198.00 元

前言
PREFACE

随着工业和科学技术的发展，环境保护越来越受到人们的重视，工业污水净化排放已成必然。对于水资源贫乏地区，净化工业废水使之能够循环使用又显得格外重要。治理污水与节约用水、开发新水源具有同等重要的意义。大力发展水处理化学品对治理污水起着重要的作用。

净水剂是工业用水、生活用水、废水处理过程中所必须使用的化学药剂。经过使用这些化学药剂，使水达到一定的质量要求。净水剂的主要作用是控制水垢、污泥的形成，减少泡沫，减少与水接触的材料的腐蚀，除去水中的悬浮固体和有毒物质，除臭脱色，软化和稳定水质等。

净水剂的发展经历了从铝系净水剂及铁系净水剂等单一型净水剂，到复合型无机净水剂，再到天然高分子净水剂、合成高分子净水剂、微生物净水剂和天然改性高分子净水剂的过程。

净水剂的发展日新月异，使污水的处理效果大有改观。特别是新型净水剂的研究与开发，对污水的净化有着良好的效果，如无机型中的复合型的高分子净水剂、有机型中的合成有机高分子净水剂和天然高分子改性阳离子净水剂等。特别是生物型净水剂的发展格外引人注目，其中生态安全型复合微生物净水剂无毒无害，且无二次污染，是研究净水剂的新方向，是以后发展的新趋势。

为了满足市场的需求，我们编写了这本《净水剂配方与制备手册》，书中收集了350余种净水剂制备实例，详细介绍了原料配比、制备方法、产品应用、产品特性等。旨在为水处理工业的发展尽微薄之力。

本书的配方以质量份数表示，在配方中有注明以体积份数表示的情况下，需注意质量份数与体积份数的对应关系，例如质量份数以克为单位时，对应的体积份数是毫升，质量份数以千克为单位时，对应的体积份数是升，以此类推。

需要请读者们注意的是，我们没有也不可能对每个配方进行逐一验证，所以读者在参考本书进行试验时，应根据自己的实际情况本着先小试后中试再放大的原则，小试产品合格后才能往下一步进行，以免造成不必要的损失。

本书由李东光主编，参加编写的还有翟怀凤、李桂芝、吴宪民、吴慧芳、蒋永波、邢胜利、李嘉等，由于编者水平有限，不足之处在所难免，请读者使用过程中发现问题及时指正。作者 Email 地址为 ldguang@163.com。

主　编

2024 年 10 月

目录

CONTENTS

1　民用净水剂 …… 001

配方 1　保健活化净水剂 …… 001
配方 2　除氯除重金属陶瓷粉状净水剂 …… 002
配方 3　复合陶质净水剂 …… 003
配方 4　家用净水剂（1） …… 004
配方 5　家用净水剂（2） …… 004
配方 6　金鱼净水剂 …… 005
配方 7　铁铝共聚净水剂 …… 005
配方 8　自来水厂用净水剂 …… 006
配方 9　聚氯化铝净水剂 …… 006
配方 10　抗菌性能好的安全净水剂 …… 008
配方 11　生活污水处理高效净水剂 …… 008
配方 12　生活污水处理用强化净水剂（1） …… 009
配方 13　生活污水处理用强化净水剂（2） …… 010
配方 14　生活污水净水剂 …… 011
配方 15　生态净水剂 …… 012
配方 16　天然净水剂 …… 012
配方 17　无机高分子净水剂 …… 013
配方 18　无机净水剂 …… 013
配方 19　无机盐净水剂 …… 014
配方 20　消毒净水剂 …… 015
配方 21　饮用水净水剂（1） …… 016
配方 22　饮用水净水剂（2） …… 017
配方 23　用于城市生活污水一级处理的絮凝净水剂 …… 018
配方 24　用于除臭杀菌的生态净水剂 …… 018
配方 25　用于生活污水处理的净水剂 …… 019
配方 26　植物复配净水剂 …… 019
配方 27　植物净水剂（1） …… 020
配方 28　植物净水剂（2） …… 022
配方 29　表面改性的壳聚糖-琼脂絮凝净水剂 …… 022
配方 30　处理低温低浊水的复合絮凝剂 …… 024
配方 31　复合型生物絮凝剂 …… 025
配方 32　改性絮凝剂 …… 025
配方 33　功能型污泥用复合絮凝剂 …… 027

2 工业用净水剂 ……………………………………………… 028

配方 1 不含氯化物的净水剂 …………………………… 028
配方 2 除氟净水剂 …………………………… 029
配方 3 除磷净水剂 …………………………… 029
配方 4 处理电镀工艺废水的污水净水剂 …………………………… 030
配方 5 处理垃圾渗滤液的净水剂 …………………………… 031
配方 6 促使水体高效净化的复合净水剂 …………………………… 032
配方 7 电镀废水用净水剂 …………………………… 033
配方 8 多功能高效净水剂 …………………………… 034
配方 9 多功能净水剂 …………………………… 035
配方 10 多元共聚氯化铁净水剂 …………………………… 036
配方 11 多元共聚铁系净水剂 …………………………… 037
配方 12 二元复合型净水剂 …………………………… 037
配方 13 废水处理净水剂 …………………………… 039
配方 14 废水处理用的复合净水剂 …………………………… 040
配方 15 废水处理用净水剂 …………………………… 040
配方 16 废水处理专用净水剂 …………………………… 042
配方 17 废水净水剂 …………………………… 043
配方 18 复合高效净水剂 …………………………… 044
配方 19 复合净水剂（1） …………………………… 044
配方 20 复合净水剂（2） …………………………… 045
配方 21 复合净水剂（3） …………………………… 046
配方 22 复合净水剂（4） …………………………… 046
配方 23 复合净水剂（5） …………………………… 047
配方 24 复合聚硅酸铝净水剂 …………………………… 047
配方 25 复合铝铁净水剂 …………………………… 048
配方 26 复合酶生化净水剂 …………………………… 048
配方 27 复合微生物净水剂 …………………………… 050
配方 28 复合消毒净水剂 …………………………… 052
配方 29 复合型活性炭净水剂 …………………………… 053
配方 30 复合型净水剂（1） …………………………… 053
配方 31 复合型净水剂（2） …………………………… 054
配方 32 复合型净水剂（3） …………………………… 055
配方 33 复合型聚合氯化铝铁净水剂 …………………………… 056
配方 34 复合型生物净水剂 …………………………… 057
配方 35 复合氧化净水剂 …………………………… 058
配方 36 复配净水剂 …………………………… 059
配方 37 改进的复合聚硅酸铝净水剂 …………………………… 061
配方 38 改性凹凸棒土净水剂（1） …………………………… 061
配方 39 改性凹凸棒土净水剂（2） …………………………… 062
配方 40 改性硅藻土净水剂（1） …………………………… 063
配方 41 改性硅藻土净水剂（2） …………………………… 064

配方 42　改性石墨烯/聚合氯化铝净水剂 …… 065
配方 43　高氮高氯高苯有机工业污水净水剂 …… 066
配方 44　高效复合净水剂（1） …… 068
配方 45　高效复合净水剂（2） …… 068
配方 46　高效环保净水剂 …… 070
配方 47　高效环保型矿物净水剂 …… 070
配方 48　高效活性炭净水剂 …… 071
配方 49　高效净水剂（1） …… 071
配方 50　高效净水剂（2） …… 071
配方 51　高效净水剂（3） …… 072
配方 52　高效净水剂（4） …… 073
配方 53　高效净水剂（5） …… 074
配方 54　高效纳米净水剂（1） …… 076
配方 55　高效纳米净水剂（2） …… 077
配方 56　高效生物净水剂 …… 077
配方 57　高效湿法脱硫废水处理净水剂 …… 079
配方 58　高效纤维污水净水剂 …… 080
配方 59　高效抑菌吸附净水剂 …… 082
配方 60　高性价比净水剂 …… 083
配方 61　高盐基度聚合氯化铝净水剂 …… 084
配方 62　工业废水净水剂 …… 085
配方 63　汽车工业净水剂 …… 085
配方 64　工业污水净水剂 …… 086
配方 65　工业污水用环保型净水剂 …… 087
配方 66　除重金属净水剂 …… 089
配方 67　固体复合净水剂 …… 090
配方 68　硅藻净水剂 …… 090
配方 69　含硅、铝腐植酸盐絮凝净水剂 …… 091
配方 70　含氧量高的环保净水剂 …… 092
配方 71　含有稀土元素的聚氯化铝净水剂 …… 093
配方 72　环保净水剂（1） …… 093
配方 73　环保净水剂（2） …… 095
配方 74　环保净水剂（3） …… 096
配方 75　环保净水剂（4） …… 096
配方 76　环保型净水剂（1） …… 097
配方 77　环保型净水剂（2） …… 098
配方 78　活性炭基净水剂 …… 099
配方 79　活性炭净水剂 …… 100
配方 80　基于废弃铝塑材料制备的净水剂 …… 101
配方 81　基于改性硅藻土的净水剂 …… 102
配方 82　基于生物酶的高效净水剂 …… 103
配方 83　焦化酚氰废水净水剂 …… 105
配方 84　节能环保净水剂 …… 106

配方 85　高效工业净水剂（1）………………………………………………………… 107
配方 86　高效工业净水剂（2）………………………………………………………… 108
配方 87　高效工业净水剂（3）………………………………………………………… 108
配方 88　高效工业净水剂（4）………………………………………………………… 109
配方 89　高效工业净水剂（5）………………………………………………………… 110
配方 90　高效工业净水剂（6）………………………………………………………… 111
配方 91　高效工业净水剂（7）………………………………………………………… 112
配方 92　高效工业净水剂（8）………………………………………………………… 113
配方 93　高效工业净水剂（9）………………………………………………………… 114
配方 94　高效工业净水剂（10）………………………………………………………… 115
配方 95　高效工业净水剂（11）………………………………………………………… 115
配方 96　高效工业净水剂（12）………………………………………………………… 116
配方 97　高效工业净水剂（13）………………………………………………………… 116
配方 98　高效工业净水剂（14）………………………………………………………… 117
配方 99　高效工业净水剂（15）………………………………………………………… 118
配方 100　高效工业净水剂（16）……………………………………………………… 119
配方 101　高效工业净水剂（17）……………………………………………………… 119
配方 102　高效工业净水剂（18）……………………………………………………… 119
配方 103　高效工业净水剂（19）……………………………………………………… 120
配方 104　高效工业净水剂（20）……………………………………………………… 121
配方 105　组合净水剂 …………………………………………………………………… 122
配方 106　净水剂聚合氯化铝溶液 ……………………………………………………… 123
配方 107　净水剂组合物（1）…………………………………………………………… 124
配方 108　净水剂组合物（2）…………………………………………………………… 124
配方 109　净水剂组合物（3）…………………………………………………………… 125
配方 110　聚丙烯酰胺净水剂……………………………………………………………… 126
配方 111　聚硅硫酸铁铝净水剂…………………………………………………………… 127
配方 112　聚合硅酸铝铁净水剂…………………………………………………………… 128
配方 113　聚合磷硫酸铁净水剂…………………………………………………………… 128
配方 114　聚合硫酸铝铁净水剂…………………………………………………………… 129
配方 115　聚合硫酸铜铁无机复合净水剂………………………………………………… 130
配方 116　聚合铝镁净水剂………………………………………………………………… 131
配方 117　聚合氯化硫酸铁净水剂………………………………………………………… 132
配方 118　聚合氯化铝净水剂……………………………………………………………… 132
配方 119　聚合氯化铝铁净水剂（1）…………………………………………………… 133
配方 120　聚合氯化铝铁净水剂（2）…………………………………………………… 134
配方 121　聚合氯化铁铝净水剂…………………………………………………………… 134
配方 122　聚磷氯化铁净水剂 …………………………………………………………… 135
配方 123　聚氯化铝高效净水剂 ………………………………………………………… 135
配方 124　可回收净水剂 ………………………………………………………………… 137
配方 125　快速去除 COD 的无机复合净水剂 …………………………………………… 138
配方 126　利用高岭石制备聚合氯化铝净水剂 ………………………………………… 139
配方 127　硫化橡胶生产中所用的净水剂 ……………………………………………… 140

配方 128　硫酸铝铁盐净水剂 ……………………………………………………… 140
配方 129　纳米硅藻复合净水剂……………………………………………………… 141
配方 130　纳米净水剂（1） ………………………………………………………… 142
配方 131　纳米净水剂（2） ………………………………………………………… 143
配方 132　纳米生物复合净水剂……………………………………………………… 144
配方 133　纳米生物净水剂 …………………………………………………………… 144
配方 134　纳米氧化铝净水剂 ………………………………………………………… 145
配方 135　凝析油用破乳净水剂 ……………………………………………………… 146
配方 136　膨润土净水剂 ……………………………………………………………… 147
配方 137　染料废水强效脱色去污净水剂 ………………………………………… 147
配方 138　三氯化铁复合溶液净水剂 ……………………………………………… 148
配方 139　三氯化铁净水剂 …………………………………………………………… 148
配方 140　石油开采用净水剂 ………………………………………………………… 149
配方 141　石油石化专用净水剂……………………………………………………… 149
配方 142　适用于煤化工、焦化工业废水深度处理使用的净水剂 ……………… 150
配方 143　天然环保净水剂（1） …………………………………………………… 151
配方 144　天然环保净水剂（2） …………………………………………………… 152
配方 145　天然净水剂 ………………………………………………………………… 152
配方 146　添加生物酶的净水剂……………………………………………………… 153
配方 147　微胶囊净水剂 ……………………………………………………………… 154
配方 148　微生物复合净水剂………………………………………………………… 155
配方 149　微生物净水剂 ……………………………………………………………… 156
配方 150　污水净水剂（1） ………………………………………………………… 157
配方 151　污水净水剂（2） ………………………………………………………… 157
配方 152　污水净水剂（3） ………………………………………………………… 158
配方 153　无机聚合物净水剂………………………………………………………… 158
配方 154　橡胶促进剂 DM 生产中所用净水剂 …………………………………… 159
配方 155　橡胶促进剂 DZ 生产中所用净水剂……………………………………… 160
配方 156　橡胶促进剂 NOBS 生产中所用净水剂 ………………………………… 160
配方 157　橡胶废水用净水剂………………………………………………………… 161
配方 158　消毒净水剂 ………………………………………………………………… 162
配方 159　污水处理净化用净水剂 ………………………………………………… 162
配方 160　工业废水处理用净水剂 ………………………………………………… 163
配方 161　工业污染净水剂…………………………………………………………… 164
配方 162　新型环保净水剂 …………………………………………………………… 165
配方 163　废铝灰渣净水剂 …………………………………………………………… 166
配方 164　新型净水剂（1） ………………………………………………………… 167
配方 165　新型净水剂（2） ………………………………………………………… 168
配方 166　新型净水剂（3） ………………………………………………………… 169
配方 167　新型净水剂（4） ………………………………………………………… 169
配方 168　新型净水剂（5） ………………………………………………………… 170
配方 169　新型净水剂（6） ………………………………………………………… 170
配方 170　新型净水剂（7） ………………………………………………………… 172

配方 171　颗粒纳米净水剂……172
配方 172　纳米高分子无机净水剂……174
配方 173　阳离子改性聚丙烯酰胺净水剂……174
配方 174　氧化石墨烯复合物改性凹凸棒土净水剂（1）……176
配方 175　氧化石墨烯复合物改性凹凸棒土净水剂（2）……176
配方 176　液体净水剂……177
配方 177　医用废水净水剂……178
配方 178　以矿物质为基础的净水剂……178
配方 179　抑菌净水剂……179
配方 180　用铝灰生产的聚氯化铝净水剂……180
配方 181　用于初步处理医疗废水的净水剂……181
配方 182　用于处理工业用水的净水剂……182
配方 183　用于废水超低排放处理的复合净水剂……183
配方 184　用于复合驱采出液的破乳净水剂……185
配方 185　用于工业废水的净水剂（1）……186
配方 186　用于工业废水的净水剂（2）……188
配方 187　用于工业废水快速处理的净水剂……188
配方 188　用于工业用中水处理的净水剂……189
配方 189　用于化学机械浆废水深度处理的复合净水剂……190
配方 190　用于净化水体的环保矿物型高能净水剂……191
配方 191　用于矿山废水处理的净水剂……192
配方 192　用于煤化工、焦化等化工行业的净水剂……193
配方 193　用于煤焦化废水处理的工业净水剂……194
配方 194　用于石油炼化废水处理的净水剂……195
配方 195　用于水净化的高效净水剂……196
配方 196　用于污染水体原位治理的复合净水剂……196
配方 197　由铝灰、硫酸及可选的赤泥制备含聚合硫酸铝的净水剂……198
配方 198　由铝灰制备含聚合氯化铝的净水剂……200
配方 199　油田污水破乳净水剂……200
配方 200　有机类净水剂……201
配方 201　藻基生物除磷净水剂……202
配方 202　造纸废水净水剂……202
配方 203　重金属离子工业废水的净水剂……203
配方 204　重金属絮凝净水剂……204
配方 205　综合快速消除黑臭水体氨氮的环保净水剂……205
配方 206　超支化聚合物絮凝净水剂……206
配方 207　处理高浊度工业废水的复配絮凝净水剂……208
配方 208　处理染料废水的复合絮凝净水剂……208
配方 209　醋酸酯废水用的絮凝净水剂……209
配方 210　非晶态羟基氧化铁/聚丙烯酰胺复合絮凝净水剂……210
配方 211　复合型微生物絮凝净水剂……211
配方 212　复合絮凝净水剂（1）……212
配方 213　复合絮凝净水剂（2）……213

配方 214　复合絮凝净水剂（3） …… 214
配方 215　复合载体吸附型絮凝净水剂 …… 215
配方 216　改性聚合氯化铝絮凝净水剂 …… 216
配方 217　改性壳聚糖基磁性絮凝净水剂 …… 217
配方 218　改性絮凝净水剂 …… 218
配方 219　高分子絮凝净水剂 …… 219
配方 220　高溶解性两性淀粉絮凝净水剂 …… 220
配方 221　高效无机絮凝净水剂 …… 221
配方 222　高效絮凝净水剂 …… 222
配方 223　高效絮凝药剂 …… 223
配方 224　高性能聚氯化铝絮凝净水剂 …… 224
配方 225　高性能絮凝净水剂 …… 225
配方 226　工业废水处理用复合絮凝净水剂 …… 225
配方 227　胍基乙酸改性木素絮凝净水剂 …… 228
配方 228　海藻酸钠改性絮凝净水剂 …… 228
配方 229　含钛复合聚硫酸铁絮凝净水剂 …… 229
配方 230　环保型废水高效脱色絮凝净水剂 …… 231
配方 231　混合化学絮凝净水剂 …… 232
配方 232　基于改性硅藻土的复合絮凝净水剂 …… 232
配方 233　基于改性海藻酸钠的复合絮凝净水剂 …… 233
配方 234　聚硅酸铝铁/阳离子淀粉复合絮凝净水剂 …… 234
配方 235　聚合氯化铝基絮凝净水剂 …… 235
配方 236　壳聚糖复合絮凝净水剂 …… 236
配方 237　梳状壳聚糖基絮凝净水剂 …… 238
配方 238　可降解絮凝净水剂 …… 239
配方 239　利用铜冶炼炉渣制备聚硅酸硫酸铁铝絮凝净水剂 …… 239
配方 240　煤化工专用絮凝净水剂 …… 240
配方 241　疏水缔合阳离子型聚丙烯酰胺絮凝净水剂 …… 241
配方 242　耐高温抗高碱固体型絮凝净水剂 …… 243
配方 243　亲疏水性可转换絮凝净水剂 …… 244
配方 244　水处理用有机高分子絮凝净水剂 …… 245
配方 245　四氧化三铁纳米复合吸附絮凝净水剂 …… 246
配方 246　苏氨酸改性木素絮凝净水剂 …… 247
配方 247　铁基杂化絮凝净水剂 …… 247
配方 248　铁接枝淀粉絮凝净水剂 …… 248
配方 249　污泥脱水用葡萄糖基高分子絮凝净水剂 …… 249
配方 250　污水处理絮凝净水剂 …… 250
配方 251　污水处理用絮凝净水剂（1） …… 251
配方 252　污水处理用絮凝净水剂（2） …… 252
配方 253　污水净化絮凝净水剂 …… 254
配方 254　污水絮凝净水剂 …… 254
配方 255　无机复合絮凝净水剂 …… 256
配方 256　无机高分子絮凝净水剂 …… 257

配方 257　无机絮凝净水剂复合阳离子淀粉基絮凝净水剂 …… 258
配方 258　无机-有机复合高效絮凝净水剂 …… 259
配方 259　无机-有机复合絮凝净水剂 …… 260
配方 260　无机-有机强化除磷絮凝净水剂 …… 261
配方 261　新型聚硅酸铁镁絮凝净水剂 …… 262
配方 262　絮凝净水剂（1） …… 263
配方 263　絮凝净水剂（2） …… 264
配方 264　絮凝净水剂组合物 …… 264
配方 265　阳离子型淀粉基絮凝净水剂 …… 265
配方 266　阳离子絮凝净水剂 …… 266
配方 267　异辛酸铝复配絮凝净水剂 …… 268
配方 268　用于废水处理的絮凝净水剂 …… 269
配方 269　用于去除废水中有机污染物的改性絮凝净水剂 …… 270
配方 270　用于处理染料废水的聚硅酸铝镁复合絮凝净水剂 …… 270
配方 271　油田含油污水杀菌除油絮凝净水剂 …… 272
配方 272　植物源除油絮凝净水剂 …… 273

3　农用净水剂 …… 274

配方 1　安全环保的净水剂 …… 274
配方 2　池塘净水剂 …… 274
配方 3　池塘用净水剂 …… 275
配方 4　畜禽饮用水净水剂（1） …… 276
配方 5　畜禽饮用水净水剂（2） …… 276
配方 6　复合型水产养殖用增氧净水剂 …… 277
配方 7　含钙镁硅矿产物的水产养殖用净水剂 …… 278
配方 8　含有改性硅藻土的净水剂 …… 279
配方 9　河涌污水高效净水剂 …… 280
配方 10　锦鲤、金鱼养殖鱼塘用净水剂 …… 280
配方 11　景观水用净水剂 …… 282
配方 12　净化水产养殖水环境的净水剂（1） …… 283
配方 13　净化水产养殖水环境的净水剂（2） …… 284
配方 14　池塘用净水剂 …… 284
配方 15　快速净化海水养殖水体的净水剂 …… 285
配方 16　快速净化水产养殖水体的净水剂 …… 286
配方 17　利用粉煤灰制备聚合硫酸铝铁净水剂 …… 287
配方 18　明矾净水剂 …… 289
配方 19　清除蓝藻、颤藻的净水剂 …… 290
配方 20　鲥鱼养殖净水剂 …… 290
配方 21　适用于河湖水质提升的复合环保净水剂 …… 292
配方 22　水产养殖净水剂（1） …… 293
配方 23　水产养殖净水剂（2） …… 293
配方 24　水产养殖净水剂（3） …… 294
配方 25　水产养殖净水剂（4） …… 295

配方 26　水产养殖净水剂（5）……………………………………………… 295
配方 27　水产养殖净水剂（6）……………………………………………… 296
配方 28　水产养殖类专用净水剂 …………………………………………… 296
配方 29　水产养殖无毒净水剂 ……………………………………………… 297
配方 30　水产养殖用净水剂（1）…………………………………………… 298
配方 31　水产养殖用净水剂（2）…………………………………………… 299
配方 32　水产养殖用无机矿物盐环保净水剂 ……………………………… 299
配方 33　水产养殖专用除菌净水剂 ………………………………………… 300
配方 34　新型无污染净水剂 ………………………………………………… 300
配方 35　养殖场水体絮凝增氧杀菌净水剂 ………………………………… 302
配方 36　养殖池净水剂 ……………………………………………………… 303
配方 37　用于畜禽养殖废水处理的高效复合净水剂 ……………………… 304
配方 38　用于河道治理的微生物净水剂（1）……………………………… 305
配方 39　用于河道治理的微生物净水剂（2）……………………………… 305
配方 40　用于河湖生态复苏的复合矿物抑藻净水剂 ……………………… 307
配方 41　用于净化海水养殖水体的净水剂 ………………………………… 307
配方 42　用于水产养殖的复合微生物净水剂 ……………………………… 308
配方 43　用于水产养殖的环保型净水剂 …………………………………… 309
配方 44　用于污水净化的复合型净水剂 …………………………………… 310
配方 45　用于鱼饲养的速效生物净水剂 …………………………………… 311
配方 46　鱼塘用净水剂 ……………………………………………………… 311
配方 47　工业固体废物基复合絮凝剂 ……………………………………… 312
配方 48　牧场养殖废水絮凝剂 ……………………………………………… 313
配方 49　抑菌除污环保高效净水剂 ………………………………………… 314

参考文献 …………………………………………………………………… 316

1

民用净水剂

配方 1　保健活化净水剂

原料配比

原料	配比(质量份)							
	1#	2#	3#	4#	5#	6#	7#	8#
高岭土	45	50	40	30	36	38	40	35
麦饭石	32	28	20	23	18	25	29	30
电气石	16	22	18	28	20	30	19	23
膨润土	25	30	35	38	35	28	36	40

制备方法

(1) 首先将上述表格中质量份的原料高岭土、麦饭石、电气石、膨润土进行预处理。将原料分别依次进行酸洗、碱洗、水洗，除去重金属和杂质。其中，酸洗选用的酸为质量分数为20%～40%的稀盐酸或质量分数为70%～90%的磷酸溶液，酸洗后进行碱洗，碱洗选用的碱为质量分数为30%～70%的氢氧化钠溶液，碱洗后进行水洗，用于清除原料上剩余的碱液，然后烘干，备用。

(2) 将干燥的原料分别煅烧，煅烧温度在900～1100℃，时间是10～15h。一般采用的煅烧温度为1000℃，煅烧时间一般为12h。

(3) 研磨。分别将煅烧原料高岭土、麦饭石、电气石、膨润土经粉碎后用研磨机研磨，研磨后的细度要达到200～1200目，细度越高，其总的表面积越大，吸附净化作用越好，一般在250目即可，然后将各原料混合均匀。

(4) 原料混合后进行球磨。球磨是将研磨后的原料放入球磨机内，球磨机内装有一定量高铝球，然后用电带动球磨机滚动，利用高铝球将所放入原材料进行碰撞摩擦使其均匀混合，球磨时间为3～6h，球磨时间越长产品的细度越高，球磨的优选时间为5～6h，一般细度要求下，球磨3～4h即可。

(5) 球磨后成250～1200目粉，再包装。

产品应用　本品是一种用于生活用水净化的保健活化净水剂。

原料介绍　本品原料中，高岭土主要由小于2μm的微小片状、管状、叠片状等高岭石簇矿物组成，其主要矿物成分是高岭石和多水高岭石，高岭土中含有大量的Al_2O_3、SiO_2和少量的Fe_2O_3、TiO_2等。高岭土易分散悬浮于水中，具有高的黏结性，能将水中的杂质黏结吸附；并且氧化硅（SiO_2）、氧化铝（Al_2O_3）具有很强吸附力，能够尽快吸附水中杂质等絮凝沉淀。

麦饭石是具有生物活性的矿物保健药石，具有以下保健功能。

(1) 麦饭石的矿物水中含有钾、钠、钙、镁、磷、钛、锰、钡、钴、铜、锌、锂、锶、钼、铌、锗、锡、硒、硅及稀土元素镧、铈、钕、钐等30余种元素。其中硒、锌、锰含量比较丰富，麦饭石的矿物水中溶出的人体不可缺少的微量元素矿物质可以改善水质。在通常条件下，麦饭石溶出液中4种微量元素（Si、Sr、Zn、F）含量达到或接近国家饮料矿泉水标准，因此是一种天然营养源。

（2）麦饭石能释放远红外线，常温下远红外线辐射率＞0.88～0.92，常温下抑菌率（大肠杆菌，金黄色葡萄球菌）＞90%，同时能释放微量电波，微量电波能改变水分子结构。因此，能够有效地抑制细菌生长，打破有毒物质结构的活性键，发挥较强的氧化裂解功能，分解被污染水中致癌性有机分子，防止水腐败，从而得到优质水。

（3）调整水质：以铁、镁、氟等矿物质而论，当水中不存在时它则溶出；相反，当水中存在过多时它则吸附。在水中投入麦饭石后，可使酸性水的pH值提高而接近中性。现代科学分析证明，麦饭石富含多种元素，具有生物活性，能改善机体的生理功能，起到双向调节酸碱度的作用。

电气石又名托玛琳（Tourmaline），是由于它带电而称为电气石的。电气石具有以下特点：

（1）产生负离子：具有调节人体离子平衡作用，能使身心放松，活化细胞，提高自然治愈率等，并能延缓身体的氧化或老化，现代的环境具有许多促使正离子生成的要因，身体经常处于紧张状态，因此，负离子是现代人不可或缺的物质，此外，负离子也具有除臭的功效。

（2）电解水：水电解后，能获得界面的活性作用、氯的安定化、铁的钝化（预防红色铁锈生成而发生红水）、水的还原化、去除二氧化硅与黏合物（微生物集合体）等各种效果。

（3）放射远红外线（波长4～14μm的红外线），远红外线能够渗透到身体深层部位，温暖细胞，促进血液循环，使新陈代谢顺畅。电气石远红外线发射率将近100%，数值较其他矿物高。

（4）含有有效微量矿物质。

膨润土是一种以蒙脱石为主要成分的黏土岩，蒙脱岩是含水的层状铝硅酸盐。膨润土具有可塑性、触变性、流变性、吸附黏结性、阳离子交换性等，膨润土吸湿性强，最大吸水量为其体积的15倍，吸湿后膨胀。在水中分散性好，可呈胶状悬浮液。这种悬浮液有一定触变性、流变性，有较强的离子交换能力，吸附黏结性等，能快速吸附水中泥土杂质、重金属等物质，从而达到絮聚沉降净化效果。

产品特性

（1）本品净化效率高、使用量少、成本低、快速吸附黏合杂质。

（2）本品含有孔隙化合物，具有强烈的吸附能力、沉淀的表面积可达（200～1000）m^2/g、速度快、易分散、投放量少，对于处理水的适应性强，尤其对高浊度水的处理效果更为明显。净化后水的色度和铁锰铅镉等重金属含量低，对设备无腐蚀性。

（3）除了能吸附杂质和重金属外，本保健活化净水剂中含有多种对身体有益的微量元素，保健活化净水剂加入水中，可溶出人体不可缺少的微量元素矿物质。并且本品保健活化净水剂能释放远红外线，活化水分子和有效地抑制细菌生长，并打破有毒物质结构的活性键，发挥较强的氧化裂解功能，分解被污染水中致癌性有机分子，防止水腐败，从而得到活化优质水。

（4）经本品处理后，很多对身体有益的微量元素含量增加，并且水的pH值升高，使酸性水向中性水转化。

配方2 除氯除重金属陶瓷粉状净水剂

原料配比

原料	配比(质量份)	原料	配比(质量份)
钠质膨润土	10～20	黏土	5～10
石英粉	8～15	硅藻土	10～20

续表

原料	配比(质量份)	原料	配比(质量份)
锯木粉	2～5	活性炭	15～20
沸石	8～12	海泡石	3～5
放电锰	8～10	麦饭石	4～6
磁石粉	1～2		

制备方法　先将钠质膨润土、石英粉、黏土、硅藻土、锯木粉按比例加水混合均匀成型，煅烧成陶瓷，将陶瓷、沸石、放电锰、磁石粉、活性炭、海泡石碾碎成粉末后混合均匀；将上述粉末铺设在麦饭石上层即可。

原料介绍　沸石具有架状结构，是一种天然分子筛，在它们的晶体内，分子像搭架子似的连在一起，中间形成很多空腔，具有吸附性、离子交换性。

放电锰，主要成分为放电二氧化锰，属特殊的晶体结构，在水中自然放电并与活性炭、陶瓷载体等材料形成无数电极，并在磁石粉产生的磁场的配合下，自动高效地吸附水中的氯离子和重金属离子。

磁石粉为氧化物类矿物尖晶石族磁铁矿，主含四氧化三铁（Fe_3O_4），自带磁性，在水中产生磁场，可以促进电荷移动。

麦饭石是一种中性碱半火成岩，接近于火山岩，麦饭石中包含的天然矿物质易于释放，从麦饭石上无数的小孔中释放出氧，通过小孔吸收漂白粉和其他有毒物质净化水，麦饭石中散发出的钙、铁、钠等矿物质可改良饮用水，使其成为含有人体所需微量元素的矿物质水。

所述放电锰采用拉锰矿。

所述活性炭选用含羧基、酚羟基、醌型羰基、普通型内酯、荧光素型内酯、羧酸酐及环状过氧化物类官能团丰富的活性炭。

所述粉末颗粒细度可为200～1400目。

所述的锯木粉是一种陶瓷成孔剂，造就陶瓷载体疏松多孔的结构。

产品应用　本品是一种除氯、除重金属陶瓷粉状净水剂。

产品特性

（1）本品具有疏松多孔的粉末结构，可以直接过滤杂物，快速高效地通过物理方法去除水中阴阳离子，达到除氯和去除重金属离子，淡化和净化海水、河水和自来水的效果。

（2）本品不仅仅应用在淡水的净化处理上，在海水淡化的应用上成效也很明显。

配方3　复合陶质净水剂

原料配比

原料	配比(质量份)	原料	配比(质量份)
活性炭	30～90	氧化镁	1～6
二氧化硅	4～30	三氧化二铁	0.5～3
氧化锌	1～10	硫酸钠和/或硫酸钾	0～15
三氧化二铝	1.5～8	水或/和有机黏合剂	适量
氧化钙	1.5～6		

制备方法　将上各组分按比例复配后加适量水或/和有机黏合剂混合均匀，然后造粒或模压成片状或管状坯料，坯料经400～850℃煅烧后得黑色的陶粒或陶片或陶管。

产品应用　本品是一种复合陶质净水剂。

本净水剂净化水质的处理方法与过程是，将本净水剂组装成一个具有一定直径和高度的过滤组件，让待净化处理的水在一定压力差下流过该组件，在此过程中，水体与本净水剂相互作用，使得水体得以净化而流出。

应用于家用直饮机的过滤组件：组件直径为62mm，本净水剂填充高度为230mm，组件筒体为ABS注塑件。具体填充过程为，首先在筒体底部放置1片聚丙烯材质的无纺布垫片，或者300目的不锈钢网垫片，封接好垫片边缘，倒入本净水剂，振动填实，然后放置2～3片聚丙烯材质的无纺布垫片，最后加盖密封。

产品特性

（1）本净水剂的多孔网状结构具有吸附、脱色、除臭的作用，氧化锌、氧化镁等在水中具有不同的电极电位，在微观结构上形成内置微电场，利用内置的微电场作用，改变微生物的表面特性，抑制微生物的繁殖和生长，从而达到抗菌抑藻的目的。

（2）本品具有广谱抗菌性，且抗菌效果显著；对环境十分友好；对待处理的介质无污染；不改变待处理介质的化学结构；无须光催化。

（3）本品具有抑制藻类生长效果，对含藻类水体，具有抑制藻类繁殖作用。

（4）本品具有脱色和脱除异味效果。

（5）本品无毒，对人体及对环境无任何有害影响。

配方4　家用净水剂（1）

原料配比

原料	配比(质量份)		
	1#	2#	3#
铝酸钙粉	25	27	22
聚合氯化铝	17	20	21
聚合硫酸铁	18	20	15
结晶氯化铝	8	10	8
铝酸钠	9	8	6
片状氢氧化钠	11	10	11
活性炭粉	18	15	14
聚丙烯酰胺	—	3	—
氢氧化钠	2	—	2
硫酸镁	—	—	2

制备方法　将各组分原料混合均匀即可。

产品应用　本品是一种家用净水剂。

产品特性　本品解决了传统技术以明矾或绿矾为主要成分的水质净化剂的不足，针对各种污染对可供饮用的自然界的各种水资源甚至自来水的影响，提供一种成本低廉、使用方便而且杀菌消毒效果显著，既可以对饮用水的水源进行聚凝沉淀、消毒、杀菌，同时又可以添加人体所需的各种保健元素，能够起到保健作用的家用保健净水剂。具有制作成本低、净化速度快、使用效率高等优点。

配方5　家用净水剂（2）

原料配比

原料	配比(质量份)		
	1#	2#	3#
纳米二氧化钛	4	2	3
沸石	30	20	25

续表

原料	配比(质量份)		
	1#	2#	3#
麦饭石	10	10	10
滑石	15	15	15
石英砂	20	20	20
铁矿石	—	—	6

制备方法

(1) 分别取除纳米二氧化钛的其他原料组分的相应质量份数，清洗后干燥；

(2) 将步骤 (1) 获得的原料进行粉碎研磨，磨到 200～400 目；

(3) 将研磨后的原料混合均匀，并制成颗粒状；

(4) 将纳米二氧化钛粉体分散在水相介质中，形成分散化、均匀化和稳定化的纳米二氧化钛水分散液，将纳米二氧化钛水分散液均匀喷在步骤 (3) 获得的颗粒上从而获得所述净水剂。

产品应用　本品是一种家用净水剂。

产品特性　本品具有较强的吸附能力，能够对水中的重金属等有毒有害物质进行吸附，去除水中异味，提高饮用水的安全性，而且由于该净水剂原料中含有大量矿物质，使得在净水的同时释放多种对人体有益的矿物质和微量元素，大大提高了饮用水的质量。该净水剂可以有效去除水中的重金属，而且可以提高水中的矿物质含量。

配方 6　金鱼净水剂

原料配比

原料		配比(质量份)			
		1#	2#	3#	4#
氯化钠		20	20	40	20
助溶剂	硫酸铵	0.1	—	—	5
	磷酸铵	—	5	—	—
	碳酸氢铵	—	—	0.1	—
稳定剂	无水硫酸钠	20	20	50	50
缓释剂	烷基硫酸钠	0.1	—	—	0.1
	羧甲基纤维素钠	—	2	0.1	—
泡腾剂	柠檬酸	10	—	10	40
	碳酸氢钠	—	40	—	—

制备方法　在室温下将以上各组分混合于干粉搅拌机中，搅拌混合均匀即可。

产品应用　本品是一种金鱼净水剂。

产品特性　本品原料易得，配比科学，工艺简单，适合工业化生产；产品稳定性好，使用方便，消毒效果好，使用成本低，用后不产生有毒有害物质，安全环保。

配方 7　铁铝共聚净水剂

原料配比

原料	配比(质量份)	原料	配比(质量份)
盐酸溶液(质量分数 30%～32%)	500	铁粉(氧化铁含量>80%)	150
水	500	铝酸钙粉(含铝酸钙>55%～58%)	300

制备方法　先将盐酸溶液和水加入反应池，搅拌的同时加入铁粉，反应物温度达到 30～40℃时加入铝酸钙粉，当反应物温度达到 100℃开始聚合时，继续搅拌反应 10～30min，停止搅

拌，反应物静置沉淀20～60min后，滤去沉淀。

产品应用　本品是一种铁铝共聚净水剂。可广泛应用于城市生活饮用水水源净化处理、工业用水的净化处理、城市污水处理、市政建设排放及各种工业废水的净化处理。

产品特性

（1）本品制造生产工艺简单，易于操作，氧化铁和铝酸钙与盐酸作用放出的热量总和可满足整个反应过程对热量的要求，完全可以代替目前的蒸汽加热来加速反应的完成，所以本品的特点之一是直接利用氧化铁和铝酸钙与盐酸作用放热来聚合反应，不需使用反应釜及蒸汽加热，生产周期短，不需另外加热，简化了操作，降低了生产成本。

（2）本品有效地综合了聚合铝和聚合铁的优点，克服了这两种净水剂的缺陷。对高温、高浊度水和低温、低浊度水均有特效，当水温高达90℃时不会出现翻池，水浊度高达几千度时也不需投加助凝剂；反之，当水温低至1℃，水浊度仅4度，使用本产品仍然能达到絮凝快、絮状物大、沉淀快的最佳净化效果。

（3）本产对源水的色度、浑浊度、臭和味、肉眼可见物等都有显著的净化作用；通过本净水剂净化的生活饮用水达到国家规定的各项卫生指标，不会对人体带来危害。

配方8　自来水厂用净水剂

原料配比

原料	配比(质量份)			
	1#	2#	3#	4#
聚合氯化铝	60～99.5	70～98.1	85～94.8	90～94
聚合氯化铁	0.3～20	1～18	3.1～10	3.5～6
聚丙烯酰胺	0.2～20	0.9～12	2.1～5	2.5～4
荧光增白剂	0.0001～1	0.0001～1	0.0001～1	0.0001～1

制备方法　首先将聚合氯化铝、聚合氯化铁、聚丙烯酰胺混合，加入荧光增白剂，在常温下搅拌20～35min，均匀制成颗粒状物，然后进行多元质量包装。

产品应用　本品主要用于自来水厂水质净化和各种环境饮用水净化。

产品特性

（1）本产品投入水中溶解，形成架桥黏合吸附作用，絮凝颗粒大，絮凝团大且稳定，黏合吸附能力强。

（2）本产品在水体中溶解后形成大量络合物、黏胶体，改善水体离子结构，达到净化目的。

（3）本品在水质净化厂，各种饮用水净化处理中，能有效地净化、去除SS（悬浮固体）、COD（化学需氧量）、BOD（生化需氧量）及有害有机物。

（4）本产品工艺简便、净化水质、用量少、易分解、作用时间短、沉淀快、无残毒，没有次生影响，没有次生污染，减少铝盐在人体内积蓄的潜在危害。

配方9　聚氯化铝净水剂

原料配比

原料		配比(质量份)							
		1#	2#	3#	4#	5#	6#	7#	8#
铝灰	一次铝灰	1	1	1	1	—	—	—	—
	二次铝灰	—	—	—	—	1	1	1	1
去离子水		—	—	—	—	0.1	0.1	0.1	0.1

续表

原料		配比(质量份)							
		1#	2#	3#	4#	5#	6#	7#	8#
盐酸		4	4	4	4	7	7	7	7
盐基度调节剂	碳酸钠	0.05	0.05	0.05	0.05	0.08	0.08	0.08	0.08
络合剂		0.00005	0.00005	0.00005	0.00005	0.0007	0.0007	0.0007	0.0007
沉淀剂	聚丙烯酰胺吸附剂	0.00014	0.00014	0.00014	—	0.0007	0.0007	0.0007	—
	羟基改性纤维素吸附剂	—	—	—	0.00014	—	—	—	0.0007
络合剂	柠檬酸三钠	0.00005	9	9	0.00005	0.0003	10	10	—
	乙二胺四乙酸二钠	—	1	—	—	—	1	—	—
	葡萄糖酸钠	—	—	1	—	—	—	1	—

制备方法

(1) 将铝灰和盐酸按质量比例混合，进行反应，过滤，获得第一溶液；进行反应之后，过滤之前，还有如下的操作，加入盐基度调节剂，继续反应0.5～10h。在100～120℃反应3～5h后将反应温度降低到60～80℃继续反应2～5h。

(2) 在步骤(1)获得的第一溶液中加入络合剂，搅拌0.5～5h，再加入沉淀剂，搅拌分散5～60min，静置，除去沉淀物，获得第二溶液。

(3) 步骤(2)获得的第二溶液去除溶剂成分，获得所述聚氯化铝。

原料介绍

所述的铝灰是铝电解过程中产生的一种漂浮于电解槽铝液上的浮渣。铝灰主要分为一次铝灰和二次铝灰。一次铝灰是原生铝生产铝过程中产生的铝渣，主要成分为金属铝和铝氧化物，其中金属铝含量可达30%～70%。二次铝灰是一次铝灰或其他废杂铝利用物理方法或化学方法提取金属后的残渣，金属铝含量低，成分复杂，主要包括少量的铝(含量10%以下)，盐熔剂(10%以上)，氧化物和氮化铝(含量10%～30%)等。本品中采用二次铝灰作为原料之一，需要先对二次铝灰进行处理以将氮化铝中的氮以氨等方式除去，比如将二次铝灰粉碎成细粉后加入水中，不断搅拌，或者在水中加入少量的碱以促进反应。

所述的盐酸的浓度可以为10%～25%。如果铝灰为一次铝灰，铝灰与盐酸的质量比为1∶(3～8)，如果铝灰为二次铝灰，铝灰与盐酸的质量比为1∶(5～10)，如果铝灰为一次铝灰和二次铝灰的混合物，铝灰与盐酸的质量比可根据一次铝灰和二次铝灰的质量比在1∶(3～10)范围内进行选择。

所述的盐基度调节剂可以选钙离子盐基度调节剂或者钠离子盐基度调节剂。钙离子盐基度调节剂可以选铝酸钙、氧化钙、氢氧化钙和碳酸钙中的一种或几种，钠离子盐基度调节剂可以选碳酸氢钠或碳酸钠。

产品应用　本品主要用于净化饮用水、工业污水以及城市生活污水等多种类型的污水。

产品特性

(1) 本品采用柠檬酸盐作为主络合剂，既可以单独与铝灰和盐酸反应后获得的溶液中的钙、镁、铁等二价或三价离子杂质络合，也可与其他络合剂络合发挥作用，效果好，形成杂质金属离子络合物，但较少或者不会与铝离子络合。

(2) 本品采用非离子型极性高分子吸附剂作为沉淀剂对上述的杂质金属离子络合物发挥吸附作用，将杂质金属离子络合物由溶解在溶液中变成被吸附在高分子吸附剂上而脱离溶液，随着高分子吸附剂一起沉淀。

(3) 本品通过采用络合加吸附沉淀的方法，当没有加入含钙的盐基度调节剂时，聚氯化铝中的镁离子、钙离子和铁离子的去除率都达到99%以上；当加入含钙的盐基度调节剂时，镁离子和铁离子的去除率达到99%以上，钙离子的去除率达到95%以上，而且还可以进一步调节盐基度。

(4) 本品在铝灰和盐酸反应后的溶液中加入络合剂对其中的镁离子、钙离子和铁离子等离子杂质进行高效络合，再使用沉淀剂对形成的络合物进行高效吸附，从而有效地去除离子杂质。本品的方法能获得几乎不含有镁离子、钙离子和铁离子的聚氯化铝，应用于饮用水的处理时不会额外引入镁离子、钙离子和铁离子等杂质离子，减少对饮用水硬度、颜色、口感等的影响。

配方 10 抗菌性能好的安全净水剂

原料配比

原料	配比(质量份)		原料	配比(质量份)	
	1#	2#		1#	2#
活性炭	30	20	银离子	6	2
三氧化二铝	8	1	硫酸铝	5	1
硫酸钠	0.9	0.1	脂肪酸聚乙二醇酯	10	5
电气石	10	5	偶联剂	6	1
纳米氧化亚铜	8	3	辅助添加剂	4	1
纤维素	8	3			

制备方法 将各组分原料混合均匀即可。

原料介绍

活性炭是黑色粉末状或块状、颗粒状、蜂窝状的无定形碳，也有排列规整的晶体碳。活性炭中除碳元素外，还包含两类掺和物：一类是化学结合的元素，主要是氧和氢，这些元素是由于未完全炭化而残留在炭中，或者在活化过程中，外来的非碳元素与活性炭表面化学结合；另一类掺和物是灰分，它是活性炭的无机部分，灰分在活性炭中易造成二次污染。活性炭由于具有较强的吸附性，广泛应用于生产、生活中。

纳米氧化亚铜在光照的条件下，可以将水分解成氢气和氧气，从而提供给水产品充足的氧气。

所述偶联剂为硅烷偶联剂。

所述辅助添加剂为漂白粉或聚合氯化铝。

产品应用 本品是一种抗菌性能好的安全净水剂。

产品特性 本品具有对人体安全、广谱抗菌、能杀灭水中有害细菌、除余氯、除重金属、净化水质等功能，主要用于净水领域。本品适应性广泛。

配方 11 生活污水处理高效净水剂

原料配比

原料	配比(质量份)	原料	配比(质量份)
火山石粉	8～15	氯化铁	6～10
改性膨润土	18～25	高铁酸钠	4～6
固体活化硅酸粉	5～9	聚合双酸铝铁	15～20
壳聚糖	3～5	托玛琳粉	15～20

制备方法 将各组分原料混合均匀即可。

产品应用 本品主要用作生活污水、黑臭水体、餐饮废水或洗涤废水中的生活污水处理高效净水剂。

使用时，仅需将其与生活污水混合搅拌后静置即可。每吨生活污水投加100～300g。

产品特性

（1）本品在污水处理过程中通过氧化、吸附、桥架、交联作用，从而使胶体凝聚，同时还发生生物理化学变化，中和胶体微粒及悬浮物表面的电荷，降低δ电位，使胶体微粒由原来的相斥变为相吸，破坏胶团稳定性，使胶体微粒相互碰撞，达到捕获有机物和无机物的目的，使其从水体中分离开来，高效净水剂集多功能于一体，处理成本低，出水效果好且稳定。其使用量小、处理时间短、处理成本低、无二次污染，能有效去除生活污水中的悬浮物、色度、COD、BOD、氨氮、细菌、总磷和硫化物等，净水效果佳。

（2）本品可以显著降低废水中的有机物和无机物浓度，能达到比较满意的去除效果。

配方 12　生活污水处理用强化净水剂（1）

原料配比

原料		配比(质量份)				
		1#	2#	3#	4#	5#
改性沸石		35	42	38	40	39
柠檬烯		7	4	6	5	5
偏钛酸		2	5	3	4	4
乙酰柠檬酸三丁酯		12	8	11	9	10
二甲基甲酰胺		19	24	20	22	21
改性沸石	沸石	1	1	1	1	1
	聚丙烯酰胺	1.6	1.4	1.6	1.4	1.5
	24%的氢氧化钠溶液	5	—	—	6	—
	22%的氢氧化钠溶液	—	6	6	—	—
	23%的氢氧化钠溶液	—	—	—	—	6

制备方法

（1）按比例将改性沸石、偏钛酸与二甲基甲酰胺混合，在温度为56～60℃、超声波功率为340～360W、超声波频率为65～68kHz的条件下对其进行超声处理18～23min，得到混合物A。

（2）按比例向超声处理后的混合物中缓慢加入柠檬烯，混合均匀，并利用水浴加热至62～64℃，得到混合物B。

（3）接着按比例往步骤（2）的混合物B中缓慢加入乙酰柠檬酸三丁酯，在搅拌速度为340～350r/min下保温70～80min，再继续加热至100℃，在搅拌速度为280～300r/min下保温1～3min，得到混合物C。

（4）待混合物C自然冷却至常温，再将其置于62～65℃的温度下干燥，得到所述的生活污水处理用强化净水剂。

原料介绍

所述的改性沸石的制备步骤为：将沸石粉碎，加入其质量5～6倍的浓度为22%～24%的氢氧化钠溶液，浸泡2～3h；接着按照沸石：聚丙烯酰胺的质量比为1：（1.4～1.6）的比例，加入聚丙烯酰胺，加热至62～66℃，并保温42～45min，然后在该温度条件下，继续采用功率为650～680W、频率为65～68GHz的微波对其进行微波处理18～23min，冷却至室温，过滤，取滤渣，干燥，得到所述的改性沸石。

产品应用　本品是一种生活污水处理用强化净水剂。

产品特性　本品对生活污水处理的效果非常明显，能有效去除生活污水中的悬浮物、COD

(化学需氧量)、BOD(生化需氧量)、氨氮和硫化物,其中的悬浮物被高效去除,浊度明显降低,水质变清。尤其本品投加量少,处理过程短,且未引入新的污染物,具有低成本、高效无污染的优点。

配方 13　生活污水处理用强化净水剂(2)

原料配比

原料		配比(质量份)				
		1#	2#	3#	4#	5#
改性凹凸棒土		35	42	38	40	39
柠檬酸		7	4	6	5	5
磷酸钠		2	5	3	4	4
乙酰柠檬酸三丁酯		12	8	11	9	10
二甲基甲酰胺		19	24	20	22	21
改性凹凸棒土	24%的氢氧化钠溶液	5	—	—	6	—
	22%的氢氧化钠溶液	—	6	6	—	—
	23%的氢氧化钠溶液	—	—	—	—	6
	凹凸棒土	1	1	1	1	1
	聚丙烯酰胺	1.6	1.4	1.6	1.4	1.5

制备方法

(1) 按比例将改性凹凸棒土、磷酸钠与二甲基甲酰胺混合,在温度为56~60℃、超声波功率为340~360W、超声波频率为65~68kHz的条件下对其进行超声处理18~23min,得到混合物A。

(2) 按比例向超声处理后的混合物中缓慢加入柠檬酸,混合均匀,并利用水浴加热至62~64℃,得到混合物B。

(3) 接着按比例往步骤(2)的混合物B中缓慢加入乙酰柠檬酸三丁酯,在搅拌速度为340~350r/min下保温70~80min,再继续加热至100℃,在搅拌速度为280~300r/min下保温1~3min,得到混合物C。

(4) 待混合物C自然冷却至常温,再将其置于62~65℃的温度下干燥,得到所述的生活污水处理用强化净水剂。

原料介绍

所述的改性凹凸棒土的制备步骤为:将凹凸棒土粉碎,加入其质量5~6倍的浓度为22%~24%的氢氧化钠溶液,浸泡2~3h;接着按照凹凸棒土:聚丙烯酰胺的质量比为1:(1.4~1.6)的比例,加入聚丙烯酰胺,加热至62~66℃,并保温42~45min,然后在该温度条件下,继续采用功率为650~680W、频率为65~68GHz的微波对其进行微波处理18~23min,冷却至室温,过滤,取滤渣,干燥,得到所述的改性凹凸棒土。

产品应用　本品是一种生活污水处理用强化净水剂。

对生活污水进行处理的方法:将上述生活污水处理用强化净水剂抛撒到对应的待处理污水水体中,经搅拌、沉降得到处理后的水。

产品特性　本品通过改性凹凸棒土、柠檬酸与其他组分的共同配合,对生活污水处理的效果非常明显,能有效去除生活污水中的悬浮物、COD、BOD、氨氮和硫化物,其中的悬浮物被高效去除,浊度明显降低,水质变清。尤其本品投加量少,处理过程短,且未引入新的污染物,具有低成本、高效无污染的优点。

配方 14　生活污水净水剂

原料配比

原料		配比(质量份)		
		1#	2#	3#
氯化铝		0.1	0.12	0.12
硫酸亚铁		0.06	0.07	0.07
线性聚丙烯酰胺		0.2	0.15	0.15
聚乙二醇二甲醚		0.12	0.13	0.13
三甲基硅醇		0.05	0.07	0.07
菌粉		9	8	8
硅藻土		0.15	0.12	0.12
活性炭		0.11	0.9	0.9
改性脱玻化珍珠岩		0.07	0.08	0.8
菌粉/($cfu\times10^7$)	硝化细菌	1	1.2	1.2
	枯草芽孢杆菌	2	2	2
	蓝细菌	1.8	1	1
	双歧杆菌	0.6	0.8	0.8

制备方法

(1) 将珍珠岩干燥后粉碎至 80～100 目，加入氢氧化钙进行高能球磨；球磨结束后，在氧化气氛下，升温至 420～570℃保温 6～8h，得改性脱玻化珍珠岩；珍珠岩和氢氧化钙的质量比为 1∶(0.6～1.2)。高能球磨为在高能球磨机中球磨 0.5～1h，高能球磨机的转速为 200～300r/min。

(2) 取三甲基硅醇和聚乙二醇二甲醚混合后，升温至 135～150℃保温 1～2h，得混合物 1。加热为以 10～12℃/min 的速率升温至 135～150℃保温 1～1.5h。

(3) 将硅藻土、活性炭、改性脱玻化珍珠岩和混合物 1 混合后进行混合球磨，干燥，加入菌粉搅拌均匀后，造粒，过筛，得混合颗粒。混合球磨为加入锆珠，球磨至颗粒直径为 200～300 目。混合颗粒的粒径为 2.0～3.0mm；所述生活污水净化剂的粒径为 3.5～4.0mm。

(4) 取线性聚丙烯酰胺、氯化铝和硫酸亚铁混合均匀后，升温至 400～460℃煅烧 2～3h，降温至 180～220℃，在还原气氛下保温 1～1.5h，冷却至室温后，加入混合颗粒，造粒，过筛，得生活污水净化剂。升温速率为 15～20℃/min，降温速率为 8～10℃/min。

产品应用　本品是一种生活污水净水剂。

产品特性

(1) 本品可以去除恶臭味气体、水中的污染物，处理后的污水可以到达生活污水排放标准，而且没有异味，可以作为回水再次利用。

(2) 本品对珍珠岩进行改性处理，可以提高珍珠岩的脱玻化程度，并改善脱玻化时珍珠岩容易出现霏细结构现象，增大脱玻化珍珠岩的比表面积及孔隙，提高珍珠岩的吸附能力。

(3) 本品采用线性聚丙烯酰胺，其在后续与氯化铝、硫酸亚铁的结合更加牢固，提高净水剂的稳定性。

(4) 本品通过将聚丙烯酰胺、氯化铝和硫酸亚铁复合，增强聚丙烯酰胺的净水效果，而将聚丙烯酰胺、氯化铝和硫酸亚铁的混合物覆盖在外表面，在净水剂作用时，外表面成分先对污水进行初步净化，再释放内部成分进行深度净化，提高了净水剂的净化效果。

(5) 本品处理后的生活污水，BOD、COD、氨氮、悬浮物含量均大幅降低，各项指标均达到城镇污水处理厂污染物排放标准，而且没有异味，可以作为回水再利用。

配方 15　生态净水剂

原料配比

原料	配比(质量份)					
	1#	2#	3#	4#	5#	6#
壳聚糖季铵盐	25	20	25	35	35	35
葡萄籽提取物	30	30	25	30	22	20
甘薯提取物	15	20	20	15	18	20
聚合氯化铝	15	15	15	10	13	12
聚丙烯酰胺	15	15	15	10	12	13

制备方法

(1) 将壳聚糖季铵盐在沸水中搅拌均匀直至溶解，得到体系 A。

(2) 待温度冷却至 40～50℃时，向体系 A 溶液中加入葡萄籽提取物、甘薯提取物，搅拌混合 30min；得到体系 B。

(3) 向体系 B 溶液中加入聚合氯化铝、聚丙烯酰胺搅拌混合 0.5～1h，得到本品的复配净水剂。

原料介绍

多聚糖、糖蛋白、DNA、纤维素等高分子物质是其主要成分，分子量很大。因为该絮凝剂是大分子，所以它能够利用本身的结构优势使水中的有色物质、悬浮颗粒、菌体细胞以及胶体粒子等絮凝、沉淀，从而实现固液分离。

壳聚糖本身无毒，又可生物降解，作为一种环境友好絮凝剂广泛应用于水和废水处理，而壳聚糖的资源丰富，具有多种生物学活性，并对多种有害有机物具有良好的吸附作用，壳聚糖季铵盐为改性后的壳聚糖，其能改善壳聚糖只溶于弱酸的特质，其可在常温常压下溶于水成为水溶液，使其效果得到充分发挥。

植物提取物型絮凝剂主要是指从植物中提取的具有絮凝功能的糖类、蛋白质、纤维素、木质素和有机酸等天然高分子物质。植物提取物型絮凝剂可生物降解、无毒、来源广泛和环境友好的特点，使其成为合成高分子絮凝剂的有效替代品之一，本品选用葡萄籽提取物、甘薯提取物，其有效处理环境安全、絮凝效果和污泥产生量等方面要优于 PAC（聚合氯化铝）、PFC（聚合氯化铁）和 PAM（聚丙烯酰胺）等传统无机和合成高分子絮凝剂。

将葡萄籽提取物、甘薯提取物、壳聚糖季铵盐、聚合氯化铝、聚丙烯酰胺复配使用可显著提高絮凝效果，从而提高其污水净化能力。

产品应用　本品是一种生态净水剂。

产品特性

(1) 本品选用壳聚糖季铵盐、葡萄籽提取物、甘薯提取物、聚合氯化铝、聚丙烯酰胺具有成分互补增效的作用，其对污水的净水效果：使用较少投加量的净水剂，可达到除浊率 98%、悬浮物去除率 88%、COD 去除率 65%的技术效果。

(2) 本品可显著提高絮凝效果，从而提高其污水净化能力，所用的原料资源丰富，净水剂的制备工艺流程简单，生产周期短，操作简便，生产成本低，适于工业化生产。

配方 16　天然净水剂

原料配比

原料	配比(质量份)			
	1#	2#	3#	4#
改性淀粉絮凝剂	8	6	10	10
辣木提取液	16	12	20	15

续表

原料	配比(质量份)			
	1#	2#	3#	4#
樟树叶提取物	16	15	20	20
松针提取物	12	10	15	15
薄荷提取物	16	5	10	10
黄槿叶提取物	16	10	20	5

制备方法　将各组分原料混合均匀即可。

产品应用　本品是一种天然净水剂。每吨水使用天然净水剂 25～80g。

产品特性

(1) 本品可以有效净化水质，保障饮用水安全。

(2) 本品采用天然植物提取物混合作用，具有杀菌、除臭、絮凝功能，对水体进行吸附、絮凝、沉淀和分离，对水体中的有害物质具有很好的吸附、絮凝作用，有效保障饮用水质量。使用方便快捷，且可以作为纯净水前期处理药剂。采用天然植物提取物，不会对水体造成二次污染，对人体无害。

配方 17　无机高分子净水剂

原料配比

原料	配比(质量份)		原料	配比(质量份)	
	1#	2#		1#	2#
聚合氯化铝	390～420	450～490	二氯异氰脲酸	0.2～0.5	0.3～0.8
聚合硫酸铁	8～12	5～10	碳酸钠	7～15	4～10

制备方法　将各组分进行混配制成无机高分子净水剂。

产品应用　本品是主要对饮用前的井、河水进行净化处理的一种无机高分子净水剂。

使用方法：该净水剂主要应用于井、河水饮用前的水质处理，对饮用前的每 100kg 井、河水投入该剂 2～15g 并搅拌 0.5～2min，静置 3～60min 可达到软化净化水的作用。

产品特性

(1) 由于本品采用聚合氧化铝、聚合硫酸铁作为净化剂，二氯异氰脲酸作为杀菌剂，碳酸钠作为去油、去氟剂，因此本净水剂对井、河水作为饮用水具有净化、软化作用，能明显去除杂菌，防止地方病、传染病、结石病发生，能有效去除悬浮物，减少重金属和放射性物质对水的污染。尤其处理城市居民生活污水能够达到二次使用标准。

(2) 净化软化效率高、去除杂菌、氟、油及悬浮物能力强，降解重金属和放射性物质效果好，本剂除用于处理井、河水外，还可用在净化城市居民生活污水、食品加工用水、饲料养殖业用水等场合中。

配方 18　无机净水剂

原料配比

原料		配比(质量份)	
		1#	2#
氧化镁	粒径 800 目	51	42
氧化钙	粒径 400 目	10	—
	粒径 600 目	—	16

续表

原料		配比(质量份)	
		1#	2#
蛇纹石	粒径 600 目	35	—
	粒径 800 目	—	37
二氧化钛	金红石晶型,粒径 800 目	4	—
	锐钛矿晶型,粒径 1000 目	—	5
活性炭		400	200
蛇纹石	蛇纹石	13	15
	斜蛇纹石	12	10
	铁蛇纹石	10	12

制备方法　将各组分原料混合均匀即可。

产品应用　本品是一种无机净水剂，可用于各种工业废水、生活污水、湖水、河水及自来水的净化。

产品特性

(1) 同时实现物理法和化学法净化污染物。

(2) 使用寿命长，可反复多次使用。

(3) 使用方便，应用范围广，可用于各种工业废水、生活污水、湖水、河水及自来水的净化。

(4) 本品净水效果明显，氧化镁和二氧化钛能有效分解大部分有机污染物，氧化钙能中和酸性污染物，蛇纹石对重金属污染物的沉淀具有催化作用，活性炭能显著提高净水剂对污染物的吸附能力。

配方 19　无机盐净水剂

原料配比

原料	配比(质量份)			
	1#	2#	3#	4#
氢氧化钠	60	80	120	200
亚硫酸钠(或亚硫酸氢钠)	30	50	70	—
亚硫酸钠	—	—	—	35
亚硫酸氢钠	—	—	—	35
亚硫酸钾(或亚硫酸氢钾)	30	50	70	—
亚硫酸钾	—	—	—	35
亚硫酸氢钾	—	—	—	35

制备方法　在常温下按比例依次将各组分加入混合罐中，搅拌均匀，经检验合格则为成品。

产品应用　本品不但可用于生活饮用水的净化处理，而且可用于轻化工、冶金、矿山、造纸、印染、医药等工业用水的净化处理。

本品可为固态，加入适当比例水制成液剂。

将本净水剂放入待处理的浑水中进行充分搅拌，水中的金属离子进行氧化还原反应，同时氢氧化钠提高了水中的盐基度，使浑水中的各种离子经过复杂的化学反应，在 1～2min 内生成絮凝状的沉淀，将浑水中各种阴阳离子处理干净，同时还将含有碳素的污水处理干净。

产品特性

(1) 本品无毒、无嗅、无色、无腐蚀，不含上述各种净化剂中的任何有害元素，能将浑水中各种有害物质如铝、铬、氟、钙、铁、氯等处理干净。

(2) 本品性能可靠、使用方便，净水成本低，所需设备简单。

(3) 本品处理效果佳，处理后的水 pH=7～8。能将含有碳素（如红、蓝、黑色等）的带色污水处理干净，如洗煤、印染等厂矿的污水，处理率达 90%以上。对水处理的各种设备无腐蚀，净化后的水，完全符合国家生活饮用水标准。对地下含铁、锰的井水处理效果极佳。

配方 20 消毒净水剂

原料配比

原料		配比(质量份)						
		1#	2#	3#	4#	5#	6#	7#
麦饭石粉	粒径 40～70 目的麦饭石粉末	30	32	28	32	35	33	30
分子筛		15	15	17	16	20	18	16
脂肪酸甲酯磺酸钠		5	3	6	5	6	5	6
烷基酚聚氧乙烯醚		2	2	3	3	4	3	5
亚硫酸氢钾		6	5	7	8	9	10	10
白云母		2	3	2	3	1	5	1
羟乙基纤维素		3	2	3	2	2	3	4
乙二胺四乙酸二钠		1.2	1.2	0.9	1.5	1.5	2	2
防腐剂	卡松	0.5	0.5	—	—	—	0.8	—
	凯松	—	—	0.6	0.6	0.6	—	0.8
乙醇		33	30	36	40	40	40	40
精油	玫瑰精油	1.2	—	—	1.6	—	—	1.5
	柠檬精油	—	1.3	—	—	1.2	—	—
	薰衣草精油	—	—	1.3	—	—	1.8	—
阴离子表面活性剂	十二烷基磺酸钠	0.08	—	—	0.14	0.07	—	—
	脂肪醇醚硫酸钠	—	0.05	—	—	—	0.12	0.16
	乙氧基化脂肪酸甲酯磺酸钠	—	—	0.11	—	—	—	—
去离子水		52	52	55	60	56	60	60

制备方法

(1) 按照质量份将麦饭石粉、亚硫酸氢钾溶解于去离子水中，搅拌 20～30min 得到混合物 a。

(2) 按照质量份将分子筛、脂肪酸甲酯磺酸钠、烷基酚聚氧乙烯醚、阴离子表面活性剂、羟乙基纤维素、乙醇混合，搅拌均匀，30～40℃反应 10～20min 后，得到反应物 b。

(3) 将混合物 a、反应物 b 混合，加入白云母、乙二胺四乙酸二钠、精油、防腐剂，40～50℃搅拌 20～30min，超声处理 10～20min，静置后得到该消毒净水剂。静置为放置在 5～15℃的保鲜室中 6～8h。

原料介绍

麦饭石是一种天然的硅酸盐矿物，含有多种微量元素和稀土元素，其内部疏松多孔的结构易于释放氧气，散发出的钙、铁、钠等矿物质不仅可以改良水质，人体应用后还能够补充营养物质，增强免疫力。

脂肪酸甲酯磺酸钠安全无毒，抗硬水能力强，可完全生物降解，是真正绿色环保的表面活性剂。

烷基酚聚氧乙烯醚是一种性质稳定、耐酸碱、成本较低的非离子表面活性剂。

亚硫酸氢钾具有优异的缓蚀阻垢作用，调节酸碱平衡，降低了净水剂的毒性；白云母具有良好的润滑性、分散性、抗静电性、粘接性，并与许多有机物组分有良好的相溶性，使得杂质污物更容易随水冲走。

羟乙基纤维素具有增稠、悬浮、黏合、乳化、分散、保持水分及胶体等性能，进一步提高了净水剂的黏性。

防腐剂卡松和凯松能有效地抑制和灭除菌类和各种微生物，防腐效果显著，在150μg/L浓度下可完全抑制细菌、霉菌、酵母菌的生长。

所述麦饭石粉规格为粒径40～70目的麦饭石粉末。

所述阴离子表面活性剂为十二烷基苯磺酸钠、十二烷基磺酸钠、脂肪醇醚硫酸钠、乙氧基化脂肪酸甲酯磺酸钠中的一种或多种的组合。

所述防腐剂选自卡松或凯松。

所述精油为玫瑰精油、柠檬精油或薰衣草精油。

产品应用　本品是一种消毒净水剂。适用于家庭用水和污水厂污水处理。

产品特性

（1）本品配方科学合理，绿色环保，具有良好的杀菌消毒作用，能够迅速溶解于水体，净化污水，杀灭和降解微生物、细菌成分，而且使用剂量小，节约了净水成本。

（2）本品多种成分的复配后，使得该净水剂性能优良，绿色环保。

配方21　饮用水净水剂（1）

原料配比

原料	配比(质量份)		
	1#	2#	3#
活性炭	10	15	12
沸石粉	5	8	6
膨润土	5	8	6
多孔固体硅酸盐	3	5	4

制备方法

（1）活性炭的制备：将原料污泥进行干化，然后对干化后的污泥进行炭化处理，然后对炭化后的污泥进行活化处理，即得活性炭。

（2）活性炭处理：将（1）得到的活性炭上加上腐殖酸，然后在95℃下干燥得到处理后的活性炭；腐殖酸的质量浓度为5%，加入量为活性炭质量的1%。

（3）按照质量份数称取原料，然后将其粉碎并搅拌均匀，干燥后即得净水剂。粉碎粒径为1mm。

产品应用　本品是一种饮用水净水剂。在使用时，1kg水加入0.05kg净水剂，搅拌均匀后静置过滤。

产品特性

（1）本品使用污泥为原料生产活性炭，不仅能够变废为宝，而且制得的活性炭吸附性能较好。

（2）本品能够除去水体中的重金属和其它有毒有害的物质，并且经过本净水剂处理后的水体能够达到饮用水标准，适用于生产和生活使用。

配方 22　饮用水净水剂（2）

原料配比

原料	配比(质量份)	原料	配比(质量份)
氢氧化钙	1～6	硅藻土	1～26
蒙脱石	1～12	聚合氯化铝	1～32
聚丙烯酰胺	1～24		

制备方法

（1）依次将聚合氯化铝、硅藻土、聚丙烯酰胺、蒙脱石、氢氧化钙放入搅拌机中。

（2）在常温、常压下以 80～120r/min 的速度正、反方向搅拌≥9min，所得混合物为饮用水净水剂。

原料介绍

经改性后的蒙脱石、硅藻土对水中高分子有机物、悬浮物及重金属等有主动吸附作用，并在主动吸附过程中以“包裹”或“附着”等方式结合在一起自然絮凝沉淀下降。

蒙脱石和硅藻土均有巨大的比表面积，干粉状态下其孔隙充满了空气，加入水体后，孔隙被水体填充的同时增加了水体的溶解氧，并且，微小的细菌、病毒、藻类等微生物进入孔隙后因被沉淀而从水体中去除。

氢氧化钙有杀菌、消毒、调整 pH 值等功能，当与水中物质（含污染物和净水剂的自身原材料）接触时，其钙离子和氢氧根离子参与复式反应，使水中氨氮 NH_3-N 在游离氨 NH_3 和铵离子 NH_4^+ 之间形式转换时被去除。

聚合氯化铝有较强的架桥吸附性能，在水解过程中，伴随凝聚、吸附、沉淀等物理化学过程。其絮凝沉淀速度快、净水效果明显，能有效去除水中色质、SS（悬浮物）、COD、BOD 及砷、汞等重金属离子等物质，主要起吸附、褪色、使水质变清、使悬浮物快速沉降等作用。

聚丙烯酰胺与蒙脱石、硅藻土、聚合氯化铝配合使用，对水中悬浮颗粒的凝聚和澄清起到加速、瞬时沉淀的作用。

产品应用　本品是一种饮用水净水剂。

饮用水水质净化方法包括如下步骤：

（1）饮用水净水剂按水体总量的 1‰～5‰投入水中并立即搅拌（或曝气）。

（2）搅拌 1～3min 出现絮状物，停顿 3～5min，再搅拌 1～3min，静置 3～60min。

（3）取上清液检测，水质达国标饮用水标准。

（4）将水质净化时产生的沉淀物抽取收集到沉淀池，并对沉淀物进行处理。

饮用水净水剂在已经建成的自来水厂进行使用，净化方法为：

（1）所述饮用水净水剂按水体流量的 1‰～5‰投入水中（人工均匀投入，或设定转速以螺旋干粉投料机投入），利用水体流速自动搅拌。

（2）水流搅拌 1～3min 后出现絮状物。

（3）在清水池，取上清液检测，水质达国标饮用水标准。

（4）水质净化沉淀资源化利用。

产品特性

（1）本品不仅考虑到对饮用水的净化作用，而且充分考虑到饮用水处理后的淤泥处理，因此饮用水净水剂的原料采用了蒙脱石和硅藻土，他们的主要成分是天然的 SiO_2，对板结的土壤有很好的松散作用，净水过程中，孔隙吸附了大量的微生物，离开水体后微生物死亡成为对种植有益的营养品缓慢地逐步释放出来，向土壤和植物提供营养。当孔隙中的物质释放完毕后，在潮湿的环境条件下，孔隙将作为容器储藏水分，旱季时，水分被自然析出。蒙脱石、硅藻土这种充析现象，对土壤特别是作物的耕作层提供了保水和恒温的功能。

（2）本品简化了饮用水净化工艺，缩短了饮用水的净化周期，并为进一步处理净水固废设定了生态环保、符合时政、满足增收节支的方案，实现废弃物资源化利用。

（3）经本品净化的水质除符合国家饮用水标准外，还对含有镉、铅、砷等重金属离子及其他有毒有害物质进行一定程度的去除和降解，对蓝藻等藻类、大肠杆菌等致病细菌及病毒等有灭杀作用（去除率≥80%）。

配方 23　用于城市生活污水一级处理的絮凝净水剂

原料配比

原料	配比(质量份)		
	1#	2#	3#
粒径 80 目的精制膨润土	30	—	—
粒径 100 目的精制膨润土	—	36	—
粒径 50 目的精制膨润土	—	—	40
方解石	10	12	15
聚合氯化铝	5	8	99
阳离子聚丙烯酰胺	5	8	—
磷酸三钠	6	5	7
聚丙烯酰胺(PAM)	3	3	5
硫酸镁	4	3	5

制备方法　将各组分原料混合均匀即可。

产品应用　本品是一种用于城市生活污水一级处理的絮凝净水剂。

产品特性

（1）原料易得，制作简单，净化成本低。

（2）凝絮快，沉渣含水量低，悬浮颗粒及重金属去除效果明显。

（3）制成产品呈弱碱性，对设备的腐蚀性小，确保设备的长久运行。

配方 24　用于除臭杀菌的生态净水剂

原料配比

原料	配比(质量份)		
	1#	2#	3#
柚子皮	1	1	1
橄榄叶	2	1	3
水	12	6	20

制备方法

（1）将所有原料浸泡 10～20min。

（2）将原料混合煎煮，添加占原料质量 3～5 倍的水进行煎煮。所述煎煮的温度为 100～120℃，煎煮时间为 110～130min。

产品应用　本品是一种用于除臭杀菌的生态净水剂。适用于所有观赏鱼养殖的杀菌消毒和细菌性疾病的预防和治疗。

用于除臭杀菌的生态净水剂的使用方法：将用于除臭杀菌的生态净水剂按质量比（1～3）：500 的配比直接投放于养殖水体中。

产品特性　本品能够快速去除养殖水体的腥味，杀菌消毒净化水质，对细菌有长效的抑制作用，稳定性好，可减少、预防观赏鱼生病，并对细菌性疾病具有一定的治疗效果，无毒副作用，安全环保，对鱼体无影响，将生态净水剂与养殖水按质量比（1～3）：500的配比投放，换水周期可延长至35天以上，通用性好。

配方 25　用于生活污水处理的净水剂

原料配比

原料	配比(质量份)		
	1#	2#	3#
聚合氯化铝铁	22	30	35
聚丙烯酰胺	20	20	20
碳酸钠	15	15	15
硫酸亚铁	20	20	20
氯化镁	16	16	16
硅藻土	30	30	30
膨润土	16	16	16
酶制剂	10	10	10
菌粉	1	1	2
活性炭	10	10	10

制备方法　将各组分原料混合均匀即可。

原料介绍

所述的酶制剂包括氧化还原酶、溶菌酶、蛋白酶中的一种或多种。

所述的蛋白酶为碱性蛋白酶。

所述的菌粉包括硝化细菌菌粉、硫细菌菌粉、苯胺降解菌菌粉中的一种或多种。

产品应用　本品是一种用于生活污水处理的净水剂。

污水处理方法，包括以下步骤：

（1）在生活污水中加入除菌粉、酶制剂、活性炭之外的全部组分，然后以15～50r/min的速度进行搅拌，搅拌0.5～1.5h，静置1～2h，得到初步分层污水。

（2）将步骤（1）中得到的初步分层污水除去底部沉淀，加入菌粉，然后以20～30r/min的速度进行搅拌，搅拌1～2h，静置2～3h，得到次级除菌污水。

（3）将步骤（2）中得到的次级除菌污水除去底部沉淀，调节pH至5～6.5，依次加入活性炭和酶制剂，然后以10～30r/min的速度进行搅拌，搅拌4～6h，静置6～8h，除去底部沉淀，得到净化水。

产品特性　采用本品对生活污水进行处理，有效杀伤了污水中所含有的大量有毒病菌，具有净水效果好，净水速度快、安全性高，不产生二次污染的特点，使用了具有吸附能力的活性炭，辅以对生活污水中常见的硝化细菌、硫化细菌等微生物进行处理，使用范围广，处理后的水透明度极高，可回收利用。菌粉与酶制剂协同作用于污水水体，水体中的各有害物质得到了有效的处理，水体得到了很好的净化。

配方 26　植物复配净水剂

原料配比

原料	配比(质量份)			
	1#	2#	3#	4#
茶树枝提取液	10(体积)	1(体积)	20(体积)	5(体积)
茶鲜叶提取液	10(体积)	10(体积)	10(体积)	1(体积)

续表

原料		配比(质量份)			
		1#	2#	3#	4#
山药絮凝剂		3(体积)	15(体积)	13(体积)	6(体积)
茶树枝提取液	干燥茶树枝	1	1	1	1
	水	8	8	20	20
茶鲜叶提取液	茶鲜叶	—	—	1	1
	水	—	—	20	20
辣木提取液	榨油后的辣木种子残余油渣	2	2	1	1
	自来水	40	40	50	50

制备方法　将各组分混合均匀即可。

原料介绍

所述茶树枝提取液的制备过程如下：干燥茶树枝经粉碎过筛，加入一定量的水微波提取，过滤，得到茶树枝提取液。所述加水的质量为茶树枝质量的5～10倍，微波的输出功率为800～100W。

所述茶鲜叶提取液的制备过程如下：将茶鲜叶加入一定量的40～50℃的水中高压匀浆处理1～3h，得到匀浆液，匀浆液经离心分离得到茶鲜叶提取液。所述加水量为茶鲜叶质量的20～30倍。

所述辣木提取液经过下列方法提取：

(1) 将榨油后的辣木种子残余油渣粉碎过90目筛，然后加入30～50倍质量的提取溶剂，高压匀浆处理1～3h，得到匀浆液；然后在输出功率为1200W的微波条件下，微波提取20～40min得提取液。

(2) 将所得提取液，在真空度为7～11kPa，温度为50～60℃条件下，浓缩收集蒸馏液，得辣木提取液。

所述残余油渣是用辣木种子按常规榨油后，余下的油渣。所述收集蒸馏液的质量为辣木种子残余油渣质量的10～15倍。

所述的提取溶剂为自来水、浓度为0.1mol/L的醋酸钠、浓度为0.1mol/L的柠檬酸钠、浓度为1.0mol/L的氯化钠、浓度为0.1mol/L的醋酸、浓度为0.01mol/L的盐酸中的一种或几种。

产品应用　本品是一种植物复配净水剂。主要用于饮用水净化。

产品特性

(1) 茶树枝以及茶叶提取物均具有杀菌作用，本品将茶树枝提取液和茶鲜叶提取液复配，利用它们之间的协同作用，增强了杀菌效果，在进行水体消毒杀菌时，极大程度上杀死水体中的微生物和致病细菌。同时，和辣木提取液进行复配，在杀毒、灭菌的同时，对水中的悬浮物进行聚集沉降，达到净化消毒水的目的。本品原料来源广泛、价格低廉、工艺简单，进行饮用水消毒时无毒副作用，没有异味，不产生二次污染。

(2) 充分利用辣木榨油后的剩余物，使其中的辣木有效成分被提取出来，实现了辣木种子的完全综合利用，提升了产业的科技含量，增加了经济效益。

配方27　植物净水剂（1）

原料配比

原料	配比(质量份)			
	1#	2#	3#	4#
牡丹根皮提取液	1(体积)	1(体积)	40(体积)	21(体积)
牡丹鲜叶提取液	1(体积)	20(体积)	20(体积)	1(体积)
辣木提取液	3(体积)	50(体积)	13(体积)	30(体积)

续表

原料		配比(质量份)			
		1#	2#	3#	4#
牡丹根皮提取液	牡丹根皮	1	1	1	1
	水	20	20	20	20
牡丹鲜叶提取液	牡丹鲜叶	1	1	1	1
	水	20	20	20	20
辣木提取液	榨油后的辣木种子残余油渣	1	1	1	1
	自来水	50	50	50	50

制备方法　牡丹根皮提取液、牡丹鲜叶提取液及辣木提取液按照体积比（1～50)：(1～50)：(1～50) 混合而成。

原料介绍

所述牡丹根皮提取液为牡丹根皮加水蒸馏，收集蒸馏液，过滤，得到牡丹根皮提取液。所述加水的质量为牡丹根皮质量的 20～30 倍。

所述收集蒸馏液的质量为牡丹根皮质量的 10～15 倍。

所述牡丹鲜叶提取液为牡丹鲜叶在 40～50℃的水中浸泡后，过滤得到牡丹鲜叶提取液。所述浸泡牡丹鲜叶的水质量为牡丹鲜叶质量的 1～50 倍。所述浸泡时间为 10～24h。所述调节 pH 值的试剂为盐酸。

所述植物净水剂中还包括化学净水剂为市购聚合氯化铝或聚丙烯酰胺中的一种或两种。

所述辣木提取液经过下列方法提取：

(1) 将榨油后的辣木种子残余油渣粉碎过 90 目筛，然后加入 30～50 倍质量的提取溶剂，高压匀浆处理 1～3h，得到匀浆液；然后在输出功率为 1200W 的微波条件下，微波提取 20～40min 得提取液。

(2) 将所得提取液，在真空度为 7～11kPa，温度为 50～60℃条件下，浓缩收集蒸馏液，得辣木提取液。

所述残余油渣是用辣木种子按常规榨油后，余下的油渣。所述收集蒸馏液的质量为辣木种子残余油渣质量的 10～15 倍。

所述的提取溶剂为自来水、质量分数为 30％的乙醇、浓度为 0.1mol/L 的醋酸钠、浓度为 0.1mol/L 的柠檬酸钠、浓度为 1.0mol/L 的氯化钠、浓度为 0.1mol/L 的醋酸、浓度为 0.01mol/L 的盐酸中的一种或几种。

产品应用　本品是一种植物净水剂。

产品特性

(1) 牡丹根皮提取液对金黄色葡萄球菌、溶血性链球菌、大肠杆菌、痢疾杆菌、伤寒杆菌、副伤寒杆菌、变形杆菌、肺炎双球菌、霍乱弧菌等均具有较强的抑制作用。牡丹叶黄酮对沙门氏菌、大肠杆菌和枯草芽孢杆菌有很强的抑制作用。

(2) 本品将牡丹根皮提取液和牡丹鲜叶提取液复配，利用它们之间的协同作用，增强了杀菌效果，在进行水体消毒杀菌时，极大程度上杀死水体中的微生物和致病细菌。同时，和辣木提取液进行复配，在杀毒、灭菌的同时，对水中的悬浮物进行聚集沉降，达到净化消毒水的目的。

(3) 本品将牡丹根皮提取液和牡丹鲜叶提取液复配，利用它们之间的协同作用，增强了杀菌效果，在进行水体消毒杀菌时，极大程度上杀死水体中的微生物和致病细菌。

(4) 充分利用辣木榨油后的剩余物，使其中的辣木有效成分被提取出来，实现了辣木种子的完全综合利用，提升了产业的科技含量，增加了经济效益。

（5）本品原料来源广泛、价格低廉、工艺简单，制备过程中无三废产生，进行饮用水消毒时无毒副作用，没有异味，不产生二次污染。

配方 28 植物净水剂（2）

原料配比

原料	配比(质量份)		
	1#	2#	3#
马齿苋提取液	5	6	8
黄芩提取液	3	4	5
细辛挥发油	1	2	3
穿心莲提取液	5	6	8
红叶藜提取液	7	8	10
聚丙烯酰胺絮凝剂	0.5	0.8	1

制备方法 将各组分按比例混合均匀，过滤，灌装，即得植物净水剂。

产品应用 本品是一种植物净水剂。

产品特性 本品将马齿苋提取液、黄芩提取液和细辛挥发油组合在一起，马齿苋提取液和黄芩提取液具有消除细菌质粒作用，从而降低病菌对抗生素的耐药性。细辛挥发油对多种真菌如黄曲霉菌、黑曲霉菌、白色念珠菌等均有抑制作用，抗菌的有效成分为黄樟醚。穿心莲提取液，杀线虫。红叶藜提取液，抗病毒，杀死细菌、真菌，净化水质。本品植物净水剂，安全无毒，具有良好的杀菌效果。

配方 29 表面改性的壳聚糖-琼脂絮凝净水剂

原料配比

原料		配比(质量份)			
		1#	2#	3#	4#
絮凝剂溶液	琼脂粉	50	100	100	100
	聚磺基甜菜碱甲基丙烯酸酯	10	10	20	20
	N-甲基乙酰胺	1	1	1	1
	超纯水	1000	1000	1000	1000
表面修饰的絮凝剂溶液	絮凝剂溶液	1	1	1	1
	氨水	10	10	10	20
	N-羟基琥珀酰亚胺	5	5	5	10
	二苯基磷酰羟胺	1	1	1	5
复合引发剂	过硫酸铵	1	1	1	1
表面修饰的絮凝剂溶液		30	30	30	30
	壳聚糖	10	10	10	20
	碳酸	3	3	3	5
偶联剂	γ-氨丙基三甲氧基硅烷	1	1	1	1

制备方法

（1）称取琼脂粉、聚磺基甜菜碱甲基丙烯酸酯和 *N*-甲基乙酰胺，将三者混合至烧杯中，加入超纯水，置于 80～100℃的水浴锅中，搅拌至完全溶解，得絮凝剂溶液。

（2）将絮凝剂溶液加入氨水中，再进行功率为 200～1000W 的超声分散，在温度为 80～

100℃、搅拌速度为200～400r/min条件下，持续通入氮气保护，然后再加入N-羟基琥珀酰亚胺，搅拌反应1～3h，再加二苯基磷酰羟胺，搅拌反应1～3h，得表面修饰的絮凝剂溶液。所述分散的条件为：采用超声促进分散，超声功率200～1000W，温度为80～100℃。

(3) 取表面修饰的絮凝剂溶液至烧杯中，加入复合引发剂，置于80～100℃的水浴锅中，并通入氮气保护，搅拌混合均匀，得活化表面改性絮凝剂溶液。

(4) 以碳酸溶液作溶剂配制壳聚糖溶液，并加入偶联剂，室温搅拌溶解1～5h；使用同轴纺丝装置将壳聚糖溶液和活化表面改性絮凝剂溶液同步注射，使得壳聚糖溶液包覆于絮凝剂溶液外侧形成微球，并滴入硅油中凝胶，之后捞出经无水乙醇置换，真空干燥后得固体产物，置于密炼机中混炼，之后挤出、造粒，即得到所需的改性絮凝剂。

原料介绍

所述氨水溶液的质量分数为25%～35%。

所述N-羟基琥珀酰亚胺溶液的质量分数为10%～20%。

所述二苯基磷酰羟胺溶液的质量分数为3%～5%。

所述引发剂为硫酸铵、过氧化苯甲酰、过硫酸钾和过硫酸钠中的至少一种。

所述偶联剂为γ-氨丙基三甲氧基硅烷、3-氨丙基三乙氧基硅烷和N-2-氨乙基-3-氨丙基三甲氧基硅烷中的至少一种。

产品应用　本品是一种表面改性的壳聚糖-琼脂絮凝剂，用于厨余废水中油脂的絮凝回收净化。

所述表面改性的壳聚糖-琼脂絮凝剂的应用，将所述表面改性的壳聚糖-琼脂絮凝剂加入厨余废水气浮池中，絮凝完毕后，收集上层悬浮物；将上层悬浮物加热，油脂与絮凝剂分离，油脂回收后，絮凝剂净化后返回气浮池中使用。

所述表面改性的壳聚糖-琼脂絮凝剂配成浓度为1～3mg/L的溶液形式添加。所述絮凝剂溶液与厨余废水的体积比为1∶(1000～10000)。

絮凝剂用于厨余废水中油脂絮凝回收的详细方法，包括以下步骤：

(1) 絮凝：将表面修饰的壳聚糖-琼脂絮凝剂配成溶液后，加入厨余废水气浮池中，在温度为10～40℃及搅拌速度为200～400r/min的条件下反应10～30min，静置10～30min，收集上层悬浮物。

(2) 回收：加热悬浮物至80～100℃，反应2～4h，油脂分离至上层，得到油脂分离产物。

(3) 重复利用：将下层溶液在pH=9、温度为80～100℃、搅拌速度为200～400r/min条件下反应5～15h，过滤，去除杂质后得到表面修饰的壳聚糖-琼脂絮凝剂溶液。

产品特性

(1) 该絮凝剂通过对琼脂进行表面改性，极大地拓展了其延展性，且通过对琼脂表面接枝壳聚糖，使得其可以通过温度控制来实现液相和固相的转变，大幅简化了絮凝剂的回收过程。

(2) 本品为两型性絮凝剂，含有丰富的阳离子基团和阴离子基团，可与油脂物质发生静电吸附和键合反应，再通过絮凝剂的温度变化，实现所吸附油脂的回收和絮凝剂的循环利用。

(3) 本品基于原料各组分间的协同作用，使得改性絮凝剂具备阳离子基团与阴离子基团存在于同一侧基基团上的两型性，不仅赋予了该絮凝剂电性中和、络合作用和吸附桥连等功能，还提升了分子间的“缠绕”包裹能力，大幅提高对油脂的吸附能力。

(4) 本品以N-甲基乙酰胺作为结构改性剂，大大提高了体系的絮凝效果，起到了助絮凝作用。絮凝剂经过N-羟基琥珀酰亚胺的活化交联，再加入胺化试剂二苯基磷酰羟胺，一方面增加了琼脂强度，使琼脂不会因多次液固转化降低凝胶强度，另一方面引入大量的氨基，可以和阴离子颗粒物发生静电吸附作用和键合反应。壳聚糖作为接枝原料，引入了大量的氨基和羟基，扩展了分子链的长度，提供了更大的絮凝空间。使用同轴纺丝装置作为接枝改性的方式，使得改性絮凝剂内外接枝更加严密，提高了正电荷密度，有利于对颗粒物进行网捕和卷扫。净化率最高可达99.9%。

(5) 表面修饰的壳聚糖-琼脂絮凝剂延展性得到极大提升，表面活性官能团附着密集且均匀。

配方30 处理低温低浊水的复合絮凝剂

原料配比

原料		配比(质量份)
初改性沸石	粒径为1～3mm的原料天然丝光沸石	1000
	浓度为100g/L的氯化钠溶液	20000(体积)
初改性沸石		1000
10%的稀盐酸溶液		10000(体积)
工业级水玻璃原液		6000(体积)
平均粒径为30nm的纳米天然磁黄铁矿		500
平均粒径为30nm的纳米四氧化三铁		500

制备方法

(1) 在快速(转速为800r/min)搅拌状态下，在二次改性沸石(含有稀盐酸)中快速加入工业级水玻璃原液600mL，继续快速(转速为800r/min)搅拌2～3h，用蒸馏水稀释3.5～4倍后中速(转速为400r/min)搅拌1～2h，熟化1～2天，完成水玻璃的硅酸活化，得到改性沸石复配活化硅酸。所述纳米初改性沸石与体积分数为10%的稀盐酸的用量比为1g：10mL。

(2) 在改性沸石复配活化硅酸中加入纳米天然磁黄铁矿和纳米四氧化三铁，搅拌，超声振荡1～2h，即得到处理低温低浊水的复合絮凝剂。

原料介绍

所述纳米初改性沸石的制备方法为：

(1) 将100g粒径为1～3mm的原料天然丝光沸石加入2L、浓度为100g/L的氯化钠溶液中，水浴温度70～80℃，中速(400r/min)搅拌3～4h，过滤后用蒸馏水清洗3～5次，在烘箱中于80～90℃烘至恒重，冷却至室温，得到初改性沸石。

(2) 将初改性沸石进行研磨和风选，得到纳米初改性沸石，当量粒径为纳米级。

(3) 取100g纳米初改性沸石缓慢加入1L、体积分数为10%的稀盐酸溶液中，室温下中速(转速为400r/min)搅拌2～3h，即得到二次改性沸石。

所述天然丝光沸石粒径为1～3mm。

所述纳米初改性沸石的粒径为40～80nm。

所述纳米天然磁黄铁矿的粒径为20～30nm。

所述纳米四氧化三铁的粒径为20～30nm。

产品应用　本品是一种处理低温低浊水的复合絮凝剂，用于城镇水环境治理和污水处理领域。

产品特性

(1) 本品适用于净化受污染河水，特别是低温低浊河水，具有絮凝和沉降时间短、净化效率高的特点，可以氧化有机物和脱氮除磷，对氨氮的去除率可达到30%以上。

(2) 本品也适用于解决城镇污水处理厂冬季污泥膨胀导致的二沉池跑泥问题，其可投加在二沉池进水中，30min污泥沉降比可由85%降低到42%，同时强化了除磷功能。

(3) 本品可以单独使用，也可以与铝盐混凝剂或铁盐混凝剂联合使用。

配方 31 复合型生物絮凝剂

原料配比

原料	配比(质量份)				
	1#	2#	3#	4#	5#
聚合氯化铝	5	15	8	12	10
$CaCl_2$	15	30	20	25	22
生物聚合物	25	40	30	35	30

制备方法

(1) 按照配方比例加入聚合氯化铝，在 140r/min 条件下搅拌 20s。

(2) 随后再按照配方比例加入 $CaCl_2$，在 140r/min 条件下搅拌 20s。

(3) 最后加入生物聚合物，在 140r/min 条件下搅拌 90s，静置 30min 后进行测定。

原料介绍

所述的生物聚合物是由鞘氨醇单胞菌代谢产生，代谢产物获得过程：挑取 1 环斜面菌种，接种入 100mL 种子培养基中，25～30℃培养 16～18h，待种子培养成熟，将生长完成的种子液再按照 10%～15%的接种量接种到 200mL 发酵培养液中，在 25～30℃条件下培养，经发酵 72～75h 后代谢产生，最后经 95%酒精粗提取发酵液获得。

所述的种子培养基是由下列组分按质量份数制成：蛋白胨 4.5g/L、蔗糖 25g/L、K_2HPO_4 1.2g/L、$MgSO_4 \cdot 7H_2O$ 0.45g/L、KCl 0.25g/L、$FeSO_4 \cdot 7H_2O$ 0.05g/L，其余为水，pH 6.5～7.5。

所述的发酵培养基是由下列组分按质量份数制成：蔗糖 30g/L、$NaNO_3$ 3.5g/L、K_2HPO_4 2.5g/L、$MgSO_4 \cdot 7H_2O$ 0.25g/L、KCl 0.3g/L、$FeSO_4 \cdot 7H_2O$ 0.06g/L，其余为水，pH 6.5～7.5。

产品应用 本品是一种复合型生物絮凝剂。本品不但可以降低化学合成絮凝剂的药剂用量、环境友好，而且对市政废水、低温低浊度污水在浊度、总磷、悬浮物、COD 及 BOD5 去除上都表现出了较好的去除效果。

产品特性

(1) 本品利用生物发酵法获得的生物聚合物与化学合成絮凝剂/助凝剂复配使用，有效降低化学絮凝剂/助凝剂用量，减少由于化学絮凝剂降解产物/单体大量残留对环境和水体的危害。同时，由于生物聚合物是由微生物代谢产生，能够克服大多数合成絮凝剂生物降解性较差的问题。本品产生的絮体体型大且结构密实，易于水体分离，且对处理水的 pH 基本无影响。

(2) 本品能够有效降低市政废水及低温低浊污水中的总磷含量和浊度，有效去除两种水质中的 COD 和悬浮物。本品与纯化学絮凝剂相比不但可以减少化学絮凝剂的用量，克服单独生物聚合物絮凝效果不理想的缺点，而且其中添加了生物聚合物作为絮凝成分，减少了由于化学絮凝剂降解产物/单体大量残留对环境和水体的危害。本品作为一种安全性高、絮凝活性强、二次污染小的新型絮凝剂，对人类健康和环境保护都有很重要的现实意义，在处理生活、工业等废水方面也具有潜在应用价值。

配方 32 改性絮凝剂

原料配比

原料	配比(质量份)					
	1#	2#	3#	4#	5#	6#
体积分数为 7%的醋酸溶液	100(体积)	—	—	—	—	—

续表

原料	配比(质量份)					
	1#	2#	3#	4#	5#	6#
体积分数为5%的醋酸溶液	—	100(体积)	—	—	—	—
体积分数为10%的醋酸溶液	—	—	100(体积)	—	—	—
体积分数为8%的醋酸溶液	—	—	—	100(体积)	—	—
体积分数为6%的醋酸溶液	—	—	—	—	100(体积)	—
体积分数为9%的醋酸溶液	—	—	—	—	—	100(体积)
壳聚糖	0.33	0.25	0.4	0.35	0.25	0.30
反应单体(AM+AATPAC)	1	1	1	1	1	1
丙烯酰胺(AM)	1.5	1.3	1.7	1.6	1.5	1.5
(3-丙烯酰胺丙基)三甲基氯化铵(AATPAC)	1	1	1	1	1	1
引发剂VA-044	0.1	0.08	0.12	0.1	0.09	0.1

制备方法

(1) 先将壳聚糖溶于醋酸溶液中，再加入丙烯酰胺和(3-丙烯酰胺丙基)三甲基氯化铵，搅拌后得混合溶液，然后调节混合溶液的pH为4～8；搅拌的转速为100～500r/min，搅拌时间为10～40min。

(2) 将所述混合溶液进行氮吹，氮吹结束后向混合溶液中加入引发剂VA-044，并封口，再进行超声、熟化、提纯和干燥，得白色粉末，白色粉末即为所述絮凝剂。超声波功率为200～280W，超声时间为18～25min。氮吹的时间为25～35min。

原料介绍

所述的引发剂为偶氮二异丁咪唑啉盐酸盐(VA-044)。

所述的醋酸溶液的体积分数为5%～10%。

产品应用 本品是一种改性絮凝剂，可用于饮用水厂水源的微塑料处理，依靠电中和以及网捕卷扫作用去除水源中的微塑料颗粒。

产品特性

(1) 本品采用壳聚糖改性以阳离子单体丙烯酰胺和季铵盐组成的聚合物，壳聚糖是一种线性分子，分子链中含有反应性基团氨基和羟基，在酸性溶液中会形成高电荷密度的阳离子聚电解质，显示出良好的络合性能和絮凝性能。

(2) 引发剂的加入可以使超声波引发产生的活性自由基数量增多，单体自由基之间碰撞聚合效率增高，从而增强了链增长反应，促进了聚合物产品分子量和转化率的提高。

(3) 该制备方法采用超声波引发聚合，超声波在反应液中将产生空化气泡，并不断变大膨胀、破灭，由此产生瞬时急剧升温降温和高温高压的环境，由此能引发一系列的自由基反应，提高化学反应效率，降低反应所需活化能，安全性高，整个过程节能环保且使用该制备方法所制备出的絮凝剂对于水体中微塑料的去除率较高。

(4) 该改性絮凝剂中包含阳离子单体丙烯酰胺，在用于絮凝时可以提供强力的正电位，进而更好地发挥电中和去除效果。此外，该改性絮凝剂为有机高分子药剂，在絮凝过程中可以形成尺寸较大的絮体，更好地发挥网捕卷扫的作用去除微塑料，且更大尺寸的絮体更易于沉淀及过滤，从而大大提高水体中微塑料的去除效率。

(5) 该絮凝剂稳定性强，可有效去除水体中的微塑料。

配方 33 功能型污泥用复合絮凝剂

原料配比

原料		配比(质量份)		
		1#	2#	3#
2-丙烯酰胺-2-甲基丙磺酸		5	5	5
蒸馏水		50	50	50
对苯乙烯磺酸钠		6	6.5	6.5
交联复合乳液		1	1.12	1.2
交联复合乳液	二甲基二烯丙基氯化铵	0.35	0.46	0.48
	二乙烯苯	0.43	0.39	0.42
	十二烷基苯磺酸钠	0.22	0.27	0.3
钠基膨润土		5.25	4.25	5.45
引发剂		0.35	0.35	0.375
引发剂	过硫酸钾	0.2	0.2	0.215
	亚硫酸钠	0.15	0.15	0.16

制备方法　按所述组成配比将2-丙烯酰胺-2-甲基丙磺酸及蒸馏水混合，用氢氧化钠溶液调节pH=6～7，搅拌；然后按成分配比加入对苯乙烯磺酸钠、交联复合乳液、钠基膨润土，继续搅拌至混合均匀；升温，通氮气，然后按配比加入引发剂，进行接枝共聚反应，得到所述污泥用复合絮凝剂。所述升温为升温至65℃。通氮气30min后加入引发剂。所述接枝共聚反应进行5～8h，得到产品。

原料介绍　本品利用钠基膨润土的特殊层间结构，经有机单体共聚后，可形成层间骨架支撑结构，增加污泥毛细管水通道，有良好的降低污泥黏性的作用，提高污泥脱水率，同时利用有机物的电荷性及分子结构对污泥良好的絮凝作用，综合提高污泥的脱水性能。

产品应用　本品是一种功能型污泥用复合絮凝剂。用于处理餐厨垃圾污泥和工业有机污泥。

产品特性

(1) 本品采用天然钠基膨润土，利用其独特的层间结构，与有机物单体聚合，添加交联复合乳液、交联剂，制备污泥用复合絮凝剂。通过控制调节钠基膨润土及交联复合乳液相关配比，可以制备不同体系的絮凝剂，进而处理不同类型的污泥，适用范围广。

(2) 本品除了去除间隙水有良好的效果外，还利用其交联复合乳液及钠基膨润土相关结构及性质，提高对毛细水、吸附水的脱水率，提高污泥的脱水效率。

(3) 处理污泥的同时经脱水设备脱水处理，可减少滤布污堵，脱水效率明显提高，脱水污泥含水率明显降低；脱水设备出水环保，可直接进入污水处理系统，污泥综合处理成本大大降低。

(4) 本品对各种污泥脱水效果好，且引入药剂使污泥增加量少；将污泥脱水后，对脱出水水质无影响可以直接进入现有污水处理系统，脱出水的综合处理成本低。

2

工业用净水剂

配方 1 不含氯化物的净水剂

原料配比

原料		配比(质量份)	
		1#	2#
氧化镁	粒径 800 目	22	—
	粒径 600 目	—	24
氢氧化钙	粒径 600 目	28	22
氧化钙	粒径 400 目	14	—
	粒径 800 目	—	16
蛇纹石	叶蛇纹石,粒径 1250 目	30	23
二氧化钛	金红石晶型,粒径 800 目	6	—
	锐钛矿晶型,粒径 1250 目	—	6
活性炭		250	150

制备方法 将各组分原料混合均匀即可。

原料介绍 氧化镁和二氧化钛能分解大部分有机污染物，氢氧化钙和氧化钙能去除酸性污染物，蛇纹石对重金属污染物的沉淀具有催化作用，活性炭能显著提高净水剂对污染物的吸附能力。

所述的氧化镁的粒径为 200～800 目，氢氧化钙的粒径为 400～600 目，氧化钙的粒径为 400～1250 目，蛇纹石的粒径为 300～1250 目，二氧化钛的粒径为 800～2000 目。

所述的二氧化钛为金红石型或锐钛矿型晶型。

所述的蛇纹石为叶蛇纹石。

产品应用 本品主要用于各种工业废水、生活污水、湖水、河水及自来水的净化。

产品特性

(1) 净水剂成分发挥杀菌去除重金属的作用，活性炭起到吸附污染物的作用。

(2) 净水剂使用寿命长，可反复多次使用。

(3) 净水剂使用方便，应用范围广，可用于各种工业废水、生活污水、湖水、河水及自来水的净化。

(4) 价格低廉，并且不会产生对人体有害的次生物质。

(5) 净水剂具有良好的净水功能，使用范围广泛，易于推广。

配方 2 除氟净水剂

原料配比

原料		配比(质量份)		
		1#	2#	3#
$Mg(OH)_2$		9.1	14.5	15
$MgCO_3$		65.9	46.5	44.1
$Al(OH)_3$		25	39	40.9
碳酸钠		1	1	1
铝质矿物	粒度为200目的铝矾土粉末	0.7	—	—
	粒度为200目的粉煤灰粉末	—	1.5	—
	粒度为200目的煤矸石粉末	—	—	2.5
镁盐	六水氯化镁	1.9	—	—
	七水硫酸镁	—	2.7	—
	六水硝酸镁	—	—	2.3

制备方法

(1) 将碳酸钠与铝质矿物混合焙烧，具体焙烧条件为：碳酸钠与铝质矿物质量比为（0.7～2.5）：1，焙烧温度为800～1100℃，焙烧时间为1～3h。

(2) 将焙烧后的混合物料用水充分溶解后过滤，保留滤液。

(3) 将镁盐溶液与所述滤液混合反应，反应结束后过滤出滤饼，将滤饼洗涤并烘干后得到除氟净水剂。混合反应的条件为：所述镁盐溶液的浓度为1～4mol/L，所述镁盐溶液中Mg^{2+}与所述滤液中Na^{+}的摩尔比为（0.45～0.55）：1，常温下以180～600r/min的搅拌速度搅拌0.5～1.5h。

原料介绍

本品的原理为：首先，碳酸钠与铝质矿物在高温下反应，生成偏铝酸钠，转化率在60%～80%。偏铝酸钠和未反应的碳酸钠加水溶解，与镁盐反应，经过过滤、干燥后得到含氢氧化镁、碳酸镁、氢氧化铝的净水剂。作为净水剂的成分，新生成的碳酸镁比表面积大，溶解度较大，能较快速吸附较多的氟离子，而新生成的氢氧化镁比表面积大，也能吸收氟离子。而氢氧化铝能固定较低浓度的氟离子。此外，来自玻璃酸洗、选矿中的含氟废水一般为酸性溶液，需要中和才能达到排放标准，本品成分中的氢氧化镁与碳酸镁均能起到中和废水的作用，能有效控制pH值在7左右，同时氢氧化铝不易溶出产生生物毒性。

产品应用 本品是一种除氟净水剂。

应用方法：按照待处理含氟废水中每克F^{-}添加3～6g除氟净水剂，常温下搅拌反应1.5～4h。

产品特性

(1) 该方法具有吸附容量大，处理后氟残余少的优点，同时由于试剂自身具有调节pH的作用，因此无须再进行后续处理，大大简化了处理工艺。

(2) 采用本品除氟，除氟剂的消耗量少但除氟能力强，除氟后的废水中氟残余浓度低，达到国家排放标准。并且本品具有中和酸调节pH的作用，简化除氟方法的同时降低成本。

配方 3 除磷净水剂

原料配比

原料	配比(质量份)		
	1#	2#	3#
粒径小于0.15mm的给水厂铝污泥	60	55	50

续表

原料	配比(质量份)		
	1#	2#	3#
粒径小于0.15mm污水厂剩余活性污泥	35	40	45
黏结剂黏土	5	5	5

制备方法

(1) 将上述原料按照配比称量后混合均匀，混合过程中加入水，湿基含水率控制在18%～25%，混合后得到混合料。

(2) 将上述混合料制成粒径为0.5～1.5mm的污泥颗粒，然后将污泥颗粒干燥，干燥温度为100～110℃，干燥后得到干燥污泥颗粒。

(3) 将上述干燥污泥颗粒在300～900℃下烘焙10～60min，最终得到除磷的改性污泥。

原料介绍

所述的给水厂污泥来自给水厂使用聚合氯化铝絮凝剂、聚合硫酸铁以及铁、铝为主体的混凝剂在沉淀池以及滤池反冲过程中的污泥脱水后获得脱水污泥。

所述的污水厂剩余活性污泥为生活污水厂的污泥，该污泥有机物含量不小于65%。

产品应用　本品是一种利用城市给水厂污泥、污水厂污泥为主要原料制备的轻质多孔净水材料——处理含磷废水的除磷净水剂。

产品特性　本品将给水厂污泥与污水厂污泥研磨过筛后与黏合剂混合并在高温下烘焙，生活污水厂污泥中大量有机物能够在高温下炭化，增强了高温改性污泥的孔隙度，孔隙度高，增加了污泥与含磷化合物接触的表面积，利于污泥对水中含磷化合物的去除，对磷的吸附效果更加理想，高效吸附了富营养化水体中的含磷化合物，起到了净化水质的作用，对水体环境有明显改善。本品合理利用给水厂污泥与生活污水厂污泥，避免污泥处理方式诸如直接排放、陆上埋弃、卫生填埋、海洋弃投和土地利用对环境造成的危害，节省水厂废弃物处理的成本。相比其他水体除磷方法，本品所用原料简单易得，价格低廉，制作原理简单，具有成本低、操作简单、环保等优势。

配方4　处理电镀工艺废水的污水净水剂

原料配比

原料		配比(质量份)		
		1#	2#	3#
明矾		6	8	11
大豆磷脂		6	7	8
椰子壳粉末		3	5	9
壳聚糖		3	5	8
羧甲基纤维素		5	6	7
大豆磷脂	膨化物料	1	1	1
	水	100	110	120
	碱性蛋白酶	0.5	0.5	0.5
椰子壳粉末溶液	椰子壳粉末	1	1	1
	水	20	25	30
	纤维素酶	2	3	4

制备方法

(1) 将大豆粉末进行预处理后得到膨化物料，将膨化物料与水混合，膨化物料与水的质量混合比例为1:(100～120)，加入膨化物料质量0.5%的碱性蛋白酶，然后在加热温度为35～

45℃条件下加热 1～2h，冷却静置后用微孔滤膜进行过滤，即得大豆磷脂。

(2) 将椰子壳粉末与水混合后，加入纤维素酶，然后加热混合搅拌 20～30min，冷却静置备用。椰子壳粉末与水的质量混合比例为 1∶(20～30)。纤维素酶的质量为椰子壳粉末质量的 2%～4%。椰子壳粉末的加热温度为 30～40℃。

(3) 按比例取步骤 (1) 的大豆磷脂和步骤 (2) 的椰子壳粉末溶液，加入搅拌机中，再按比例加入明矾、壳聚糖和羧甲基纤维素，混合均匀后即得污水净化剂。

产品应用　本品是一种处理电镀工艺废水的污水净化剂。

使用方法为：在 100kg 的污水中加入 2～3kg 所制备的污水净化剂，搅拌均匀后静置 40～45min，过滤后即可得净化的污水。

产品特性

(1) 通过水酶法对大豆磷脂进行提取，在保证大豆磷脂功能的同时，能够得到纯度较高、品质较好的大豆磷脂。

(2) 污水净化剂能够高效降解污水中的有机物，显著降低 COD 值和总氮含量，提高污水净化效果。

(3) 本品制备方法简单，能够充分吸收污水中的杂质，并且不会产生二次污染，具有较好的实用性。

(4) 本品通过配方和制备方法上的协同作用，能够增强污水净水剂的净水能力。

配方 5　处理垃圾渗滤液的净水剂

原料配比

原料	配比(质量份)		原料	配比(质量份)	
	1#	2#		1#	2#
硅藻土	1	1	聚合氯化铁	0.03	0.05
硫酸铝	0.15	0.1	水	1.5	1.5

制备方法　将各组分原料混合均匀即可。

原料介绍

所述的硅藻土经过破碎和煅烧活化处理。

硅藻土是一种生物成因的硅质沉积岩，主要由古代硅藻遗体组成，其化学成分主要是 SiO_2，含有少量的 Al_2O_3、Fe_2O_3、CaO、MgO、K_2O、Na_2O、P_2O_5 和有机质，有机物含量从微量到 30%以上。由于硅藻土具有细腻、松散、质轻、多孔、吸水和渗透性强等特点，并有特殊的结构构造使得它具有许多特殊的用途和物理性能，如大的孔隙度、较强的吸附性、质轻、隔音、耐磨耐热并有一定的强度。硅藻土经破碎，煅烧，活化后成为很好的混凝剂并同时具有吸附剂的效果。

聚合氯化铁和硫酸铝，溶解时呈酸性，对硅藻土混凝效果具有活化作用，三者结合产生的协同作用，能大大增强混凝处理效果。

产品应用　本品主要用于各类生物难降解的水质的 COD 的去除，特别是针对垃圾渗滤液的水质处理。

产品特性　本品具有优良的沉降性能和吸附性能，设备要求简单，成本低，可达到微滤和反渗透等昂贵的处理技术所达到的处理效果。目前垃圾渗滤液处理中要采用微滤和反渗滤这些设备投资和运行费用相当高的后处理技术才可保证出水 COD 的达标排放。本品的成功应用可为含高浓度腐殖酸等难降解有机物水体的处理节约大笔设备投资费和运行成本。

配方 6　促使水体高效净化的复合净水剂

原料配比

原料				配比(质量份)		
				1#	2#	3#
无机高分子絮凝剂			聚合氯化铝	54	—	—
			聚合氯化铝铁	—	36	54
壳聚糖改性丙烯酰胺-甲基丙磺酸共聚物水包水乳液				加至 100	加至 100	加至 100
羟基化壳聚糖改性丙烯酰胺-甲基丙磺酸共聚物水包水乳液	乳液 A	表面活性剂	十二烷基乙氧基磺基甜菜碱	1	—	—
			十二烷基羟丙基磺基甜菜碱	—	1	—
			十二烷基磺丙基甜菜碱	—	—	1
		聚乙二醇		1.5	2.5	3.5
		去离子水		30	70	100
		羟基化壳聚糖(分子量为 3000，羟基化的程度为 5%)		8	—	—
		羧基化壳聚糖(分子量为 6000，羧基化的程度为 23%)		—	12	—
		羟基化壳聚糖(分子量为 8000，羟基化的程度为 30%)		—	—	26
	乳液 A			100	100	100
	引发剂	硝酸铈铵		0.2	—	0.8
		硫酸铵			0.48	
	丙烯酰胺(物质的量，mol)			1.5	1.8	2.5
	甲基丙磺酸(物质的量，mol)			1	1	1
	抽提液	异丙醇(体积)		7	7	7
		冰醋酸(体积)		3	3	3

制备方法　将壳聚糖改性丙烯酰胺-甲基丙磺酸共聚物水包水乳液与无机高分子絮凝剂按比例进行复配，得到所述的复合净水剂。

原料介绍　壳聚糖改性丙烯酰胺-甲基丙磺酸共聚物水包水乳液制备方法如下。

(1) 将表面活性剂、聚乙二醇、去离子水和壳聚糖搅拌混合均匀，得到乳液 A。

(2) 加入硫酸调节乳液 A 的 pH 值至 4～5，再加热至 50～60℃，通入氮气 30min，搅拌糊化 10～30min，加入引发剂引发 10～60min 后，再加入单体丙烯酰胺、甲基丙磺酸，聚合反应 1～6h 后冷却，得到水包水乳液。

(3) 将水包水乳液采用乙醇沉淀后再用丙酮洗涤，50～60℃真空干燥，然后用抽提液进行抽提，得到高纯的壳聚糖改性丙烯酰胺-甲基丙磺酸共聚物水包水乳液。

所述壳聚糖为羟基化壳聚糖或羧基化壳聚糖中的一种。

所述壳聚糖的分子量为 3000～8000，所述壳聚糖羟基化或羧基化的程度为 5%～30%。

所述壳聚糖改性丙烯酰胺-甲基丙磺酸共聚物水包水乳液的粒径尺寸为 0.1～10μm。

所述复合净水剂在 20℃下的黏度为 5～15mPa·s。

所述表面活性剂为十二烷基乙氧基磺基甜菜碱、十二烷基羟丙基磺基甜菜碱、十二烷基磺丙基甜菜碱中的至少一种。

所述引发剂为硝酸铈铵或硫酸铵中的一种，其用量为乳液 A 总重的 0.2%～0.85%。

产品应用　本品是一种促使水体高效净化的复合净水剂。

产品特性

(1) 本品通过壳聚糖改性丙烯酰胺-甲基丙磺酸共聚物水包水乳液及无机高分子絮凝剂的协同作用，使得净水剂投加至水体中后，促使水体中形成的絮团能够快速沉降，同时具有受水质影响小，药剂投放量少，净化效果好，耐剪切的优异性能。

（2）羟基化或羧基化壳聚糖的改性，不仅有利于复合净水剂在水体中的伸展，提供更多的点位以捕获水体中的颗粒物质；同时，通过壳聚糖改性处理后的复合净水剂，减少了无机高分子絮凝剂的投加，并且进一步投加入水体形成絮团后得到的污泥易于生物降解，有利于污泥的生物发酵处理，减少了二次污染的产生。所述表面活性剂电离后带有磺酸基阴离子基团和季铵盐基阳离子基团，通过上述两种阴阳离子基团的共同作用，所述净水剂通过吸附和电中和的作用，可以有效吸附水体中的有机和无机悬浮颗粒。

（3）本品具有一定的黏性，表现出亲水胶体的特性，通过壳聚糖改性丙烯酰胺-甲基丙磺酸共聚物水包水乳液，使其在水体中呈现更好的伸展状态，使得净水剂更大范围地分散在水体中，捕获更多的颗粒，提高了水源的处理负荷，进而减少了净水剂的投加量。其次，水包水乳液的低黏特性，减少了絮团在水中的摩擦阻力，提高了其在水体中的沉降速度。另外，由于共聚物高分子物质的特性，结絮早，絮凝物抱团紧，颗粒大不易打碎，进一步提高了絮团的稳定性。

（4）本品通过无机复合有机的结构设计，使得无机高分子混凝剂类净水剂投放量少，并且形成的矾花更加密实，沉降速度快，净化效果好。

配方 7　电镀废水用净水剂

原料配比

原料	配比（质量份）		
	1#	2#	3#
柠檬酸钠	5	8	12
羟基磷灰石	10	10	5
硫酸铝	15	12	10
聚合氯化铝铁	12	18	15
聚合氯化铝	8	10	10
聚丙烯酸钠	5	8	8
聚二甲基硅氧烷二季铵盐	0.8	0.5	0.5
N,*N*-哌嗪二硫代氨基甲酸钠	20	18	15
三水合二乙基硫代氨基甲酸钠	5	8	8

制备方法　首先将除 *N*,*N*-哌嗪二硫代氨基甲酸钠和三水合二乙基硫代氨基甲酸钠以外的原料湿法球磨 20～30min，然后于 80～100℃下烘干，加入 *N*,*N*-哌嗪二硫代氨基甲酸钠和三水合二乙基硫代氨基甲酸钠继续搅拌混合 20～30min，即得到净水剂。加水进行湿法球磨，水的质量为进行湿法球磨原料质量和的 20%～30%；于 80～100℃下烘干 0.5～1h。

原料介绍

羟基磷灰石和硫酸铝具有很好的吸附作用，羟基磷灰石为六方晶系，具有较大的比表面积和表面活性，且溶解产生的各种阴离子与电镀废水中的金属阳离子相互作用，生成重金属的磷酸盐沉淀，此外，还可以跟电镀废水中的重金属离子络合形成沉淀。

硫酸铝溶解后形成具有吸附作用的网状结构物，这种网状结构物对电镀废水中的不溶性物质具有很好的吸附和网捕作用，且能够中和电镀废水中带电的小颗粒。

柠檬酸钠作为一种还原剂添加到电镀废水中，与聚合氯化铝铁协同作用，由于聚合氯化铝铁是由铝盐和铁盐混凝水解而形成的一种无机高分子混凝剂，因此，聚合氯化铝铁在起到去浊除色效果的同时，与柠檬酸钠协同作用，对废水中残存的 Cr^{6+} 进行进一步还原；且聚合氯化铝铁与电镀废水中存在的重金属离子形成的絮凝体大且结实，沉降速度快，而柠檬酸钠在起到还原剂作用的同时，还能起到稳定溶液 pH 值的作用。

聚合氯化铝与聚丙烯酸钠之间具有协同作用，聚合氯化铝对电镀废水中的重金属离子进行吸附，而聚丙烯酸钠通过吸附架桥网捕作用，提高絮凝体的尺寸，从而加快沉淀。聚丙烯酸钠相对于常规使用的聚丙烯酰胺无毒，不用担心分解产生丙烯酰胺。此外，聚丙烯酸钠对电镀废水中的 Cu^{2+} 有很好的络合能力，然后通过前述的无机絮凝剂的吸附网捕作用，使其沉淀。

聚丙烯酸钠是具有亲水和疏水基团的高分子化合物，缓慢溶于水形成极黏稠的透明液体，遇到二价以上金属离子形成不溶性的盐，引起分子交联从而凝胶化沉淀。而 *N*,*N*-哌嗪二硫代氨基甲酸钠与三水合二乙基硫代氨基甲酸钠的复配使用，能够破坏难以去除的以络合物形式存在的重金属离子，对电镀废水中的重金属离子实现螯合反应和捕集作用，使得电镀废水中的重金属离子能够在短时间内沉淀出来。聚二甲基硅氧烷二季铵盐作为杀菌剂添加到电镀废水中，对电镀废水起到进一步的杀菌作用。

产品应用　本品是一种电镀废水用净水剂。

使用方法：将其添加到电镀废水中，添加量为电镀废水质量的0.05%～0.08%。

产品特性　本品制备工艺简单，制备得到的净水剂对电镀废水中的重金属离子具有很好的去除效果，且去除效率高，效果稳定。

配方 8　多功能高效净水剂

原料配比

原料		配比(质量份)			
		1#	2#	3#	4#
纳米介孔材料		10	69	30	45
改性剂	硫酸亚铁	85	—	—	—
	硫酸铝	—	30	—	—
	聚氯化铝	—	—	67	—
	三氯化铁	—	—	—	53
辅助剂	烧碱	5	—	3	—
	聚丙烯酰胺	—	1	—	—
	熟石灰	—	—	—	2

制备方法　通过将纳米介孔材料、改性剂和辅助剂按照质量比为(10～70)：(10～90)：(1～5)搅拌混匀制备得到。搅拌温度为常温，搅拌时间为5～60min。

原料介绍

所述纳米介孔材料的孔径为2～50nm。所述纳米介孔材料为硅系矿原矿经物理选矿制得硅系矿精矿，再经物理化学方法处理得到的具有纳米介孔结构的非晶体材料。

所述纳米介孔材料通过如下方法制备得到：选取具有纳米介孔结构的圆筛藻属或小环藻属类硅系矿原矿，将原矿破碎研磨成50～500目的矿粉，然后根据各矿物性质和颗粒范围不同，以擦洗法分离、离析各类矿物得到硅系矿精矿。所得硅系矿精矿以酸浸法清除硅藻纳米介孔内的杂质，修饰硅藻孔结构后得到本品所需的纳米介孔材料。本方法中的擦洗法、酸浸法均采用本领域常规的方法。

所述改性剂选自三氯化铁、硫酸铁、硫酸亚铁、硫酸铝和聚氯化铝中的任意一种或多种。

所述辅助剂选自有机高分子絮凝剂、烧碱、熟石灰中的任意一种或多种；优选地，所述有机高分子絮凝剂为淀粉或聚丙烯酰胺。

产品应用　本品是一种多功能高效净水剂。

产品特性

(1) 本品通过将上述特定用量的原料制备成净水剂，使得制备得到的净水剂同时具备化学絮凝、物理吸附以及生物载体的作用。本品通过负载有效菌能够显著去除有机污染物，通过静电聚合作用显著去除重金属离子，从而达到高效地处理生活污水、工矿废水和特种废水的目的。本品能够有效减少污废水处理产生的污泥量，进而降低每吨污废水处理的综合成本。

(2) 本品通过精选硅系矿原矿制备纳米介孔材料，使得以该材料制备的净水剂具有较大的比表面积，进而具有与活性炭相似的物理吸附性能。

(3) 本品通过物理吸附使得絮体更大，沉降速度更快，污泥脱水后的含水率更低。

(4) 本品所选用的纳米介孔材料具有天然纳米介孔结构，是优质的生物培养皿，可以很好地充当有效菌群的载体。有效菌群附着在纳米介孔材料上，以纳米介孔吸附的有机污染物为食饵，因此不需在水体中捕捉碳源，可以更好地繁殖。这使得活性污泥中有效菌群的浓度大幅提高，污水净化效果也随之大幅提升。

配方 9 多功能净水剂

原料配比

原料	配比(质量份)			
	1#	2#	3#	4#
改性椰子皮	23	26	23	25
改性棕榈皮	18	18	21	20
竹茹	12	15	12	13
辣木树叶	4	4	6	5
蒙脱土	27	30	27	28
麦饭石	15	15	18	17
叶蜡石	10	12	10	11
粉煤灰	10	10	12	11
电气石粉	6	7	6	7
聚合氯化铝	18	18	22	20
聚环氧乙烷	14	17	14	15
聚二烯丙基二甲基氯化铵	12	12	16	15

制备方法

(1) 将干燥的改性椰子皮、改性棕榈皮、竹茹、辣木树叶、蒙脱土、麦饭石、叶蜡石、粉煤灰和电气石粉研磨成粒度为300～400目的粉末后，混匀得到混合物Ⅰ。

(2) 将混合物Ⅰ用去离子水浸泡后，加入聚合氯化铝、聚环氧乙烷和聚二烯丙基二甲基氯化铵，在150～155r/min的转速下，搅拌混合2～2.5h，得到固液混合物Ⅱ，再对所得的固液混合物Ⅱ进行冷冻干燥处理，即可制得所述的多功能净水剂。

原料介绍

本品采用了特定比例的改性椰子皮、改性棕榈皮、竹茹、辣木树叶、蒙脱土、麦饭石、叶蜡石、粉煤灰、电气石粉、聚合氯化铝、聚环氧乙烷和聚二烯丙基二甲基氯化铵进行复配，在制备时，通过在去离子水中搅拌浸泡的方式，实现了各原料组分之间充分地分散融合，然后利用冷冻干燥技术将水分低温冻结蒸发，可以在不损害原料结构及性能的情况下，保持各原料组分的充分融合，便于后续充分发挥各原料组分之间的相互协同作用，实现性能的互补与增强，制备出兼具絮凝、吸附、灭菌等多重功能的多功能净水剂。其中：在改性椰子皮、改性棕榈皮、竹茹、辣木树叶、蒙脱土、麦饭石、叶蜡石和粉煤灰等原料组分的相互协同作用下，能够提高对污水中有机物质和重金属离子等的吸附效率以及吸附量，进而大量去除污水中的有害物质；而在竹茹、辣木树叶、麦饭石和电气石粉等原料组分的相互协同配合下，能够增强对水中细菌等微生物的抑制和灭杀功效，大量去除水中的细菌等微生物，避免其过量繁殖而引起水体更严重的污染；而聚合氯化铝、聚环氧乙烷和聚二烯丙基二甲基氯化铵在相互协同作用下，综合了三者的长处，克服了各自性能的缺陷，大大提高了絮凝效果。

所述改性椰子皮的制备方法，包括如下步骤：将干燥的椰子皮粉碎成粒度为100～200目后，置于浓度为8%的氨水中，在100℃温度下煮沸5h；然后过滤，收集滤渣并用蒸馏水反复洗涤，直到最后一次清洗液显示为中性为止；再将清洗好的滤渣烘干，即为改性椰子皮。

所述改性棕榈皮的制备方法，包括如下步骤：

(1) 将干燥的棕榈皮粉碎成粒度为100～200目后，置于反应器中，加入蒸馏水，加热至65℃，搅拌45min，同时不断通入氮气，以排出反应器中的空气。

(2) 向反应器中加入过硫酸铵，加入量为棕榈皮质量的8.5%，加入后搅拌15min，再加入丙烯酸与丙烯酰胺的混合物以及*N*,*N*-亚甲基双丙烯酰胺，加入后继续搅拌150min，之后停止搅拌并过滤，收集滤渣。其中：丙烯酸与丙烯酰胺的混合物的加入量为棕榈皮质量的3.5倍，*N*,*N*-亚甲基双丙烯酰胺的加入量为棕榈皮质量的3%；在丙烯酸与丙烯酰胺的混合物中，丙烯酸与丙烯酰胺的质量比为1∶1。

(3) 将所得滤渣先用蒸馏水洗涤3次，再用无水乙醇清洗3次，然后用浓度为8%的氨水浸泡10h，之后再用去离子水反复冲洗，直至清洗液显示为中性为止。

(4) 将洗净后的滤渣在60℃条件下，干燥至恒重，即为改性棕榈皮。

产品应用　本品是一种多功能净水剂。

产品特性

(1) 本品采用的原料组分来源广泛、价格低廉、性质稳定，且均为无毒无害的环境友好型材料，能够保证处理后水质的安全性，并同时降低处理成本。

(2) 本品在制备时，通过在去离子水中搅拌浸泡的方式，实现了各原料组分之间充分地分散融合，然后利用冷冻干燥技术将水分低温冻结蒸发，可以在不损害原料结构及性能的情况下，保持各原料组分的充分融合，便于后续充分发挥各原料组分之间的相互协同作用，实现性能的互补与增强，产品兼具絮凝、吸附、灭菌等多重功能。

配方10　多元共聚氯化铁净水剂

原料配比

原料		配比(质量份)
微量聚合的氯化铁	含三价铁90%以上的铁精矿粉	25～30
	工业用水	7～15
	氢氧化钠	1～10
	氟化钠	2～8
	氯酸钠	5～8
	盐酸	50～60
聚合淀粉	工业用水	50～60
	氢氧化钠	20～40
	玉米淀粉	3～10
	磷酸二氢钠	0.5～2
	尿素	5～10
	氢氧化铝	0.2～1
微量聚合的氯化铁		1
聚合淀粉		1

制备方法

(1) 制备中间体微量聚合的氯化铁：在反应器中加入含三价铁90%以上的铁精矿粉和水，

搅拌均匀后再加入氢氧化钠，边加热边搅拌，将加热温度控制在20～70℃，搅拌时间为20～30min，然后加入盐酸、氟化钠、氯酸钠，并继续搅拌50～70min，即获得中间体微量聚合的氯化铁。

（2）制备中间体聚合淀粉：在另一反应器中加入水、氢氧化钠、玉米淀粉、磷酸二氢钠、尿素、氢氧化铝，在20～40℃温度条件下搅拌50～70min形成中间体聚合淀粉。

（3）将和聚合淀粉相同质量的微量聚合的氯化铁加入已形成聚合淀粉的反应器中，经50～70min的多元共聚后进行过滤，即获得多元共聚氯化铁净水剂成品。

产品应用　本品是一种多元共聚氯化铁净水剂。

产品特性　本品生产成本较低，反应时间较短，净水效果优异。

配方 11　多元共聚铁系净水剂

原料配比

原料	配比(质量份)	原料	配比(质量份)
硫酸亚铁	948	催化剂硝酸锌	79
硫酸	145	水	1872

制备方法　在常温常压下将硫酸亚铁、硫酸、硝酸锌及水依次加入反应釜中，关闭反应釜，启动搅拌机，使各组分迅速混合均匀；然后缓缓旋开氧气阀，将氧气的流量调节为1.8～16.4m^3/h，并开始加热；控制反应温度在100～115℃范围内，调节氧气流量以控制系统压力在0.12～0.40MPa之间。系统压力在0.12～0.40MPa之间波动，经历升高、降低、再升高、再降低，如此五次循环，反应58min即制得多元共聚铁系净水剂液体产品。其盐基度为17.63%，总铁含量为169.7g/L，检测不出亚铁离子。

原料介绍

所述的硫酸亚铁可以是工业硫酸亚铁或含硫酸亚铁的矿渣、废渣。

所述的硫酸可以是工业硫酸或含硫酸的废液。

所述的催化剂为硝酸锌或硝酸镁或硝酸钙或它们的混合物。

产品应用　本品主要用作处理自来水、工业用水、工业废水及城市污水等的无机高分子絮凝剂——多元共聚铁系净水剂。

产品特性

（1）本品采用新的催化剂，以极少的用量即可大大加快反应速率，缩短反应时间，提高生产效率，降低生产成本。

（2）本品提供的生产方法完全消除了三废污染。

配方 12　二元复合型净水剂

原料配比

原料		配比(质量份)						
		1#	2#	3#	4#	5#	6#	7#
聚合氯化铝-聚二甲基二烯丙基氯化铵复合絮凝剂	氢氧化铝	100	100	100	100	100	100	100
	盐酸	145	155	148	155	150	160	140
	铝酸钙粉	100	114	108	114	97	100	100
	水	211	223	211	229	197	229	202
	聚二甲基二烯丙基氯化铵	40	40	40	43	39	43	41

续表

原料		配比(质量份)						
		1#	2#	3#	4#	5#	6#	7#
聚合氯化铝-聚二甲基二烯丙基氯化铵复合絮凝剂		100	100	100	100	100	100	100
阴离子聚丙烯酰胺	分子量为1800万	55	—	—	—	70	—	55
	分子量为1600万	—	55	—	—	—	—	—
	分子量为1500万	—	—	60	—	—	—	—
	分子量为1700万	—	—	—	65	—	—	—
	分子量为2000万	—	—	—	—	—	60	—

制备方法

(1) 称取氢氧化铝和盐酸，加入反应器中。

(2) 搅拌下，控制反应温度为130～150℃，反应压力为0.25～0.35MPa，保温160～190min，反应生成氯化铝溶液。

(3) 搅拌下，再向反应器内加入铝酸钙粉、水和聚二甲基二烯丙基氯化铵。

(4) 搅拌下，控制反应温度为90～110℃，反应压力为0.05～0.15MPa，保温55～75min，料浆经沉降48h后，转入滚筒干燥机，干燥温度为160～180℃，得到聚合氯化铝-聚二甲基二烯丙基氯化铵复合絮凝剂（PAC-PDDA）。

(5) 将上述复合絮凝剂与阴离子聚丙烯酰胺按质量比100∶(50～70) 在螺旋锥混合机中搅拌40～80min混匀，得到二元复合型净水剂。

本品所涉反应中影响二元复合型净水剂的性能指标的因素很多，主要包括氢氧化铝与盐酸的配料比例、反应温度、压力、反应时间的控制；铝酸钙粉和聚二甲基二烯丙基氯化铵的用量、反应温度、压力的控制；PAC-PDDA复合絮凝剂的干燥温度；PAC-PDDA混凝剂与阴离子聚丙烯酰胺的配比等。其中，氢氧化铝、盐酸、铝酸钙粉的相对用量和盐酸用量的增加，会造成产品的盐基度下降，影响净水效果；盐酸用量减少，产品的盐基度增大，但不利于聚合反应的快速进行。由于氢氧化铝的酸溶性较差，因此采用过量的盐酸，以及通过步骤(2) 中加温加压，使氢氧化铝彻底溶解，生成强酸性的氯化铝溶液。pH值越低的情况下，氯化铝溶液稳定性越强，水解、聚合的倾向减小；为提高聚合氯化铝产品的盐基度和电荷密度，因此步骤(3) 中补加铝酸钙粉和聚二甲基二烯丙基氯化铵，使体系中的酸量不断消耗，引发氯化铝发生水解、聚合反应，同时铝离子与PDDA所带正电荷互相叠加，形成高品质的PAC-PDDA复合絮凝剂。PDDA化学性质有不易燃、凝聚力强、水解稳定性好、不成凝胶、对pH值变化不敏感等优点，当温度达到280℃时，PDDA发生分解，因此在160～180℃干燥制得PAC-PDDA产品符合滚筒干燥的条件。

所述向反应器内补加铝酸钙粉、水、聚二甲基二烯丙基氯化铵，所述铝酸钙粉、水、聚二甲基二烯丙基氯化铵与氢氧化铝的质量比为(80～120)∶(180～230)∶(30～50)∶100；工艺中，水主要用于铝酸钙粉打浆，同时稀释氯化铝溶液浓度，有利于增加生成的聚合氯化铝与PDDA的接触面积。PDDA有极强的吸附能力，且不溶于水，在体系中与PAC附着、黏结在一起。

所述控制反应体系温度在90～110℃；压力为0.05～0.15MPa；氯化铝溶液随之发生水解、聚合反应，保温55～75min。反应体系的温度、压力及保温时间为氯化铝水解、聚合的关键点。铝酸钙粉极易溶于盐酸，且反应迅速，自放热大，在95℃时，氧化铝浸出率可达90%以上，因此作为酸浸液添加料，在提高盐基度的同时，增加氧化铝的含量。为避免高温常压下，盐酸以氯化氢气体形式逸出，设计反应体系压力0.05～0.15MPa。在反应过程中生成碱式氯化铝，当pH升高到一定值时，在相邻两个羟基发生架桥聚合及自聚，直至达到一定聚合度。然后，

PAC-PDDA复合絮凝剂转入滚筒干燥机，控制温度在160～180℃干燥。

原料介绍

本品的反应原理为，氢氧化铝和盐酸在密闭反应器中，经高温高压反应生成氯化铝溶液，补加铝酸钙、水和聚二甲基二烯丙基氯化铵，过量盐酸与铝酸钙粉在低温低压条件下生成氯化铝，同时引发水解、聚合反应得到棕黄色的PAC-PDDA复合絮凝剂。酸浸、水解、聚合三个反应同时存在于一个体系中，相互影响，相互促进。酸浸反应是三个系列反应中的第一步，该反应较慢，控制着整个反应过程。本品通过提高反应温度和压力加快该反应进程，并利用铝酸钙粉在低温低压条件下消耗过量的酸，引发氯化铝水解、聚合反应，由于聚二甲基二烯丙基氯化铵为阳离子型高分子絮凝剂，每个分子带有一个正电荷，与铝离子复合后，正电荷相互叠加，电位升高后，絮体的架桥吸附能力、除浊效果亦会明显改善。

所述的阴离子聚丙烯酰胺分子量为1500万～2000万。

产品应用　本品主要用于饮用水，市政污水，工业用水，电厂循环水，纺织印染油田回注水，净化造纸、冶金、洗煤、皮革及各种化工废水混凝沉淀处理。

产品特性

(1) 该制备方法制备的二元复合型净水剂处理污水时，生成的沉淀絮片大、沉降快、水样浊度低，效果好。

(2) 本品是在无机絮凝剂聚合氯化铝（PAC）和有机高分子絮凝剂（PDDA、PAM）的基础上发展起来的，是综合了聚合氯化铝和聚二甲基二烯丙基氯化铵、聚丙烯酰胺优点的一种新型高效的复合型水处理剂。本品提供的二元复合型净水剂经过一系列混凝实验，以同样摩尔浓度的PAC与该净水剂作比较，观察该净水剂的絮凝效果，目视观测其浊度变化，发现加入该净水剂的样品与加入同样摩尔浓度的PAC的样品相比较，生成的沉淀絮片大、沉降快、水样浊度低，效果明显更好。

(3) 本品以氢氧化铝、盐酸、铝酸钙粉与PDDA制得的PAC-PDDA絮凝剂，比传统的铝灰、铝矾土、粉煤灰与PDDA生产的PAC-PDDA絮凝剂，水不溶物少，残渣也少，生产周期短、成本低、经济效益高、设备投资少。

(4) 本品生产的PAC-PDDA复合型絮凝剂带有极强的正电荷，对水体中的微粒有较好的卷扫、架桥、吸附作用，将复合絮凝剂与阴离子聚丙烯酰胺按质量比100∶(50～70) 充分混合使用，既减少设备的投入，又提高药剂pH适应宽度，对高浊度有机废水有良好的净化效果。用于垃圾渗透液和油漆废水处理，按质量比PAC-PDDA∶PAM＝100∶55，混匀使用，水质絮团最大，水质清澈，比单独使用PAC-PDDA复合絮凝剂、单一的PAC絮凝剂效果更好。

配方13　废水处理净水剂

原料配比

原料	配比(质量份)		
	1#	2#	3#
氢氧化钠	56	55	53
氯化钠	38	45	48
亚硝酸	16	15	19
铝酸钠	19	18	15
聚合氯化铝	7	5	5
活性炭	12	18	13
亚硝酸钠	12	10	8
水	65	68	68

制备方法　将各组分原料混合均匀即可。

产品应用　本品是一种医用废水处理净水剂。

产品特性　本品原材料易得，生产成本低，对于医用废水的处理效果较好，易分解，不会产生二次污染，可以有效减轻水资源污染。

配方 14　废水处理用的复合净水剂

原料配比

原料		配比(质量份)		
		1#	2#	3#
可溶性单体	氯化铝	90	—	—
	硫酸铝	—	70	—
	聚合铝	—	10	60
不可溶性单体	高岭土(粒径为 0.04mm)	5	—	—
	沸石(粒径为 0.04mm)	5	—	—
	沸石(粒径为 0.06mm)	—	—	10
	膨润土(粒径为 0.06mm)	—	10	10
	明矾石(粒径为 0.04mm)	—	10	—
	硅藻土(粒径为 0.04mm)	—	—	10
	石英粉(粒径为 0.04mm)	—	—	10

制备方法　将各组分原料混合均匀即可。

原料介绍　所述的不可溶单体先经粉磨，粒径控制在≤0.06mm，然后经膨化或酸化处理。

产品应用　本品主要用于畜牧场、食品厂、肉类加工、生活污水、油田废水、造纸厂、电镀、洗煤、印染、漂染等废水净化处理。

产品特性

(1) 本品选用的可溶性单体具有引发连锁脱稳反应的作用，控制不溶性单体颗粒半径可以改善生成絮体的密度和强度，增大不溶性单体的接触面积可以增强其吸附架桥能力，这些因素都大大提高了净化水质的效率。

(2) 复合净水剂在通过化学反应来破坏废水中的污染物的稳定性的同时，增加其吸附架桥能力及改善生成絮体的粒径、密度和强度，比单一型净水剂具有更多的功效。

(3) 应用范围广。对多种废水都可以达到较好的混凝效果；快速形成絮体，沉淀性能好。脱色效果好；适宜的 pH 值及温度范围较宽；单位使用量比单一型为低，具有更高的净化效率。而且原材料易得，价格便宜。高效、低成本，特别能够去除废水中的惰性污染物。

配方 15　废水处理用净水剂

原料配比

原料	配比(质量份)					
	1#	2#	3#	4#	5#	6#
碳酸铝系复合钙硅酸盐	50	70	60	60	59	60
沸石粉	10	20	16	17	18	10
珍珠岩粉	15	25	20	15	22	15
石墨千枚岩粉	5	10	7	10	5.4	5

制备方法

（1）将原料碳酸铝系复合钙硅酸盐、沸石粉、珍珠岩粉和石墨千枚岩粉分别粉碎至不超过60目。

（2）取10～20质量份的沸石粉与15～25质量份的珍珠岩粉均匀混合搅拌得到A混合物。混合搅拌时间不低于10min，每次混合搅拌速率不低于60r/min，混合搅拌温度在25℃以上，混合搅拌湿度在30%以下。

（3）取5～10质量份的石墨千枚岩粉与A混合物均匀混合搅拌得到B混合物。混合搅拌时间不低于10min，每次混合搅拌速率不低于60r/min，混合搅拌温度在25℃以上，混合搅拌湿度在30%以下。

（4）取50～70质量份的碳酸铝系复合钙硅酸盐与B混合物均匀混合搅拌即得。混合搅拌时间不低于10min，每次混合搅拌速率不低于60r/min，混合搅拌温度在25℃以上，混合搅拌湿度在30%以下。

原料介绍

本品利用各种天然岩石粉末和矿物组合相配合，耐酸碱能力较为突出，添加的碳酸铝系复合钙硅酸盐具有强烈的吸附COD成分、磷成分、悬浮物成分、金属成分并将其保存在此天然岩石粉的间隙和结晶结构中的能力，且碳酸铝系复合钙硅酸盐具有强烈的成核作用，能够迅速捕捉水中的污染物并将其凝聚沉降下来；配合添加的石墨千枚岩粉同时具有强烈的吸附氨氮成分的能力，尤其对水中细粉颗粒能够有效吸附，结合沸石粉和珍珠岩粉对水中粗粉颗粒的高效吸附与沉淀，各组分之间相互协同，能够迅速吸附去除畜禽污水中的主要污染物（如COD成分、氨氮、总磷、悬浮物、K、Cu、Zn金属等），使污染水的BOD、COD得到显著改善，并能够对99%的污泥进行沉淀处理，反应速率极快，且凝集絮状物大、脱水性良好，同时由于净水剂本身呈中性，不需对处理后水的pH值做调整，应用更加方便。

所述的碳酸铝系复合钙硅酸盐包括多种含水铝硅酸盐与碳酸铝盐的复合天然岩石粉末，可采用含有沸石、石英和白云石等的特种天然火山灰经加工而成。

产品应用　本品是一种废水处理用净水剂。

使用方法：将净水剂投入废水中进行充分搅拌混合，然后分离出沉淀物和上清液。净水剂投加量为废水量的0.1%～0.3%。

产品特性

（1）本品具有极强的吸附和絮凝作用，凝集的沉淀物脱水后还可直接用作固体肥料或经堆肥后使用，实现了全循环废物利用，不产生二次污染。

（2）本品与常规铝系凝集剂或铁系凝集剂相比，其凝集速度有大幅度提升，常规铝系凝集剂或铁系凝集剂需要5～20min才能分离，而本净水剂添加后凝集速度极快，只需1～2min聚合物和处理水即可分离。

（3）本品不使用硫酸和烧碱，使用时只要1道工序即可，与常规高分子凝集剂需要2～4道工序相比，使用设备和成本都有明显降低，且本净水剂可改善悬浮固体物质、COD、己烷等水质，分离出的污泥是疏水性和易脱水的，便于处理。

（4）本品使用时只需要简单的净水剂投放和混合装置，将本净水剂与待处理污水同时投入管道混合器中进行充分搅拌混合，然后分离沉淀物和上清液，上清液直接达到环保的废水排放标准，沉淀物则进入沉淀浓缩池，自然沉淀脱水后经压滤将含水率控制在50%以下，处理养殖污水时产生的污泥大部分为粪污中的营养成分，可直接与其他干粪混合进行堆肥利用或制作砖瓦等建筑材料，实现全循环利用且不产生次生污染。不需要污水处理设施，生产成本有效降低，操作简单，适用广泛。

配方16　废水处理专用净水剂

原料配比

原料		配比(质量份)				
		1#	2#	3#	4#	5#
膨润土		10	20	12	18	15
高岭土		15	25	17	24	20
改性凹凸棒土		8	14	10	12	11
氢氧化铝		6	12	8	10	9
氢氧化钠溶液		5	10	6	9	8
盐酸		6	11	8	10	9
活化粉煤灰		7	13	9	12	10
碳酸钙		3	7	4	5	4.3
明矾		2	5	3	4	3.4
山药		3	8	4	6	4.6
活性炭		5	9	7	8	7.2
过氧化氢		0.2	0.6	0.3	0.5	0.4
增孔剂	碳酸氢钾	0.3	0.7	0.4	0.6	0.5
分散剂	六偏磷酸钠	—	—	—	—	1.7
	焦磷酸钠	—	2	1.3	—	—
	十二烷基硫酸钠	—	—	—	1.8	—
杀菌剂		1	2	1.2	1.9	1.5
水		适量	适量	适量	适量	适量

制备方法

(1) 按配方称取膨润土、高岭土、改性凹凸棒土、氢氧化铝、氢氧化钠溶液、盐酸、活化粉煤灰、碳酸钙、明矾、山药、活性炭、过氧化氢、增孔剂、分散剂、杀菌剂及水，备用。

(2) 将膨润土、氢氧化铝、盐酸总质量的2%及水一起置于反应釜中，搅拌混合均匀，同时加热至60～70℃，保温搅拌反应2～3h，过滤，得滤渣，并将滤渣置于90～100℃的环境中干燥至含水量低于8%，粉碎成粉末，得粉末A。水的用量为膨润土质量的10倍。

(3) 将高岭土粉碎成粉末，和增孔剂混合均匀，置于焙烧炉中煅烧3～5h，得粉末B。

(4) 将活化粉煤灰置于反应釜中，将剩余的盐酸缓慢加入活化粉煤灰中混合反应，并控制反应温度为87～93℃，反应时间为3～6h，降温至常温，过滤，得滤液a和滤渣a，向滤液a中加入过氧化氢，搅拌反应30min，得混合液A。

(5) 将步骤(4)所得的滤渣a与氢氧化钠溶液混合，搅拌反应，过滤，得滤液b。

(6) 将步骤(4)所得的混合液A和步骤(5)所得的滤液b搅拌混合，置于聚合反应器中进行聚合反应，得聚合反应液。

(7) 将山药洗净、去皮粉碎，然后加水搅拌混合均匀，静置，去除上清液，得山药提取物。加水量为山药质量的10倍。

(8) 将步骤(2)所得的粉末A、步骤(3)所得的粉末B、改性凹凸棒土、碳酸钙、明矾、活性炭及分散剂一起置于混合机中搅拌混合均匀，然后置于球磨机中球磨3～5min，得混合粉末。

(9) 将步骤(6)所得的聚合反应液、步骤(7)所得的山药提取物、步骤(8)所得的混合粉末与杀菌剂搅拌混合均匀，即得所述废水处理专用净水剂。

原料介绍

所述活化粉煤灰由普通粉煤灰与氟化钾混合均匀，然后置于高温环境中进行焙烧制得。

所述氢氧化钠溶液的质量浓度为30%。

所述盐酸的质量浓度为15%。

所述改性凹凸棒土采用以下方法制得：

(1) 取天然凹凸棒土粉碎至200～300目，加入凹凸棒土质量15倍的水，搅拌形成悬浮泥浆，取上层悬浊液于4000r/min的离心机中离心处理5～10min，真空抽滤。

(2) 将步骤(1)所得的滤饼置于烧瓶中，加入2mol/L的稀盐酸，于60～80℃搅拌回流20～30min，真空抽滤，并用蒸馏水清洗至pH为6～7，得滤饼。

(3) 将步骤(2)所得的滤饼置于马弗炉中程序升温至600～800℃，然后恒温焙烧4h，冷却后研磨至粒径为200目即可。

产品应用　本品是一种废水处理专用净水剂。

产品特性

(1) 本品配方科学、合理，净化性能好，成本低廉、稳定性好，可用于大规模工业化生产。

(2) 本品分别对膨润土、高岭土、粉煤灰、山药进行处理，山药里含有的淀粉是由许多葡萄糖分子脱水聚合而成的高分子碳水化合物，具有许多直链结构和支链结构及羟基，有较强的凝沉作用，山药与处理后的产物之间相互协同作用，增强了净水剂的净化效果，在净水絮凝中，絮凝体密实、沉降快、沉渣含水量低，废水的净化处理成本上大大降低，对水体中的重金属去除更显良好效果。

(3) 本品将高岭土进行处理，经处理后的高岭土和改性凹凸棒土均具有强的吸附能力，天然环保，对环境无害，同时还是非常好的杀菌剂负载体。因此，以其为主要原料制备的净水剂具有良好的吸附和净化性能，并且由于杀菌剂的加入，杀菌效果好。

配方 17　废水净水剂

原料配比

原料	配比(质量份)		
	1#	2#	3#
氢氧化钠	60	70	80
聚丙烯酰胺	30	35	40
植物脂肪酸	20	25	30
硫酸亚铁	25	30	35
聚合硫酸铁	10	13	16
硅藻土	3	7	11
椰壳活性炭	5	7	9
云母粉	2	4	6

制备方法　将氢氧化钠、硅藻土、聚丙烯酰胺、椰壳活性炭、植物脂肪酸、云母粉、硫酸亚铁、聚合硫酸铁依次加入反应器中，搅拌40min后，即可得成品。其中云母粉、椰壳活性炭、硅藻土在搅拌过程中逐渐加入，将氢氧化钠加入水中配成氢氧化钠水溶液，边搅拌边将氢氧化钠水溶液逐渐滴加入反应器中。

产品应用　本品主要应用于城市生活污水和各种工业废水的处理。

产品特性　本品净化效率高，所需时间短，可迅速将废水中的悬浮物吸附沉淀，处理后的水可循环作为工业用水使用。以硅藻土与椰壳活性炭相结合，不仅保留了活性炭对水中有机小分子物质的吸附能力，且由于硅藻土的加入，还可以吸附水中的高分子有机物，因此可以获得更好的组合型吸附效果。同时，本品不仅消除了单一粉末状活性炭净水剂对水色度产生的影响，也克服了单一粉末状活性炭难以过滤的缺点，因此不会造成二次污染，是一种高效、清洁、安全的净水材料。

配方 18 复合高效净水剂

原料配比

原料	配比(质量份)	原料	配比(质量份)
膨润土	30	碳酸钠	10
沸石粉	30	水处理工程菌	10
初精矿稀土原粉	10	水	适量
高铁酸钾	10		

制备方法

(1) 将膨润土、沸石粉、初精矿稀土原粉充分混合，加入水，至含水量为18%～25%。

(2) 用模具或造粒机成型，除去游离水分。

(3) 进入间歇窑或旋转连续窑逐步升温至500～600℃，然后通入空气或氧气焙烧2～3h。

(4) 逐步冷却至常温，出窑。

(5) 分别进入浓盐酸、浓硝酸、浓硫酸池中浸泡1～3天或分别喷淋洗涤30～60min；干燥，干燥温度60～80℃，通过雷磨机分筛80～120目，即得初品。

(6) 在得到的初品中加入高铁酸钾、碳酸钠、水处理工程菌，通过搅拌混合，搅拌速度为80r/min，搅拌20min得到成品。

原料介绍

初精矿稀土原粉还有如下特点：初精矿稀土原粉的盐基度为45%～50%；初精矿稀土原粉中有较强的阳离子电荷以及硫酸钠；初精矿稀土原粉中其他流体组合中含有氯化钠、硫酸钙、氯化镁等；初精矿稀土原粉中含有萤石单体矿物、石英单体矿物、方解石单体矿物等。该矿的初精矿稀土原粉在水处理净化中起到了极其重要的作用，可以降解废水中难降解的COD、氟离子、磷酸根离子、氨氮，并能使其脱色，去除沉淀重金属，起到了极好的催化和氧化作用。由于该稀土原粉具有特殊的电子结构和独特的物理化学特性，及其强的吸附性能，使污水处理过程更加快速和稳定。

所述的膨润土中SiO_2的含量大于等于60%，所述的沸石粉中SiO_2的含量大于等于60%。

所述的水处理工程菌为市场所售的，如威宝菌或super-CM生物菌等。

所述的初精矿稀土原粉为云南昆明武定迤纳厂铌-铁摇床选出的初精矿稀土原粉。

产品应用 本品是一种净水效率高且能防止二次污染的复合高效净水剂。

产品特性 本品一方面对水中污染物具有良好的吸附作用，另一方面利用固定化微生物脱氮、COD、BOD、磷，脱色，去除重金属。改善了膨润土和沸石粉能力不足的状况，同时又能提高水处理效率，处理时间短、设备简单、操作方便，出水水质高且稳定；不存在二次污染，沉淀物对河道中的淤泥能起到固定净化作用，并且能够防止有机物重新释放污染水体。河道污水、生活污水、处理后的沉淀物可生产肥料和土壤改良产品。

配方 19 复合净水剂(1)

原料配比

原料	配比(质量份)				
	1#	2#	3#	4#	5#
凹凸棒土	20	45	30	25	40
改性小麦壳	30	20	25	22	28

续表

原料		配比（质量份）				
		1#	2#	3#	4#	5#
硫酸铝		4	8	6	5	7
壳聚糖		9	6	7.5	7	8
碳酸钠		5	8	6.5	6	7
钠云母		2.5	2	2.3	2.2	2.4
次氯酸钙		6	8	7.5	7	8
樟树叶提取物		18	12	15	13	17
改性小麦壳	麦壳	1	1	1	1	1
	过氧化丁二酸溶液	25(体积)	20(体积)	25(体积)	20(体积)	30(体积)
	预处理小麦壳	17	20	17	20	15
	过氧化丁二酸	30	25	30	25	36
	硼酸	5	7	5	7	3
	蒸馏水	255(体积)	300(体积)	255(体积)	300(体积)	225(体积)

制备方法　将各原料混合均匀制粒即可。

原料介绍

所述改性小麦壳的制备方法为：将小麦壳置于过氧化丁二酸溶液中，酸化，过滤，干燥滤渣，得到预处理小麦壳；取预处理小麦壳、过氧化丁二酸、硼酸，加入蒸馏水中，加热回流反应后洗涤至中性，过滤，干燥滤渣，得到改性小麦壳。酸化温度为50～60℃，酸化时间为1.5～2h。回流反应的时间为3～3.5h。干燥滤渣的操作中，温度为85～95℃，真空度为0.08～0.15MPa。

所述过氧化丁二酸溶液的质量分数为20%～28%。

产品应用　本品是一种复合净水剂。

产品特性　本品原料搭配合理，具有改善水质，高效吸收降解水体中重金属离子的作用。由于小麦壳富含木质素、纤维素和半纤维素，具有多孔结构，表面带有羟基、羧基等官能团，对重金属具有良好的吸附能力，通过与过氧化丁二酸、硼酸进行回流反应，过氧化丁二酸的一端与小麦壳上的羟基发生酯化反应，使之连接上羧基，大大增加了小麦壳表面的羧基，进而显著提高改性小麦壳对重金属的吸附能力。此外，对小麦壳进行酸化预处理，具有强氧化性的过氧化丁二酸会对小麦壳的表面产生强烈的腐蚀作用，使光滑的小麦壳壁表面变得粗糙，且能降低木质纤维素的聚合度，同时氧化表面基团，进一步增加小麦壳的暴露吸附点位和活化可用基团，以及增加木屑内部的空隙，增加与水的接触面积。改性后的小麦壳与凹凸棒土、壳聚糖协同作用，显著提高本品的净水效果，对重金属的去除率在99%以上。

配方 20　复合净水剂（2）

原料配比

原料	配比（质量份）		原料	配比（质量份）	
	1#	2#		1#	2#
硫酸铝	180	166	氯化镁	36	26
硅酸钠	36	32	碳酸镁	7	5～10
氯化铁	89	96	水	230	186
聚丙烯酰胺	19	18			

制备方法　将各组分原料混合均匀即可。

产品应用　本品是一种净水剂。

产品特性　本品配方合理，净水效果好，生产成本低。

配方 21　复合净水剂（3）

原料配比

原料		配比(质量份)		
		1#	2#	3#
微生物净水剂	双歧杆菌	20	25	30
	螺旋藻	20	23	25
	乙酸梭菌	20	23	40
	硝化杆菌	45	48	50
化学净水剂	氯化铁	15	17	20
	氯化铝	6	8	12
去离子水		适量	适量	适量

制备方法　将氯化铁和氯化铝混合，加入蒸馏水，搅拌均匀，再加入双歧杆菌、螺旋藻、乙酸梭菌、硝化杆菌，在 50～55℃下搅拌 2～3h，pH 为 7～8，再将其冻干，研磨制成粉末。

原料介绍　所述的双歧杆菌、乙酸梭菌、硝化杆菌均为菌粉，螺旋藻呈粉末状。

产品应用　本品是一种复合净水剂。主要用于工业污水的处理净化。

产品特性　本品在不使用曝气的过程中依然具有很强的净水能力，净水效果好，环保，成本低。

配方 22　复合净水剂（4）

原料配比

原料	配比(质量份)		
	1#	2#	3#
粉煤灰	40	30	45
铁矿渣	20	15	20
硫酸	20	10	15
黏土	15	15	20
硅藻土	—	15	15
木鱼石粉	—	—	10

制备方法

（1）分别取除硫酸外各原料组分，粉碎研磨，过 150～300 目筛，获得粉体。

（2）将步骤（1）获得的粉体放入硫酸中混合均匀，搅拌 4～7h，然后静置去掉清液后烘干即获得所述净水剂。

产品应用　本品是一种复合净水剂。主要用于工业污水处理。

产品特性　本品实现了对粉煤灰和铁矿渣的有效利用，变废为宝，而且该净水剂能够对水中的多种污染成分进行有效处理，显著降低了水中重金属等有害物质的含量，而且该净水剂主要采用粉煤灰和铁矿渣制成，成本低、不会产生二次污染，同时其吸附力强，具有净水效果好，净水速度快的特点。

配方 23 复合净水剂（5）

原料配比

原料		配比（质量份）			
		1#	2#	3#	4#
含有 $[Al_2(OH)_n]^{x-}$ 的铝盐基体	固含量为 45%的聚氯化铝液体	250			
	固含量为 50%的聚硫氯化铝液体	—	250	—	—
	固含量为 60%的聚氯化铝铁液体	—	—	250	—
	固含量为 50%的聚氯化铝液体	—	—	—	250
增强剂	过硫酸钠	22.5	—	45	28
	过硫酸钾	—	30	—	—

制备方法　将含有 $[Al_2(OH)_n]^{x-}$ 的铝盐基体的水溶液和含有过硫酸根基团的增强剂进行混合，搅拌打浆得到浆液，然后将浆液进行蒸发浓缩得到晶体，即得到在含有 $[Al_2(OH)_n]^{x-}$ 的铝盐基体上接枝了过硫酸根基团的复合净水剂。搅拌打浆是在 45～60℃条件下，以大于 400r/min 的搅拌速率，搅拌 2h。蒸发浓缩是在负压、不超过 75℃条件下进行的，所述负压为 −0.085～−0.1MPa。

原料介绍

所述含有 $[Al_2(OH)_n]^{x-}$ 的铝盐基体为聚氯化铝、聚硫氯化铝、聚氯化铝铁中的一种。

所述聚氯化铝、聚硫氯化铝、聚氯化铝铁为传统铝盐水处理剂。

所述含有 $[Al_2(OH)_n]^{x-}$ 的铝盐基体的水溶液的质量浓度≥40%，盐基度>75%。

产品应用　本品是一种复合净水剂。

产品特性　本品通过接枝反应将过硫酸根基团接枝在水处理剂的铝盐基体的 $[Al_2(OH)_n]^{x-}$ 上来制备复合净水剂，本品絮凝沉淀时的矾花比传统铝盐水处理剂的要大，且比传统铝盐水处理剂容易沉淀，沉淀速率快；对降解污水 COD 以及地表的污染水有较好的效果。除此之外，本品投加量为 10mg/L 时，反应时间为 15～20min，杀菌效果可达 99.9%。

配方 24 复合聚硅酸铝净水剂

原料配比

原料		配比（质量份）				
		1#	2#	3#	4#	5#
水		170	160	180	170	170
可溶性铝盐	硫酸铝	250	240	260	250	250
可溶性硅酸盐	硅酸钠	50	45	55	50	50
可溶性金属氢氧化物	氢氧化镁	60	50	70	60	60
可溶性金属氯化物		2	1	3	2	2
可溶性金属氯化物	氯化镁	5	4	6	4	6
	氯化铜	1	1	1	1	1
硼酸		0.8	0.6	1	0.8	0.8
硫酸		适量	适量	适量	适量	适量

制备方法　向带有搅拌器的反应釜中加入水，加热至 60～70℃，加入硫酸铝，搅拌溶解，降温至 25～35℃，加入硅酸钠、氯化镁和氯化铜，搅拌溶解，加入氢氧化镁，升温至 60～

80℃，再搅拌20～40min，加入硼酸，继续搅拌10～20min，用硫酸调节pH值至2～4，放料包装为成品。

产品应用　本品是一种复合聚硅酸铝净水剂。

产品特性　本品具有优异的COD去除率和脱色效果。净化效果与氯化镁和氯化铜的添加比例有关。

配方 25　复合铝铁净水剂

原料配比

原料	配比(质量份)		
	1#	2#	3#
浓度15%废硫酸	325	325	325
浓度5%～10%三氧化二铝溶液	325	325	325
液氧	2.5	2.5	2.5
硫酸亚铁	6000	6000	6000
亚硝酸钠	100	—	—
双氧水	—	100	—
氯化钠	—	—	400
水	2850	2850	2850

制备方法

(1) 先将水加入反应釜内，然后依次加入废硫酸、三氧化二铝溶液、液氧、硫酸亚铁，加入三分之二的亚硝酸钠或氯化钠或双氧水，通入液氧反应1～2h。优选地，通入液氧反应1.5h。

(2) 再将剩余的亚硝酸钠或氯化钠或双氧水加入反应釜中边搅拌边反应，反应1～2.5h后得复合铝铁净水剂。

产品应用　本品是一种用于地表水、湖泊水、江河水及造纸厂、印染厂、钢厂、皮革厂、酒厂、纤维板厂、淀粉厂等污水的复合净水剂。

产品特性

(1) 本品对高浊度水、工业废水、有机污水等适应性强，单独使用可使凝体形成快而粗大、活性高、沉淀快、能够脱色，去除率高，还可以去除水中各种异味，本品适应pH值范围宽，可降低源水pH值，因而对管道设备无腐蚀作用。对工业废水进行处理后，COD去除率可达85%～95%，处理后的废水可再循环使用，处理不存在二次污染。使用该产品的广大用户可根据不同的水质和要求，单独使用和组合使用。该净水剂对废水处理设备，特别是对气浮设施有着很好的效果，对沉淀设施和反冲设施有着良好的作用。使用该药剂对污水进行物理处理后，减轻下步生化处理的压力，具体好处表现在以下几个方面：可增加废水中的溶解氧，减少风机运行时间，可提高细菌的成活率，可减少营养盐的用量，从根本上降低了成本，增加企业利润。

(2) 本品生产的复合铝铁净水剂是废品再利用，减少二次污染、适应性强，具有脱色除臭、破乳及污泥脱水等功能。

配方 26　复合酶生化净水剂

原料配比

原料	配比(质量份)					
	1#	2#	3#	4#	5#	6#
多酶复合物	25	30	22	20	20	30
聚丙烯酰胺	0.06	0.05	0.1	0.1	0.08	0.05

续表

原料		配比(质量份)					
		1#	2#	3#	4#	5#	6#
十二烷基二甲基苄基氯化铵		2	2	4	4	3	1.95
络合剂	单宁	—	—	—	3.9	—	4
	木质素	2	3	2	—	5	—
几丁质(甲壳素)		3	5	5	4	5	5
碳源	葡萄糖	2	—	5	—	—	3
	低聚果糖	—	3	—	2	4	—
硅藻土浸出物		6	5	3.9	6	6	5
去离子水		59.94	51.95	58	60	56.92	51

制备方法

(1) 将硅藻土浸出物、多酶复合物、几丁质、十二烷基二甲基苄基氯化铵、碳源、络合剂、聚丙烯酰胺按顺序加入容器内，边加入边搅拌，混合均匀，得混合物。

(2) 将大部分去离子水放入混合罐中，加热至35～50℃，然后缓慢加入步骤（1）制得的混合物，搅拌反应3～6h，最后加入去离子水定容，制得复合酶生化净水剂。

(3) 将上述制得的液体状复合型生化净水剂，经混合干燥造粒处理，得到固体，制得固体状（粉末状、颗粒状或块状）复合型生化净水剂。干燥造粒处理设备可采用造粒机、颗粒机、低温喷雾干燥机等设备。

原料介绍

生物酶是采用天然生物体中产生的商品酶制剂，是具有特殊催化功能的蛋白质，针对不同污染物发挥高效催化功能。选择多种生物酶，能迅速将环境中的大分子有机物催化降解为微生物可吸收利用的小分子有机物，刺激促进优势菌生长增殖，强化微生物分解功能，迅速降解有害物质如COD、BOD、氨氮、总氮等；并且能促进污水处理系统中微生物食物链达到平衡。十二烷基二甲基苄基氯化铵具有良好非氧化型的废水脱色效果，同时可以在配方组合中起到协同作用，用量少，无毒副作用；聚丙烯酰胺作为生物酶包埋固定化载体，保护生物酶在混合料中不容易受损，同时提高酶的利用率；单宁、木质素可以作络合剂使用，“搭桥”作用增强水处理过程沉降性能。几丁质（甲壳素）的资源丰富，具有多种生物学活性，也是一种良好的絮凝剂，对多种有害有机物具有良好的吸附作用。

硅藻土浸出物是硅藻土精制而成，在本品中有别于常规水处理中所起的吸附作用，硅藻土浸出物中含多种酶辅助因子，主要是微量专性金属离子，如Zn^{2+}、Fe^{2+}、Cu^{2+}、Mn^{2+}、Ca^{2+}、Mg^{2+}等。这些金属离子能与酶及其底物形成各种形式的三元络合物，不仅保证了酶与底物的正确定向结合，而且金属离子还可作为催化基团，参与各种方式的催化作用。本品将这些组分按照一定的配比组合起来获得一种复合型生化净水剂，生物酶大分子与高分子物质能形成共聚物，其具有官能团多，位点活性高等特点，作为净水剂表现出优异的催化降解特性。

所述的硅藻土浸出物的制备方法为：将硅藻土置于容器中加水浸泡6～12h，同时采用搅拌器进行搅拌，浸泡温度为35～45℃，之后，沉淀4～6h，取上清液，得硅藻土浸出物。

所述的多酶复合物是由氧化还原酶、转移酶、水解酶、裂合酶、异构酶、连接酶中的一种或多种酶种复配而成的。

所述的多酶复合物的制备方法为：

(1) 根据所要净化的水体，选用单酶活力在1000U/mg以上的氧化还原酶、转移酶、水解酶、裂合酶、异构酶、连接酶中的一种或多种酶为酶种。

(2) 将选用的固体酶种计量称重，分别溶解、沉淀，且分别于工作压力0.1～0.4MPa下，通过膜孔径为0.006～0.012μm的超滤膜，收集滤液，浓缩，以制得活力单位在5000U/mg以上、pH 为 5～6 的酶液备用。

（3）再将经步骤（2）处理后的多种酶液于容器内充分搅拌，使之混合均匀，于工作压力 0.1～0.4MPa 下，通过膜孔径为 0.006～0.012μm 的超滤膜，收集滤液，浓缩增稠达到活力单位 2500U/mg 以上，将该酶液继续通过超滤膜，从中再筛分、精制出分子量在 20000～50000 的酶混合液，即制得多酶复合物，于 5～10℃下保存备用。

产品应用　本品主要用于富营养化水体、生活污水、工业废水、社区清洁除臭、垃圾清洁除臭、垃圾堆肥、垃圾渗滤液处理、养殖业废水处理等领域。

使用方法：针对污水处理过程的水量水质进行在线补偿加药。具体是：通过生化系统中的污染物各项指标自动调节加药量，设置 COD、BOD、氨氮、总氮、pH 值等指标在线监测仪，将信息反馈到加药装置的反应系统中，根据酶联反应的数据，即时自动调整投加量。

产品特性

（1）本品是采用全谱配方，可针对不同的污染物特征进行有效的催化降解，配方产品无毒无害，环境友好。产品生产工艺简洁，科学合理，环境友好。具体地说是指一系列具有生物降解功能且能使净化后的水质更加稳定、生态化环境友好型治理污染的复合型生化净水剂。

（2）本品可以极大去除臭味，使液体状污染物迅速降解，减小固体物质体积，快速净化被污染物质，不仅治理效果好而且大大降低了废水处理的运行成本，环境友好。

（3）本品能促进有机物分解，加速去除难降解毒害成分，保证与及时恢复生化系统生物活性，增强生化系统稳定性、可操作性，促进污泥絮体形成，增强生物污泥沉降性能；有效分解胶体物质，减少污泥量，污泥沉降性好，不需要外源营养或其他药剂，节省费用，不增加污泥量，抑制发泡现象避免恶臭产生；减少管道设备腐蚀，提高运行使用效率。

配方 27　复合微生物净水剂

原料配比

原料		配比（质量份）			
		1#	2#	3#	4#
复合微生物菌剂	枯草芽孢杆菌	4	8	6	5
	硝化细菌	2	5	4	4
	好氧聚磷菌	3	5	4	3
	产朊假丝酵母菌	6	9	7	8
环糊精微生物复合物	β-环糊精	25	20	30	25
	玉米朊	8	4	10	1
	复合微生物菌剂	4	2	5	4
改性钛白废渣	锂皂石	1	1	1	1
	钛白废渣	3	2	4	3
单过硫酸氢钾复合盐		30	20	35	25
环糊精微生物复合物		70	80	60	65
改性钛白废渣		50	40	60	45
叶绿素铜钠		15	20	10	15

制备方法　按配方量将单过硫酸氢钾复合盐、环糊精微生物复合物、改性钛白废渣和叶绿素铜钠混合，即得复合微生物净水剂。

原料介绍

本品中的单过硫酸氢钾复合盐具有非常强大而有效的非氯氧化能力，具有很强的氧化杀菌作用，其与水结合时会产生大量原子氧，从而清除水中大量的污染物和病菌；环糊精微生物复合物外部亲水，内部含有玉米朊复合菌剂，有效阻隔了过硫酸氢钾复合盐对复合菌剂的杀灭作用，避免复合菌剂失活，使环糊精微生物复合物具备延迟的净水效果，当净水剂用于污水中，过硫酸氢钾复合盐首先发挥氧化絮凝的净水作用，待其水解生成没有灭菌效果的氢氧化铁时，环糊精微生物复合物中的菌剂才开始利用微生物的同化作用和异化作用进行水体净化，由于环糊精和玉米朊可作为微生物繁殖的营养成分，使得环糊精微生物复合物本身具备一定的自养性，有助于微生物生长并释放。

改性钛白废渣同时兼具钛白废渣的吸附性和锂皂石的凝胶性，可形成大量的有机絮团，显著降低水体中的有机污染物、重金属、农药残留、藻毒素等，同时锂皂石的偏碱性可进一步中和钛白废渣经高温煅烧后残余的硫酸，避免硫酸对水体的污染；钛白废渣中含有一定量的二氧化钛，具有光催化活性，可促进有机污染物的光催化降解，并且二氧化钛在光照下可将水分解成氢气和氧气，进一步增加水体的溶氧量。

叶绿素铜钠兼具除臭和光敏作用，可有效降低水体的异味，并通过光敏效应增强钛白废渣中的二氧化钛的光催化降解活性。

二氧化钛的催化作用结合叶绿素铜钠的光敏效应可进一步促进单过硫酸氢钾复合盐生成活泼的硫酸自由基氧化去除藻毒素等水体中的含毒有机物。

所述的复合微生物菌剂的总菌数为（0.5～1.5）$\times10^9$ 个/mL。

所述的环糊精微生物复合物的制备包括以下步骤：

（1）取配方量的玉米朊溶于体积分数为80%～85%的乙醇溶液，制成质量浓度为3%～5%的溶液，然后加入复合微生物菌剂，混匀，迅速冷冻干燥除去乙醇，得到玉米朊菌剂冻干粉。

（2）取配方量的β-环糊精溶于水，制成质量浓度为1%～3%的溶液，然后加入玉米朊菌剂冻干粉，搅拌混匀，冷冻干燥，即得环糊精微生物复合物。

所述的改性钛白废渣为锂皂石改性钛白废渣。

所述的锂皂石改性钛白废渣为锂皂石和钛白废渣以1∶（2～4）的质量比组成。

钛白废渣为钛白粉制备过程中，钛铁矿与硫酸反应后的废渣，其成分为Fe_2O_3、SO_3、SiO_2、TiO_2等。

所述的改性钛白废渣的制备包括以下步骤：

（1）将锂皂石分散于蒸馏水中，研磨1～2h，制成质量浓度为0.1%～1%的锂皂石分散液。

（2）将钛白废渣置于马弗炉中400～450℃下煅烧30～40min，冷却至室温，取出，研磨，过100～200目筛，得到钛白废渣粉末。

（3）将钛白废渣粉末加至锂皂石分散液中，充分搅拌1～2h，烘干，即得改性钛白废渣。

产品应用　本品主要应用于城市生活污水、工业废水或农业污水净化。

产品特性

（1）本品能从根本上实现对水体消毒、降解水体中的有害物质、转化水体过剩氨氮有机物、恢复水体微生态平衡，兼具净水、增氧、调节菌群的功效，并且无二次污染，具有高效、绿色环保的优点。

（2）本品充分利用了硫酸法制备钛白粉过程中产生的废渣，实现了钛白废渣的循环利用，变废为宝，既避免了资源的浪费，又避免废弃物的二次污染，大大降低了净水剂的生产成本，符合节能环保的理念。将钛白废渣与锂皂石进行改性处理，获得的改性钛白废渣同时兼具钛白废渣的吸附性和锂皂石的凝胶性，显著提高了在污水处理中的应用价值。

（3）本品利用玉米朊只能溶于某浓度乙醇的特点，首先将其与复合微生物菌剂混合，使玉米朊覆盖于菌剂表面，制成表面包裹有玉米朊的菌剂冻干粉，然后利用环糊精内部疏水的特性，将玉米朊菌剂冻干粉包裹于环糊精中，形成外部亲水的环糊精微生物复合物。该复合物在水中分散良好，并使菌剂释放具有延迟性，实现了单过硫酸氢钾复合盐和微生物菌剂在污水处理中的复配使用。

（4）本品各组分稳定性好，无毒，使用安全，不会引发二次污染。

配方 28 复合消毒净水剂

原料配比

原料		配比(质量份)
混合产物 A	高铁酸钾(98%～99%)	5～7
	溴氯海因(96%～98%)	1～2
	季铵盐	5～8
	药用强化剂	2～3
	去离子水	25～35
混合产物 B	硅藻土	4～12
	十二烷基二甲基苄基氯化铵	9～12
	单宁	7～9
	硅酸钠	1～3
	醋酸	2～5
	N-二羟乙基甘氨酸	7～10
	硫酸亚铁	1～4
	聚合硫酸铝	1～3
	活性炭	5～7
	去离子水	25～35
絮凝剂	聚合硫酸氯化铁铝	15～20
	聚合氯化铝	10～15
混合产物 C	氢氧化钙	5～8
	海藻酸钠	6～10
	多孔淀粉	15～20
	破乳剂	5～6
	高岭土	15～20
混合产物 A		2
混合产物 B		2
絮凝剂		2
混合产物 C		1

制备方法

(1) 先将去离子水、季铵盐、药用强化剂加入反应釜中，在搅拌速率为 200～300r/min、加热温度为 35～45℃条件下反应 30～50min 至全部溶解，搅拌然后升温，加入高铁酸钾搅拌至全部溶解，然后降温至 20～30℃，加入溴氯海因，以 200～300r/min 的速率均匀搅拌，得到混合产物 A。

(2) 将硅藻土、十二烷基二甲基苄基氯化铵、单宁、硅酸钠、醋酸、N-二羟乙基甘氨酸、硫酸亚铁、聚合硫酸铝、活性炭、去离子加入反应釜中，以 400～500r/min 的速率搅拌均匀得到混合产物 B。

(3) 将聚合硫酸氯化铁铝、聚合氯化铝加入反应釜中后升温至 45～75℃，以 300～450r/min 的速率进行搅拌混合，降温出料，得到絮凝剂。

(4) 将氢氧化钙、海藻酸钠、多孔淀粉、破乳剂、高岭土加入反应釜中，在加热温度为 120～140℃、搅拌速率为 150～250r/min 条件下搅拌混合，得到混合产物 C。

(5) 将混合产物 A、混合产物 B、絮凝剂和混合产物 C 按配比依次加入反应釜中加热至 60～85℃，以 500r/min 的速率均匀搅拌，反应 1～2h，降温出料，得到复合消毒净水剂。

原料介绍 所述破乳剂由脂肪醇、环氧丙烷、环氧乙烷聚合而得。

产品应用 本品是一种复合消毒净水剂。

产品特性　本品能够使污水中的重金属离子的沉降速度更快，进而使得工业废水的处理效果更好，能够有效去除生活污水中的有毒、有害、大颗粒杂质等有害物质，污水净化消毒效果好，有效避免了生活污水污染环境以及损害人体，提高污水消毒杀菌效果和效率。

配方 29　复合型活性炭净水剂

原料配比

原料	配比(质量份)		原料	配比(质量份)	
	1#	2#		1#	2#
活性炭	50	30	微生物絮凝剂	5	1
二氧化硅	6	2	纳米氧化亚铜	5	1
氧化镁	4	1	辅助添加剂三氯化铁	4	1
阳离子型聚丙烯酰胺	13	4	18%盐酸	9	1
多孔陶瓷	16	10	铝矾土	16	10

制备方法　将各组分原料混合均匀即可。

原料介绍

微生物絮凝剂是一类由微生物或其分泌物产生的代谢产物，它是利用微生物技术，通过细菌、真菌等微生物发酵、提取、精制而得的，是具有生物分解性和安全性的高效、无毒、无二次污染的水处理剂。

聚丙烯酰胺，尤其是阳离子型聚丙烯酰胺和聚合氯化铝能够快速絮凝颗粒状的浑浊物，达到净水的作用。

产品应用　本品是一种复合型活性炭净水剂。

产品特性

(1) 微生物絮凝剂可以克服无机高分子和合成有机高分子絮凝剂本身固有的缺陷，最终实现无污染排放。

(2) 本品应用范围广，适应水性广泛，具有重要的市场应用价值。

(3) 本品具有对人体安全、广谱抗菌、能杀灭水中有害细菌、除氯、除重金属、净化水质等功能。

配方 30　复合型净水剂(1)

原料配比

原料	配比(质量份)								
	1#	2#	3#	4#	5#	6#	7#	8#	9#
聚合氯化铝	20	40	35	25～35	25	35	28～32	28～32	28～32
聚合氯化铝铁	25	10	15	20	15	20	18	17	17.5
聚醚季铵盐	20	30	28	22	28	22	24	26	25
钠基膨润土	15	10	11	14	11	14	12	13	12.5
NOC-1 微生物絮凝剂	3	8	7	4	7	4	6	5	5.5
壳聚糖	15	5	8	12	8	12	9	10	9.5
氢氧化钙	5	15	11	8	11	8	10	9	9.5
改性沸石	30	15	18	25	18	25	20	22	21
聚丙烯酰胺	10	20	18	13	18	13	16	15	15.5
活性炭	10	10	12	15	12	15	14	10	15
纤维素酶	—	—	—	—	5	1	4	2	3
过氧化氢酶	—	—	—	—	2	4	3	3	3
淀粉酶	—	—	—	—	3	2	2	3	2.5

制备方法　将各组分原料混合均匀即可。

原料介绍

活性炭与钠基膨润土等吸附剂能对污水中的金属离子及可溶性污染物进行吸附，所选絮凝剂 NOC-1 微生物絮凝剂和聚丙烯酰胺，溶解后对活性炭等细微颗粒也能有良好的吸附作用，其溶解速度刚好能使得吸附剂充分地吸附污水中的污染物。

聚合氯化铝和聚合氯化铝铁对 NOC-1 微生物絮凝剂具有明显的协同作用，一些金属离子如 Ca^{2+}、Mg^{2+}、Fe^{3+}、Al^{3+}，可以加强微生物絮凝剂的桥联作用和中和作用，尤其是对蛋白类型的微生物絮凝剂，因为电荷密度较高，与离子结合的絮凝剂与胶体接触后能迅速降低胶体的 Zeta 电位而使胶体脱稳，形成大絮团。但金属浓度过高会使得离子占据絮凝剂分子的活性位置，并把絮凝剂分子与悬浮颗粒隔开而抑制絮凝。本品提供的物质一次性投加即可净化，能去除可溶性有机污染物、金属离子，也能将污水中不溶性颗粒絮凝沉淀，不需额外投加其他絮凝剂、沉淀剂。

纤维素酶、过氧化氢酶、淀粉酶对污水中存在的微生物进行分解，进一步降解氨氮、亚硝酸盐、硫化氢等残留物。

所述的改性沸石制备方法是：取 50g 沸石置于 200mL 0.8mol/L NaOH 溶液中反应 0.5～2h，水洗后 60～80℃烘干即可。

所述的改性沸石粒度为 2～4mm，孔隙率＞50％。

产品应用　本品是一种复合型净水剂。

产品特性

(1) 本品科学配伍，协同增效。

(2) 本品可减少铝盐投加量，降低残留铝带来的健康风险。该净水剂不仅能去除 SS，大幅度降低 COD、氨氮，还能去除污水中可溶性有机污染物和金属离子，极大地提高了污水处理效果，对环境无毒害且一次性投加，降低了设备及人工成本。

配方 31　复合型净水剂（2）

原料配比

原料	配比(质量份)		
	1#	2#	3#
聚合氯化铝	15	18	20
活性碳酸钙	8	9	10
聚乙二醇	10	15	20
壳聚糖	15	20	25
单体丙烯酰胺	10	15	20
甲基丙磺酸	10	12	15
乙醇	适量	适量	适量
丙酮	适量	适量	适量
硫酸	适量	适量	适量
引发剂	适量	适量	适量
双歧杆菌	20	25	25
螺旋藻	20	25	25
氯化铁	10	13	15
蒸馏水	适量	适量	适量

制备方法

(1) 将聚合氯化铝、活性碳酸钙、聚乙二醇、壳聚糖搅拌混合均匀，得到乳液 A。

(2) 加入硫酸调节乳液 A 的 pH 值至 4～5，再加热至 50～60℃，通入氮气 30min，搅拌糊化 10～30min，加入引发剂引发 10～60min 后，再加入单体丙烯酰胺、甲基丙磺酸，聚合反应

1～6h后冷却，得到水包水乳液。

(3) 将水包水乳液采用乙醇沉淀后再用丙酮洗涤，50～60℃真空干燥，然后用抽提液进行抽提，得到高纯的壳聚糖改性丙烯酰胺-甲基丙磺酸共聚物水包水乳液。

(4) 在蒸馏水中加入氯化铁搅拌均匀，再加入双歧杆菌、螺旋藻，在50～55℃下搅拌2～3h，pH值为7～8，再将其冻干，研磨成粉末。

(5) 将(4)制得的粉末加入(3)制得的壳聚糖改性丙烯酰胺-甲基丙磺酸共聚物水包水乳液中，得到复合型净水剂。

原料介绍　所述双歧杆菌为菌粉，所述螺旋藻呈粉末状。

产品应用　本品是一种复合型净水剂。

产品特性

(1) 复合型净水剂由微生物净水剂与化学净水剂复合而成，二者结合，有效提高了净水剂的净化效果，微生物絮凝剂范围广、絮凝活性高，且不受温度影响，具有安全、环保的特点，化学净水剂净化效果好，具有高效特点。粉末状的双歧杆菌、螺旋藻加大反应面积，使得反应更加充分、反应更加迅速。

(2) 本品具有一定的黏性，通过壳聚糖改性丙烯酰胺-甲基丙磺酸共聚物水包水乳液，使其在水体中呈现更好的伸展状态，使得净水剂更大范围地分散在水体中，提高净水剂的净化能力，并且在其中加入了无机高分子絮凝剂，协同壳聚糖改性丙烯酰胺-甲基丙磺酸共聚物水包水乳液，促使水体中形成的絮团能够快速沉降，提高净化效果，在壳聚糖改性丙烯酰胺-甲基丙磺酸共聚物水包水乳液中加入了微生物，微生物、无机、有机三者共同作用，使用微生物可以降低化学残留，安全环保绿色。

(3) 本复合型净水剂丰富了净水剂的水处理功能，提高了污水净化能力，降低了生产成本。

配方 32　复合型净水剂（3）

原料配比

原料	配比(质量份)	
	1#	2#
碳纳米管-纳米银-聚氯化铝材料	33	37
分子共振粉	9	12
聚丙烯酰胺	5	8
高铁酸钾	12	15

制备方法

(1) 按照上述质量份配比准备原料。

(2) 均质混合，将纳米管-纳米银-聚氯化铝材料、分子共振粉放入高速均混机中混合，一定时间后在1000倍显微镜下观察混合粒度分布，混均度高于98%为合格。

(3) 在球磨机内装入聚丙烯酰胺、高铁酸钾，开机30min，在上述时间后分批加入步骤(2)所述的已混均的物料，球磨60～90min，得到净水剂。

原料介绍

所述的纳米管-纳米银-聚氯化铝材料，由如下工艺制得。

(1) 将碳纳米管加入包括碱和表面活性剂的混合溶液中，210～220℃反应6h，纯化，得表面功能化的碳纳米管。

(2) 在磁力搅拌条件下，首先将聚乙烯吡咯烷酮加入体积比为1∶(2～4)的水和乙二醇的混合溶剂中，持续搅拌直至聚乙烯吡咯烷酮完全溶解，然后加入硼氢化钠，再加入纳米银；在室温条件下，将步骤(1)制得的碳纳米管完全浸渍于溶液中反应6～10h，去离子水清洗，真空干燥处理，即得吸附纳米银的碳纳米管。

(3) 在磁力搅拌条件下，首先将聚乙烯吡咯烷酮加入体积比为1∶(2～4) 的水和乙二醇的混合溶剂中，持续搅拌直至聚乙烯吡咯烷酮完全溶解，然后加入硼氢化钠，再加入聚氯化铝；40～60℃下，将步骤 (2) 制得的吸附纳米银的碳纳米管完全浸渍于溶液中反应20～30h，去离子水清洗，真空干燥处理，即得碳纳米管-纳米银-聚氯化铝材料。

所述混合溶液中，碱的质量分数为2%～3%，表面活性剂的质量分数是1%～2%；碳纳米管与混合溶液的质量比为1∶(100～150)；所述表面活性剂为质量比1∶(3～5) 的十二烷基硫酸钠和失水山梨醇酯的混合物。

所述的聚乙烯吡咯烷酮的摩尔浓度为0.003～0.005mol/L，硼氢化钠的摩尔浓度为0.01～0.02mol/L。

所述分子共振粉是把质量分数为30%～60%的碳、25%～35%的白云石和5%～35%的碳酸钙，经真空搅拌，将搅拌后的混合原料制成颗粒状，置于无氧炉中煅烧，在1100～1250℃的温度条件下烧制8～12h得到。

产品应用　本品是一种复合型净水剂。

产品特性

(1) 本品产率高，能降解水中的有害物质，絮凝净化效果好，利用本品的复合材料，在较小的投药量下，均能明显降低废水的SS和COD。

(2) 混凝效果优异，产品稳定性好。

(3) 无毒无污染，在水中可自然分解，大大降低了二次生化污染；能明显降低废水的BOD和COD，极大地提高了造纸废水回收利用率。

配方33　复合型聚合氯化铝铁净水剂

原料配比

原料		配比(质量份)					
		1#	2#	3#	4#	5#	6#
固体聚合氯化铝铁粉末	赤泥	15	15	15	15	15	15
	浓度为8mol/L的盐酸溶液	120(体积)	120(体积)	120(体积)	120(体积)	120(体积)	120(体积)
	一次聚合液加入的铝酸钙粉	15	15	15	15	15	15
	二次聚合液加入的铝酸钙粉	10	10	10	10	10	10
聚合氯化铝铁(PAFC)溶液	聚合氯化铝铁(PAFC)粉末	0.2	0.2	0.2	0.2	0.2	0.2
	水	20(体积)	20(体积)	20(体积)	20(体积)	20(体积)	20(体积)
阳离子聚丙烯酰胺(PAM)溶液	阳离子聚丙烯酰胺(PAM)	0.02	0.02	0.02	0.02	0.02	0.02
	水	20(体积)	20(体积)	20(体积)	20(体积)	20(体积)	20(体积)
壳聚糖(CTS)溶液	壳聚糖(CTS)粉末	0.01	—	0.01	0.01	0.01	0.01
	2%的乙酸溶液	20(体积)	—	20(体积)	20(体积)	20(体积)	20(体积)
聚合氯化铝铁(PAFC)溶液		2(体积)	1(体积)	1(体积)	2(体积)	2(体积)	1(体积)
阳离子聚丙烯酰胺(PAM)溶液		2(体积)	2(体积)	1(体积)	1(体积)	1(体积)	2(体积)
壳聚糖(CTS)溶液		1(体积)	—	1(体积)	2(体积)	1(体积)	—

制备方法

(1) 将赤泥和盐酸溶液混合进行酸浸反应，经离心过滤后得到酸浸液上清液，向所述酸浸液上清液中加入铝酸钙进行一次聚合反应，经离心过滤后得到一次聚合液上清液，向一次聚合液上清液中加入铝酸钙进行二次聚合反应，经离心过滤后得到聚合氯化铝铁溶液。所述酸浸反应的时间为0.5～1h，所述酸浸反应的温度为60～80℃。所述赤泥、一次聚合投加铝酸钙和二次聚合投加铝酸钙的质量比为1.5∶1∶1～1.5∶1.5∶1，所述一次聚合反应和所述二次聚合反应的温度均控制在20～80℃，所述一次聚合反应和所述二次聚合反应的时长均控制在1～3h。

(2) 将聚合氯化铝铁溶液、阳离子聚丙烯酰胺溶液和壳聚糖溶液按照溶质的质量比20∶0.5∶0.1～20∶2∶1混合，得到复合型聚合氯化铝铁净水剂。

(3) 对得到的聚合氯化铝铁净水剂进行喷雾干燥，干燥温度为120～180℃，得到固体聚合氯化铝铁净水剂。

原料介绍

阳离子聚丙烯酰胺（PAM）由于自身的高分子量和正电荷，可通过电中和与吸附架桥作用使水中带负电的胶体颗粒和悬浮颗粒失稳聚集或吸附于PAM长链上形成絮体从而沉降去除，具有凝聚和絮凝双重作用。

壳聚糖（CTS）骨架上具有丰富的游离氨基和羟基，配位吸附能力强。由于氨基基团在酸性介质中发生质子化会呈现正电性，可通过电中和作用使水中带负电的胶粒聚集形成易沉降的大颗粒絮体。同时壳聚糖在水中溶解后形成长链式结构，可吸附水中的胶粒并桥连成类似网状结构，使絮体增大从而沉降去除。此外，壳聚糖分子中的羟基和氨基还可以与水中污染物的对应基团发生理化作用形成稳定的螯合物从而去除。

将聚合氯化铝铁（PAFC）、阳离子聚丙烯酰胺（PAM）和壳聚糖（CTS）复合使用可提高絮凝除磷剂的絮凝性能，吸附架桥能力增强，可促进水中絮体颗粒的沉降，并通过网捕卷扫等作用进一步去除单独聚合氯化铝铁投加时不易沉降的细小颗粒以及吸附在其上的磷，提高对污水的去浊、除磷效果。

所述聚合氯化铝铁为以赤泥为原料制备的聚合氯化铝铁。

所述复合型聚合氯化铝铁净水剂由聚合氯化铝铁、阳离子聚丙烯酰胺和壳聚糖混合构成。

产品应用　本品是一种复合型聚合氯化铝铁净水剂。主要用于浊度小于10NTU，TP浓度为0.5～0.6mg/L的污水。

产品特性

(1) 本品可通过有机絮凝助凝剂阳离子型聚丙烯酰胺和壳聚糖的电中和、吸附桥连等作用改善水中的絮凝现象，水中絮体生成和沉降速度快，从而进一步提高聚合氯化铝铁的去浊、除磷效果，并可通过调整复合型净水剂的复配成分和比例实现针对不同水质的高效去浊、除磷效果，使水质稳定达标。

(2) 本品充分利用铝厂生产过程中产生的有毒有害的工业副产品赤泥，通过酸浸提取其中的铝、铁金属元素加以利用，实现赤泥的无害化和资源化，同时生产得到聚合氯化铝铁净水剂实现高效的去浊、除磷效果，达到以废治废的目的。

(3) 本品制备方法简便易行，操作简单，生产成本低，具有良好的经济效益和环境效益。

配方 34　复合型生物净水剂

原料配比

原料	配比(质量份)			
	1#	2#	3#	4#
改性多孔天然石颗粒	30	40	50	60
空气氧化除铁过滤干燥渣	25	15	20	10
微生物菌群	5	12	5	15

制备方法

（1）改性多孔天然石颗粒的制备：取改性多孔天然石颗粒，按照多孔天然石颗粒质量的30%～100%添加浓硫酸，搅拌，冷却以后备用。

（2）将步骤（1）中制备好的改性多孔天然石颗粒和备用的空气氧化除铁过滤干燥渣进行单独球磨或者是一并混合后球磨。

（3）将微生物菌群通过雾化的方式附着于球磨后的改性多孔天然石颗粒和空气氧化除铁过滤干燥渣上，即制得复合型生物净水剂。

原料介绍

所述改性多孔天然石颗粒和空气氧化除铁过滤干燥渣的粒度为50～200目。

所述微生物菌群通过喷洒或浸润的方式附着于改性多孔天然石颗粒和空气氧化除铁过滤干燥渣上。

所述改性多孔天然石颗粒由向多孔天然石颗粒中添加浓硫酸进行熟化、搅拌、冷却制得。

所述空气氧化除铁过滤干燥渣由湿法炼锌厂烟尘浸出液和/或锌精矿浸出液在以氧化钙为中和剂进行空气氧化除铁时，所得空气氧化除铁残渣经过滤、干燥后制得。

所述改性多孔天然石颗粒进行浓硫酸熟化时，浓硫酸按照多孔天然石颗粒质量的30%～100%进行添加。

所述微生物菌群包括枯草芽孢杆菌、硝化细菌、乳酸菌以及短小芽孢杆菌。

所述多孔天然石颗粒为沸石、硅藻土以及蛭石中的至少一种。

所述改性多孔天然石颗粒和空气氧化除铁过滤干燥渣的粒度为50～100目。

产品应用　本品是一种复合型生物净水剂。

使用方法为：将本品干粉施撒或溶解后均匀泼洒于水中，使每立方米水含本品1～3g。

产品特性

（1）本品中的改性多孔天然石颗粒，首先通过添加浓硫酸进行熟化的方式对多孔天然石颗粒进行物理和化学改性，多孔天然石颗粒本身就具备多孔的性质，经过浓硫酸熟化改性以后，进一步增大了多孔天然石颗粒的比表面积大及孔径，比表面积增大时多孔天然石颗粒的吸附量增大。

（2）本品中的空气氧化除铁过滤干燥渣中含有一定含量的氧化钙、硫酸钙以及氢氧化铁，氧化钙可以起到净化水质的作用，氢氧化铁本身可以起到絮凝的作用。

（3）本品充分利用了各种资源，原材料易得，成本低廉，改性过程和喷淋微生物菌群的过程操作方便，制备而成的复合型生物净水剂性能稳定、净化效果好，易于产业化推广应用。

配方35　复合氧化净水剂

原料配比

原料	配比(质量份)		
	1#	2#	3#
消石灰	13	11	10
氯化铝	14	16	12
氯气	10	8	8
聚丙烯酰胺	16	18	15
活性炭	7	9	5
NSUL-1	4	6	3
水	适量	适量	适量

制备方法

(1) 粉碎筛选，将消石灰、氯化铝、聚丙烯酰胺、活性炭和 NSUL-1 置入粉碎机中，进行粉碎。

(2) 制作漂白粉，将消石灰置入反应釜中，然后向反应釜中通入氯气进行反应，化学方程式为 $2Cl_2+2Cap(OH)_2 = CaCl_2+Ca(ClO)_2+2H_2O$，制得漂白粉。生成的漂白粉，置于烘干房中，在 50～60℃的温度下干燥 30～45min。

(3) 制作聚合氯化铝，用结晶氯化铝粉末于 170℃进行沸腾热解，加水熟化聚合，再经固化，干燥制得。熟化聚合的反应在熟化罐中进行，且在熟化过程中需要进行搅拌操作。

(4) 混合，将剩余的消石灰粉末与聚丙烯酰胺、活性炭、NSUL-1、漂白粉及聚氯化铝粉末加入混合机中进行混合，混合完后放入烘干房中进行脱水处理。

(5) 打包成型，将步骤 (4) 中的复合氧化净水剂进行装袋，每袋 250g，每 10 袋抽取一次样品进行检查，之后将生产好的复合氧化净水剂存入库房中。将生产好的复合氧化净水剂放入阴凉密闭的环境中进行储存。

原料介绍　所述的 NSUL-1 为一种新型吸附性材料，其主要由植物制成。

产品应用　本品是一种复合氧化净水剂。

产品特性

(1) 本品具有净水效果强及适用性强的特点，其中漂白粉可对污水进行杀菌消毒，活性炭能过滤水中杂质，聚氯化铝具有吸附性，能将水中固定颗粒吸附到其表面，且可由 NSUL-1 与聚丙烯酰胺共同的吸附作用，吸附水中的油性颗粒，大大地增强了该复合氧化净水剂的净水效果。且在步骤三中，制备漂白粉的消石灰的含量与氯气含量相等，制备完后，剩下的消石灰在水中溶解，可将漂白粉与聚氯化铝产生的氯气吸收，避免氯气直接释放到空气中，对环境造成污染，有利于增强其实用性。

(2) 本品中多个成分均具有净化效果，其中通过物理吸附及化学沉淀等原理，对水质进行净化，大大地增强了该复合氧化净水剂的净水效果。配方含有多余的消石灰，对产生的氯气进行吸收，避免直接排到空气中，对大气造成污染，体现了环保的理念，具有实用性高和净水效果好的特点。

配方 36　复配净水剂

原料配比

原料		配比(质量份)
吸附剂	活性炭(工业级),粒度≥300 目	0～15
	膨润土(工业级),粒度≥100 目	0～36
1＃物质		0～9
2＃物质		0～5
3＃物质		0～10
4＃物质		0～25
1＃物质	硫酸亚铁	25
	硫酸铜	25
	去离子水	25
	连二硫酸钠	25
2＃物质	氯酸钠	63
	去离子水	27
	聚丙烯酰胺	1
	硫酸铝	9

续表

原料		配比(质量份)
3＃物质	去离子水	25
	磷酸三钠	50
	氯化镁	25
4＃物质	聚合氯化铝	45
	石灰	55

制备方法　在常温、常压下将吸附剂、1＃物质、2＃物质、3＃物质、4＃物质以 80r/min 的速度混合搅拌 25min 以上。

原料介绍

化学需氧量（COD）、生化需氧量（BOD5）、悬浮物（SS）是评价水质污染的三项重要指标。去除 COD、BOD5、SS 的实质就是去除水中污染物，即水质净化。工业废水的处理，主要是 COD 的降解或者去除。

石灰具有杀菌、消毒、降低 pH 值等功能，当其与水接触后释放出的大量钙离子和氢氧根离子参与反应，并同 1＃物质、2＃物质、3＃物质产生协同作用，同时可使水中的氨氮在游离氨 NH_3 和铵离子 NH_4^+ 之间形式转换时被去除。

连二硫酸钠和硫酸亚铁对重金属的作用以及在 2＃物质、3＃物质对污染物一系列连锁反应之后变为水不溶物沉于水底。

硫酸铝主要使水质变清。

聚丙烯酰胺使悬浮的絮状物快速沉降。

吸附剂等物质经所述组合与水中污染物等发生复式反应，对水体有褪色、去气味、沉淀悬浮物等作用。

所述膨润土为钠基膨润土或者钙基膨润土。

所述的 1＃物质的制备方法为：

（1）将质量分数为 25％的去离子水置入反应釜，加热至 80℃，加入按质量分数称取的硫酸亚铁（25％）、硫酸铜（25％）、连二硫酸钠（25％）搅拌至完全溶解。

（2）搅拌烘干得 1＃物质粉末（搅拌速度 80r/min）。

所述的 2＃物质的制备方法为：

（1）按质量分数称取氯酸钠 63％、去离子水 27％、硫酸铝 9％、聚丙烯酰胺 1％。

（2）将去离子水置入反应釜，加入聚丙烯酰胺搅拌 1h。

（3）加热至 80℃，以 150r/min 的速度搅拌 3h，第 1h 完成氯酸钠的加入，从第 2h 开始在 1h 内完成硫酸铝的加入，之后，继续搅拌 1h。

（4）搅拌烘干得 2＃物质粉末。

所述的 3＃物质的制备方法为：

（1）将质量分数为 25％的去离子水置入反应釜，加热至 80℃，加入按质量分数称取的氯化镁（25％）、磷酸三钠（50％）搅拌至完全溶解。

（2）搅拌烘干得 3＃物质粉末（搅拌速度 80r/min）。

所述的 4＃物质的制备方法为：

（1）所述 4＃物质成分的质量分数为聚合氯化铝 45％、石灰 55％。

（2）在常温、常压下搅拌均匀混合得 4＃物质粉末（粒度≥100 目）。

产品应用　本品是一种复配净水剂。用于水质净化的方法步骤包括：

（1）复配净水剂按水体总量的 0.03％～5％投入水中，并以（120±10）r/min 的速度搅拌或曝气。

（2）搅拌或曝气 1～3min，停顿 3～5min，再搅拌或曝气 1～3min，静置 3～20min。

(3) 上清液水质被净化可达标排放或复用。

采用曝气替代搅拌效果更佳。

产品特性

(1) 本品可对水中高分子有机物进行吸附而且还能快速杀菌消毒、快速絮凝沉降微粒物，起到净化水质的作用。

(2) 本品以操作简单、使用方便、效率高、效果好的特点完成水质净化，取代了以往净水主要依赖于设备的缺陷。通过改性带电荷、释放钙及氢氧根离子、纳米级吸附体、高分子材料等优化组合，集成吸附、混凝及消毒、沉淀、自滤于一体对水中杂质进行渗透、瓦解、归集式清除，具有废水处理无大功耗设备、无大面积设施、水质净化一步完成等优点。净水过程中产生的固体稳定、易脱水（不需添加脱水剂），有利于下道工序提取有用物质，也可进行再加工后作为本品的生产原料或者烧制成新型建筑材料（对于源水不含有毒、有害物质的水处理沉淀可直接生产成团粒土用于土壤改良或者种植绿化）。

(3) 本品简化了废水处理工艺，缩短了废水处理周期，降低了废水处理电能消耗，并为进一步处理净水固废奠定了基础。经本品处理后可通过氧化、分解、包裹等方式对镉、铅、砷等重金属离子、有毒有害物质进行一定程度的去除和降解，对致病菌、大肠杆菌、伤寒杆菌及病毒等有灭杀作用（去除率70%以上）。

配方 37　改进的复合聚硅酸铝净水剂

原料配比

原料		配比(质量份)					
		1#	2#	3#	43	5#	6#
水		250	200	300	250	250	250
可溶性铝盐	硫酸铝	350	300	400	350	350	350
可溶性硅酸盐	硅酸钠	55	50	60	55	55	55
可溶性金属氯化物	氯化镁	85	80	90	75	95	85
	氯化锰	15	20	10	25	5	15
可溶性金属氢氧化物	氢氧化镁	2	1	3	2	2	2
硼酸		0.8	0.6	1	0.8	0.8	—

制备方法　向带有搅拌器的反应釜中加入水，加热至60～70℃，加入硫酸铝，搅拌溶解，降温至25～35℃，加入硅酸钠、氯化镁和氯化锰，搅拌溶解，加入氢氧化镁，升温至60～80℃，再搅拌20～40min，加入硼酸，继续搅拌10～20min，用硫酸调节pH值至2～4，放料包装为成品。

产品应用　本品是一种改进的复合聚硅酸铝净水剂。

产品特性

(1) 本品能保留多价金属的电中和及凝聚性能，又利用活性硅酸在水处理过程中的聚凝扫络作用，在COD去除率及脱色效果方面均比现有技术更为优异。

(2) 本品生产工艺简单，成本低且无三废产生，可直接用于净化饮用水。

配方 38　改性凹凸棒土净水剂（1）

原料配比

原料	配比(质量份)				
	1#	2#	3#	4#	5#
改性凹凸棒土	20	25	23	22	24
活性炭	6	2	4	3	5

续表

原料	配比(质量份)				
	1#	2#	3#	4#	5#
陶瓷分散剂	5	9	7	6	8
穿心莲提取液	16	8	12	10	14
聚丙烯酰胺	10	20	15	13	17
硅藻泥	16	7	11	9	13
三氯化钾	5	10	7	6	8

制备方法　将各组分原料混合均匀即可。

原料介绍

所述改性凹凸棒土按照如下工艺进行制备：

(1) 将凹凸棒土与粉煤灰混合，置于氯化氢溶液中浸泡后调节 pH 值为酸性，干燥，焙烧，得到酸化复合物；凹凸棒土与粉煤灰的质量比为 1∶(0.3～0.7)。浸泡温度为 80～90℃，浸泡时间为 5～6h。焙烧温度为 300～400℃，焙烧时间为 2～3h。氯化氢溶液的质量分数为 15%～20%。

(2) 将麦秆粉碎过筛，浸泡于氢氧化钠溶液中，烘干，得到碱化麦秆；麦秆在氢氧化钠溶液中浸泡的时间为 2～3h。氢氧化钠溶液的质量分数为 10%～16%。

(3) 将酸化复合物与碱化麦秆混合均匀，水浴反应，干燥，研磨过筛，得到改性凹凸棒土。酸化复合物与碱化麦秆的质量比为 1∶(0.2～0.5)。水浴反应的温度为 70～85℃，时间为 5～6h。

产品应用　本品是一种改性凹凸棒土净水剂。

产品特性　本品对污水中的 COD、重金属离子等均有较好的去除作用。粉煤灰酸化后，其表面或微孔变得更加粗糙，比表面积显著增大，其表面被活化，使粉煤灰同时具有化学絮凝和高效吸附的双重作用，可以有效吸附水中的重金属离子和 COD。麦秆碱化后，其分子链上会暴露出大量的羟基、羧基等活性基团，可以有效吸附水中的游离有机质和 COD。酸化粉煤灰和碱化麦秆具有协效作用，配合后，能够显著提高改性凹凸棒土表面的物理吸附和化学吸附作用，从而使本品对污水中 COD、重金属离子等的去除作用显著增强，去除率在 95%以上。

配方 39　改性凹凸棒土净水剂（2）

原料配比

原料	配比(质量份)		
	1#	2#	3#
300 目的凹凸棒土	100	200	300
乙烯基三甲氧基硅烷	0.1	0.3	0.15
十六烷基三甲基氯化铵	0.1	0.3	0.15
粉末活性炭	1	3	0.9
浓度为 0.1mol/L 的氢氧化钠水溶液	0.5	1.2	0.9
复合微生物菌粉(由枯草芽孢杆菌和酵母菌组成)	1	3	0.9

制备方法

(1) 把 300 目的凹凸棒土、乙烯基三甲氧基硅烷、十六烷基三甲基氯化铵混合搅拌均匀。

(2) 加入温度为 60～80℃的水，在常温下机械搅拌，搅拌时间为 2～10min。

(3) 加进粉末活性炭，进行搅拌，在搅拌过程中添加氢氧化钠水溶液，搅拌时间为 2～10min。

(4) 进行烘干，烘干温度为 100～110℃。

（5）加入复合微生物菌粉，混合均匀。

原料介绍

所述的复合微生物菌粉包括枯草芽孢杆菌和酵母菌，其数量为1000亿个/g。

产品应用　本品是一种改性凹凸棒土净水剂。

使用方法：

（1）量取100g的黑臭废水。

（2）将制备好的改性凹凸棒土净水剂取10g放进废水中，进行搅拌。

（3）静置一会，废水变澄清，臭味也很快消失。

产品特性

（1）本品材料较容易得到，制备过程简单，操作容易，主要操作过程是搅拌、烘干，生产成本低，且制备过程中不产生任何污染。本品对工业污水的处理能力较强，可对污水进行吸附、脱色和除臭，将污水变得澄清后直接排放。在整个污水处理过程，该改性凹凸棒土净水剂表现出吸附强、处理快的特点。

（2）本品对于含高浓度油污的工业废水具有较强的处理能力，对污水进行吸附、脱色和除臭，具有易制备、成本低、无污染、处理快的特点。

配方 40　改性硅藻土净水剂（1）

原料配比

原料	配比(质量份)		原料	配比(质量份)	
	2#	3#		2#	3#
活性炭	15	20	亚硫酸钠	6	9
木质素	6	8	硼酸	0.1	1.5
硅藻土	25	30	铁铝盐	2	3
沸石	5	2	硫酸亚铁	1	1
聚合氯化铁	3	2	氯化钠	2	1
亚硫酸氢钾	6	1			

制备方法　将各组分原料混合均匀即可。

原料介绍

木质素是一种广泛存在于植物体中的无定形的、分子结构中含有氧代苯丙醇或其衍生物结构单元的芳香性高聚物。木质素热解形成的苯氧自由基，以及其他反应性自由基在低温下对于煤基有很重要的热解作用。这些自由基是高效的活性中间体，能够使得煤中的亚甲基断裂从而促进煤的解聚。木质素是构成植物细胞壁的成分之一，具有使细胞相连的作用。木质素是一种含许多负电基团的多环高分子有机物，对土壤中的高价金属离子有较强的亲和力。

活性炭是黑色粉末状或块状、颗粒状、蜂窝状的无定形碳，也有排列规整的晶体碳。活性炭中除碳元素外，还包含两类掺和物：一类是化学结合的元素，主要是氧和氢，这些元素是由于未完全炭化而残留在炭中，或者在活化过程中，外来的非碳元素与活性炭表面化学结合；另一类掺和物是灰分，它是活性炭的无机部分，灰分在活性炭中易造成二次污染。活性炭由于具有较强的吸附性，广泛应用于生产、生活中。

所述的各组分的粒径为2～400μm。

产品应用　本品是一种改性硅藻土净水剂。

产品特性　本品具有对人体安全、广谱抗菌、能杀灭水中有害细菌、除余氯、除重金属、净化水质等功能，主要用于净水领域。本品应用范围广，适应水性广泛，具有重要的市场应用价值。

配方 41　改性硅藻土净水剂（2）

原料配比

原料	配比(质量份)				
	1#	2#	3#	4#	5#
粒径为 30μm 的硅藻土	30	—	—	—	—
粒径为 40μm 的硅藻土	—	40	—	—	—
粒径为 35μm 的硅藻土	—	—	35	—	35
粒径为 37μm 的硅藻土	—	—	—	33	—
铝灰	5	10	8	6	8
海绵铁	10	15	12	11	12
超轻黏土	5	10	7	8	7

制备方法

(1) 改性硅藻土：将硅藻土放入摩尔浓度为 4～6mol/L 的盐酸溶液中，在温度为 38～43℃、搅拌速度为 80～100r/min 的条件下搅拌 20～25min，取出硅藻土并水洗至中性，将硅藻土放入温度为 300～350℃的烘箱中恒温干燥 3～5h，即得所述改性硅藻土。

(2) 制粒：将步骤（1）中的改性硅藻土制粒，并烧结，烧结的温度为 800～900℃，制得改性硅藻土颗粒。

(3) 包覆铝灰和海绵铁：将铝灰、海绵铁和步骤（2）中的改性硅藻土颗粒加入异丙醇中，混合搅拌 5～8h，混合搅拌的温度为 70～80℃，得到包覆着铝灰和海绵铁的改性硅藻土颗粒。

(4) 烧制：将超轻黏土和步骤（3）中包覆着铝灰和海绵铁的改性硅藻土颗粒混合均匀并制粒，再烧结，烧结的温度为 1000～1200℃，制得所述改性硅藻土净水剂。

原料介绍

超轻黏土，是纸黏土中的一种，简称超轻土，主要是运用高分子材料发泡粉（真空微球）进行发泡，再与聚乙醇、交联剂、甘油、颜料等材料按照一定的比例物理混合制成。易造型，黏性强，拉伸强度大，附着性能够黏在塑料、玻璃、木头上等。超轻黏土原材料容易保存，在快干的时候加一些水保湿，又能恢复原状了。

海绵铁，又称直接还原铁，采用优质矿石，利用氧化还原反应原理，在回转窑、竖炉或其他反应器内，用煤、焦炭、天然气或氢气使铁矿石或铁精矿球团在低于物料熔化温度的条件下进行低温还原，变成多孔状的产物。其中被还原出来的铁呈细小铁核，形如海绵。海绵铁经冷却、破碎、磁选，可除去脉石和其他杂质。

铝灰，是电解铝或铸造铝生产工艺中产生的熔渣经冷却加工后的产物，其主要成分为金属铝的质量分数为 15%～25%、三氧化二铝的质量分数为 30%～35%、二氧化硅的质量分数为 5%～10%，铝灰中还含有氧化钙、氧化镁、氧化铁及其他金属氧化物。不同来源的铝灰成分会有差别。铝灰的用途除了回收金属铝外，其主要用途是电炉冶炼脱硫。

硅藻土，古代单细胞低等植物硅藻的遗骸堆积沉积后，经过初步成岩作用而形成的一种具有多孔性的生物硅质岩。它是由硅藻的壁壳组成的，壁壳上有多级、大量、有序排列的微孔，而且硅藻土具有密度小、比表面积大、吸附性好、耐酸、耐碱、绝缘等特性，其独特的表面结构与优异的吸附性能适合用作吸附材料，并且中国硅藻土矿产资源储量丰富，廉价易得。硅藻土由无定形的 S102 组成，并含有少量 Fe_2O_3、CaO、MgO、Al_2O_3 及有机杂质。硅藻土通常呈浅黄色或浅灰色，质软，多孔而轻。硅藻土的主要成分是硅酸质，具有超纤维、多孔质等特性，其超微细孔比木炭还要多出 5000～6000 倍。在室内的湿度上升时，硅藻土中的超微细孔能够自动吸收空气中的水分，将其储存起来。如果室内空气中的水分减少、湿度下降，硅藻土就能够将储存在超微细孔中的水分释放出来。硅藻土还具有消除异味的功能，可保持室内清洁。

所述硅藻土的粒径为30～40μm。

所述铝灰的主要成分中金属铝的质量分数为25%、三氧化二铝的质量分数为35%、二氧化硅的质量分数为10%。

所述海绵铁的制备方法为：

(1) 将3～5质量份的黏土、3～5质量份的氧化铝、90～100质量份的铁矿石混合均匀，再放入球磨机中球磨至80～100目，得到混合料。

(2) 将步骤(1)中的混合料制粒，再将粒状混合料焙烧，焙烧温度为900～1000℃，得到氧化颗粒。

(3) 将步骤(2)中的氧化颗粒放入还原炉中，通入一氧化碳进行还原，得到还原颗粒。

(4) 取出还原颗粒冷却至室温，冷却速率为8～10℃/s。

(5) 将还原颗粒放入还原炉中，通入氢气进行还原，得到所述海绵铁。

产品应用　本品是一种改性硅藻土净水剂。

产品特性

本品先对硅藻土进行物理改性和化学改性，可以增大硅藻土的比表面积及孔径，比表面积增大时硅藻土的吸附量增大，孔径增大时杂质在硅藻土孔内的扩散速率加快，有利于达到吸附平衡，起到增大硅藻土的吸附量及加快硅藻土达到吸附平衡的作用。将铝灰和海绵铁包覆在改性硅藻土颗粒中，铝灰和海绵铁可有效去除表面呈电负性的杂质，而改性硅藻土可有效去除表面呈阳性的杂质，从而加大改性硅藻土净水剂的吸附效果，解决了天然硅藻土对表面呈电负性的杂质的去除能力较弱的问题。海绵铁是加入了黏土和氧化铝且经过二次还原得到的海绵铁，增大了海绵铁的比表面积且使海绵铁的性能更稳定，使得制备得到的改性硅藻土净水剂对杂质的吸附能力更强且性能更稳定。将超轻黏土和包覆着铝灰和海绵铁的改性硅藻土颗粒混合均匀并制粒、烧结，使得改性硅藻土颗粒表面包覆着一层超轻黏土，超轻黏土的存在使得铝灰和海绵铁难以从改性硅藻土颗粒中脱落出来，从而起到稳定改性硅藻土净水剂性能的作用。改性硅藻土净水剂吸附杂质时，杂质会优先吸附于超轻黏土层上，即较多的杂质会吸附在包覆着铝灰和海绵铁的改性硅藻土颗粒的外表面上，而吸附在改性硅藻土颗粒空隙中的杂质会相应减少，可降低硅藻土颗粒的清洁难度，从而使改性硅藻土净水剂易于清理，重复利用率高。

配方42　改性石墨烯/聚合氯化铝净水剂

原料配比

原料		配比(质量份)			
		1#	2#	3#	4#
改性石墨烯基吸附材料		20	30	35	40
聚合氯化铝		20	15	10	5
水		加至100	加至100	加至100	加至100
改性石墨烯基吸附材料	氧化石墨烯	8	10	6	5
	去离子水	100	100	100	100
	阳离子脱色剂双氰胺甲醛缩聚物	0.5	0.1	0.01	0.3

制备方法　改性石墨烯基吸附材料中加入聚合氯化铝和水，调节pH 6～8，升温至40～60℃保温反应1～4h，过滤得到改性石墨烯/聚合氯化铝净水剂。

原料介绍

絮凝沉降剂为聚合氯化铝。

所述改性石墨烯基吸附材料的制备方法包括如下步骤：氧化石墨烯加入去离子水中，搅拌混合均匀后得到氧化石墨烯分散液，在搅拌条件下超声处理1～4h，升温至50～70℃，停止超声处理，然后在继续搅拌条件下缓慢滴加阳离子脱色剂，继续保温反应4～6h，得到改性石墨烯基吸附材料。

所述的阳离子脱色剂为双氰胺甲醛缩聚物。

产品应用　本品是一种改性石墨烯/聚合氯化铝净水剂。主要用于印染污水处理。

产品特性

(1) 本品以氧化石墨烯以及双氰胺甲醛缩聚物为原料制备氧化石墨烯基吸附基材，在氧化石墨烯吸附基材内部结构中引入对活性染料等水溶性阴离子有色物质具有强烈吸附反应能力的双氰胺甲醛缩聚物，极大增强了改性石墨烯基吸附材料对染料废水的脱色吸附能力，具有用量少，脱色彻底的优点。而且，氧化石墨烯具有正六边形芳香结构，在平面内存在离域的大π键，而对于含有苯环（或类似苯环）结构的有机污染物也含有离域的π键，当两者接近时，会发生较强烈的相吸作用，两相协同增效，增强净水剂的净水效果。双氰胺甲醛缩聚物用量过大，容易导致在水处理时游离的阳离子脱色剂增多，进而增加过滤时的压力，引起出水量减少或频繁更换滤袋。本品是针对末端排放废水，色度一般较低，选择合适质量比的双氰胺甲醛缩聚物与氧化石墨烯制备氧化石墨烯吸附基材。

(2) 本品利用氧化石墨烯含有丰富的含氧基团，其中的氧原子含有孤对电子，而金属离子含有空轨道，将净水剂加入污水中，净水剂与污水中的金属离子两者配位形成络合物，对污水中的金属离子具有絮凝沉降作用，有效降低污水中重金属污染物含量。氧化石墨烯的含氧官能团还能与其他配位性能强的基团发生接枝反应，从而进一步增强石墨烯基材料配位络合金属离子的能力。

(3) 本品制备的改性石墨烯/聚合氯化铝净水剂在溶解过程中，聚合氯化铝的氢氧根离子释放大量正电荷吸附水中负电荷离子，絮凝形成快而且粗大、活性高，沉淀快，可有效提高出水浊度，加快悬浮物的快速聚集和沉降，使得经沉降后的上层水可快速过滤得到清澈水，提高产水能力。本品制备的改性石墨烯/聚合氯化铝净水剂在处理印染废水末端达标排放水时，用量为0.5～5g/L，废水经处理后色度可达到10以内。本品净水剂具有用量少、脱色彻底等优点，用于印染污水经处理后的终端排放水的循环利用上不但可得到澄清透明的水质，还可以解决重金属超标问题（如钙、镁、铁、锑等金属离子），具有悬浮物沉降速度快，过滤速度快，产水量高的优点。

配方 43　高氮高氯高苯有机工业污水净水剂

原料配比

原料	配比(质量份)		
	1#	2#	3#
硅藻土	20	30	15
麦饭石	20	40	30
硫酸铝	15	20	17
氧化铁	5	10	8
氯化铁	10	20	15
聚丙烯酰胺	10	20	1
金黄杆菌菌粉	0.5	1.5	1
恶臭假单胞菌菌粉	0.5	2	1
荧光假单胞菌菌粉	0.5	2	1
聚磷菌菌粉	0.5	1.5	1
赖氨酸芽孢杆菌菌粉	0.2	1	0.6

续表

原料	配比(质量份)		
	1#	2#	3#
白腐菌菌粉	0.5	1.5	0.8
赤红球菌菌粉	0.2	1	0.6
地衣芽孢杆菌菌粉	0.5	2	0.8
巨大芽孢杆菌菌粉	0.2	1	0.6
白地霉菌菌粉	0.5	2	0.8
硝化球菌菌粉	0.5	1.5	0.7
根霉菌菌粉	0.2	1	0.6
链霉菌菌粉	0.5	1.5	0.8
巴氏葡萄球菌菌粉	0.5	2	0.9
水芽殖杆菌菌粉	0.5	1.5	0.8
脱色希瓦氏菌菌粉	0.2	1	0.6
噬氨副球菌菌粉	0.5	1.5	0.8
果胶酶	0.04	0.15	0.1
烯酮还原酶	0.03	0.2	0.1
硝基还原酶	0.02	0.1	0.06
木质素羟化酶	0.02	0.1	0.06
漆酶	0.04	0.15	0.1
链霉菌蛋白酶	0.06	0.25	0.16
硫酯酶	0.05	0.1	0.07
植酸酶	0.02	0.1	0.05
木聚糖酶	0.03	0.2	0.1
腈水合酶	0.02	0.1	0.05
醛脱氢酶	0.05	0.1	0.07
角蛋白酶	0.02	0.1	0.05
生石灰	200	500	400

制备方法

(1) 将硅藻土、麦饭石、硫酸铝、氧化铁和氯化铁均匀混合后在90℃的条件下干燥，降至室温后粉碎至300目，得混合物粉末。

(2) 将步骤(1)得到的混合物粉末与聚丙烯酰胺在室温下混合，得混合物。

(3) 在有机工业污水中加入步骤(2)得到的混合物，对混合液进行曝气处理30min，曝气后搅拌1h，搅拌后静置沉淀2～4h，放出上层清水，去除下层沉淀物。

(4) 在步骤(3)所得上层清水中加入金黄杆菌菌粉、恶臭假单胞菌菌粉、荧光假单胞菌菌粉、聚磷菌菌粉、赖氨酸芽孢杆菌菌粉、白腐菌菌粉、赤红球菌菌粉、地衣芽孢杆菌菌粉、巨大芽孢杆菌菌粉、白地霉菌菌粉、硝化球菌菌粉、根霉菌菌粉、链霉菌菌粉、巴氏葡萄球菌菌粉、水芽殖杆菌菌粉、脱色希瓦氏菌菌粉和噬氨副球菌菌粉，在水温35～40℃下以10～20r/min的转速搅拌并曝气处理，搅拌曝气处理1h后，静置2～3h。

(5) 将步骤(4)的污水调节pH值至4.5～6.0，继续保持水的温度为35～40℃，加入果胶酶、烯酮还原酶、硝基还原酶、木质素羟化酶、漆酶、链霉菌蛋白酶、硫酯酶、植酸酶、木聚糖酶、腈水合酶、醛脱氢酶和角蛋白酶，以10～20r/min的转速搅拌均匀，搅拌1h后静置3～5h。

(6) 在步骤(5)处理过的废水中加入生石灰，以10～20r/min的转速搅拌均匀，搅拌30min后静置3～5h，去除沉淀物后即得处理过的有机工业污水。

产品应用　本品是一种高氮高氯高苯有机工业污水净水剂。

产品特性

(1) 采用本品对有机工业污水进行处理，采用固体净水剂与复合微生物菌剂、酶制剂共同作用于废水，避免了化学处理产生的二次污染，减少了污水的排放量，改善了废水的水质。而且本品所采用的复合微生物菌种能够提高系统抗冲击负荷的能力，以应付有机物质负荷过高的情况。本品的方法使CODcr的排放量达到国家规定的标准。

(2) 采用上述的净水剂处理高氮高氯高苯有机工业污水，不需加入大量的化学试剂，对环境友好，而且其净水效果好。

配方 44　高效复合净水剂（1）

原料配比

原料	配比(质量份)		
	1#	2#	3#
水	40	15	50
有效氯10%的次氯酸钠溶液	53	37.5	91
氢氧化铝	78	40	100
氢氧化钠	60	28	69

制备方法

(1) 将次氯酸盐溶液与水进行混合，得到混合液。

(2) 向所述混合液中加入氢氧化铝并搅拌均匀，得到浆液。

(3) 向所述浆液中加入氢氧化钠搅拌反应，得到复合铝酸钠净水剂。

原料介绍

所述次氯酸钠溶液中有效氯≥5%。

所述复合铝酸钠中氧化铝含量≥16%，苛化系数为1.6～2.2。

产品应用　本品是一种高效复合净水剂。

产品特性

(1) 本品的制备方法简单，且成本较低。

(2) 本品克服了传统铝酸钠水处理剂稳定期短，水处理过程中铝盐矾花小、不易沉淀以及功能单一的问题。本品通过将次氯酸根基团接枝在铝酸钠中来制备复合铝酸钠，本品制备的复合铝酸钠稳定性比传统铝酸钠更好，并且将本品用于污水处理时，在其水处理过程中铝盐矾花比传统铝酸钠水处理剂的要大，且沉淀快。本品对降解污水COD有很好的处理效果。

配方 45　高效复合净水剂（2）

原料配比

原料	配比(质量份)		
	1#	2#	3#
固态辣木种子絮凝剂	18	20	20
固态微生物絮凝剂	9	10	10
细菌保护剂	1	2	1
蒸馏水	28	30	28

制备方法　称取固态辣木种子絮凝剂、固态微生物絮凝剂、细菌保护剂、蒸馏水，混合均匀后经真空冷冻干燥即得复合净水剂。

原料介绍

固态辣木种子絮凝剂制备方法。

(1) 原料预处理：挑选去壳无变质、无病虫、干净健康的辣木种子置于烘箱中，在40～

45℃下干燥，当含水量降至7%～8%时，用粉碎机粉碎后过筛，筛网目数为60～80目，得辣木种子粉。

（2）种子粉脱脂：将150～200份的辣木种子粉置于超临界CO_2萃取釜中，在萃取温度为48～52℃、萃取压力为28～32MPa、CO_2流量为21～24L/h时，萃取2.5～3h，萃取结束后从釜中出粕，经粉碎、筛分、干燥，即获得种子脱脂粉。

（3）絮凝活性物质的粗提：称取80～100质量份的辣木种子脱脂粉，装入烧瓶中，按照料液比为1∶(6～8)将浸提液注入烧瓶中，然后将烧瓶置于60～65℃水浴中，在真空度为0.1～0.2kPa下进行真空浸提3～4次；之后过滤，除去残渣，将滤液加入旋转蒸发器中，在真空度0.1～0.2kPa、温度65～70℃条件下进行真空浓缩，当浓度达20%～25%时停止，即得絮凝物粗提液，絮凝物粗提液中絮凝活性成分含量较低，因此其絮凝率为70%～75%，为进一步纯化做准备。

（4）絮凝活性物质的纯化：用中空纤维膜分离法纯化絮凝活性物质，首先用蒸馏水反复清洗UEOS503和UPIS503中空纤维膜，然后用与絮凝物粗提液等量的40℃蒸馏水分别在一定压力下通过中空纤维膜，收集相同时间内的滤液，直到膜通量相同为止。将絮凝物粗提液在温度40～42℃、pH 9.8～10.2、压力0.1～0.15MPa、流量19～22L/h条件下，截留分子量在6～20kDa的滤液。即得到絮凝活性物质溶液。纯化的絮凝活性物质溶液在真空度0.1～0.2kPa、温度为65～70℃条件下进行真空浓缩，当浓度达到40%～45%时停止，此时加入浓缩液质量0.1%～0.2%的功能性多肽，再经真空冷冻干燥可得固态辣木种子絮凝剂，其絮凝活性物质含量为90%～95%。

微生物絮凝剂制备：取葡萄糖18～20g，磷酸二氢钾1.8～2.0g，磷酸氢二钾4.5～5.0g，氯化钠0.1～0.15g，硫酸铵0.2～0.3g，尿素0.5～0.6g，酵母膏0.5～0.6g，水900～1000mL，113～115℃灭菌20～25min制得发酵培养基。将类产碱假单胞菌按质量比1∶(2～3)接种到发酵培养基中，在30～32℃温度下，摇床160～180r/min培养45～48h，培养液在7500～8000r/min离心10～15min，取上清液采用旋转蒸发仪浓缩到原体积的1/20～1/25，加上4～5倍的冷无水乙醇沉淀，将乙醇溶液在6000～6300r/min离心10～12min得到微生物絮凝剂沉淀，将沉淀溶解在蒸馏水中，再加4～5倍体积的冷乙醇沉淀，离心，溶解，如此反复3～4次，将最终得到的沉淀物真空冷冻干燥得固态微生物絮凝剂。该固态微生物絮凝剂絮凝效果很好，当其用量为0.01～0.02g/L时絮凝率达到88%～93%。

所用的浸提液为蒸馏水或1.2～1.5mol/L的氯化钠溶液。

所用的细菌保护剂为维生素C或维生素E或硫代硫酸钠或硫脲。

所用微生物为类产碱假单胞菌。

产品应用　本品是一种高效复合净水剂。

产品特性

（1）挑选健康辣木种子以防止霉变产物污染絮凝活性物质，粉碎过筛可以除去种子中的杂质成分。萃取过程中可以回收辣木种子油，实现辣木种子的完全综合利用，提升产业的科技含量，增加经济效益。辣木絮凝活性物质是蛋白质，而加入的功能性多肽可以增强该蛋白质的活性，增大其絮凝能力。细菌保护剂能改善菌种贮藏的稳定性，提高贮藏温度，增加贮藏时间。复合净水剂成品为固态，方便储存运输。在辣木种子絮凝剂与微生物絮凝剂的复合作用下，该净水剂的絮凝效果得到显著提高，是一种高效、安全的复合净水剂。

（2）原材料取材天然，制备过程简单易行，成品是一种安全无害的复合净水剂产品。

（3）所加入的功能性多肽可以增强该辣木种子絮凝蛋白质的活性，增强其絮凝能力。

（4）微生物絮凝剂与辣木种子絮凝活性物质复合净水的絮凝率极高，复合净水剂使用量为0.05～0.06g/L时其絮凝率即可达到95%～98%，而且其适用水体普遍，因此具有较高的经济价值和环保价值。

配方 46 高效环保净水剂

原料配比

原料	配比(质量份)		
	1#	2#	3#
辣木提取物	60	50	40
活性炭	10	15	20
脂肪酸聚乙二醇酯	10	9	8
硫酸铝	4	7	10
醋酸	8	6	4
硅烷偶联剂	8	12	15

制备方法 将各组分原料混合均匀即可。

产品应用 本品是一种高效环保净水剂。

产品特性 本品配制简单，可循环利用，减少对环境造成污染。

配方 47 高效环保型矿物净水剂

原料配比

原料		配比(质量份)			
		1#	2#	3#	4#
凹凸棒土		—	—	—	—
改性凹凸棒土		100	100	100	100
改性聚丙烯酰胺		20	10	30	25
改性凹凸棒土	凹凸棒土	200	200	200	200
	浓度为 2mol/L 的盐酸酸液	5000(体积)	5000(体积)	5000(体积)	5000(体积)
改性聚丙烯酰胺	聚丙烯酰胺	100	100	100	100
	溶剂氯化亚砜	1000(体积)	1000(体积)	1000(体积)	1000(体积)
	碳纤维	7	7	7	7

制备方法 将凹凸棒土或改性凹凸棒土和高分子絮凝剂混合后，进行粉碎，得到高效环保型矿物净水剂。

原料介绍

所述改性凹凸棒土的制备方法为：将凹凸棒土加入盐酸酸液中，搅拌一段时间，干燥后，碾碎研磨过筛备用。所述搅拌所需的时间为 15～60min。所述盐酸酸液的浓度为 1～5mol/L。

所述改性聚丙烯酰胺的制备方法为：将聚丙烯酰胺加入溶剂中，待聚丙烯酰胺溶解后，将反应温度升高至 70℃，然后再向反应体系中加入碳纤维，待碳纤维溶解后，将反应温度降低至零度，然后加入二环己基碳二亚胺，冰浴下，反应 2～12h，即可得到改性聚丙烯酰胺。

产品应用 本品是一种高效环保型矿物净水剂。

产品特性

(1) 反应速率快，1min 黑水变清水。

(2) 操作简单，只需稀释喷洒即可，不需搅拌设备。

(3) 安全环保，产品已经取得国家级实验室安全检测报告。

(4) 处理效果好，悬浮物可去除 90%以上，总磷去除 95%以上，COD 去除 90%以上。

(5) 粉体形状，易于运输和储存。

配方 48　高效活性炭净水剂

原料配比

原料	配比(质量份)		
	1#	2#	3#
活性污泥	20	30	25
酸枣壳活性炭	20	30	25
硅酸镁	3	5	4
氧化铝	5	8	6
二氧化硅	10	20	15
沸石	10	20	15
硅酸钙	3	5	4
聚乙烯醇	1	3	2
氧化钙	3	5	4
十二烷基苯磺酸钠	1	3	2

制备方法　将各组分原料混合均匀即可。

产品应用　本品是主要应用于化工、石油、轻工、日化、纺织、印染、建筑、冶金、机械、医药卫生、交通、城乡环保等行业的一种高效活性炭净水剂。

产品特性　本品利用污泥作为原料可制备成含碳吸附剂，与活性炭一起应用到净水工艺中，节约了活性炭的制作成本，且制作的活性炭处理效果好。

配方 49　高效净水剂（1）

原料配比

原料	配比(质量份)		
	1#	2#	3#
聚丙烯酰胺	2	4	6
沸石粉	17	18	20
钠云母	15	13	14
月桂醇	10	15	20
次氯酸钙	12	15	20

制备方法　将各组分原料混合均匀即可。

产品应用　本品是主要用于化工、石油、轻工、日化、纺织、印染、建筑、冶金、机械、医药卫生、交通、城乡环保等行业的高效净水剂。

产品特性　本品生产成本较低，使用效果好。

配方 50　高效净水剂（2）

原料配比

原料	配比(质量份)				
	1#	2#	3#	4#	5#
改性凹凸棒土	2	6	4	3	5
聚二甲基二烯丙基氯化铵	6	2	4	3	5
碳酸镁	15	20	18	16	19
决明子提取物	15	10	13	12	14

续表

原料		配比(质量份)				
		1#	2#	3#	4#	5#
月桂醇		10	20	15	13	17
亚硫酸钾		20	10	15	12	18
改性凹凸棒土	凹凸棒土	3	2	3	2	4
	聚合氯化铝溶液	0.4	0.6	0.4	0.6	0.2
	壳聚糖溶液	0.7	0.5	0.7	0.5	0.8

制备方法　将各原料混合均匀后制粒即可。

原料介绍

所述改性凹凸棒土的制备方法为：将凹凸棒土置于聚合氯化铝溶液中浸泡后调节 pH 至碱性，接着洗涤，干燥，焙烧，加入壳聚糖溶液，超声分散，干燥，研磨过筛，得到改性凹凸棒土。浸泡的时间为 6.5～7.5h。焙烧的温度为 350～450℃，时间为 3～4h。超声分散的功率为 90～140W，时间为 3～5h。研磨过筛为研磨过 300～400 目筛。

所述壳聚糖溶液的制备方法为：将壳聚糖溶解于体积分数为 5%～10%的醋酸溶液中，得到壳聚糖溶液。

所述决明子提取物的质量分数为 36%～57%。

产品应用　本品是一种高效净水剂。

产品特性　本品的原料搭配合理，具有改善水质，吸收降解水体中有机物及重金属离子的作用，且抗菌效率高，安全性能高，无毒无污染，稳定性好。本品对凹凸棒土进行改性，通过化学键作用负载了壳聚糖，铝离子与壳聚糖协效作用，提高了改性凹凸棒土表面的吸附作用和离子交换作用，从而使本品对污水中 COD、重金属离子等的去除作用显著增强，去除率高于 95%。

配方 51　高效净水剂（3）

原料配比

原料		配比(质量份)		
		1#	2#	3#
活性炭	颗粒目数为 10 目	10	—	—
	颗粒目数为 24 目	—	15	—
	颗粒目数为 18 目	—	—	13
硅藻土		10	15	13
聚合氯化铝铁		15	25	18
片状氢氧化钠		15	25	18
结晶氯化铝、麦饭石	麦饭石的粉末颗粒为 40 目	10	—	—
	麦饭石的粉末颗粒为 80 目	—	15	—
	麦饭石的粉末颗粒为 60 目	—	—	13
膨胀土		5	10	8
沸石粉		5	10	8
硫代硫酸钠		15	25	18
腐植酸钠		5	10	8
有机酸		10	20	15
有机胺	二乙烯三胺	10	20	15
去离子水		适量	适量	适量

制备方法

(1) 将有机酸和有机胺依次添加至反应容器内部，并加入1∶1份的去离子水，对溶液进行搅拌20～30min后，利用加热装置将反应容器进行加热，使反应容器的内部温度升高至140～160℃，并保持40～60min，然后去除溶液表面的杂质和浮渣，得到A相。

(2) 将活性炭、硅藻土、麦饭石、膨胀土和沸石粉依次加入搅拌机内进行搅拌，得到B相；搅拌机的转速为80～120r/min。

(3) 将硫代硫酸钠添加至广口烧瓶内，并加入1∶3份的去离子水，以80～120r/min的转速搅拌1～3min后，静置10～15min，利用筛网对溶液进行过滤，得到C相。所使用的筛网由不锈钢材料制成，所述筛网筛孔的目数为40～50目。

(4) 将步骤(1)中的A相与步骤(2)中的B相进行混合溶解，并对溶解后的溶液进行高速搅拌，然后将腐植酸钠缓慢地加入高速搅拌下的溶液中，在40～50℃下搅拌10～15min后，得到混合溶剂。

(5) 将混合溶剂倒入反应容器内，对其进行升温至50～60℃后，将C相加入升温后的反应容器内，以100～150r/min的转速对反应容器内的溶剂进行搅拌20～30min后，静置2～4h，并去除溶剂表面的杂质，得到产品。

原料介绍

所述麦饭石为粉末状，所述麦饭石的粉末颗粒为40～80目。

所述有机酸具体为对苯二甲酸或己二酸中的一种或两种的混合物，所述有机酸为对苯二甲酸和己二酸的混合物时，其质量比为1∶1.25。

所述有机胺具体为二乙烯三胺。

所述活性炭由锯屑、焦炭、木质素、果核和硬果壳制成。

所述活性炭的颗粒目数为10～24目。

产品应用　本品是一种高效净水剂。

产品特性

(1) 通过将腐植酸钠和硫代硫酸钠进行混合搅拌后，与原料中的成分进行充分混合，在使用时，可将水中硝酸盐或亚硝酸盐还原成一氧化二氮或氮气逸出，加速含氮有机物的分解，从而降低氨氮的含量，达到高效去除氨氮的效果，去COD能力强。

(2) 通过利用有机酸和有机胺进行反应，并利用反应后的溶液与活性炭、硅藻土和麦饭石进行混合搅拌，合理搭配，具有改善水质，吸收降解水体中有机物及重金属离子的作用，且抗菌效率高，安全性能高，无毒无污染，不仅保留了活性炭对有机小分子的吸收能力，还可利用硅藻土吸附水中的高分子有机物，提高了净水效果。

(3) 本品工艺简单，设备要求低，可操作性强。

配方 52　高效净水剂(4)

原料配比

<table>
<tr><th colspan="2" rowspan="2">原料</th><th colspan="4">配比(质量份)</th></tr>
<tr><th>1#</th><th>2#</th><th>3#</th><th>4#</th></tr>
<tr><td colspan="2">液体聚合氯化铝</td><td>10</td><td>1</td><td>—</td><td>1</td></tr>
<tr><td colspan="2">液体聚合氯化铝铁</td><td>1</td><td>—</td><td>1</td><td>1</td></tr>
<tr><td rowspan="2">液体聚合氯化铝</td><td>粉末状含铝废渣</td><td>1</td><td>1</td><td>1</td><td>1</td></tr>
<tr><td>盐酸</td><td>3(体积)</td><td>2.5(体积)</td><td>3(体积)</td><td>4.3(体积)</td></tr>
<tr><td rowspan="2">液体聚合氯化铝铁</td><td>粉末状含铝废渣</td><td>1</td><td>1</td><td>1</td><td>1</td></tr>
<tr><td>钢铁厂酸洗废液</td><td>6(体积)</td><td>5(体积)</td><td>6(体积)</td><td>8(体积)</td></tr>
</table>

制备方法　将盐酸和粉末状含铝废渣加入反应釜，搅拌反应，然后将水、铝酸钙粉加入反应釜反应后用泵将其打入沉淀池沉淀，得到液体聚合氯化铝；将氯化铁溶液和粉末状含铝废渣加入反应釜反应，将反应后的液体用泵打入沉淀池沉淀，得到液体聚合氯化铝铁；然后将二者混合喷雾干燥即可。

原料介绍

所述的液体聚合氯化铝和液体聚合氯化铝铁都是以含铝废渣和钢铁厂酸洗废液为原料制备的。

所述的含铝废渣中氧化铝质量分数为20%～35%。

所述的钢铁厂酸洗废液中铁质量分数为8%～12%。

所述的固体净水剂中铁的质量分数为0%～20%，盐基度为50%～90%。

所述的液体聚合氯化铝的制备工艺包括以下步骤：

(1) 将质量分数为20%～30%的盐酸加入反应釜，搅拌。

(2) 将粉末状含铝废渣加入反应釜。

(3) 密闭后升温至70～80℃反应1～2h，得到液体聚合氯化铝初液。

(4) 将水、铝酸钙粉加入上述反应釜中并升温至95～110℃反应0.7～1.5h，然后用泵将其打入沉淀池沉淀，得到液体聚合氯化铝。铝酸钙粉的加入量为反应釜内液体质量的13%～17%。加水至反应釜内液体氧化铝质量分数为7%～10%。

所述的粉末状含铝废渣和盐酸的加入比例为1∶(2.5～4.3)（质量∶体积）。

所述的液体聚合氯化铝铁的制备工艺包括以下步骤：

(1) 将钢铁厂酸洗废液加入反应釜。

(2) 将粉末状含铝废渣加入反应釜与钢铁厂酸洗废液在40～60℃条件下反应1～3h。

(3) 将反应后的液体用泵打入沉淀池沉淀，得到液体聚合氯化铝铁。

所述的粉末状含铝废渣和钢铁厂酸洗废液的加入比为1∶(5～8)（质量/体积）。

所述的使用的粉末状含铝废渣的粒径≤3mm。

产品应用　本品是一种高效净水剂。

产品特性

(1) 本品为固体聚合氯化铝铁，其铁含量可以在0%～20%范围内任意调整，盐基度可调整到50%～90%，可以满足不同的废水对铁含量的需求，铁含量和盐基度可以根据客户的需求调整，大大提高了生产的灵活度，且污水处理效率高。本品是以含铝废渣及钢铁厂酸洗废液为原料制备的，在降低企业生产成本的同时，节约了资源，降低了金属对环境的污染。

(2) 本品不仅铁含量高，盐基度高，净水效率高，而且充分利用了含铝废渣，避免了铝资源浪费以及环境污染，而且生产过程容易控制，适合连续生产，大大降低了企业的生产成本。

配方 53　高效净水剂（5）

原料配比

原料		配比（质量份）				
		1#	2#	3#	4#	5#
凹凸棒土复合活性颗粒		60	70	80	75	65
超支化聚乙烯亚胺接枝洋车前子壳纤维		40	35	30	30	40
聚戊糖多硫醇		5	7	10	6	8
聚合氯化铝铁		10	8	5	9	8
氧化剂	高铁酸钠	2	3	4	—	—
	高铁酸钾	—	—	—	3	2

制备方法 按配方称量各组分，将各组分进行混合并研磨，过200目筛，即得所述高效净水剂。

原料介绍

所述的凹凸棒土复合活性颗粒是将凹凸棒土经酸预处理后再进行胆碱活化制备得到的颗粒状吸附剂，可有效吸附水体中的有害污染物，特别是水体中的醛酮类羰基化合物。所述的凹凸棒土经酸处理后不仅吸附性能得到改善，并有利于稳定负载胆碱，使胆碱均匀分布于凹凸棒土表面及其孔隙中，所述的胆碱作为亲核试剂与醛酮类羰基化合物发生亲核加成反应，从而达到固定有机化学污染物的目的。此外，经胆碱活化的凹凸棒土表面负载正电荷，根据电中和作用，可有效吸附污水中的负电胶体，达到净化水体的效果。

所述的超支化聚乙烯亚胺接枝洋车前子壳纤维是以超支化聚乙烯亚胺和洋车前子壳纤维作为单体，在引发剂过氧化苯甲酰、交联剂N,N'-亚甲基双丙烯酰胺作用下聚合形成的共聚接枝产物，兼具杀菌、吸附的作用，有效降低水体中病原微生物、重金属离子、油脂等物质的含量。

所述的洋车前子壳纤维是以洋车前子壳粉为原料经预处理后制备获得。具体的方法：将洋车前子壳粉进行碱处理，一方面可减少杂质，另一方面可使纤维结构裸露并发生溶胀，增大纤维素的可及度，使接枝反应更易进行，然后再利用氧化预处理的方法，使纤维素部分的官能团（如羟甲基）转化为羧基，促进洋车前子壳纤维与超支化聚乙烯亚胺结构中的氨基进行聚合交联反应，最终使制得的超支化聚乙烯亚胺接枝洋车前子壳纤维具有高的接枝效率，同时兼具超支化聚乙烯亚胺和植物纤维素净化水体的优点，当用于污水处理时，通过吸附架桥、离子交换、电荷中和等作用，迅速降低水体污染物含量，达到高效、快速净化的目的。

所述的聚戊糖多硫醇和聚合氯化铝铁复配使用，作为有机-无机絮凝剂，具有显著的协同增效作用，絮凝效果明显增强，在较少的用量下，促使污染物充分进入絮凝体，产生污泥量少，且不易受酸碱度和盐类等影响，具有良好的除浊效果。所述的氧化剂具有显著的杀菌作用，与超支化聚乙烯亚胺接枝洋车前子壳纤维复配时，可降低无机氧化剂的用量，并提高杀菌效果。

所述的凹凸棒土复合活性颗粒为胆碱活化的凹凸棒土复合颗粒。通过以下方法制备得到：将凹凸棒土进行酸化处理，经冲洗、烘干后得到预处理的凹凸棒土；将预处理的凹凸棒土和质量分数为10%～20%的胆碱溶液按（2～3）：1的质量比混合，造粒，在120～180℃下活化1～2h，得到凹凸棒土复合活性颗粒。

所述的超支化聚乙烯亚胺接枝洋车前子壳纤维是通过以下方法制备得到：将预处理洋车前子壳纤维、超支化聚乙烯亚胺混合，按1g/(30～40) mL的比例溶于水，在50～60℃水浴加热下搅拌反应25～30min，然后加入N,N'-亚甲基双丙烯酰胺、过氧化苯甲酰，在80～90℃水浴加热下继续搅拌反应90～180min，反应结束后，沉淀用蒸馏水洗涤，再经干燥后得到超支化聚乙烯亚胺接枝洋车前子壳纤维。

所述的预处理洋车前子壳纤维和超支化聚乙烯亚胺的质量比为（3～5）：1。

所述的N,N'-亚甲基双丙烯酰胺的加入量为预处理洋车前子壳纤维和超支化聚乙烯亚胺总质量的0.03%～0.12%；所述的过氧化苯甲酰的加入量为预处理洋车前子壳纤维和超支化聚乙烯亚胺总质量的0.8%～1.6%。

所述的预处理洋车前子壳纤维是通过以下方法制备得到：将洋车前子壳粉加至质量分数为2%～4%的氢氧化钠溶液中，于90～100℃加热处理3～5h，冷却，固液分离，洗涤沉淀物，干燥，得到洋车前子壳纤维，将洋车前子壳纤维加入摩尔浓度为0.5～1mol/L的过氧化氢溶液中，在搅拌条件下于60～100℃反应0.5～3h，固液分离，洗涤沉淀物，干燥，研磨备用，得到预处理洋车前子壳纤维。

所述的洋车前子壳粉和氢氧化钠溶液的质量比为1：(10～15)，所述的洋车前子壳纤维与过氧化氢溶液的质量比为1：(1～2)。

所述的超支化聚乙烯亚胺是高度支化的多胺，具有高阳离子电荷密度，富含伯氨、仲氨和叔氨基团，为市售商品。

所述的氧化剂为高铁酸钠或者高铁酸钾。

产品应用　本品主要用于含油废水、印染废水、造纸污水、城市污水等处理。

产品特性

（1）本品兼具吸附、絮凝、氧化分解、杀菌等功效，可快速、高效降低水体中包括悬浮微粒、细菌、重金属、有机化学污染物、色素、油脂等有害污染物的含量，污水处理效果显著，性质稳定，处理后无二次污染，处理成本低，处理后的水能够达到排放标准。

（2）本品对含细菌病原体污水具有较佳的处理效果，可有效降低病原体污水中的化学需氧量（COD）和生物需氧量（BOD），对大肠杆菌、白色念珠菌和铜绿假单胞菌具有明显的去除效果，去除率达到97%以上。本品对含油工业污水具有较佳的处理效果，可有效降低含油工业污水中的柴油、二甲苯、戊醛、苯甲醛和丙酮的含量，尤其对醛酮类羰基化合物戊醛、苯甲醛和丙酮具有明显的去除效果，去除率达到97%以上。

配方 54　高效纳米净水剂（1）

原料配比

原料		配比(质量份)	
		1#	2#
硫酸铝		30	20
稀土元素	轻稀土	10	5
氧化锌		6	1
氧化钙		3	1
大孔树脂		16	8
纳米氧化钛	粒径为10～50nm	—	—
	粒径为50nm	18	—
	粒径为10nm	—	5
纳米碳管	管径为60～100nm	—	—
	管径为100nm	18	—
	管径为60nm	—	5
改性沸石粉		5	5
蛭石粉		8	5
改性淀粉		5	3
电气石粉		10	5

制备方法　将各组分原料混合均匀即可。

原料介绍

纳米氧化钛可以通过其电子的跃迁，形成氢氧基或羟基自由基，对细菌细胞膜具有破坏作用，从而起到杀菌、消毒的作用。

纳米碳管具有较大的比表面积，特殊的管道以及多壁碳纳米管之间的类石墨层隙，使其具有强烈的吸附性能。

所述纳米氧化钛的粒径为10～50nm。

所述纳米碳管的管径为60～100nm。

所述稀土元素为轻稀土。

产品应用　本品是一种高效纳米净水剂。主要用于净水领域。

产品特性

（1）本品无毒、高效、无二次污染、容易降解，且制备方法简单，成本较低。

（2）本品具有对人体安全、广谱抗菌、能杀灭水中有害细菌、除余氯、除重金属、净化水质等功能，本品应用范围广，适应水性广泛。

配方 55 高效纳米净水剂（2）

原料配比

原料	配比(质量份)	原料	配比(质量份)
纳米银	50～70	羧甲基纤维素	8～12
纳米二氧化钛	40～60	纳米分散剂	5～10
纳米氧化锌	20～30	供氧剂	2～10
活性炭	10～15	去离子水	210～230

制备方法

（1）取适量纳米银粉末、纳米氧化锌粉末、纳米二氧化钛粉末，将其混合均匀，得到混合物。

（2）向步骤（1）所得到的混合物中加入去离子水和纳米分散剂，在水温 25～35℃条件下，混合搅拌均匀后得到溶液 A。

（3）向带有搅拌装置的配料缸内加入一定量的干净的水，在开启搅拌装置的情况下，将羧甲基纤维素缓慢均匀地撒到配料缸内，不停搅拌，使羧甲基纤维素和水完全融合，直至羧甲基纤维素在水中均匀分散、没有明显的大的团块状物体存在时，便可以停止搅拌，停止搅拌后静置 30～45min 后在搅拌条件下加入步骤（2）所制得的溶液 A 中，调节搅拌机转速为 350～450r/min，搅拌时间为 10～15min，得到溶液 B。

（4）取适量活性炭和供氧剂，在搅拌条件下加入步骤（3）所制得的溶液 B 中，调节搅拌机转速为 435～550r/min，搅拌时间为 20～30min，得到高效纳米净水剂的半成品。

（5）除去步骤（4）所制得的高效纳米净水剂半成品中的水分，得到固体，即为所述高效纳米净水剂。

原料介绍 所述供氧剂主要采用过氧化钠。

产品应用 本品是一种高效纳米净水剂。

产品特性

（1）通过纳米银、纳米二氧化钛等纳米级材料，可有效去除水中杂质，具备杀菌抗菌消毒的功效，净水效果更好，且安全无毒，无二次污染。

（2）采用活性炭、羧甲基纤维素，可有效吸附水中悬浮物，其中活性炭表面积大吸附力强，均有絮凝、助滤除臭的功效。

（3）纳米银具有广谱抗菌、强效杀菌的效果，且抗菌持久，安全无毒；纳米氧化锌可作为抗菌剂；纳米二氧化钛可大大减少水中的细菌数，饮用后无致突变作用，达到安全饮用水的标准，可有效杀死大肠杆菌、黄色葡萄球菌等有害细菌，防止感染，具有净化除臭功能；活性炭具有絮凝效应和助滤效应等特点；羧甲基纤维素可作为污垢吸附剂。

配方 56 高效生物净水剂

原料配比

原料		配比(质量份)			
		1#	2#	3#	4#
复合微生物菌剂	巨大芽孢杆菌	8	10	8	9
	硝化细菌	5	6	6	6
	光合细菌	4	5	5	4
	胶质芽孢杆菌	5	6	5	6

续表

<table>
<tr><th colspan="2">原料</th><th colspan="4">配比(质量份)</th></tr>
<tr><th colspan="2"></th><th>1#</th><th>2#</th><th>3#</th><th>4#</th></tr>
<tr><td rowspan="3">环糊精微生物复合物</td><td>β-环糊精</td><td>25</td><td>20</td><td>30</td><td>25</td></tr>
<tr><td>玉米朊</td><td>8</td><td>4</td><td>10</td><td>8</td></tr>
<tr><td>复合微生物菌剂</td><td>4</td><td>2</td><td>5</td><td>4</td></tr>
<tr><td rowspan="2">改性钛白废渣</td><td>锂皂石</td><td>1</td><td>1</td><td>1</td><td>1</td></tr>
<tr><td>钛白废渣</td><td>3</td><td>2</td><td>4</td><td>3</td></tr>
<tr><td colspan="2">高铁酸钾</td><td>20</td><td>15</td><td>25</td><td>20</td></tr>
<tr><td colspan="2">环糊精微生物复合物</td><td>70</td><td>80</td><td>60</td><td>65</td></tr>
<tr><td colspan="2">改性钛白废渣</td><td>50</td><td>40</td><td>60</td><td>45</td></tr>
<tr><td colspan="2">叶绿素铜钠</td><td>15</td><td>20</td><td>10</td><td>15</td></tr>
</table>

制备方法　按配方量将高铁酸钾、环糊精微生物复合物、改性钛白废渣和叶绿素铜钠混合，即得生物净水剂。

原料介绍

高铁酸钾是一种具有高氧化性的物质，具有很强的杀菌作用，其与水结合时会产生大量原子氧，从而清除水中大量的污染物和病菌，与水反应后生成的 Fe^{3+} 水解，形成水合离子，具有良好的絮凝作用，可以吸附水中的有机污染物，不会造成二次污染；环糊精微生物复合物外部亲水，内部含有玉米朊复合菌剂，有效阻隔了高铁酸钾对复合菌剂的杀灭作用，避免复合菌剂失活，使环糊精微生物复合物具备延迟的净水效果。具体地，当净水剂施用于污水中，高铁酸钾首先发挥氧化絮凝的净水作用，待其水解生成没有灭菌效果的氢氧化铁时，环糊精微生物复合物中的菌剂才开始利用微生物的同化作用和异化作用进行水体净化，由于环糊精和玉米朊可作为微生物繁殖的营养成分，使得环糊精微生物复合物本身具备一定的自养性，有助于微生物生长并释放。

改性钛白废渣同时兼具钛白废渣的吸附性和锂皂石的凝胶性，可形成大量的有机絮团，显著降低水体中有机污染物、重金属、农药残留、藻毒素等的含量，同时锂皂石的偏碱性可进一步中和钛白废渣经高温煅烧后残余的硫酸，避免硫酸对水体的污染；钛白废渣中含有一定量的二氧化钛，具有光催化活性，可促进有机污染物的光催化降解，并且二氧化钛在光照下可将水分解成氢气和氧气，进一步增加水体的溶氧量。叶绿素铜钠兼具除臭和光敏作用，可有效降低水体的异味，并通过光敏效应增强钛白废渣中二氧化钛的光催化降解活性。

所述的复合微生物菌剂的总菌数为 $(0.5\sim1.5)\times10^{9}$ 个/mL。

所述的环糊精微生物复合物的制备包括以下步骤：

(1) 取配方量的玉米朊溶于体积分数为80%～85%的乙醇溶液，制成质量浓度为3%～5%的溶液，然后加入复合微生物菌剂，混匀，迅速冷冻干燥除去乙醇，得到玉米朊菌剂冻干粉。

(2) 取配方量的β-环糊精溶于水，制成质量浓度为1%～3%的溶液，然后加入玉米朊菌剂冻干粉，搅拌混匀，冷冻干燥，即得环糊精微生物复合物。

所述的改性钛白废渣为锂皂石改性钛白废渣。

所述的锂皂石改性钛白废渣为锂皂石和钛白废渣以1∶(2～4) 的质量比组成。

所述的钛白废渣为钛白粉制备过程中，钛铁矿与硫酸反应后的废渣，其成分为 Fe_2O_3、SO_3、SiO_2、TiO_2 等。

所述的锂皂石是一种相比于其他硅酸盐具有较大的比表面积、较高的阳离子交换容量和显著的膨胀性能的新型层状硅酸盐。

所述的改性钛白废渣的制备包括以下步骤：

(1) 将锂皂石分散于蒸馏水中，研磨1～2h，制成质量浓度为0.1%～1%的锂皂石分散液。

(2) 将钛白废渣置于马弗炉中400～450℃下煅烧30～40min，冷却至室温，取出，研磨，过100～200目筛，得到钛白废渣粉末。

(3) 将钛白废渣粉末加至锂皂石分散液中，充分搅拌1～2h，烘干，即得改性钛白废渣。

产品应用　本品主要应用于城市生活污水、工业废水或农业污水的净化。

产品特性

(1) 本品能从根本上实现对水体消毒、降解水体中的有害污染物质、转化水体中的过剩氨氮有机物、恢复水体微生态平衡，兼具净水、增氧、调节菌群的功效，并且无二次污染，具有高效、绿色环保的优点。

(2) 本品充分利用了硫酸法制备钛白粉过程产生的废渣，实现了钛白废渣的循环利用，变废为宝，既避免了资源的浪费，又避免废弃物的二次污染，大大降低了净水剂的生产成本，符合节能环保的理念。将钛白废渣与锂皂石进行改性处理，获得的改性钛白废渣同时兼具钛白废渣的吸附性和锂皂石的凝胶性，显著提高了在污水处理中的应用价值。

(3) 本品利用玉米朊只能溶于某浓度乙醇的特点，首先将其与复合微生物菌剂混合，使玉米朊覆盖于菌剂表面，制成表面包裹有玉米朊的菌剂冻干粉，然后利用环糊精内部疏水的特性，将玉米朊菌剂冻干粉包裹于环糊精中，形成外部亲水的环糊精微生物复合物，该复合物在水中分散良好，并使菌剂释放具有延迟性，实现了高铁酸钾和微生物菌剂在污水处理中的复配使用。

(4) 本品的生物净水剂各组分稳定性好，无毒，使用安全，不会引发二次污染。

配方 57　高效湿法脱硫废水处理净水剂

原料配比

原料	配比(质量份)		
	1#	2#	3#
粒度200目的氢氧化钙	10	12	15
粒度100目的聚合氯化铝	65	68	58
粒度100目的NOC-1型生物絮凝剂	15	12	18
粒度100目的DTC型螯合剂	5	3	5
粒度200目的活性炭	5	5	4

制备方法　将各成分混合，搅拌均匀制成净水剂。

原料介绍

氢氧化钙用于调节废水pH值，使部分重金属离子在中性或碱性条件下生成难溶的氢氧化物沉淀。

螯合剂与重金属离子反应生成难溶于水的螯合重金属盐沉淀。

活性炭吸附有机质去除废水中的COD，同时为废水中的极微小悬浮物颗粒提供聚合的结核，起辅助沉淀作用，可选普通活性炭或表面改性活性炭。

聚合氯化铝具有较强的架桥吸附性能，同时在聚合氯化铝的水解过程中伴随发生凝聚、吸附和沉淀等物理化学过程，絮凝沉淀速度快，聚合氯化铝和生物絮凝剂、螯合剂等组分配合，能与废水中的悬浮物SS、重金属离子、COD、氟化物等反应形成混凝小颗粒，并利用生物絮凝剂使混凝小颗粒形成大的粗颗粒迅速沉降，易于固液分离，通过生物絮凝剂的卷扫与网捕作用，将废水中的极微小颗粒进一步从废水中分离。

NOC-1型生物絮凝剂与其他组分的配合效果明显优于现有的有机、无机絮凝剂及其他微生物絮凝剂，尤其对悬浮物的去除效果明显更优。

所述的各组分的粒度为：氢氧化钙不粗于200目，聚合氯化铝不粗于100目，NOC-1型生物絮凝剂不粗于100目，螯合剂不粗于100目，活性炭不粗于200目。

所述螯合剂为DTC型。

产品应用　本品是一种高效湿法脱硫废水处理净水剂。

脱硫废水处理方法，包括以下步骤：

（1）将脱硫废水送入一级搅拌箱，同时在一级搅拌箱中加入上述净水剂，净水剂加入量为350g/m^3，搅拌，充分混溶，废水pH值调整至7.21，废水中部分重金属离子在弱碱性条件下生成难溶的金属氢氧化物沉淀物；同时螯合剂与部分重金属离子继续反应生成难溶于水的螯合重金属盐沉淀。

（2）经一级搅拌箱处理后的废水进入二级搅拌箱内，净水剂中的聚合氯化铝、生物絮凝剂、螯合剂充分溶解，进一步与废水中的SS、重金属离子、COD、氟化物等反应形成小颗粒混凝物；活性炭吸附有机质而降低废水中的COD，在活性炭的结核作用下，废水中的极微小沉淀物、微细胶体、微细颗粒物等极微小悬浮物颗粒逐步形成小颗粒状悬浮物。

（3）经二级搅拌箱处理后的废水进入三级搅拌箱，在生物絮凝剂的作用下将二级搅拌箱内形成的小颗粒物形成大的粗颗粒悬浮物。

（4）经三级搅拌箱处理后的废水进入斜板沉降池内进行固液分离，废水中的粗颗粒悬浮物在重力作用下迅速沉淀至斜板沉降池底部污泥斗内，上层澄清液往上溢出，进入清水箱回用或达标排放。

产品特性

（1）各组分搭配，可有效去除脱硫废水中的SS、重金属离子、COD、氟化物、硫化物等，适用于pH值6～9的条件。废水处理效率高，适用工艺简单，例如适用于一次加药工艺，出水可达标排放或回用，特别适用于脱硫废水的处理，尤其适合高SS浓度的脱硫废水的处理，例如对悬浮物浓度不低于10^{4}mg/L的脱硫废水，悬浮物的去除率高达99.9%。原料的粒度控制，有利于固体粉末的快速溶解，提高净水效率。

（2）该方法药剂一次加入，工艺简便，废水处理效率高，运维成本较低，易于工业化应用。可在5～10min内实现废水中悬浮物颗粒的快速沉降，达到固液分离的效果；同时废水中的重金属离子、COD及氟化物等均达到排放标准或中水回用标准。

配方58　高效纤维污水净水剂

原料配比

原料		配比（质量份）		
		1#	2#	3#
甲型药剂	改性硝酸铝	10	40	25
	硫酸铝	7	18	12
	氢氧化铝	5	16	11
	300目以上氧化铝	3	8	5
	氧化亚铁	2	6	4
	质量分数为37%、密度为1.19g/cm^{3}的盐酸	20（体积）	42（体积）	30（体积）
	水	60（体积）	168（体积）	120（体积）
乙型药剂	活性氧化钙	16	34	22
	氧化锌	2	8	6
	水	56（体积）	168（体积）	89（体积）
丙型药剂	300目以上活性炭粉	4	12	8
	氢氧化钾	3	9	6
	去离子水	10（体积）	28（体积）	20（体积）

制备方法　将甲、乙、丙型药剂进行混合，在20～45℃下搅拌0.5～1h后冷却至室温，静置24h后，即得所述高效纤维污水净水剂。

原料介绍

所述甲型药剂由如下方法制得：

(1) 按质量份配比计，取改性硝酸铝10～40份溶于60～168份水中，在20～45℃下搅拌0.5～2h，得溶液A备用。

(2) 边搅拌边加入盐酸20～42份，并依次加入硫酸铝7～18份、氢氧化铝5～16份、300目以上氧化铝3～8份、氧化亚铁2～6份，在100℃以上搅拌1～3h后冷却至室温，得溶液B备用；

(3) 将溶液A和溶液B混合，在20～45℃下搅拌15～20min后冷却至室温，得甲型药剂备用。

所述乙型药剂由如下方法制得：按质量份配比计，取16～34份活性氧化钙、2～8份氧化锌与56～168份水混合，在38～62℃下搅拌0.5～2h，搅拌速度为210～500r/min，得乙型试剂备用。

所述丙型药剂由如下方法制得：按质量份配比计，取300目以上活性炭粉4～12份与氢氧化钾3～9份溶于去离子水10～28份，在常温下搅拌0.5～1h，搅拌速度为200～400r/min，得丙型药剂备用。

所述改性硝酸铝的制备方法为：将硝酸铝置于液氮的保护下，在温度为－5～10℃的条件下静置反应15～30min，自然升温至室温后即得改性硝酸铝。

所述盐酸的质量分数为37%，密度为1.19g/cm^3。

所述活性氧化钙的制备方法为：将石灰石在1200～1250℃高温下反应2～3h，自然冷却至常温后研磨为750～800目的粉末，并在2000～2280mmHg的条件下反应0.5～1h即得活性氧化钙。

产品应用　本品主要用作处理工业纤维污水的高效纤维污水净水剂。

产品特性

(1) 本品能迅速实现将污水中的纤维离子、杂质离子、有毒物离子、有色离子吸引—结合—聚合—缩合—再吸引—再结合—再聚合—再缩合的循环，实现水中杂质离子、纤维离子、有毒物离子、有色离子由小变大，由少变多，从而快速形成沉降和气浮，使药剂使用时的停留时间相较于其他水处理药剂大大缩短；加强传统净水剂的氧化性与吸附性能，能大大增加药剂处理过程中的混凝气浮或沉降效果，无须多余的混凝剂或絮凝剂的加入即能实现对污水中木质素、纤维素等难降解物质和其他悬浮物的去除。

(2) 本品能够进一步增强净水剂的氧化性能，提高对难降解污染物的去除率，更快速使不可沉降悬浮物破碎形成的纤维碎片和杂细胞发生聚合和缩合反应，使其快速絮凝后气浮或沉降。

(3) 本品通过对多种物质进行改性处理，对污染物去除力发挥有效协同作用，分离后的水可循环使用，分离后的杂质可回收利用。

(4) 本品的技术效果是各工艺步骤及参数相互协同、相互作用的结果，并非简单的工艺的叠加，各工艺的有机结合产生的效果远远超过各单一工艺功能和效果的叠加，具有较好的先进性和实用性。

(5) 本品可用于处理工业纤维污水，COD、BOD、SS去除率高，杂质沉降或气浮速度快，不会造成第二次污染。

配方 59　高效抑菌吸附净水剂

原料配比

原料		配比(质量份)		
		1#	2#	3#
含有壳聚糖的发酵产物	虾壳	1	1	1
	蟹壳	1	1	1
改性自制壳聚糖	含有壳聚糖的发酵产物	20	22	24
	环氧氯丙烷	6(体积)	7(体积)	8(体积)
	质量分数为35%的甲醛水溶液	4(体积)	5(体积)	6(体积)
	浓度为2mol/L的乙酸溶液	3(体积)	4(体积)	5(体积)
自制硅溶胶	质量分数为15%的硅酸钠溶液	4(体积)	4(体积)	4(体积)
	浓度为10mol/L的盐酸	1(体积)	1(体积)	1(体积)
改性自制硅溶胶	自制硅溶胶	3	3	3
	桃胶	1	1	1
改性自制壳聚糖		20	25	30
质量分数为2%的柠檬酸溶液		8(体积)	9(体积)	10(体积)
改性自制硅溶胶		10	11	12
膨润土		6	7	8
沸石		4	5	6
质量分数为10%的硫酸铝溶液		2	3	4

制备方法

(1) 将虾壳和蟹壳混合搅拌，得到混合物，继续向混合物中加入混合物质量0.7%的沼液，装入发酵罐中，密封发酵，发酵结束后，得到含有壳聚糖的发酵产物。所述的虾壳和蟹壳的质量比为1∶1，搅拌时间为12～18min，发酵温度为30～40℃，发酵时间为9～11天。

(2) 称取20～24g含有壳聚糖的发酵产物放入带有6～8mL环氧氯丙烷、4～6mL甲醛水溶液和3～5mL乙酸溶液的烧杯中混合反应，得到改性自制壳聚糖。所述的甲醛水溶液的质量分数为35%，乙酸溶液的浓度为2mol/L，反应温度为45～65℃，反应时间为1～2h。

(3) 将硅酸钠溶液和盐酸混合置于烧杯中搅拌反应后，再用去离子水冲洗，加热升温，搅拌反应，得到自制硅溶胶，将自制硅溶胶和桃胶混合搅拌，得到改性自制硅溶胶。所述的质量分数为15%的硅酸钠溶液和浓度为10mol/L的盐酸的体积比为4∶1，搅拌反应温度为25～35℃，搅拌反应时间为12～16min，冲洗次数为4～6次，加热升温的温度为70～80℃，反应时间为1～2h，自制硅溶胶和桃胶的质量比为3∶1，搅拌时间为10～12min。

(4) 称取20～30g改性自制壳聚糖倒入带有8～10mL柠檬酸溶液的烧杯中混合搅拌，搅拌后向烧杯中加入10～12g改性自制硅溶胶、6～8g膨润土、4～6g沸石和2～4g硫酸铝溶液，继续混合搅拌后，过滤，得到滤渣，将滤渣置于烘箱中烘干，烘干后研磨过50目筛，收集过筛粉末，即可制得高效抑菌吸附净水剂。所述的柠檬酸溶液的质量分数为2%，搅拌时间为4～6min，硫酸铝溶液的质量分数为10%，继续混合搅拌时间为45～60min，烘干温度为80～100℃，烘干时间为3～5h，研磨时间为12～16min。

产品应用　本品是一种高效抑菌吸附净水剂。

产品特性

(1) 本品首先利用虾壳和蟹壳中的甲壳素通过发酵方法制得壳聚糖，由于壳聚糖含有丰富的氨基和羟基，对金属离子以及有机化合物均有良好的吸附和絮凝作用，将其与环氧氯丙烷、甲醛水溶液和乙酸混合制备出交联壳聚糖树脂，这种交联壳聚糖树脂不仅能够控制壳聚糖的流失，还增强了壳聚糖的吸附选择性，从而提高净水剂的吸附效果，又由于在净水过程中，壳聚糖分子中的—NH_3^+ 带正电性，吸附在细菌细胞表面，也可以通过渗透进入细菌的细胞内，吸附细菌的细胞体内带有阴离子的物质，扰乱细菌细胞正常的生理活动，从而达到杀灭细菌的效果，提高净水剂的抑菌效果。

（2）本品继续通过具有黏性的桃胶对硅溶胶进行改性，并利用高吸附活性和黏性的改性硅溶胶对壳聚糖进行负载，在净水过程中不仅可以增加壳聚糖的比重和加快其沉降速度，还可以克服壳聚糖造粒难的缺点以及增大其比表面积，可以对水中其他某些带电胶体进行快速脱稳，又利用膨润土和硫酸铝溶液的吸附作用，使水中的污染物脱稳后吸附在净水剂表面上，形成絮凝体，絮凝体又不断吸附一些微小粒子到絮凝体表面，形成较大的絮体沉降到液体底部，从而提高净水剂的吸附效果以及抑菌效果，最后加入吸附效果较好的沸石，沸石容易与壳聚糖形成网状结构，促使其产物表面积增大，提高其吸附性能和架桥能力，进一步提高净水剂的吸附效果，既经济又环保，具有广泛的使用前景。

（3）本品对于重金属离子和微生物菌类的抑菌率和吸附率明显高于普通的产品，同时，本品在使用后很容易清洗再生，使得净水剂的再生率大大提高，节省资源。

配方 60　高性价比净水剂

原料配比

原料		配比(质量份)	
		1#	2#
硫酸铝	粒径为800目	80	71
	粒径为600目		
氧化镁	粒径为400目	14	18
	粒径为800目	—	—
二氧化钛	金红石晶型,粒径为800目	6	11
	锐钛矿晶型,粒径为1000目		
活性炭		150	250

制备方法　将各组分原料混合均匀即可。

原料介绍

所述的硫酸铝的粒径为200～1250目，氧化镁的粒径为400～800目，二氧化钛的粒径为800～1250目。

所述的二氧化钛为金红石晶型或锐钛矿型晶型。

产品应用　本品是一种高性价比净水剂。可用于各种工业废水、生活污水、湖水、河水及自来水的净化。

产品特性

（1）本品同时去除污水中的颗粒污染物、重金属污染物和有机污染物。

（2）本品使用寿命长，可反复多次使用。

（3）本品使用方便，应用范围广。

（4）本品价格低廉，对人体和环境友好。

（5）本品净水效果明显，硫酸铝能将絮状污染物有效沉淀，氧化镁和二氧化钛能有效分解大部分有机污染物。

配方 61 高盐基度聚合氯化铝净水剂

原料配比

原料		配比(质量份)			
		1#	2#	3#	4#
氢氧化铝		13.5	12	10.5	14.5
盐酸		18	20	16	20
铝酸钙粉		11	9	11	10
水		18	18	20	18
稳定剂		0.018	0.015	0.012	0.016
稳定剂	偏铝酸钠	2	3	5	3
	磷酸钠	1	1	2	2
	硼酸	2	4	3	3
聚乙二醇		0.008	0.006	0.005	0.007
十六烷基三甲基溴化铵		0.003	0.005	0.003	0.005
壳聚糖		0.020	0.015	0.025	0.022

制备方法

(1) 将氢氧化铝、盐酸，在高温高压下反应 2～4h，得氯化铝液体；在 0.4～0.6MPa、130～150℃下反应。

(2) 将氯化铝液体输送至常压反应釜中，再泵入铝酸钙粉、水和稳定剂，反应 1～2h，再加入聚乙二醇和十六烷基三甲基溴化铵反应 1～2h，得氯化铝混合液体；前段的反应温度为 60～80℃，加入聚乙二醇和十六烷基三甲基溴化铵后反应温度升高至 80～100℃。

(3) 在氯化铝混合液体中加入壳聚糖，加入壳聚糖后加热至 50～70℃并搅拌 0.5～1.5h。再经过压滤，采用超临界流体干燥，包装，得聚合氯化铝净水剂。超临界流体干燥是以二氧化碳为干燥介质，在温度为 40～60℃、压力为 5～10MPa 下喷雾干燥。

产品应用　本品是一种高盐基度聚合氯化铝净水剂。

产品特性

(1) 本品三氧化二铝含量达到 30%～35%，盐基度达到 75%～85%，不溶物的质量分数≤0.3%，pH 值（10g/L 水溶液）为 5.5～7.0，各项指标符合标准要求。且制备的聚合氯化铝具有大比表面积，很好的吸附性能，提高了絮凝性能和絮凝效果，能够快速去除浊度、色度、重金属离子、COD 等污染物，在污水或饮用水处理中具有广泛的应用前景。

(2) 本品在反应中加入聚乙二醇和十六烷基三甲基溴化铵，能够增大聚合氯化铝的比表面积，发挥吸附架桥的优势，利于胶体的吸附，且利于分子之间的分散，吸附性能显著提高，实现了快速、高效的絮凝效果。

(3) 本品加入的壳聚糖与聚合氯化铝具有很好的黏结架桥作用，能够促进胶体絮凝，通过壳聚糖与 Cu^{2+}、Pb^{2+}、Hg^{2+}、Ag^{+}、Ca^{2+} 等重金属离子形成稳定的络合物而发生絮凝沉降。

(4) 本方法采用超临界流体干燥，能够扩大聚合氯化铝的孔径和比表面积，吸附性能显著提高，提高了絮凝效果。

(5) 本品还加入稳定剂，能够很好地提高聚合氯化铝的稳定性和絮凝效果，净水效果提高。

配方 62 工业废水净水剂

原料配比

原料		配比(质量份)												
		1#	2#	3#	4#	5#	6#	7#	8#	9#	10#	11#	12#	13#
纳米氧化物	三氧化二铁	5	—	—	—	—	—	—	—	—	—	—	—	—
	二氧化钛	—	15	—	—	—	—	—	—	—	—	—	—	—
	二氧化硅	—	—	10	—	—	—	—	—	—	—	—	—	—
	三氧化二铁与二氧化钛的混合物	—	—	—	10	10	10	10	10	10	10	10	10	10
絮凝剂	硫酸铝	5	—	—	—	—	—	—	—	—	—	—	—	—
	氯化铝	—	10	—	—	—	—	—	—	—	—	—	—	—
	硫酸铁	—	—	8	8	8	—	—	—	8	8	8	8	8
	硫酸铝和氯化铝的混合物	—	—	—	—	—	8	—	—	—	—	—	—	—
	硫酸铝、氯化铝、硫酸铁和氯化铁的混合物	—	—	—	—	—	—	8	8	—	—	—	—	—
生物酶	果胶酶	10	—	—	—	—	—	—	—	—	—	—	—	—
	纤维素酶	—	—	12	12	12	12	12	12	—	—	—	12	12
	蛋白酶	—	15	—	—	—	—	—	—	—	—	—	—	—
	果胶酶、蛋白酶的混合物	—	—	—	—	—	—	—	—	12	12	12	—	—
植物提取液	辣木提取液	5	—	—	—	—	—	—	—	—	—	—	—	—
	玉竹提取液	—	10	—	—	—	—	—	—	—	—	—	—	—
	蔷薇提取液	—	—	8	8	8	8	8	8	8	8	8	—	—
	辣木提取液和玉竹提取液的混合物	—	—	—	—	—	—	—	—	—	—	—	8	—
	辣木提取液、玉竹提取液和蔷薇提取液的混合物	—	—	—	—	—	—	—	—	—	—	—	—	8
硅藻土		15	20	18	18	18	18	18	18	18	18	18	18	18

制备方法 将各组分原料混合均匀即可。

产品应用 本品是一种工业废水净水剂。

产品特性 本品采用纳米氧化物来氧化或还原工业废水中的重金属离子，使得工业废水得到有效的净化，且不存在有害物质。同时采用生物酶处理工业废水中的脂肪、蛋白质等物质，而且绿色环保的植物提取液也可以净化水质，进一步地使工业废水达到排放的标准。

配方 63 汽车工业净水剂

原料配比

原料	配比(质量份)		
	1#	2#	3#
氧化镁	40	45	50
氢氧化钙	30	37	40
絮凝剂	5	7	10

续表

原料		配比(质量份)		
		1#	2#	3#
醋酸盐	醋酸钠	2	—	—
	醋酸钙	—	3.5	—
	醋酸镁	—	—	10
抗渗剂		20	26	30
膨润土		60	105	120
絮凝剂	聚丙烯酰胺	4	5	6
	木质素磺酸钠	3	4	5
	聚合氯化铝	1	1	1
抗渗剂	硅酸钠	2	3	1
	硬脂酸铝	2	3	1
	二氧化硅	1	1	—

制备方法　将氧化镁和氢氧化钙混合搅拌均匀获得A组分，再将絮凝剂、醋酸盐和膨润土混合搅拌均匀获得B组分，最后将A组分、B组分和抗渗剂混合搅拌均匀。

原料介绍

采用醋酸镁、醋酸钙和醋酸钠中和油污和树脂，醋酸镁、醋酸钙、醋酸钠在水中电离出醋酸根离子和金属阳离子，一方面根据异性电荷相结合的原理将树脂表面电荷中和，从而使得树脂胶体聚集沉淀，另一方面醋酸根离子含有亲水性强的羟基基团，羟基基团与水接触，使被羟基基团包裹的油污溶于水后除去，此外上述表面活性剂也不会增加废水中的金属种类。

采用有机、无机絮凝剂相结合的方式除去溶液中的杂质和悬浮颗粒，无机絮凝剂吸附杂质和悬浮微粒，使形成颗粒并逐渐增大；而有机絮凝剂通过自身的桥联作用，吸附杂质颗粒一同下沉。

膨润土是以蒙脱石为主要矿物成分的非金属矿物，一方面由于蒙脱石晶胞形成的层状结构存在某些阳离子，如 Mg^{2+}、Na^{2+}、K^{+} 等，这些阳离子与蒙脱石晶胞的作用很不稳定，易被其他阳离子交换，因而具有良好的离子交换性能；另一方面膨润土在水中吸水膨胀可形成多孔结构，可将土壤或废水中的金属铅、铬、锌、镍吸附到其中而固定。

而抗渗剂在废水中不断发生渗透结晶反应，形成不溶于水的结晶体，堵住膨润土表面的孔道，有效防止重金属浸出。

产品应用　本品主要用于汽车工业生产过程产生的废水，也可应用于其他工业生产的废水。

产品特性

（1）本品采用醋酸盐去除废水中的树脂和油污，采用物理和化学相结合的方法去除废水中的金属、重金属成分，其中氧化镁和氢氧化钙作为化学处理剂使废水中的重金属以氢氧化物沉淀或其他共沉淀的方式沉淀下来，抗渗剂＋膨润土作为物理吸附剂，膨润土在废水中吸水膨胀，形成多孔结构将废水中的金属、重金属吸附进行固定，抗渗剂形成不溶于水的结晶体，堵住膨润土表面的孔道，有效防止重金属浸出。

（2）本品采用表面活性剂去除树脂体表面的异性电荷，从而使树脂聚集沉淀，此外表面活性剂的亲水基团还可包裹油污后使油污溶于水后除去。

配方 64　工业污水净水剂

原料配比

原料	配比(质量份)		
	1#	2#	3#
聚合氯化铝	50	55	35
三氯化钾	55	55	60

续表

原料	配比(质量份)		
	1#	2#	3#
硅藻土	20	20	18
氯化钠	18	18	12
亚硫酸氢钾	22	20	27
甘氨酸亚铁	25	10	13
活性炭	32	38	40
甘氨酸锌	8	—	—
明矾	—	7	—
氯化钾	—	—	12

制备方法　各组分进行充分混合搅拌，使用时加入500份的水中配成溶液即可使用。

产品应用　本品是一种工业污水净水剂。

产品特性　本品配方科学，合理，净化后水质好，本品以硅藻土与活性炭相结合，不仅具有活性炭对水中有机小分子物质的吸附能力，且由于硅藻土的加入，还可以吸附水中的高分子有机物，因此可以达到更好的组合型吸附效果，应用范围广，适应水性广泛。

配方 65　工业污水用环保型净水剂

原料配比

原料	配比(质量份)				
	1#	2#	3#	4#	5#
多孔磁性聚丙烯酰胺微球	38	35	38	36	35
改性椰壳炭	20	20	22	21	22
磺化煤	17	15	17	16	15
海泡石	10	10	11	10	11
沸石	11	10	11	11	10
竹茹	8	8	10	9	10
麸皮	8	6	8	7	6
木质素磺酸钠	6	6	8	7	8
壳聚糖	5	4.5	5	4.5	4.5
聚环氧琥珀酸	1.5	1.5	2	2	2
桑白皮	3	2	3	3	2
厚朴	1.5	1.5	2	1.5	2
去离子水	适量	适量	适量	适量	适量

制备方法　将改性椰壳炭、磺化煤、海泡石和沸石混匀并研磨成粒度为200目的粉末后，加入多孔磁性聚丙烯酰胺微球、木质素磺酸钠、壳聚糖、聚环氧琥珀酸和足以浸泡固体组分的去离子水，升温至45～60℃，搅拌反应5～8h，然后加入干燥的竹茹、麸皮以及粉碎的干燥桑白皮与干燥厚朴的混合粉，再加入适量的去离子水浸泡所有的组分，同时搅拌使各原料组分充分混匀，然后过滤，收集固体混合物，再将固体混合物烘干，即为工业污水用环保型净水剂。

原料介绍

所述改性椰壳炭的制备方法为：按质量比为1：2.5混合椰壳炭和绿脓杆菌与酵母菌混合发酵所分泌产生的脂肪酶液，然后置于转速为155r/min的摇床中，在32℃处理5h，过滤并干燥处理，即得改性椰壳炭。

所述绿脓杆菌与酵母菌按比例2：1接种于培养基中进行混合发酵培养。所述绿脓杆菌与酵母菌的总接种量为发酵培养的培养基体积的12%。

所述混合发酵培养条件为：培养温度为28～35℃，摇床转速为150r/min，培养时间为7天。

所述多孔磁性聚丙烯酰胺微球的平均粒径为200μm。

所述多孔磁性聚丙烯酰胺微球的制备方法为：

(1) 将丙烯酰胺、聚乙二醇、*N*,*N*-亚甲基双丙烯酰胺、过硫酸铵和去离子水配制成聚丙烯酰胺合成液，之后将该合成液滴加到液体石蜡中，并升温至85℃，反应2min，即可制得多孔聚丙烯酰胺微球。

(2) 用无水乙醇洗涤所得的多孔聚丙烯酰胺微球后，将微球浸渍于浓度为0.1mol/L的Fe^{2+}和Fe^{3+}的混合水溶液中，达到浸渍平衡，分离得到含有铁离子的聚丙烯酰胺微球，用去离子水洗涤所得的微球至滤液呈中性，再将微球置于1mol/L的NaOH溶液中，在75℃条件下浸渍1.5h，再利用磁场使微球与碱性溶液分离，用无水乙醇洗涤分离得到的微球2～3次，干燥后即为多孔磁性聚丙烯酰胺微球。

所述的聚丙烯酰胺合成液中各组分的质量含量分别为：丙烯酰胺10%、*N*,*N*-亚甲基双丙烯酰胺0.4%、过硫酸铵0.4%、聚乙二醇10%，其余部分为去离子水。

所述的Fe^{2+}和Fe^{3+}的混合水溶液中，Fe^{3+}与Fe^{2+}的摩尔比为2∶1。

绿脓杆菌和酵母菌的活化方法为：

(1) 制备牛肉膏发酵培养的培养基：称取牛肉膏30g、蛋白胨15g和氯化钠15g溶于1000mL蒸馏水中，用0.1mol/L NaOH溶液调节pH=7.0～7.2，然后于灭菌锅中在121℃灭菌5min，即得。

(2) 冻干粉活化：将冻干粉加入牛肉膏发酵培养的培养基中，轻轻摇晃使其混匀制得菌悬液，然后将灭菌的LB固体培养基稍冷却后制作成斜面培养基，并将菌悬液部分移植到斜面培养基上，置于37℃的恒温培养箱中培养，使其菌落数量增多，再从斜面培养基上挑选培养茁壮的菌落，接种到新的斜面培养基上培养，重复以上步骤2～3次，直至得到生长良好的菌株。

所述脂肪酶液的提取方法包括如下步骤：

(1) 提取粗酶液：收集发酵液，于4000r/min下离心15min获得上清液，即为粗酶液。

(2) 提取脂肪酶液：取3mL浓度为0.0667mol/L磷酸盐缓冲溶液和1mL油酸于锥形瓶中，混匀后放入37℃的恒温水浴锅中预热至少5min，然后向其中加入步骤(1)提取所得的0.1mL粗酶液，搅拌反应10min后，立即加入8mL甲苯（分析纯），继续搅拌反应2min后，终止反应；再将经上述步骤处理后所得的溶液在3000r/min条件下离心处理至少10min，取上层有机混合液即为脂肪酶液。在提取脂肪酶液时，磷酸盐缓冲溶液、油酸以及甲苯的用量均根据提取到的粗酶液的量等比例进行调整。

多孔磁性聚丙烯酰胺微球表面具有大量能够结合重金属和有机物的活性基团，且材料本身还带有磁性，能够很好地与污水中的有机污染物和重金属进行结合，具有优异的净水效果。

椰壳炭本身具有多孔结构，对重金属和有机物质均具有一定的去除效果，而绿脓杆菌与酵母菌按照特定比例混合发酵后，所分泌产生的脂肪酶液活性更高且带有更多活性基团，采用该脂肪酶液对椰壳炭进行改性后，可以大量增加椰壳炭表面的活性基团，更加有利于椰壳炭与水体中的重金属和有机物质进行结合，从而大大提高了椰壳炭对于水体中重金属和有机物质的去除效果。

磺化煤具有多孔结构，且表面有活性基团，对水体中的重金属和有机物具有一定的去除效果。

海泡石具有较大比表面积和独特的内容孔道，可以吸附大量的污染性有机物质。

沸石内部充满了细微的孔穴和通道，具有极强的吸附能力，能够吸附水中的有害物质和重金属。

木质素磺酸钠、壳聚糖、聚环氧琥珀酸自身均带有大量的活性基团，当它们与改性椰壳炭、磺化煤、海泡石、沸石、多孔磁性聚丙烯酰胺微球等进行混合后，能够吸附到各固体组分的表面上，从而可进一步增加固体物质表面的活性基团数量，进而能够大大提高这些组分与有机物质及重金属的结合能力，从而更高效地去除污水中的污染性有机物及重金属。

竹茹、麸皮不仅对于污水中的有害物质具有一定的吸附去除作用，还能够协同桑白皮和厚朴，共同发挥对污水中的细菌和寄生虫等微生物的灭活作用，从而有效地杀灭污水水体中含有的细菌和寄生虫等微生物，避免其大量繁殖而造成水体更加严重的污染。

产品应用　本品是一种工业污水用环保型净水剂。

产品特性

（1）本品采用的原料组分均环保无毒，不会对水体造成二次污染，通过将特定含量的各原料组分按特定的制备方法进行混合，能够充分发挥各原料组分之间的相互配合及相互协同作用，进而大大地提高制得的净水剂对污水水体中的污染性有机物以及重金属的去除效果，同时，制得的净水剂还可以有效地杀灭水体中的细菌以及微生物，避免其大量繁殖而造成水体更加严重的污染。

（2）本品制备方法操作简单，能够将各原料组分进行均匀混合，使各组分更好地实现协同增效，从而达到更好的净水效果。

（3）本品中采用的原材料来源广泛、价格低廉、性质稳定，对人类和环境都安全无毒，而且部分组分还为轻质材料，可以适当地改变净水剂的漂浮性、悬浮性以及沉浮可控性，有利于对污水水体发挥三维立体的净化效果。

（4）本品能够高效地去除污水中的大部分污染性有机物质和重金属，还能够较好地杀灭水体中的微生物，具有非常良好的净水效果。

（5）本品中利用绿脓杆菌和酵母菌按特定比例混合发酵培养所分泌的脂肪酶液在常用温度下都具有很高的活性，而且稳定性优异。

配方 66　除重金属净水剂

原料配比

原料	配比(质量份)		
	1#	2#	3#
硫化钠	2	2.5	3
氧化铁	30	35	40
硅酸钠	50	60	70
氯化铝	50	60	70
活性炭粉	20	25	30
硅藻土	2	2.5	3
大孔树脂	10	12	15

制备方法　将各组分原料混合均匀即可。

原料介绍

使用所述净水剂的净水方法，包括以下步骤：

（1）在污水中加入净化剂后使用滤网过滤去除固体污染物，向过滤后的污水中加入第一次硫酸后，在 500～600r/min 下，搅拌 2～4h，继而加入第二次硫酸搅拌 3～4h，在 400～600r/min 下，搅拌 2～3h，熟化处理 2～3h，过滤，取滤液。污水、第一次硫酸、第二次硫酸、净化剂质量（体积）比为 100～200L：4～6mL：10～20mL：50～70g。硫酸的质量分数为 50%～60%。

（2）将步骤（1）中的滤液陈化，加 NaOH 调节 pH 为 7，用活性炭过滤，得净化后的水。

产品应用　本品是一种工业用净水剂。

使用本品时首先使用滤网将固体污染物去除，再向过滤后的污水中加入硫酸，将污水中的酸溶性和水溶性物质溶出，硫化钠作为还原剂，将其溶液中的重金属物质还原，再经过氧化铁、硅酸钠、氯化铝反应后对污水中的重金属物质进行絮凝，经过活性炭粉、硅藻土、大孔树脂吸附过滤，得纯净的水。

产品特性　本品可以使重金属絮凝，过滤清除，重金属去除率高。

配方 67　固体复合净水剂

原料配比

原料		配比(质量份)
硫酸亚铁、硫酸、水的混合液		1000(体积)
亚硝酸钠溶液		100
氧气		65
氯酸钠溶液		100
硫酸亚铁、硫酸、水的混合液	七水硫酸亚铁	5
	硫酸	4
	水	1

制备方法　在室温条件下，按原料七水硫酸亚铁：硫酸：水＝5：4：1的比例将原料混合均匀，用泵将溶液打入密闭反应容器内，同时每立方混合溶液加入亚硝酸钠溶液100kg，在常压条件下充氧，搅拌，消耗氧气65kg，反应过程中放出的热会使反应温度不断升高，并伴随NO和NO_2生成，反应压力为0.15MPa、反应时间为3～4h、反应温度为30～90℃，从而完成原料间发生的氧化、聚合反应；反应完全后，将反应溶液用泵打入稳定池暂存，在稳定池中添加氯酸钠溶液100kg，添加比率10%，稳定熟化4h后，经过板框过滤后，制成液体高效净水剂；然后，经过喷雾干燥法，制得球形颗粒的固体复合净水剂。喷雾干燥法中的干燥过程为：在干燥塔中干燥且进口热风温度控制在300～350℃、出口热风温度在100～130℃；雾化过程采用离心雾化或喷雾雾化。

原料介绍

所述固体复合净水剂的产物指标为：总铁20%，盐基度8%～16%，不溶物低于0.1%，固体干密度2.2g/cm^3。

产品应用　本品是一种固体复合净水剂。

产品特性　本品在水处理的过程中，当固体硫酸铁、氯酸钠或者其碱式盐产品投加到水中后，由于铁离子发生水解和聚合，中间形成氢氧化铁中间产物，同时发生电中和、吸附和架桥作用，氯酸钠对某些重金属离子及COD、色度、恶臭等均有显著的去除效果，尤其是对于低温低浊度水的处理效果更佳。而且对于有机物含量高的工业废水，由于复合净水剂水解和絮体形成速度快，氧化能力强，矾花密实，沉降速度快，对于难处理工业废水具有很好的处理效果。与传统聚合硫酸铁相比，不仅可去除废水中的总磷，对COD的去除效果也很好，具有广泛的开发价值。

配方 68　硅藻净水剂

原料配比

原料		配比(质量份)		
		1#	2#	3#
硅藻土		25	30	45
纳米颗粒	纳米氧化铁	2	—	—
	纳米氧化铝	—	3	—
	纳米氧化锌	—	—	2

续表

原料		配比(质量份)		
		1#	2#	3#
纳米分散液		1	1	1
氯化铝		10	10	10
硫酸亚铁		5	5	5
强酸	盐酸	80	—	—
	硫酸	—	80	—
	硝酸	—	—	80

制备方法　将各组分原料混合均匀即可。

原料介绍　所述的纳米分散液为纳米氧化铁分散液。

产品应用　本品是一种硅藻净水剂。

产品特性　本品实现了对废水的有效处理，显著降低了COD的排放量，具有净水效果好、净水速度快、安全性高、不产生二次污染的特点，减少了污水的排放量，改善了废水的水质，而且处理后的水透明度极高，可回收利用。该净水剂具有很好的絮凝、混凝、脱色效果，可有效降低COD排放量。

配方69　含硅、铝腐植酸盐絮凝净水剂

原料配比

原料	配比(质量份)		
	1#	2#	3#
腐植酸	100	100	100
水	50	50	50
硅酸钠	10	15	12
铝酸钠	10	5	8
氢氧化钾	5	10	8
焦亚硫酸钠	5	5	5
亚硫酸氢钠	5	5	5

制备方法　按照质量份数计，将以干基计腐植酸100份，加入捏合机中，加水50份捏合搅拌均匀，继续边捏合搅拌边加入硅酸钠、铝酸钠、氢氧化钾，继续捏合搅拌30min，再加入焦亚硫酸钠、亚硫酸氢钠，继续捏合搅拌30min，将混合物加入螺旋挤压机中，温度调至150～180℃，压制成不规则条状，自然冷却，粉碎，即为成品含硅、铝腐植酸盐絮凝净水剂。

原料介绍

所述腐植酸为风化煤腐植酸，风化煤腐植酸中总腐殖酸含量＞60％。

所述硅酸钠的模数3.10～3.40。

所述铝酸钠中铝含量以Al_2O_3计，质量分数＞34％。

所述亚硫酸氢钠的纯度＞98％。

所述焦亚硫酸钠的纯度＞96％。

所述氢氧化钾的纯度＞90％。

产品应用　本品主要用于啤酒厂、食品加工厂、农业生产及城市生活污水的无害化净水处理，污泥可再利用。

产品特性　以腐殖酸为主要原料，价格低廉，原料易得。风化煤腐殖酸含高分子黄腐植酸、棕腐植酸和黑腐植酸，在螺旋挤压机中，合理控制挤压温度，压条的同时使黄腐植酸、棕腐植

酸和黑腐植酸分子链变短，成为含有活性羧基小分子的碳水化合物基团，在磺化剂亚硫酸盐和焦亚硫酸盐存在下，与硅酸钠、铝酸钠、KOH通过高温挤压，发生接枝螯合反应，生成新的含有硅、铝的可溶于水的小分子碳水有机物。它可以吸附电离水中的氨氮、矿物质盐、金属盐、亚硝酸盐，变成固态惰性物质，形成稳定的絮凝沉淀，从而达到净化污水的目的，净水效果好，可去除水中和土壤中的矿物质盐、金属盐、亚硝酸盐，对环境友善，无二次污染。净化获得的污泥无有害有毒高分子酰胺类污染物，对环境友好，可以生产有机肥以及花卉培养基质，实现了废物再利用。

配方 70　含氧量高的环保净水剂

原料配比

原料	配比(质量份)	
	1#	2#
沸石	8	2
麦饭石	8	2
植物提取液	20	10
去离子水	30	20
牡丹根皮液	19	6
山药絮凝剂	10	3
椰醇基硫酸钠	14	1
pH 调节剂	3	1
供氧剂	8	2
纤维素	9	3
铝酸钠	4	1

制备方法　将各组分原料混合均匀即可。

原料介绍

麦饭石是多孔性的，吸附能力很强，因其主要成分为二氧化硅、氧化铝，从这点来考虑，是容易理解的，因多孔性，那么表面积就非常大，由于长石部分风化，呈高岭土状等，故始终保持很强的吸附作用、交换作用。麦饭石是一种中性碱半火成岩，接近于火山岩。麦饭石中包含的天然矿物质易于从麦饭石上无数的小孔中释放出氧。通过吸收漂白粉和其他有毒物质净化水。麦饭石中散发出的钙、铁、钠等矿物质可改良饮用水。牡丹根皮提取液对金黄色葡萄球菌、溶血性链球菌、大肠杆菌、痢疾杆菌、伤寒杆菌、副伤寒杆菌、变形杆菌、肺炎双球菌、霍乱弧菌等均具有较强的抑制作用。山药里含有的淀粉是由许多葡萄糖分子脱水聚合而成的高分子碳水化合物，具有许多直链结构和支链结构及羟基，有较强的凝沉性能。

所述植物提取液为黄连提取液。

所述 pH 调节剂为盐酸溶液。

所述供氧剂为过碳酸钠。

产品应用　本品是一种含氧量高的环保净水剂。

产品特性

(1) 本品极大程度上杀死水体中的微生物和致病细菌。同时，和山药絮凝剂进行复配，在杀毒、灭菌的同时，对水中的悬浮物进行聚集沉降，达到净化消毒水的目的。本品原料来源广泛、价格低廉、工艺简单，进行饮用水消毒时无毒副作用，没有异味，不产生二次污染。

(2) 本品具有对人体安全、广谱抗菌、能杀灭水中有害细菌、除余氯、除重金属、净化水质等功能，主要用于净水领域。本品应用范围广，适应水性广泛。

配方 71　含有稀土元素的聚氯化铝净水剂

原料配比

原料	配比(质量份)		
	1#	2#	3#
氯化铝块	60	80	100
铝矾土	30	50	65
盐酸	10	15	25
氢氧化钠	10	15	25
铒土	10	15	25
氯化钙	5	10	15

制备方法

(1) 将氯化铝块放置在研磨槽中进行研磨，将其研磨成粉末状，然后再同铝矾土和氯化钙一同研磨混合，待用。

(2) 将盐酸和 (1) 中的铝矾土、氯化钙与氯化铝混合粉末共同放入反应釜中，一边搅拌一边对反应釜进行加热直到将温度升到 110℃，此过程持续 2h；反应釜压力为 0.5～0.7MPa。

(3) 将 (2) 中的混合物进行降温处理，直到温度降到 15～30℃，待结晶析出，得到结晶氯化铝；混合物在进行结晶前，通入氮气。

(4) 将结晶氯化铝继续放入反应釜中，然后再加入氢氧化钠和水，待其加热反应一段时间后，最后加入铒土，进行熟化聚合，聚合所需的温度为 150℃，此过程持续 2h。

(5) 降低温度冷却至 15～30℃后，得到聚合氯化铝；需对冷却后的结晶氯化铝进行离心处理，离心机的旋转速度为 1500r/min。

(6) 将 (5) 中的聚合氯化铝放入研磨槽中进行研磨，磨碎成粉状，即得到固体聚合氯化铝净水剂。

原料介绍　所述的盐酸质量浓度为 10%～30%。

产品应用　本品是一种含有稀土元素的聚氯化铝净水剂。

产品特性　本品对废水的除浊率、降低水中碱的消耗度有明显的效果。添加稀有元素铒可以增强矾在水中的延展性，从而增强对废水的除浊率、降低水中碱的消耗度，再加上部分氯化钙刺激铒元素发挥更明显的作用。总体说明稀有元素铒可提高废水的除浊率、降低水中碱的消耗度，氯化钙可进一步提高铒元素在聚合氯化铝净水剂中的作用。

配方 72　环保净水剂（1）

原料配比

原料	配比(质量份)		
	1#	2#	3#
水玻璃	50	100	75
浓硫酸	500	300	400
硫酸亚铁	500	800	700
氯化钠	70	50	60
碳酸镁	20	50	35
双氧水	300	200	250
脂肪酸聚乙二醇酯	20	40	30

续表

原料		配比(质量份)		
		1#	2#	3#
活性炭		25	11	18
坡缕石		35	60	42.5
硅烷偶联剂		13	7	10
消毒剂		30	60	45
硅藻土		15	10	12.5
聚醚 A		5	20	12.5
聚醚 A	十八醇	3	5	4
	十六醇	4	2	3
	氢氧化钠	1	2	1.5
	氢氧化钾	1	0.1	0.5
	环氧丙烷	20	30	25
	环氧乙烷	50	30	40

制备方法　按所述质量份进行配料，先将水玻璃、浓硫酸、硫酸亚铁、氯化钠、碳酸镁和双氧水均匀混合，然后在室温下将脂肪酸聚乙二醇酯、活性炭、坡缕石和硅烷偶联剂加入所述水玻璃、浓硫酸、硫酸亚铁、氯化钠、碳酸镁和双氧水的混合液中，搅拌至脂肪酸聚乙二醇酯、活性炭、坡缕石和硅烷偶联剂完全溶解，然后在搅拌状态下依次加入消毒剂、硅藻土，依次置于搪瓷反应釜中，开动搅拌，升温至（55±5)℃，用1～3h缓慢滴加聚醚A，搅拌30～40min，降温出料得到净水剂。

原料介绍

所述聚醚A的制备方法为：

(1) 在不锈钢反应釜中加入十八醇3～5份、十六醇2～4份，氢氧化钠1～2份、氢氧化钾0.1～1份，在室温下，用搅拌棒开动搅拌，升温至（120±5)℃，得到混合液。

(2) 抽真空30～60min后充氮气至压力为0.3MPa。

(3) 继续升温至（130±5)℃，向所述混合液中缓慢滴加环氧丙烷20～30份，反应压力控制在0.5～0.6MPa，反应3～4h，然后降温至（110±5)℃，静置1～3h，得到反应液。

(4) 向反应液中缓慢滴加环氧乙烷30～50份，反应压力控制在0.4～0.45MPa，反应2.5～3h，搅拌30min后，停止搅拌，待反应釜内压力回零后，降温出料得到聚醚A。

产品应用　本品主要用作轻化工、冶金、矿山、造纸、印染、医药等工业用水的一种环保净水剂。

产品特性

(1) 本品无毒、无嗅、无色、无腐蚀；不含任何有害元素，能将浑水中各种有害物质如铝、铬、氟、钙、铁、氯处理干净。

(2) 本品性能可靠、使用方便，净水成本低，所需设备简单。

(3) 本品处理效果佳，处理后的水pH＝7～8。用本品处理水比硫酸铝处理水的效果要好2～4倍；比三氯化铁处理水的效果要好4～6倍；比聚合硫酸铁处理浑水的效果要好2～6倍；比聚合氯化铝处理浑水的效果要好2～3倍。能将含有碳素（如红、蓝、黑色等）的带色污水处理干净，如洗煤、印染等厂矿的污水，处理率达90%以上。对水处理的各种设备无腐蚀，净化后的水完全符合国家生活饮用水标准。对地下含铁、锰的井水处理效果极佳。

(4) 本品适用范围广，不但可用于生活饮用水的净化处理，而且适宜于轻化工、冶金、矿山、造纸、印染、医药等工业用水的处理，本品可为固态，加入适当比例水则成液剂。

配方 73 环保净水剂（2）

原料配比

原料		配比(质量份)				
		1#	2#	3#	4#	5#
无机金属硫酸盐		24	30	30	30	30
聚丙烯酰胺		3	6	8	8	8
改性铝污泥		40	50	50	50	50
无机金属硫酸盐	硫酸铝	1	—	—	—	—
	硫酸铁	1	6	—	—	—
	硫酸钙	—	—	1	8	—
	硫酸镁	—	—	1	—	8
改性铝污泥	铝污泥	1	1	1	1	1
	稀盐酸	25(体积)	30(体积)	30(体积)	30(体积)	30(体积)

制备方法

(1) 将无机金属硫酸盐和改性铝污泥研磨至100～120目。

(2) 再添加入聚丙烯酰胺进行混合，即得到环保净水剂。

原料介绍

硫酸铝、硫酸铁、硫酸钙和硫酸镁具有庞大的表面积，具有很强的吸附能力，因此能有效地吸附废水中的磷和其他杂质，具有良好的絮凝效果，沉降速度快，过滤性能好。此外，硫酸盐在水处理过程中，对各种污水适应性强，对pH的影响较小。

铝污泥中的铝以无定形的形态存在，具有丰富的空隙结构以及较大的比表面积，使得其吸附位点多，吸附速率快，对水中的阴离子具有较强的亲和吸附力。

铝污泥经过马弗炉高温煅烧，可以除去铝污泥中含有的结晶水，可以进一步增加铝污泥的比表面积，增加其吸附位点，再经过稀酸盐改性，稀盐酸进一步侵蚀铝污泥的表面，使其表面形成许多坑洼的孔洞，进一步增加吸附位点，提高吸附速率，从而很好地去除水中的重金属和细小的杂质。

聚丙烯酰胺（PAM）是由丙烯酰胺（AM）单体经自由基引发聚合而成的水溶性线性高分子聚合物，表面积大，具有良好的絮凝性，能够将水中的细小悬浮物絮凝包裹起来，形成大的颗粒，从而有利于悬浮物的沉降析出。

将无机金属硫酸盐和改性铝污泥研磨，可以使无机金属硫酸盐的金属离子与改性铝污泥中含有的氢氧根离子生成金属氢氧化物，例如硫酸镁可以和改性铝污泥中含有的氢氧根离子生成氢氧化镁，氢氧化镁也具有较强的吸附性，活性好，缓冲性好，适用于酸性废水的处理。因此，将无机金属硫酸盐和改性铝污泥研磨后，不仅具有无机金属硫酸盐和改性铝污泥，还具有金属氢氧化物，既可以提高净水剂的吸附性，还可以提高净水剂的适用性，使其适用于不同种类的废水处理。

所述改性铝污泥由铝污泥经稀盐酸改性得到。

所述无机金属硫酸盐为硫酸铝、硫酸铁、硫酸钙和硫酸镁中的一种或几种。

所述的聚丙烯酰胺的分子量＞300万。

所述稀盐酸的浓度为0.02～0.1mol/L。

所述改性过程，铝污泥的质量和稀盐酸的体积比为1g：(25～40) mL。

所述的改性铝污泥由以下方法制备得到：

(1) 将从铝材厂采集的污泥，自然风干至含水率约20%，放入真空干燥箱中，在60℃下恒温干燥至含水量大约为2%。

(2) 将干燥的铝污泥进行高温煅烧，冷却至室温；将铝污泥放入马弗炉中进行高温煅烧，马弗炉的升温速度设置为10～15℃/min，高温煅烧的温度为250～600℃，高温煅烧的时间为1～5h。

(3) 再将煅烧后的铝污泥在稀盐酸中浸泡，搅拌，进行改性反应，即得到改性铝污泥。搅拌的速度为100～150r/min，改性反应的时间为20～48h。

产品应用　本品是一种环保净水剂。

产品特性　本品通过将铝污泥改性再与无机金属硫酸盐和聚丙烯酰胺混合制备净水剂，由于改性后的铝污泥比表面积增大，吸附位点增多，因此大大提高了净水剂的吸附性能和吸附速率，形成的絮状物颗粒大，易于沉降，过滤性能好，能很好地适用于不同种类的废水处理。此外，采用铝污泥作为原料，大大降低了净水剂的成本，开发了充分利用铝污泥的新途径，提高铝污泥的利用价值，使其变废为宝。

配方 74　环保净水剂（3）

原料配比

原料	配比(质量份)		
	1#	2#	3#
膨润土	38	30	35
石墨	20	20	18
铁盐	12	16	15
尿素	10	10	10
淀粉	5	10	10
碳酸钙	8	6	4
白矾	7	8	8
水	适量	适量	适量

制备方法

(1) 分别将各组分称量，加入球磨机中球磨，得到球磨后各组分；球磨后各组分细度为200～300目。

(2) 将球磨后各组分加入搅拌机中，并向搅拌机中加水混合均匀，搅拌机的转速为700～800r/min，搅拌温度为30～40℃，得到初级混合浆料。

(3) 将初级混合浆料保湿放置4～6h后烘干，自然冷却，得到环保净水剂。

产品应用　本品是一种环保净水剂。

产品特性　本品制备方法简单，可操作性强，通过将各组分球磨后搅拌混合，烘干制得净水剂，各组分均匀稳定，净水效果好，且不会对水造成污染，具有广泛的应用价值。

配方 75　环保净水剂（4）

原料配比

原料		配比(质量份)	
		1#	2#
氧化镁	粒径200目	35	—
	粒径800目	—	32
氢氧化钙	粒径400目	25	—
	粒径600目	—	22

续表

原料		配比(质量份)	
		1#	2#
氧化钙	粒径 400 目	20	—
	粒径 1250 目	—	27
二氧化钛	金红石晶型,粒径 2000 目	10	—
	锐钛矿晶型,粒径 800 目	—	12
托玛琳粉	粒径 1250 目	6	—
	粒径 600 目	—	5
次氯酸钠	粒径 800 目	4	—
	粒径 400 目	—	2
活性炭		250	500

制备方法　将各组分原料混合均匀即可。

原料介绍

氧化镁和二氧化钛能分解大部分有机污染物。

氢氧化钙和氧化钙能中和酸性污染物。

托玛琳粉能促进悬浮的污染物颗粒沉淀。

次氯酸钠对重金属污染物的沉淀具有催化作用。

活性炭能显著提高净水剂对污染物的吸附能力。

所述的氧化镁的粒径 200～800 目，氢氧化钙的粒径 400～600 目，氧化钙的粒径 400～1250 目，二氧化钛的粒径 800～2000 目，托玛琳粉粒径 600～1250 目，次氯酸钠粒径 400～800 目。

所述的二氧化钛为金红石型或锐钛矿型晶型。

产品应用　本品可用于各种工业废水、生活污水、湖水、河水及自来水的净化。

产品特性

(1) 净水剂成分发挥杀菌抑菌的作用，活性炭起到吸附污染物的作用。

(2) 净水剂使用寿命长，可反复多次使用。

(3) 净水剂的应用范围广，可用于各种工业废水、生活污水、湖水、河水及自来水的净化。

(4) 净水剂成本较低，使用方便，降低净水的整体成本，并且不会产生对人体有害的次生物质。

(5) 本品具有良好的净水功能的同时不会产生有毒副产物。

配方 76　环保型净水剂 (1)

原料配比

原料	配比(质量份)			
	1#	2#	3#	4#
硫酸铝	5～8	5～8	5～8	5～8
硫酸亚铁	5～8	5～8	5～8	5～8
次氯酸钠	10～12	10～12	10～12	10～12
电气石粉末	8～13	8～13	8～13	8～13
活性硅酸	8～10	8～10	8～10	8～10
氧化锌	8～12	8～12	8～12	8～12
聚丙烯酰胺	4～6	4～6	4～6	4～6
pH 值调整剂	3～5	3～5	3～5	3～5
铝酸钙粉	—	1～3	—	—
纳米氧化钛	—	2～3	—	—

续表

原料	配比(质量份)			
	1#	2#	3#	4#
60%的草甘膦溶液	—	—	1～2	—
硅烷偶联剂	—	—	1～2	—
聚乙二醇	—	—	—	1～2
二甲基二烯丙基氯化铵	—	—	—	3～4
去离子水	加至100	加至100	加至100	加至100

制备方法　将各组分原料混合均匀即可。

产品应用　本品是一种环保型净水剂。

产品特性　本品不仅能够处理色度、浓度均较高的废水，同时使用该净水剂处理后的废水可达到无色、无味且悬浮物、色度值明显降低。此外，使用该净水剂处理废水过程中不产生二次污染，且成本低，操作简单，便于推广。

配方 77　环保型净水剂（2）

原料配比

原料		配比(质量份)		
		1#	2#	3#
辣根		5	10	15
柠檬皮		15	3	15
水葫芦		1	6	1
豆粕		7	10	13
改性淀粉		9	9	6
盐水	20%氯化钠水溶液	55	—	—
	23%氯化钠水溶液	—	50	—
	25%氯化钠水溶液	—	—	60
菌种		10^7 cfu/mL	10^7 cfu/mL	10^7 cfu/mL
菌种	硫化菌	10	15	15
	硝化菌	10	5	10
	枯草芽孢杆菌	20	25	25
	光合菌	10	10	10
	酵母菌	加至100	加至100	加至100

制备方法

(1) 按质量份配比取辣根 5～15 份、柠檬皮 3～15 份、水葫芦 1～6 份、豆粕 7～13 份及改性淀粉 6～9 份，混匀后，用盐水 50～60 份浸泡 10min，加入醋酸调节 pH 为 6.5～6.8，浸泡 20min，过滤，取滤液，备用。

(2) 将滤液经两次加热，再降温至 28～35℃范围内，接入菌种，恒温发酵 36～48h 后，加入灭菌后的水华蓝藻泥，搅拌 5min，使得体系含水量为 25%，即得净水剂。所述的一次加热，其液温为 50～55℃，时间为 30min。所述的二次加热，其液温为 80～85℃，时间为 15min。所述搅拌速度为 200～300r/min。

原料介绍

所述的改性淀粉是将紫薯中的淀粉提取出来，并置于核桃油中浸泡 10min，浸泡温度为 35℃，再置于绿茶水中浸泡 20min，浸泡温度为 80℃。

所述的盐水，其氯化钠含量为 20%～25%。

所述菌种的接种量为 10^7 cfu/mL。

产品应用　本品是一种环保型净水剂。

产品特性

(1) 本品通过对辣根、柠檬皮、水葫芦、豆粕及改性淀粉进行合理的配比设计，结合盐浸、酸浸处理，使得原料中的有效成分被提取，且发生协同功效，加强了净化剂的吸附能力。通过二次加热的方法，使得物料脱毒的同时改善了滤液的营养结构，为有益菌的生长提供营养物质，结合微生物发酵处理，使得净水剂中含大量的有益菌，通过有益菌的繁殖及代谢产物，快速有效地降解水中的有机物，再结合水华蓝藻的功效，提高了重金属离子的吸附率，使得有机物、重金属富集，加强了对水中有害物质的絮聚能力；对辣根、柠檬皮、水葫芦、豆粕及改性淀粉进行合理的配比设计，改良了净化剂的营养结构，对有害菌起到了抑制作用。

(2) 本品通过植物料、微生物的配合作用，增强了对水体的净化效果，使得重金属离子、病原菌、水中悬浮物减少，水中污染物降解加快。通过合理的用料配比及工艺处理，使得净化剂安全无毒、绿色环保，利用本品净化含汞废水，经传统金属检测方法进行检测，结果为：金属铜的吸附率为83%，金属镍的吸附率为80%。

配方 78　活性炭基净水剂

原料配比

原料		配比(质量份)				
		1#	2#	3#	4#	5#
椰子皮		100	120	100	80	150
壳聚糖		32	24	36	40	20
氯乙酸		5	6	5	6	5
多羟基醇	乙二醇	45	—	—	—	60
	聚乙二醇	—	—	—	30	—
	1,3-丙二醇	—	40	50	—	—
甲基丙烯酰胺		8	6	9	10	5
引发剂	偶氮二异丁酸二甲酯	2	3	1	—	—
	偶氮异丁氰基甲酰胺	—	—	—	3	1
有机硅酸酯	正硅酸乙酯	0.5	—	—	0.1	0.5
	正硅酸甲酯	—	0.2	—	—	—
	四丙氧基硅烷	—	—	0.4	—	—
有机钛酸酯	钛酸正丁酯	25	15	20	—	—
	钛酸异丙酯	—	—	—	10	30
硅烷偶联剂	氨丙基三乙氧基硅烷	3	—	—	—	—
	氨乙基氨丙基三乙氧基硅烷	—	2	—	—	—
	二乙烯三氨基丙基三甲氧基硅烷	—	—	6	—	—
	2-氨乙基氨丙基三甲氧基硅烷	—	—	—	6	2
溶剂	乙醇	60	50	—	—	—
	异丙醇	—	—	60	—	—
	水	—	—	—	50	60

制备方法

(1) 将椰子皮粉碎，然后在惰性气体中退火，得到多孔炭粉末。椰子皮的退火工艺为：退火温度为300～600℃，退火时间为2～5h。

(2) 将壳聚糖与氯乙酸在40～80℃下反应1～3h后，加入甲基丙烯酰胺和引发剂在乙醇中混合均匀，然后在50～80℃下搅拌反应0.5～3h，得到接枝改性壳聚糖。

(3) 将有机钛酸酯和有机硅酸酯在溶剂中搅拌均匀，得到混合溶胶，向混合溶胶中加入多孔炭粉末，在80～150℃下密封反应3～6h，得到改性多孔炭。

(4) 将改性壳聚糖和改性多孔炭、硅烷偶联剂在多羟基醇中混合均匀，然后微波反应5～10min，得到活性炭基净水剂。微波反应的频率为800～1500kHz。

原料介绍

所述硅烷偶联剂选自氨丙基三乙氧基硅烷、氨丙基三甲氧基硅烷、2-氨乙基氨丙基三甲氧基硅烷、二乙烯三氨基丙基三甲氧基硅烷、氨乙基氨丙基甲基二甲氧基硅烷、氨乙基氨丙基三乙氧基硅烷、脲丙基三乙氧基硅烷及脲丙基三甲氧基硅烷中的至少一种。

所述引发剂选自偶氮二异丁酸二甲酯、偶氮二异丁脒盐酸盐、偶氮二异丁咪唑啉盐酸盐、偶氮异丁氰基甲酰胺中的至少一种。

产品应用　本品是一种活性炭基净水剂。

产品特性

(1) 本品通过多孔炭、接枝型两性壳聚糖和改性二氧化钛进行复合，使净水剂兼具吸附、絮凝和催化降解等功能，从而达到多重多方位净化水体的作用。且本品的原材料来源广泛，成本低廉，使用范围广。

(2) 椰子皮的来源广泛，成本低廉，具有丰富的多孔结构，将其粉碎后进行退火，能够形成多孔炭。多孔炭能够对水体中的污染物进行吸附。

(3) 本品采用氯乙酸和壳聚糖反应生成羧甲基壳聚糖，羧甲基壳聚糖与丙烯酰胺和引发剂进一步反应，得到接枝型两性壳聚糖，它兼具羧甲基壳聚糖和聚丙烯酰胺的双重特点，并且两者间通过化学键连接，提高了壳聚糖分子量，增强了其黏结架桥絮凝作用。此外，由于壳聚糖糖环氨基上易于带阳离子正电荷，而羧基又带有阴离子负电荷，能够吸附水中的带电粒子，可用于处理带有不同电荷的水体，具有良好的抗盐性能，适应的pH值范围宽。壳聚糖为生物可降解材料，具有无毒性、无二次污染等特点。

(4) 将有机钛酸酯、有机硅酸酯与多孔炭进行密封反应，能够在多孔炭内部形成硅掺杂改性二氧化钛，硅掺杂改性二氧化钛避免了二氧化钛的导电性差且光生电子和空穴容易重组的缺点，从而提高二氧化钛的可见光响应范围和响应强度，提高二氧化钛的催化效率，促进对水体中的有机物质进行降解，从而提高水体的清洁度。

(5) 将改性壳聚糖和改性多孔炭、硅烷偶联剂在多羟基醇中进行微波反应5～10min，能够使改性壳聚糖与改性多孔炭发生耦合，使该净水剂兼具吸附、絮凝和催化降解等功能，从而达到多重多方位净化水体的作用。

配方 79　活性炭净水剂

原料配比

原料	配比(质量份)		
	1#	2#	3#
花生壳活性炭	30	50	40
杏壳活性炭	30	50	40
盐酸	50	60	55
硅酸镁	5	8	6
氧化铝	5	8	7
膨润土	20	30	25
硅酸钙	3	5	4

续表

原料	配比(质量份)		
	1#	2#	3#
聚乙烯醇	1	3	2
氧化钙	3	5	4
十二烷基苯磺酸钠	3	3	2
云母片	3	5	4
EDTA	1	3	2

制备方法　将各组分原料混合均匀即可。

原料介绍

所述花生壳活性炭粒径为100～1000nm。

所述杏壳活性炭粒径为100～1000nm。

产品应用　本品主要用作化工、石油、轻工、建筑、冶金、机械、医药卫生、交通、环保等行业的一种活性炭净水剂。

产品特性

(1) 本品利用果壳类活性炭实现了废物利用，降低了水处理剂的合成成本，使用效果好。

(2) 本品在活性炭吸附剂制备配方中加入花生壳、杏壳等天然物质，不仅实现了废物利用，而且制备的活性炭，比表面积大，吸附容量大，处理程度高，效果稳定，不会产生二次污染，广泛适用于给水处理及废水二级处理出水的深度处理。

配方 80　基于废弃铝塑材料制备的净水剂

原料配比

原料		配比(质量份)		
		1#	2#	3#
球磨物	废弃铝塑材料过筛颗粒	1	1	1
	水	5	3	4
出料物	球磨物	1	1	1
	马来酸	1	1	1
	质量分数为15%的盐酸	6	4	5
干燥物	出料物	50	40	45
	乙烯基三乙氧基硅烷	9	7	8
	过氧化二苯甲酰	6	3	4
	卵磷脂	0.9	0.6	0.8
干燥物		90	80	80
二氧化钛		8	5	7

制备方法

(1) 使用水将废弃铝塑材料洗净，放入50℃干燥箱中干燥3～6h，再将干燥后的废弃铝塑材料放入粉碎机中进行粉碎，过150目筛，收集过筛颗粒，按质量比1∶(3～5)，将过筛颗粒与水混合均匀，再进行加热，加热至100～103℃，加热2～3h，趁热过滤，收集滤渣。

(2) 将滤渣放入冷冻干燥机中冷冻干燥5～10min，设定温度为－45～－40℃，再把冷冻干燥物放入球磨罐中，向球磨罐中加入冷冻干燥物质量4倍的直径为40mm的钢球，以300r/min球磨20～30min；待上述球磨结束后，收集球磨物，按质量比1∶1∶(4～6)，将球磨物、马来酸与质量分数为15%%的盐酸放入反应釜中，设定温度为105～110℃，使用氮气保护，并升压至0.6～0.9MPa，以180r/min搅拌2～4h，冷却至室温，出料，收集出料物。

(3) 按质量份数计，取40～50份出料物、7～9份乙烯基三乙氧基硅烷、3～6份过氧化二苯甲酰及0.6～0.9份卵磷脂放入反应器中，搅拌混合均匀，设定反应器温度为65～70℃，使用氢氧化钠溶液调节反应器中混合物pH至4.5～5.0，搅拌反应6～8h。

(4) 在搅拌反应后，趁热收集反应器中的物质，并置于3～6℃中静置2～3h，随后过滤，收集滤饼，将滤饼进行干燥，收集干燥物。

(5) 按质量比将干燥物与二氧化钛放入密炼机中，设定温度为90～100℃，密炼10～15min，收集混炼物，并放入双螺杆挤出机中进行挤出造粒，设定一区温度为132～142℃，二区温度为142～148℃，三区温度为148～153℃，四区温度为153～157℃，收集造粒物，即可得净水剂。

产品应用　本品是一种基于废弃铝塑材料制备的净水剂，可广泛用于对各类污水进行处理。

产品特性

(1) 本品充分利用了废弃的铝塑材料，避免铝和塑料资源的浪费，解决了其带来的污染问题。

(2) 本品充分利用废弃的铝塑材料制备净水剂，净水效果好，通过外部的三维网状结构的聚乙烯对聚合氯化铝进行保护，以二氧化钛增加抗菌性能，增加了净水剂的使用寿命。

(3) 本品以废弃铝塑材料作为原料，通过高温与激冷处理后，使废弃铝塑材料内部出现孔隙，随后通过盐酸溶解氧化铝，马来酸对聚乙烯进行改性，再利用乙烯基三乙氧基硅烷交联聚乙烯，使其形成三维网状结构，负载铝离子，在过氧化二苯甲酰作用下，通过酸碱值的调节，形成聚乙烯负载聚合氯化铝复合物，添加二氧化钛，提高抗菌性能，通过混合造粒，进而提高净水剂的抗菌性。

(4) 本品制备的净水剂与明矾相比，处理效果好，有利于净化河水。

(5) 本品制备的净水剂具有较好的净水效果，能使水达到饮用水的标准。

(6) 本品制备的净水剂具有较好的净水效果，使得工业造纸废水达到安全排放标准。

配方81　基于改性硅藻土的净水剂

原料配比

原料		配比(质量份)		
		1#	2#	3#
改性硅藻土		42	30	30
铝盐		15	10	10
磷酸三钠		9	5	5
醋酸纤维		10	5	5
去离子水		适量	适量	适量
改性硅藻土	环糊精	1	3	2
	氢氧化钠	20	30	25
	水	加至100	加至100	加至100
	聚乙二醇和十二烷基三甲基氯化铵的水溶液	适量	适量	适量
	钛酸酯偶联剂	适量	适量	适量

制备方法

(1) 将铝盐、磷酸三钠和醋酸纤维研磨至粒径≤150μm，备用。

(2) 将改性硅藻土研磨至粒径≤150μm，向改性硅藻土中加入改性硅藻土质量3～5倍的去离子水，水温45～50℃，混合搅拌均匀，向改性硅藻土水溶液中加入铝盐、磷酸三钠和醋酸纤维研磨成的粉末，边搅拌边加热，加热至 320～350℃后保温 1～2h，自然冷却至室温，即得基于改性硅藻土的净水剂。

原料介绍

所述改性硅藻土的制备包括如下步骤：

(1) 将硅藻土完全浸没在 50～60℃含有环糊精和氢氧化钠的溶液中 20～30min，捞出烘干后，得到预处理硅藻土；含有环糊精和氢氧化钠的溶液中氢氧化钠的含量为 20%～30%，环糊精的含量为 1%～3%。

(2) 预处理硅藻土放入聚乙二醇和十二烷基三甲基氯化铵水溶液中，加热至 40～50℃保温 20～30min，同时进行磁力搅拌，保温后加入钛酸酯偶联剂，在 50～55℃下加热 40～60min，将硅藻土滤出，在 40～50℃下使用鼓风干燥箱干燥 6～10h，得改性硅藻土。聚乙二醇和十二烷基三甲基氯化铵水溶液中聚乙二醇浓度为 8～12g/L，十二烷基三甲基氯化铵浓度为 3～6g/L。

产品应用　本品是一种基于改性硅藻土的净水剂。

产品特性　本品具有以下优点。对硅藻土进行预处理和活化表面处理，增大硅藻土孔隙率，提高其吸附污染物的能力，改性硅藻土与铝盐按照优化后的计量配合使用，提高反应活性和持久性；磷酸三钠和醋酸纤维在高温下均匀溶解并分散在改性硅藻土和铝盐体系中，其中磷酸三钠软化废水中的污染物，并促使改性硅藻土和铝盐的净化作用稳定进行，醋酸纤维包覆污染物外壁，污染物被改性硅藻土吸附后，配合改性硅藻土较大的孔隙率，使得硅藻土在吸附较多杂质时仍能够重复利用，降低硅藻土清洁难度。

配方 82　基于生物酶的高效净水剂

原料配比

原料		配比(质量份)		
		1#	2#	3#
生物酶		30	35	35
微生物		10	12	10
微生物絮凝剂		5	8	5
辣木种子絮凝剂		5	8	8
生物酶制剂		3	5	5
甲壳素		10	12	12
壳聚糖		3	5	5
羧甲基淀粉钠		5	8	8
功能性寡肽		1	3	3
白色聚合氯化铝		5	8	8
水		20	25	20
填料		—	—	20
填料	高岭土	20	—	—
	石英粉	—	15	—
	明矾石	—	15	—
辣木种子絮凝剂的粗提液	辣木种子脱脂粉	80	100	100
	1.2mol/L 的氯化钠溶液	—	800	—
	1.5mol/L 的氯化钠溶液	—	—	800
	蒸馏水	480	—	—

制备方法

(1) 辣木种子絮凝剂的粗提：称取 80～100 质量份的辣木种子脱脂粉，装入烧瓶中，按照料液比为 1∶(6～8) 将浸提液注入烧瓶中，然后将烧瓶置于 60～65℃水浴中，在真空度为

0.1～0.2kPa下进行真空浸提3～4次；之后过滤，除去残渣，将滤液加入旋转蒸发器中，在真空度0.1～0.2kPa，温度65～70℃条件下进行真空浓缩，当浓度达20%～25%时停止，即得絮凝剂粗提液，絮凝剂粗提液中絮凝活性成分含量较低，为进一步纯化做准备。

（2）辣木种子絮凝剂的纯化：用中空纤维膜分离法纯化絮凝活性物质，首先用蒸馏水反复清洗UEOS503和UPIS503中空纤维膜，然后用与絮凝剂粗提液等量的40℃蒸馏水分别在一定压力下通过中空纤维膜，收集相同时间内的滤液，直到膜通量相同为止；将絮凝剂粗提液在温度40～42℃，pH 9.8～10.2、压力0.1～0.15MPa、流量19～22L/h条件下，截留分子量在6～20kDa的滤液，即得到絮凝活性物质溶液；纯化的絮凝活性物质溶液在真空度0.1～0.2kPa，温度为65～70℃条件下进行真空浓缩，当浓度达到40%～45%时停止，再经真空冷冻干燥可得固态辣木种子絮凝剂。该辣木种子絮凝剂取材天然，无毒副物质残留，并且其絮凝能力非常高，固态絮凝剂用量在0.03～0.04g/L，其絮凝率可达93%～98%。

（3）微生物絮凝剂制备：取葡萄糖18～20g，磷酸二氢钾1.8～2.0g，磷酸氢二钾4.5～5.0g，氯化钠0.1～0.15g，硫酸铵0.2～0.3g，尿素0.5～0.6g，酵母膏0.5～0.6g，水900～1000mL，113～115℃灭菌20～25min制得发酵培养基；将类产碱假单胞菌菌母按质量比1：(2～3）接种到发酵培养基中，在30～32℃温度下，摇床160～180r/min下培养45～48h，培养液在7500～8000r/min下离心10～15min，取上清液采用旋转蒸发仪浓缩到原体积的1/20～1/25，加上4～5倍的冷无水乙醇沉淀，将乙醇溶液在6000～6300r/min下离心10～12min得到微生物絮凝剂沉淀，将沉淀溶解在蒸馏水中，再加4～5倍体积的冷乙醇沉淀，离心，溶解，如此反复3～4次，将最终得到的沉淀物真空冷冻干燥得固态微生物絮凝剂。该固态微生物絮凝剂絮凝效果很好，当其用量为0.01～0.02g/L时絮凝率达到88%～93%。

（4）生物酶制剂的制备：选用50～60质量份的生物酶，在工作压力0.5～0.6MPa下，通过膜孔径为0.1～0.2μm的超滤膜，进行分离、过滤与浓缩处理，加入酶溶液3～4倍的蒸馏水；将研细的硫酸铵按照15%～20%的饱和度加入上述酶溶液中，4～6℃下保存过夜后在9500～10000r/min下离心30～45min，取上清液加硫酸铵至55%～60%饱和度；4～6℃下保存过夜后在9500～10000r/min下离心30～45min，沉淀即为生物酶制剂，经过超滤膜分离提纯与硫酸铵沉淀提纯能够大大提高生物酶的纯度与活性，从而增强净水剂的效率，降低用量，节约成本。

（5）净水剂的制备：称取下列质量份的生物酶30～35份、微生物10～12份、微生物絮凝剂5～8份、辣木种子絮凝剂5～8份、生物酶制剂3～5份、甲壳素10～12份、壳聚糖3～5份、羧甲基淀粉钠5～8份、功能性寡肽1～3份、白色聚合氯化铝5～8份、水20～25份、填料20～30份，在35～37℃温度下，通过磷酸调节pH至5～7，均匀搅拌10～15min即得净水剂。

原料介绍

所述的浸提液为蒸馏水或者1.2～1.5mol/L的氯化钠溶液。

所述的生物酶为淀粉酶或蛋白酶或脂肪酶或磷酸酶或糖苷酶或脲酶或酯酶或纤维素酶的混合生物酶。

所述的微生物为沼泽红假单胞菌或枯草芽孢杆菌或地衣芽孢杆菌或乳酸链球菌或COD降解菌的混合菌群。

所述的填料为高岭土或膨润土或石英粉或明矾石的一种或几种混合。

所述的功能性寡肽的氨基酸序列为：SCASRCKSRCRARRCRARRCGCRARYYVSVFRC。

产品应用　本品是一种基于生物酶的高效净水剂。

产品特性

（1）该生物酶净水剂通过酶与微生物净化水质，用量小，净水效果好，无毒无害，安全性高，无二次污染，而且其制造方法简单，可以应用于工业生产。

（2）本净水剂的净水效果取决于生物酶对水体中菌落的催化活性，功能性寡肽能够与淀粉酶和糖苷酶结合，起到酶激活剂的作用，提高酶活力，加快酶对底物降解，显著提高净水剂的净水效率。

(3) 净水剂可净化水中杂质的范围宽泛，不仅可以降解生活污水中的淀粉、蛋白质、脂肪、酸、糖、尿素、纤维等，还可以增大养殖用水中的含氧量，降低含氮量，分解有机物，也能对水体中的重金属离子、杂质等起到絮凝沉降作用。

(4) 运用饱和硫酸铵溶液沉淀法提纯，所得沉淀即为生物酶制剂，经过超滤膜分离提纯与硫酸铵沉淀提纯能够大大提高生物酶的纯度与活性，从而增强净水剂的效率，降低用量，节约成本。

配方 83 焦化酚氰废水净水剂

原料配比

原料		配比(质量份)				
		1#	2#	3#	4#	5#
凹凸棒土		20	18	15	10	25
膨润土		12	15	18	20	10
粉煤灰		8	10	12	5	15
沸石粉		7	7.5	8	10	5
硅烷偶联剂	γ-(2,3-环氧丙氧)丙基三甲氧基硅烷	4	—	—	—	5
	γ-(甲基丙烯酰氧)丙基三甲氧基硅烷	—	3	2	1	—
二甲基二烯丙基氯化铵		22	20	18	30	15
过硫酸钾		0.5	0.4	0.3	0.2	0.6
羧甲基纤维素钠		18	20	18	25	15
聚合硫酸铁		18	15	12	10	20
聚合硅酸铝铁		22	20	18	25	15
硫酸亚铁		8	5	3	3	8
七水合硫酸镁		8	7	6	10	5
磷酸三钠		8	10	13	5	15
聚丙烯酰胺		0.8	0.7	0.8	1	0.5
聚乙烯吡咯烷酮		2	3	3	1	5
氢氧化钙		26	24	22	30	20

制备方法

(1) 取凹凸棒土进行酸化处理，随后置于醇水溶液中，并加入硅烷偶联剂，经充分反应后进行过滤、洗涤，并于80～200℃条件下进行热处理；控制凹凸棒土与所述醇水溶液的料液比为(3～5)：100g/mL。酸化处理步骤包括以盐酸溶液浸渍凹凸棒土的步骤。在酸化处理步骤前，还包括将凹凸棒土于380～420℃下进行煅烧40～80min的步骤。控制反应温度为40～45℃。

(2) 将步骤 (1) 的热处理产物与二甲基二烯丙基氯化铵和过硫酸钾置于乙醇中混合均匀，进行加热回流反应，产物经冷却、洗涤、干燥处理，得到所需插层复合改性凹凸棒土，备用。控制加热回流反应的温度为70～80℃。

(3) 将上述插层复合改性凹凸棒土，以及膨润土、粉煤灰、沸石粉和磷酸三钠充分混匀，经充分烘干后研磨粉碎，得到第一复合物，备用。

(4) 取聚合硫酸铁、聚合硅酸铝铁、羧甲基纤维素钠、硫酸亚铁、七水合硫酸镁和聚丙烯酰胺充分混匀，得到第二复合物，将第二复合物升温至50～60℃加热1～2h备用。

(5) 将第一复合物加入第二复合物中，并加入聚乙烯吡咯烷酮和氢氧化钙充分混匀，即得所需净水剂。

原料介绍

所述凹凸棒土粒度为200±50目。

所述膨润土粒度为200±50目。

所述粉煤灰粒度为180±50目。

所述沸石粉粒度为200±50目。

所述醇水溶液包括甲醇、乙醇、异丙醇的水溶液，各醇水溶液中的醇水体积比为1∶1。

所述盐酸溶液优选浓度为2～5mol/L，控制凹凸棒土与盐酸的料液比为（3～5）∶100g/mL。

产品应用　本品是一种焦化酚氰废水生化用净水剂。

产品特性　本品通过采用硅烷偶联剂与聚合物对凹凸棒土进行双层改性，能够在凹凸棒土层间发生化学键合与聚合反应，改变了凹凸棒土的表面吸水特性，同时增大了凹凸棒土的层间距，从而大大提高了凹凸棒土的吸附絮凝效果。进一步将此改性凹凸棒土联合复合黏土及有机无机高分子絮凝剂，使得各组分之间发挥协同增效作用，制得所述复合型净水剂兼具无机絮凝剂和有机絮凝剂的优点，能快速吸附、捕获、絮凝、卷扫焦化废水中的各种有机物及无机物，对焦化废水的COD、色度、浊度均具有较高的联合去除效果，具有加药量低、絮凝沉淀快的优势，针对焦化废水的COD去除率可达70%以上，对色度的去除率在90%以上，在除油，去除浊度、重金属以及部分氨氮方面的效果也较为显著，且该净水剂环保无毒、稳定性高。

配方 84　节能环保净水剂

原料配比

<table>
<tr><th colspan="3" rowspan="2">原料</th><th colspan="3">配比(质量份)</th></tr>
<tr><th>1#</th><th>2#</th><th>3#</th></tr>
<tr><td colspan="3">活性物质</td><td>0.15</td><td>0.62</td><td>0.45</td></tr>
<tr><td colspan="3">壳聚糖接枝改性凹凸棒土</td><td>1</td><td>1</td><td>1</td></tr>
<tr><td rowspan="18">活性物质</td><td rowspan="3">氧化镁</td><td>粒径 230 目</td><td>25</td><td>—</td><td>—</td></tr>
<tr><td>粒径 750 目</td><td>—</td><td>45</td><td>—</td></tr>
<tr><td>粒径 600 目</td><td>—</td><td>—</td><td>37</td></tr>
<tr><td rowspan="3">氢氧化钙</td><td>粒径 450 目</td><td>25</td><td>—</td><td>—</td></tr>
<tr><td>粒径 620 目</td><td>—</td><td>25</td><td>—</td></tr>
<tr><td>粒径 600 目</td><td>—</td><td>—</td><td>21</td></tr>
<tr><td rowspan="3">氧化钙</td><td>粒径 420 目</td><td>27</td><td>—</td><td>—</td></tr>
<tr><td>粒径 1250 目</td><td>—</td><td>15</td><td>—</td></tr>
<tr><td>粒径 850 目</td><td>—</td><td>—</td><td>21</td></tr>
<tr><td rowspan="3">二氧化钛</td><td>金红石型晶型，粒径 850 目</td><td>18</td><td>—</td><td>—</td></tr>
<tr><td>锐钛矿型晶型，粒径 2000 目</td><td>—</td><td>7</td><td>—</td></tr>
<tr><td>金红石型晶型，粒径 1500 目</td><td>—</td><td>—</td><td>10</td></tr>
<tr><td rowspan="3">托玛琳粉</td><td>粒径 650 目</td><td>2</td><td>—</td><td>—</td></tr>
<tr><td>粒径 1250 目</td><td>—</td><td>6</td><td>—</td></tr>
<tr><td>粒径 1000 目</td><td>—</td><td>—</td><td>5</td></tr>
<tr><td rowspan="3">次氯酸钠</td><td>粒径 450 目</td><td>1</td><td>—</td><td>—</td></tr>
<tr><td>粒径 800 目</td><td>—</td><td>1</td><td>—</td></tr>
<tr><td>粒径 600 目</td><td>—</td><td>—</td><td>6</td></tr>
<tr><td rowspan="2">壳聚糖接枝改性凹凸棒土</td><td colspan="2">壳聚糖</td><td>1</td><td>1</td><td>1</td></tr>
<tr><td colspan="2">二元醛改性凹凸棒土</td><td>1</td><td>3</td><td>2</td></tr>
</table>

制备方法　将各原料混合粉碎至2000目，混合均匀，即得所需节能环保净水剂。

原料介绍

所述壳聚糖其分子量为2.5×10^{5}，脱乙酰度为75%～95%。

所用有机凹凸棒土为二元醛改性凹凸棒土。

所用的二元醛为乙二醛或戊二醛。

所述壳聚糖接枝改性凹凸棒土的制备方法包括如下步骤：

(1) 将凹凸棒土粉体以固液质量比1∶(10～30) 分散于有机溶剂中，超声分散10～30min，滴加氨基硅烷偶联剂，70～100℃反应6～10h；反应结束后，除去溶剂，真空干燥，研磨过筛，即得硅烷偶联剂改性有机凹凸棒土。

(2) 将上述硅烷偶联剂改性有机凹凸棒土分散于以质量计为5%的二元醛溶液中，固液质量比为1∶(10～25)，30℃搅拌3～4h，过滤，去离子水多次洗涤，真空干燥，即得二元醛改性凹凸棒土。

(3) 将壳聚糖溶解在以质量计为1%的醋酸溶液中配成质量与体积比为0.5%～1.5%的壳聚糖醋酸溶液，搅拌3h，滴加到质量与体积比为1%～2%二元醛改性凹凸棒土悬浮液中，搅拌并加热至30～45℃，反应3～5h，离心分离，充分洗涤，除去未共价交联的壳聚糖，在碱性条件下，加入还原剂室温还原10～12h，去离子水充分洗涤后，真空干燥，研磨过筛，即得壳聚糖接枝改性凹凸棒土。

产品应用　本品是一种主要用于各种工业废水、生活污水、湖水、河水及自来水净化的节能环保净水剂。

产品特性

(1) 本品的活性物质具有杀菌抑菌的作用，且发挥效果时间长，可用于各种工业废水、生活污水、湖水、河水及自来水的净化。

(2) 本品所使用的壳聚糖接枝改性凹凸棒土，是采用凹凸棒土和壳聚糖为原料制备的复合吸附材料，其可充分发挥两者的优势，同时，可显著改善壳聚糖吸附材料在溶液中沉降性能差、分离困难、在酸性溶液中易流失的缺陷；壳聚糖接枝改性的凹凸棒土对于水体中的污染物具有更明显的吸附效果，且绿色环保无污染。

(3) 本品成本较低，使用方便，降低净水的整体成本，可降低单位面积水体的使用量，节能环保。

配方 85　高效工业净水剂（1）

原料配比

原料		配比(质量份)	
		1#	2#
氧化镁	粒径800目	30	—
	粒径600目	—	33
氧化钙	粒径400目	30	—
	粒径600目	—	22
矽卡岩	粒径800目	30	30
二氧化钛	锐钛矿晶型,粒径800目	10	—
	金红石晶型,粒径1250目	—	15

制备方法　将各组分原料混合均匀即可。

原料介绍

所述的氧化镁的粒径为200～1250目，氧化钙的粒径为200～600目，矽卡岩的粒径为

400～800目，二氧化钛的粒径为400～1250目。

所述的二氧化钛为金红石型或锐钛矿型晶型。

产品应用　本品是一种用于各种工业废水、生活污水、湖水、河水及自来水净化的净水剂。

产品特性

(1) 本品使用寿命长，可反复多次使用。

(2) 本品使用方便，价格低廉，可用于各种工业废水、生活污水、湖水、河水及自来水的净化。

(3) 本品净水效果明显，氧化镁和二氧化钛能分解大部分有机污染物，氧化钙能中和酸性污染物，矽卡岩对重金属污染物的沉淀有显著的促进作用。

配方 86　高效工业净水剂（2）

原料配比

原料	配比(质量份)	原料	配比(质量份)
氯化铁	100	硫酸铁	30
聚合氯化镁	100	硫酸铝钾	50
10%盐酸溶液	300	5%硫酸溶液	50
硫酸镁	20		

制备方法　将上述原料按比例一并加入反应器内，加热搅拌，反应温度控制在60～110℃之间，反应2～4h后，冷却至室温出料，即得产品。

产品应用　本品是一种净水剂。

产品特性

(1) 本品絮凝速度快，絮体密实。

(2) 本品沉淀分离效率高。

(3) 本品使用范围广，经济效益和社会效益显著。

(4) 本品生产技术特点是原料易得、配比科学、工艺简单、成本较低、易于推广应用。

配方 87　高效工业净水剂（3）

原料配比

原料	配比(质量份)		
	1#	2#	3#
壳聚糖	10	100	50
穿心莲提取液	50(体积)	200(体积)	300(体积)
复硝酚钠	10	50	20
人造膨润土	20	30	100

制备方法　将市售壳聚糖浸入含过氧化氢、水溶性腐殖酸的溶液中，浸泡一段时间后，过滤，得滤渣，将所得滤渣进行三次冷冻处理，解冻，将解冻后的壳聚糖阴干，研磨成细粉，将所得细粉在常温常压下进行辐照处理获得低分子量壳聚糖，将所述低分子量壳聚糖分散于穿心莲提取液中，加复硝酚钠，制得复合体，在复合体中加入人造膨润土便制得净水剂。

原料介绍

经降解得到的低分子量壳聚糖，特别是分子量在10^5以下的低聚壳聚糖，不仅溶于水，还具有独特的生理活性和物化性质，因而应用范围大大拓宽。低分子量壳聚糖制备方法有酸水解法、氧化降解法、酶解法及辐照法等。酶降解法是用专一性或非专一性酶对壳聚糖进行生物降解的方法，采用该方法能够得到平均分子量较低的低聚糖和单糖。整个降解过程中无其他反应试剂加入，无其他副反应发生，降解条件温和，降解过程及产物分子量分布较易控制。缺点是所使用的酶较为特殊，酶的活力有限，同时成本高，生产周期长，很难用于工业化生产。物理降解法主要是利用微波、超声波和γ射线等物理方式来降解壳聚糖，常用的是超声波降解法。超声波降解法操作简单，但95%的超声能量用于体系加热而非产物降解，因此降解效率较低，同时具有产物分子量分布较广，分子量较高的问题。

所述低分子量壳聚糖是分子量在10^5以下的壳聚糖。

所述低分子量壳聚糖的具体制备方法如下：

(1) 取质量浓度为5%～12%的过氧化氢溶液，加入水溶性腐殖酸，水溶性腐殖酸的质量为上述过氧化氢溶液的0.2%～0.6%，搅拌均匀，得混合液。

(2) 将壳聚糖浸入步骤 (1) 所得混合液中，壳聚糖的质量浓度为25%～35%，浸泡30～50min，过滤，得滤渣。

(3) 将步骤 (2) 所得滤渣进行三次冷冻处理，第一次冷冻温度为－4℃，第一次冷冻时间为2～4h，第二次冷冻温度为－10℃，第二次冷冻时间为1～3h，第三次冷冻温度为－19℃，第三次冷冻时间为40～60min，解冻，将解冻后的滤渣阴干，研磨成细粉，过40～60目筛，得细粉。

(4) 将步骤 (3) 所得细粉在常温常压下进行辐照处理，辐照剂量为20～30kGy，干燥，即得低分子量壳聚糖。

所述穿心莲提取液经过下列方法提取：

(1) 将干燥的穿心莲粉碎过90目筛，然后加入10～20倍质量的提取溶剂，在转速为800r/min的条件下搅拌均匀；然后在输出功率为1200W的微波条件下，微波提取20～40min，过滤，重复提取2～3次，合并提取液。

(2) 将所得提取液在真空度为7～11kPa，温度为50～60℃条件下浓缩至原体积的1/3～1/2，得穿心莲提取液。

所述的提取溶剂为自来水、30%～70% (质量分数) 的乙醇溶液、浓度为1.0mol/L的氯化钠、浓度为0.1mol/L的醋酸、浓度为0.01mol/L的盐酸中的一种或几种。

产品应用　本品是一种净水剂。

产品特性

(1) 本品的特点在于制备方法简单、材料来源广泛、成本低，净水剂净水效果好，具有杀菌、杀虫的作用，尤其是捕集水中重金属的性能更为显著，净水量大，且水中的铁、锌、钙等人体所需元素不被滤除，不但对饮用水具有很好的净化作用，对工业、生活污水也具有很好的净化作用，使其达到环保要求。

(2) 该法制备的净水剂进行饮用水消毒时无毒副作用，没有异味，不产生二次污染。

配方 88　高效工业净水剂 (4)

原料配比

原料	配比(质量份)	原料	配比(质量份)
碱式氯化铝	85	聚丙烯酰胺	5
蚌壳(细粉)	10		

制备方法　将各组分原料混合均匀即可。

原料介绍

所述的碱式氯化铝制备方法：

(1) 准备以下原料：铝屑80%～90%，高铝灰 (Al_2O_3) 30%～54%，盐酸>31%，氢氧化钠>93%，硫酸95%。

(2) 制备工艺

① 酸法制备工艺。将铝灰和盐酸及少量硫酸（作助溶剂）相混，形成较稳定的单核金属络合物 $(Al(OH_2)_6)^{3+}$，随着 Al^{3+} 的不断溶出，pH升高，发生水解，当pH值升至4.0后，两个 $(OH)^-$ 之间发生聚合反应，形成聚合多核络合物-聚合体。

② 中和法制备工艺。将盐酸和烧碱分别与铝灰反应，制备三氯化铝和铝酸钠，将这两种反应生成物搅拌均匀，并经浓缩除盐，即得到碱式氯化铝。

产品应用　本品是一种净水剂。

产品特性　碱式氯化铝又称聚合氯化铝、羟基氯化铝或聚合铝，它具有较强的凝聚吸附性能，易溶于水。在本品中，碱式氯化铝由铝屑、高铝灰、盐酸、氢氧化钠和硫酸等原料，经酸法或中和法制成。所制碱式氯化铝本身就具有比现有的硫酸铝高2～6倍的净水效果，若再添加蚌壳和聚丙烯酰胺，则净化率更高。对普通浊水、含菌废水、含油及有机物废水均有优良的净化作用。

配方89　高效工业净水剂（5）

原料配比

原料		配比(质量份)		
		1#	2#	3#
聚合氯化铝(PAC)		4	4	3
负载过氧化钙的净水污泥		6	6	7
负载过氧化钙的净水污泥	氯化钙($CaCl_2$)	10	10	10
	纯水	100(体积)	100(体积)	100(体积)
	3mol/L的氢氧化钠(NaOH)溶液	48(体积)	48(体积)	48(体积)
	灼烧后的净水污泥	10	20	10
	质量浓度为30%的 H_2O_2 溶液	30(体积)	30(体积)	30(体积)

制备方法

(1) 将净水污泥灼烧处理，得到灼烧后的净水污泥；净水污泥的粒径大于等于100目。灼烧的温度为400～500℃，灼烧的时间为2～3h。

(2) 将过氧化钙负载到灼烧后的所述净水污泥表面，抽滤并烘干，得到负载过氧化钙的净水污泥。通过氢氧化钠法或氨水法将过氧化钙负载到灼烧后的所述净水污泥表面，得到负载过氧化钙的净水污泥。操作过程为：将氯化钙加入水中充分溶解，再加入氢氧化钠溶液混合均匀，然后加入灼烧后的净水污泥，最后加入过氧化氢溶液，得到负载过氧化钙的净水污泥，抽滤并烘干。

(3) 将负载过氧化钙的净水污泥放入搅拌机中，搅拌3～5min后加入一定质量过80目筛的聚合氯化铝（PAC），再次充分搅拌混匀，过120目筛后得到粉末复合材料。

(4) 将过120目筛的粉末复合材料放入手摇式单冲压片机中制成直径为5～6mm，厚度约3～4mm的片剂，作为用于富营养化水体的新型净水剂。

原料介绍

CaO_2 作为一种兼具释氧性与氧化性的材料受到了越来越广泛的关注，不仅能够提高水体的溶解氧，同时对水中磷酸盐有一定的吸附抑制作用。但单纯的 CaO_2 与水反应迅速，持续效果短，增加水体浑浊度，破坏生态系统等，基于此绝大多数的 CaO_2 材料均以缓释为目的。

净水污泥是自来水厂生产过程中产生的废弃物，净水厂基于对地表水和地下水的处理过程中，沉淀池排泥和滤池反冲洗过程中产生较多的净水污泥。其表面粗糙、质轻多孔、具有黏土性质，并且净水污泥中含有氧化铝、氧化铁和氧化钙等物质，氧化铝和氧化铁对磷具有较好的吸附能力，氧化钙有沉淀磷的作用，将净水污泥作为载体负载 CaO_2，具有更好的吸附性能。

聚合氯化铝（PAC）为阳离子型聚电解质混凝剂，投入水体后利用其吸附桥联或网捕卷扫作用，辅以 CaO_2 能够高效沉降去除水中污染物。

所述负载过氧化钙的净水污泥是通过氢氧化钠法或氨水法将过氧化钙负载到净水污泥上得到的。

所述负载过氧化钙的净水污泥的制备方法：向钙离子溶液中加入碱性溶液混合均匀，然后加入灼烧后的净水污泥，最后加入过氧化氢溶液，抽滤并烘干，得到负载过氧化钙的净水污泥。

所述净水污泥中 Al_2O_3 的含量在10%～30%。

所述净水污泥经过灼烧处理，灼烧温度为400～500℃，灼烧时间为2～3h。

所述净水污泥粒径大于等于100目。

所述聚合氯化铝的粒径大于等于80目。

所述净水剂的剂型可以为片剂或颗粒剂，所述片剂直径为5～6mm，厚度3～4mm。

产品应用　本品是一种净水剂。

净水剂用于净化水体的方法为：将净水剂按0.1～0.3kg/m^3 的用量投加到水体中。

产品特性

（1）该净水剂既可在短期内去除富营养化水体中的磷、藻类、COD，降低浊度，提升水体溶解氧，还可以长期覆盖在泥水交界面，为富营养化水体提供一种短期应急与长效保持的净水方法。

（2）本品投入水中后溶解的部分（30%～40%）可以达到应急的效果，在短时间内达到除磷，除藻，除浊，降低水中COD的目的，另外剩余材料（60%～70%）平铺在沉积物表面可以达到长期高效覆盖的目的，为富营养化水体提供一种短期应急与长效保持的净水方法。

（3）本品不需要水或其他胶黏剂，将其干粉制片，既能缓释，又能高效利用原材料．并且本品的制备工艺简单，利于工业化生产。

（4）本品所使用的净水污泥来源广泛，充分回收利用再生资源，实现环保可持续发展。

（5）本品所采用的过氧化钙（CaO_2）和聚合氯化铝（PAC）对水体中的磷酸盐具有较好的吸附效果，同时，投加量较小，投入水体的金属离子为常见的 Ca^{2+} 和 Al^{3+}，不会造成生态风险等问题。

（6）本品所使用的交联方法为压片处理，操作简单易行，且不会造成原材料损失。

（7）本品中使用的富营养化净水剂经压片所得，自重比较大，投加后可沉入水底，不会造成粉末悬浮现象，净化效果好。

配方 90　高效工业净水剂（6）

原料配比

原料	配比(质量份)							
	1#	2#	3#	4#	5#	6#	7#	8#
高铁酸钾	5	5	5	5	5	5	5	5
负载氧化铜的活性炭纤维毡	10	25	40	25	25	25	25	25
高岭土	15	15	15	15	15	15	15	15
表面活性剂硬脂酸镁	0.1	0.1	0.1	0.1	0.1	0.1	0.1	0.1

制备方法

(1) 先将10～40份负载氧化铜的活性炭纤维毡切割成颗粒直径为0.1～1mm大小的块状活性炭纤维毡，再将块状活性炭纤维毡与高铁酸钾粉末混合均匀，使得高铁酸钾填充到活性炭纤维毡的孔隙中，得到混合物A。

(2) 将高岭土、混合物A和表面活性剂混合均匀，得到混合物B。

(3) 将混合物B投入压片机中压片，得到净水剂成品。

原料介绍

高铁酸钾具有极强的氧化性，对废水中的氨氮、亚硝酸盐、铅、镉、硫等具有良好的去除作用。本品将高铁酸钾填充到负载了氧化铜的活性炭纤维毡的孔隙中，活性炭纤维毡吸附水中的有机物效果好，但能够吸附的有机物的有限，活性炭纤维毡上负载氧化铜，增加了活性位点，使得活性炭纤维毡能够吸附更多的有机物，活性炭纤维毡与水接触的瞬间，负载了氧化铜的活性炭纤维毡快速对水中的有机物进行吸附，活性炭纤维毡周围的有机物浓度升高，同时，活性炭纤维毡上负载的氧化铜催化高铁酸钾快速氧化周围的有机物，水池底部的有机物浓度减小。活性炭纤维内部或者周围的高铁酸钾氧化被活性炭纤维毡吸附的有机物，一定程度上再生了活性炭纤维毡，使活性炭纤维毡能够吸附更多的有机物，同时活性炭纤维毡吸附的有机物又被高铁酸钾氧化，形成正向循环，最终使得水池底部的有机物大量减少，提高了排水水质，解决了高铁酸钾降解有机物速度较慢，难以达到净水水质的问题。

所述负载氧化铜的活性炭纤维毡的制备方法：在适量的0.5～1mol/L的硝酸铜溶液中浸渍活性炭纤维毡30～40min，过滤，在80℃下烘干，在250～450℃的温度下煅烧2～3h，得到负载氧化铜的活性炭纤维毡。

所述表面活性剂为硬脂酸镁、滑石粉或聚乙二醇中的任意一种或多种。

产品应用　本品是一种净水剂。

产品特性

(1) 高铁酸钾易溶于水并且活性炭纤维毡比较轻，无法沉到水池底部开始发挥作用，本品将高岭土和填充了高铁酸钾的活性炭纤维毡混合起来压片，将压成的片剂投入水中，由于高岭土本身的质量和黏性，片剂在下沉过程中不会立刻溶化分散，片剂下沉到水池底部溶化后，活性炭纤维毡与高铁酸钾共同处理污水，解决了高铁酸钾无法沉入水底的问题。

(2) 高岭土将活性炭纤维毡以及高铁酸钾黏结起来并且利用自身的质量，使得片剂下沉到水池底部溶化，活性炭纤维毡吸附有机物，活性炭纤维毡负载的氧化铜催化活性炭纤维毡内部或者周围的高铁酸钾快速氧化有机物，同时活性炭纤维毡不断暴露出空的吸附位点，活性炭纤维毡能够源源不断地吸附有机物，高铁酸钾降解被吸附的有机物，提高水体水质。

配方91　高效工业净水剂(7)

原料配比

原料	配比(质量份)		
	1#	2#	3#
漂白粉	50	50	50
三氯化钾	15	17	20
亚硫酸钾	10	10	10
亚硫酸氢钾	10	10	10
亚硫酸钠	5	7	13
活性炭	15	—	—
烷基萘磺酸钠	—	5	—
椰醇基硫酸钠	—	—	7

制备方法　将各组分原料混合均匀即可。

产品应用　本品是一种净水剂。

使用方法：净水剂放入待处理的浑水中进行充分的混合搅拌，使水中的金属离子进行氧化还原反应，同时漂白粉提高了水中的盐基度，使浑水中的各种离子经过复杂的化学反应，在1～2min内生成絮凝状的沉淀，消除浑水中大部分阴阳离子，同时还可将含有碳素的污水处理干净。

产品特性　本品无毒、无嗅、无色、无腐蚀，性能可靠，使用方便，净水成本低，所需设备简单。处理后的水pH=7～8，能将含有碳素（如红、蓝、黑色等）的带色污水处理干净，如洗煤、印染等厂矿的污水，处理率达90%以上。既可以对饮用水的水源进行聚凝沉淀、净化，同时又可以减少各种对人体有害的元素，能够起到更好的保护作用。

配方 92　高效工业净水剂（8）

原料配比

原料		配比(质量份)		
		1#	2#	3#
第一组分	二烯丙基二甲基氯化铵	1	1	1
	丙烯酰胺	30	25	28
	过氧化苯甲酰	0.1	0.1	0.1
	去离子水	适量	适量	适量
第二组分	烯丙基氯	1	1	1
	二甲胺	8	3	5
	过硫酸铵	0.1	0.1	0.1
	强碱	适量	适量	适量
第三组分	铝系净水组合	1	1	1
	铁系净水组合	2	1	1.5
第一组分		1	1	1
第二组分		3	3	3
第三组分		4	2	3

制备方法

（1）将第一组分包括的质量比为1∶(25～30）的二烯丙基二甲基氯化铵以及丙烯酰胺放置于第一反应釜中，加入去离子水调节pH至5～9，然后向第一反应釜中加入与二烯丙基二甲基氯化铵的质量比为1∶0.1的过氧化苯甲酰，然后将第一反应釜进行升温，加热后得到第一混合物。第一反应釜的加热温度为30～55℃，加热时间为6～10h。

（2）将第二组分包括的质量比为1∶(3～8）的烯丙基氯与二甲胺放置于第二反应釜中，加入强碱调节pH至5～9，然后向第二反应釜中加入与烯丙基氯的质量比为1∶0.1的过硫酸铵，然后将第二反应釜进行升温，加热后得到第二混合物。第二反应釜的加热温度为40～60℃，加热时间为7～8h。

（3）将第三组分包括的质量比为1∶(1～2）的铝系净水组合与铁系净水组合加入第三反应釜混合均匀。

（4）将第一混合物、第二混合物加入第三反应釜中形成第三混合物，并调节第三混合物的pH至6～9后进行干燥。对第三混合物进行干燥前采用搅拌机进行搅拌，且搅拌机的参数为：转速500～800r/min，时间3～10min。对干燥后的第三混合物进行超微粉碎。将第一混合物、第二混合物加入第三反应釜中形成第三混合物之前将第一混合物与第二混合物的温度均调节到30～35℃。

原料介绍

所述的铝系净水组合选自明矾、氯化铝、聚合硫酸铝以及碱式氯化铝的一种或多种。

所述的明矾系指硫酸铝及硫酸铝的各种复盐，为无色或白色粉末或块状体，有涩味，在水中可缓慢水解。其适用 pH 范围为 6.0～7.8，适用水温为 20～40℃，用量约 15～100mg/L。

产品应用　本品是一种净水剂。

产品特性

(1) 二烯丙基二甲基氯化铵与丙烯酰胺在引发剂过氧化苯甲酰的引发作用下聚合生成的高分子产物具有除浊、脱色以及降低 COD、BOD 以及 SS 的功效。同时，混合后的产物还具有用量少、成本低、效果好、适用范围宽，形成的絮体大、沉降快、易于脱水处理等优势。

(2) 烯丙基氯与二甲胺在引发剂过硫酸铵的引发作用下聚合生成的高分子产物与水作用可以有效地发挥其“电中和”以及“架桥”作用，其在净水过程中的用量少、效率高，且无毒副作用。

(3) 第三组分为铝系净水组合与铁系净水组合。铝系净水组合与铁系净水组合共同使用可以扬长避短，增强净水效果。另一方面，铁系与铝系净水组合也能填补第一组分与第二组分的澄清度，使得净水作用后的浊水的澄清度更高，从而提高此净水剂的实用性。

(4) 碱式氯化铝 (PAC) 和聚合硫酸铝 (PAS) 的总称是聚铝，其溶液含有丰富的多核羟基络合物，在水体中能水解生成 $Al(OH)_3$ 沉淀，具有极强的吸附架桥和卷扫作用，广泛用于饮用水和各种污水的净化处理，在化妆品、高级柔皮、铸造等方面也有广泛的应用。PAC 的适用 pH 范围为 5～9，水温对其影响不大，用量比硫酸铝少，絮凝体大，有较好的絮凝脱色作用，腐蚀性小。PAS 具有与 PAC 相当的净水性能，甚至在脱色及重金属离子的脱除等方面更优于后者，且有触水即分离的特点，尤其适合高浊度水的处理。铁系絮凝剂具有操作简单，费用低，受温度影响小，絮体对微生物的亲和力强，能有效地去除水中的悬浮物、胶体、好气性微生物等，可去除表面活性剂，破坏油水乳状液的能力很强等优点。

配方 93　高效工业净水剂（9）

原料配比

原料	配比(质量份)		
	1#	2#	3#
聚合氯化铝	20～30	22～28	24～26
聚合氯化铝铁	20～30	22～28	24～26
硫酸铝	5～10	6～9	7～8
硫酸亚铁	10～20	12～18	14～16
硫酸	10～20	12～18	14～16
氢氧化钠	1～5	2～4	3～4
亚硫酸钠	1～5	2～4	2～3
次氯酸钠	5～10	6～9	7～8
亚硫酸钠	30～40	32～38	34～36
聚丙烯酰胺	10～20	12～18	14～16

制备方法　将各组分原料混合均匀即可。

产品应用　本品是一种净水剂。

产品特性　本品适于各种污水的处理，既简单、迅速，又经济有效，尤其适用于各中小企业工业污水的处理。本品能够简单、快速、高效、经济地处理净化各种水。

配方 94 高效工业净水剂（10）

原料配比

原料	配比(质量份)	原料	配比(质量份)
复合体	10	人造沸石	2

制备方法　将复合体与人造沸石混合即可制得净水剂。

原料介绍　复合体的制备方法如下。

将虾壳、蟹壳用水清洗干净。烘干后粉碎，用 2mol/L 的 HCl 浸泡 20h 以上，后用滤纸过滤，弃滤液，将滤渣用水清洗至中性，后用 10%的 NaOH 水溶液浸泡 4h 以上，水溶液的温度为 90～96℃，再次过滤，用水洗至中性，后重复上述操作，即酸碱处理。用 1%的高锰酸钾浸泡 1h 以上，再用水洗至中性，将甲壳质浸于 1%的 $NaHSO_3$ 溶液中 1h 以上至高锰酸钾的紫色全部消失，过滤，将白色片状物，即甲壳质，浸入 60%NaOH 溶液中，在 60～70℃中反应 18h 以上，洗至中性，后放于 10%的醋酸中 24h 以上，然后放在离心机上进行离心处理，弃沉淀物，取上清液用 40%NaOH 溶液调 pH 值至 8，将沉淀物抽滤，在烘箱中烘干，制得壳聚糖，将壳聚糖加于 10%的醋酸中搅拌，后加入活性炭用 40%NaOH 溶液调 pH 值至 8，制得复合体。

所述的甲壳质是一种氨的糖化合物，学名为乙酰氨基葡萄糖，为白色无定形物质，它是一种不溶于水、稀碱的碱性多糖，是六碳糖的聚合体，聚合量可达 1000 个至 3000 个，分子量在 100 万以上。

所述的甲壳质经强碱长时间脱乙酰基后转化为结晶性粉末状的可溶性甲壳质，亦称壳聚糖、甲壳胺，学名为多聚氨基葡萄糖。壳聚糖是甲壳质最简单也是应用最广泛的衍生物，它溶于稀醋酸等酸性溶液中，其氨基含量的多寡及分子量的大小决定壳聚糖的黏度，而壳聚糖的黏度高低决定了净化水质的效果。

产品应用　本品是主要用于工业、生活污水净化处理的净水剂。

产品特性　本品的特点在于制备方法简单、材料来源广泛、成本低，所制得的产品可有效地吸附水中的重金属及有害物质，还能对人体有用的成分予以保留。用这种方法制备的净水剂净水效果好，具有杀菌、杀虫的作用，尤其是捕集水中重金属的性能更为显著，净水量大，且水中的铁、锌、钙等人体所需元素不被滤除，不但对饮用水具有很好的净化作用，对工业、生活污水也具有很好的净化作用，使其达到环保要求。

配方 95 高效工业净水剂（11）

原料配比

原料	配比(质量份)		
	1#	2#	3#
漂白粉	50	50	50
三氯化钾	10	10	10
碳酸钠	10	10	10
碳酸氢钠	10	10	10
次氯酸钠	8	8	8
活性炭	15	—	—
磺酸钠盐	—	5	—
烯基磺酸钠	—	—	7

制备方法　将各组分原料混合均匀即可。

产品应用　本品是一种既可用于生活饮用水的净化处理又可用于工业用水的净化处理的净水剂。

使用方法：净水剂放入待处理的浑水中进行充分的混合搅拌，使水中的金属离子进行氧化还原反应，同时漂白粉提高了水中的盐基度，使浑水中的各种离子经过复杂的化学反应，在1～2min内生成絮凝状的沉淀，消除浑水中大部分阴阳离子，同时还可将含有碳素的污水处理干净。

产品特性　本品无毒、无嗅、无色、无腐蚀，性能可靠，使用方便，净水成本低，所需设备简单。处理后的水pH=7～8，能将含有碳素（如红、蓝、黑色等）的带色污水处理干净，如洗煤、印染等厂矿的污水，处理率达90%以上。既可以对饮用水的水源进行聚凝沉淀、净化，同时又可以减少各种对人体有害的元素，能够起到更好的保护作用。

配方 96　高效工业净水剂（12）

原料配比

原料		配比(质量份)							
		1#	2#	3#	4#	5#	6#	7#	8#
凤眼莲根系丙酮提取物		6	8	9	9	9	10	8	9
活性炭	杏壳活性炭	2	—	—	2	—	3	—	1
	核桃壳活性炭	—	3	—	—	1	1	1	1
	果核壳活性炭	—	—	3	1	2	—	2	1
氧化剂	过氧乙酸	1	—	—	1	0.5	—	0.75	0.33
	过氧化氢	—	2	—	1	0.5	1	0.75	0.33
	臭氧	—	—	2	—	—	1	—	0.33
水		40	42	43	44	45	45	43	45

制备方法　按照上述的质量份数称取原料，然后倒入搅拌器中，均匀搅拌即得到净水剂。

原料介绍

凤眼莲根系丙酮提取物的制备：将凤眼莲根系植物放入研钵中研磨，保留液体，然后通过过滤、离心提纯，取上清液得到凤眼莲根系丙酮提取物。过滤采用微孔过滤膜。离心提纯的条件为：转速500r/min，时间为10min。

所述活性炭为杏壳活性炭、果核壳活性炭和核桃壳活性炭中的一种或多种的混合物。

所述氧化剂为过氧乙酸、过氧化氢和臭氧的一种或多种的混合物。

产品应用　本品是一种净化效果好的净化剂。

产品特性　所述净水剂的凤眼莲根系丙酮提取物对藻类的生长具有抑制作用，从而保持了生态平衡，避免藻类的过度生长影响水产物的养殖；氧化剂具有杀菌消毒的作用；活性炭能够很好地吸附反应过程中产生的颜色，使水变得更澄清。该净水剂通过这三种成分的配合，可以避免二次污染，且净化效果好。

配方 97　高效工业净水剂（13）

原料配比

原料		配比(质量份)						
		1#	2#	3#	4#	5#	6#	7#
中药材药渣	党参药渣	30	50	42	—	—	—	—
	黄芪药渣	—	—	—	30	—	—	—
	甘草药渣	—	—	—	—	30	—	—
	白芍药渣	—	—	—	—	—	30	—
	沙参药渣	—	—	—	—	—	—	30

续表

原料	配比(质量份)						
	1#	2#	3#	4#	5#	6#	7#
活性炭	15	30	25	15	15	15	15
硅藻土	15	20	18	15	15	15	15
膨润土	5	10	8	5	5	5	5
硅酸钠	5	10	8	5	5	5	5
硫酸铝	15	20	18	15	15	15	15
白硅酸盐水泥	5	10	10	5	5	5	5
石膏	3	5	5	3	3	3	3
水	15	30	25	15	15	15	15

制备方法

(1) 备料：中药材药渣粉碎成100～200目的颗粒，活性炭粉碎成6～100目的颗粒，硅藻土、膨润土、硅酸钠、硫酸铝、白硅酸盐水泥和石膏粉碎为粉末状。

(2) 混合：将中药材药渣、活性炭、硅藻土、膨润土、硅酸钠、硫酸铝、白硅酸盐水泥和石膏按质量份数称取后混合，加入总质量15%～20%的水，再次搅拌得到混合物。

(3) 造粒：将混合物置于颗粒挤压机内成型造粒，制成粒径为30～50mm的颗粒，将制成的颗粒自然晾晒72h，然后再放置到烘干室内调节烘干温度到150～250℃，烘干4h后即得净水剂。

原料介绍

本品的净水剂由中药材药渣、活性炭、硅藻土、膨润土、硅酸钠、硫酸铝、白硅酸盐水泥和石膏制备而成，其中中药材中含有丰富的有机物，有机物中又含有大量天然高分子物质，例如多糖纤维，这类物质对水中的污染物有一定的絮凝和吸附作用，同时中药材药渣中具有丰富的微量元素和氨基酸，更有利于人们补充各种微量元素和营养物质。

活性炭是一种多孔的固体炭化物，其吸附能力很强，过滤速度快，具有脱色、除臭和阳离子交换能力，但活性炭的阳离子交换能力有限，对水质中的氨氮没有去除能力。

糖纤维能提高净水剂的絮凝能力。根茎类药材中含有的多糖纤维较多。所述根茎类药材为党参。党参中含多糖纤维类、酚类、甾醇、挥发油、维生素 B_1、维生素 B_2、多种人体必需的氨基酸、黄芩素葡萄糖苷、皂苷及微量生物碱、微量元素等。

所述中药材药渣为富含多糖纤维的中药材加工后废弃的药渣。

所述中药材为根茎类药材。根茎类药材中含有的多糖纤维较多。

产品应用　本品是一种净水剂。可用于各种水处理工程、水产养殖业以及饮水机滤芯。

产品特性

(1) 本品成本低，使用方便，净化水质能力比单项固体吸附剂全面、有效，在除色、除味、吸附氨氮等方面效果突出，同时该净水剂抗压强度大，耐水性强，不易粉碎，也不会溶解，可长期浸于水中发挥功效。

(2) 本品制得的颗粒型净水剂抗压强度大，耐水性强，可长期浸于水中发挥功效。

(3) 本品具有聚凝效果优异、速度快、环保无毒、成本低、适用范围广等优点。其脱色、除臭、去除水中氨氮、COD等效果显著，可满足人们日常生活净水及生活生产的相关需要。

配方 98　高效工业净水剂(14)

原料配比

原料	配比(质量份)		
	1#	2#	3#
聚合氯化铝	60～99	70～97	80～96
聚合氯化铁	0.1～10	0.5～8	1.2～6

续表

原料	配比(质量份)		
	1#	2#	3#
聚丙烯酰胺	0.5～10	1.1～8	1.2～4
氯化镁	0.4～20	1.5～14	1.6～10
荧光增白剂	0.0001～1	0.0001～1	0.0001～1

制备方法　首先将聚合氯化铝、聚合氯化铁、聚丙烯酰胺、氯化镁混合后加入荧光增白剂，在常温下搅拌 20～35min 后，制成均匀颗粒状物，然后进行包装。

产品应用　本品主要用于生活污水处理、生活杂用水处理、工业污水处理。

产品特性

(1) 本产品投入水中溶解，形成架桥黏合作用，絮凝颗粒大，絮凝团大且稳定，黏合吸附力强。

(2) 本产品在水体中溶解后形成大量络合物，改善水体结构，达到净化目的。

(3) 本品在生活污水原水及二级处理后的水中能有效净化去除水体中的 SS（悬浮固体）、CODcr（化学需氧量）、BOD5（生化需氧量）、总氮、总磷、氨氮、凯氏氮。工艺简便、作用时间短、用量少、沉降快，减少污水处理厂的运行费用及土建费用开支，成本低，净化水质好，可以达到除饮用以外的回用水标准，节约水资源，易分解，无残毒，没有次生污染，为污水治理提供良好的保障。

配方 99　高效工业净水剂（15）

原料配比

原料		配比(质量份)			
		1#	2#	3#	4#
二溴海因		20	20	40	20
助溶剂	硫酸铵	0.1	—	—	5
	磷酸铵	—	5	—	—
	碳酸氢铵	—	—	0.1	—
稳定剂	无水硫酸钠	20	20	50	50
增效剂	烷基硫酸钠	0.1	—	—	—
	羧甲基纤维素钠	—	2	0.1	—
	烷基三甲基氯化铵	—	—	—	0.1
泡腾剂	柠檬酸	10	—	10	40
	碳酸氢钠	—	40	—	—

制备方法　在室温下将以上各组分混合于干粉搅拌机中，搅拌混合均匀即可。

原料介绍

所述的助溶剂可以是硫酸铵、碳酸铵、碳酸氢铵、磷酸铵中的一种或任意两种的混合物。

所述的稳定剂为无水硫酸钠。

所述的增效剂可以是烷基硫酸钠、烷基三甲基卤化铵、羧甲基纤维素钠中的一种或任意两种的混合物。

所述的泡腾剂可以是柠檬酸、酒石酸、碳酸氢钠、碳酸钠中的一种或任意两种的混合物。

产品应用　本品是一种净水剂。

产品特性　本品原料易得，配比科学，工艺简单，适合工业化生产；产品稳定性好，使用方便，消毒效果好，使用成本低，用后不产生有毒有害物质，安全环保，经济效益和社会效益显著。

配方 100　高效工业净水剂（16）

原料配比

原料	配比(质量份)	
	1#	2#
硅藻泥	120	145
自来水	200	300
硫酸铝	0.04	0.08
草酸	0.6	0.9
保险粉	0.5	0.8
硅酸钠	2	2.5
氯化钠	6	9
硫酸	12	18

制备方法　将各组分原料混合均匀即可。

产品应用　本品是一种净水剂。

产品特性　本品用具有吸附能力的天然材料硅藻泥为原料，具有极强的净化效果，可除去水中的重金属。处理原水不受水温、pH值的影响，使用范围广，处理后的水透明度极高，可回用。净水剂生产成本低，净水效果好。

配方 101　高效工业净水剂（17）

原料配比

原料	配比(质量份)			
	1#	2#	3#	4#
改性淀粉絮凝剂	4	2	6	6
阴离子聚丙烯酰胺	4	2	2	6
稳定性二氧化氯	16	15	20	20
蒲公英提取物	12	10	15	15
月桂醇	16	20	10	20
金鸡纳树皮提取物	16	10	20	20

制备方法　将各组分原料混合均匀即可。

产品应用　本品是一种净水剂。

每吨水使用所述净水剂 25～60g。

产品特性　本品采用改性淀粉絮凝剂、阴离子聚丙烯酰胺共同作用，起到絮凝作用；稳定性二氧化氯与蒲公英提取物共同作用可以有效杀菌、灭藻、除虫；月桂醇与金鸡纳树皮提取物共同作用可以有效除臭；同时各植物提取物可以有效提升水中有益物质含量，使水具有一定的保健等功能。可以有效起到净水功效，保障饮用水水质，并增加水体中的有益物质，从而提升水的保健功效。

配方 102　高效工业净水剂（18）

原料配比

原料		配比(质量份)						
		1#	2#	3#	4#	5#	6#	7#
吸附剂	活性氧化铝	2	—	5	—	2	8	2
	天然黏土	—	5	—	—	—	2	2
	活性炭	3	—	—	8	6	—	6

续表

原料		配比(质量份)						
		1#	2#	3#	4#	5#	6#	7#
絮凝剂	氯化铝	—	15	—	—	20	35	10
	硫酸铝和氯化铝	20	—	—	—	—	—	—
	硫酸铝	—	—	20	—	5	5	5
	硫酸铁	—	—	—	25	—	—	25
氨氮除菌剂		10	20	10	15	15	10	20
水		65	65	70	65	60	65	70

制备方法　将各组分原料混合均匀即可。

产品应用　本品是一种净水剂。

产品特性　本品的吸附剂对生活污水中的污染物吸附效果好，且绿色环保；絮凝剂可以将水中的细小微粒和自然胶粒凝聚成大块絮状物，从而通过过滤从生活污水中除去；除菌剂具有杀菌和抑制细菌生长的作用；该净水剂通过这三种成分的配合，可以避免二次污染，且净化效果好。

配方 103　高效工业净水剂（19）

原料配比

原料		配比(质量份)				
		1#	2#	3#	4#	5#
铝箔酸	盐酸	13	14	14	15	14
	硫酸	1.5	1.8	3.2	2.5	2
	Al_2O_3	0.8	1	1.3	1.5	1.1
铝箔酸		15.4	17.5	22	25	20
氢氧化铝	Al_2O_3 含量 62%	2.8	—	—	—	—
	Al_2O_3 含量 70%	—	4	—	6	—
	Al_2O_3 含量 66%	—	—	5	—	—
	Al_2O_3 含量 65%	—	—	—	—	4
水		8	10	10	12	10
铝酸钙粉		2.5	3.9	5	6	4
铝酸钙粉	Al_2O_3	48	50	50	52	50
	CaO	30	32	32	33	31.5
	全铁	1.5	2	2.3	2.5	2
$FeCl_3$		1	1.5	1.5	1.5	1.5
六水氯化镁		0.07	0.09	0.12	0.12	0.12

制备方法

（1）按照以下质量份数称取原料：铝箔酸 15～25 份、氢氧化铝 2～6 份、水 8～12 份、铝酸钙粉 2～6 份、氯化铁 1～1.5 份以及六水氯化镁 0.07～0.12 份。

（2）在搪瓷反应釜中加入所述铝箔酸以及氢氧化铝，并升温至 130～160℃，压力控制在 0.25～0.35MPa，反应 2.5～3.5h 后，制备得到第一聚合双酸铝。

（3）将所述第一聚合双酸铝转到玻璃钢常压反应釜，加入水搅拌均匀后，控制温度到 80～85℃，加入铝酸钙粉，控制反应温度到 100～110℃，聚合反应 80～100min，过滤不溶物，得第二聚合双酸铝。

（4）控制所述第二聚合双酸铝的温度为 65～70℃，并加入氯化铁以及六水氯化镁，并开启循环泵循环搅拌和开启压缩气气浮混合1～2h，即得。

产品应用 本品是一种净水剂。

产品特性

(1) 在本品中，利用铝箔酸以及氢氧化铝通过两步法先制得聚合双酸铝，经特定处理、过滤后再加入$FeCl_3$溶液和六水氯化镁作为稳定剂，反应聚合得到聚合双酸铝铁。一方面，本品方法利用铝箔酸生产，成本低，综合利用资源；另一方面，本品方法工艺简单，所得产品盐基度最高可达95.1%，净化效果更佳，同时减少以往两步法生产中硫酸根与钙反应生成的硫酸钙结晶物，减少二次污染，提高产出率，以及避免产品在客户使用中出现硫酸钙结晶堵塞管道的问题发生。

(2) 在本品中，用铝箔酸生产，里面含有0.8%～1.5% Al_2O_3，能够减少氢氧化铝和铝酸钙粉的用量，产品成本低。在本品中，利用搪瓷反应釜高温高压溶解氢氧化铝，有利于提高氢氧化铝的溶出率。在铝箔酸与氢氧化铝的特定质量比例下，经升温加压、常温聚合反应后所得到的聚合双酸铝盐基度较高，同时有利于游离硫酸根聚合到产品里面去，避免后续加入铝酸钙粉时与钙反应有硫酸钙析出，降低不溶物和提高产品稳定性。氯化铁与六水氯化镁在特定质量比例下，与经过板框压滤机后的聚合双酸铝聚合反应，所得聚合双酸铝铁产品不溶物<0.05%，可以稳定存放12个月以上不变质。该净水剂具有铝盐、铁盐、聚合氯化铝和硫酸铝的性能，盐基度较大，处理污水效果强大。

配方 104 高效工业净水剂（20）

原料配比

原料		配比(质量份)			
		1#	2#	3#	4#
菹草提取物	质量分数为50%的菹草提取物	1	—	—	—
	质量分数为40%的菹草提取物	—	3	—	—
	质量分数为45%的菹草提取物	—	—	5	—
	质量分数为60%的菹草提取物	—	—	—	3
木醋液	质量分数为55%的木醋液	1	—	—	1
	质量分数为50%的木醋液	—	1	1	—
活性炭	果壳活性炭	0.5	—	—	—
	椰壳活性炭	—	0.5	—	—
	木质粉状活性炭	—	—	0.5	—
	煤质柱状活性炭	—	—	—	1
水		55	50	56	55

制备方法 按照比例量取菹草提取物、木醋液、活性炭、水于搅拌器中，搅拌均匀后即得净水剂。

原料介绍

所述的菹草提取物以水为溶剂，质量分数为40%～60%。

所述的木醋液以水为溶剂，质量分数为50%～60%。

所述的活性炭为椰壳活性炭、果壳活性炭、木质粉状活性炭或者煤质柱状活性炭中的一种。

产品应用 本品是一种净水剂。

在使用时，净水剂与污水的体积比为(10～15)：1000。

产品特性

(1) 本品净水剂对原料的选择均为在净化水过程中，不会带入新杂质的原料，在对水进行处理后，直接过滤则可将其去除，另外，木醋液很容易挥发，对后续程序的影响较小，并且其颜色可被活性炭吸附。

（2）将菹草提取物、木醋液、活性炭进行合理配合，在对污水进行处理时，处理效果较好，使得后续深度处理工序简化，缩短处理流程，节约成本。

（3）本品制备的净水剂在净化水时，通过净化污水的量可确定净水剂的用量，能够在不浪费净水剂的同时，达到净化水的目的。

（4）本品对污水具有很好的净化效果，并且不带入新的杂质。

配方 105　组合净水剂

原料配比

原料		配比(质量份)			
		1#	2#	3#	4#
天然高分子	半纤维素	200	—	—	—
	纤维素	—	200	—	—
	淀粉	—	—	200	—
	木素	—	—	—	200
有机溶剂	二甲基亚砜	100	—	—	—
	吡啶	—	120	—	—
	甲醇	—	—	200	—
	二氧六环	—	—	—	100
水		100	120	150	150
酸酐	马来酸酐	100	—	—	120
	邻苯二甲酸酐	—	120	—	—
	乙酸酐	—	—	120	—
多胺	二乙烯三胺	50	—	—	—
	三乙烯四胺	—	80	—	—
	尿素	—	—	50	60
催化剂	对甲基苯磺酸	10	15	—	—
	浓硫酸	—	—	15	—
	浓硫酸/甲基苯磺酸	—	—	—	15
碱性物质	40%浓度的氢氧化钠溶液	25	—	25	—
	40%浓度的氢氧化钾溶液	—	35	—	—
	32%浓度的氢氧化钠溶液	—	—	—	40
二硫化碳		80	60	100	100

制备方法

（1）将天然高分子溶于有机溶剂，加入水溶解 30～60min，加入酸酐在 80～90℃下反应 60～120min，制得物料 A。

（2）将物料 A 与多胺在催化剂下在 90～100℃下，反应 60～120min，制得物料 B。

（3）将物料 B 与碱溶液共混，降温至 30℃，滴加二硫化碳，滴加速度为 0.5～2g/min，在 20～25℃反应 60～120min，即得产品。

产品应用　本品是一种净水剂，主要用于处理油田废水。

产品特性　本品以天然高分子为主要原料，能够实现资源的高效利用，廉价易得，供给充足且无毒。采用天然高分子的自身优势结合本品中其他原料制得的净水剂具有原料配方相对简单，制备步骤简单易操作，处理废水时用量少，效率高，可以提高水中各种物质的可沉降性，大大降低废水中的油含量、悬浮物的含量，成本低，不产生二次污染。

配方 106 净水剂聚合氯化铝溶液

原料配比

原料		配比(质量份)
聚合氯化铝母液	聚合氯化铝	5
	结晶葡萄糖	2～2.3
	氢氧化钠溶液	8.4～9.5
	30%盐酸	适量
	重金属捕捉剂	适量
聚合液	聚合氯化铝母液	12
	15%～30%纯碱溶液	1
聚合氯化铝成品液	聚合液	100
	十六烷基三甲基溴化铵	10～15

制备方法

(1) 取聚合氯化铝和结晶葡萄糖混匀，加入氢氧化钠溶液常温状态下反应。加注氢氧化钠溶液采用分批次添加，温度控制在 20℃。

(2) 反应完成后加入高速均质分散机内进行高速分散，分次加入盐酸溶液，使反应溶液的盐基度（OH^-/Al 比值）控制在 2.5±0.2，得到聚合氯化铝母液。高速分散速度为（13000±2000）r/min，并在分散中加入 2‰左右的重金属捕捉剂。

(3) 取聚合氯化铝母液和纯碱溶液，纯碱溶液以 0.1～3g/min 的速度加入温度≥20℃的聚合氯化铝母液中，发生聚合反应；聚合温度为 20～40℃，所述搅拌速度为 50～200r/min，时间为 1～2.5h，得到聚合液。

(4) 在聚合液中加入净水剂十六烷基三甲基溴化铵反应 4～6h，静置沉淀取上层清液即完成反应。

原料介绍　纯碱溶液的加入量过低会导致反应不充分，聚合度调节达不到预期效果，聚合氯化铝母液与所述纯碱溶液的质量比值过大，即纯碱加入量过小，则盐基度提升不到理想值，比值过小则纯碱量过大，OH^- 含量过高易形成氢氧化铝凝胶。

聚合温度升高会使底物分子进行高频率规律性布朗运动，从而使底物溶液流动性更好，聚合氯化铝母液的温度过高，虽然可以提高聚合反应速率，但是会促进氢氧化铝凝胶的生成，低于 40℃抑制氢氧化铝凝胶的生成且生产耗能低。搅拌速度同样影响聚合反应过程，搅拌转速过快，阻碍 OH^- 替代 Cl^- 形成单体以及单体聚合成大分子聚合物。

聚合度调节工序中控制调节反应时间的原因：在一定范围内延长处理时间有利于局部固化沉淀在溶液中的溶解与聚合，且时间越长，溶解与聚合越彻底，当高速分散时间超出 2.5h 时，溶液中聚合铝含量会大幅度降低，因为高强度分散作用力对聚氯化铝高电荷聚合环链体形高分子结构具有降解破坏能力。

产品应用　本品是一种净水剂聚合氯化铝溶液。

产品特性

(1) 本品中，通过在聚合氯化铝母液中加注高饱和的纯碱溶液并搅拌，使该净水剂聚合氯化铝溶液具备高铝高盐基度、高流动分散性，pH 适用范围更广，混凝效果更优，适用于各种环境水质处理，COD 去除率可达 65%以上，TP 去除率可达 99%左右。

(2) 本品中，采用高速分散技术均质化处理含铝母液和聚合度调节反应工序，高速均质分散提供的外界机械作用使得分散相颗粒容易破碎均质化，因促进了部分碱固化生成的白色氢氧化铝沉淀在溶液中的溶解与聚合，有利于局部固化沉淀在溶液中的溶解与聚合，提高聚合效果。

（3）本品中，通过在成品液中继续添加一定质量的十六烷基三甲基溴化铵，增大聚合氯化铝的比表面积，发挥吸附架桥的优势，利于胶体的吸附，且利于分子之间的分散，吸附性能显著提高，实现了快速、高效的絮凝效果。

配方 107　净水剂组合物（1）

原料配比

原料	配比(质量份)				
	1#	2#	3#	4#	5#
壳聚糖	5	10	8	10	5
聚合硫酸铁	20	20	20	20	25
活性炭	60	50	55	50	60
硅藻土	5	10	2	10	—
硫酸铝	10	10	15	10	10

制备方法　将各组分按照上述质量份混合均匀，制得净水剂组合物。

原料介绍

壳聚糖的资源丰富，具有多种生物学活性，也是一种良好的聚凝剂，并对多种有害有机物具有良好的吸附作用。

聚合硫酸铁是一种优质、高效铁盐类无机高分子絮凝剂。

活性炭是一种常规应用的吸附剂，受其本身特性和水中有机物性质等因素的影响，不能单独有效地去除水中的有机物。

硫酸铝作为一种沉淀剂和净水剂用于废水的处理。

产品应用　本品是一种净水剂组合物，可用于废水处理，投加量为每升废水 200～400mg。

产品特性

（1）本品是一种具有高效吸附及聚凝作用双功能的复合净水剂。

（2）本品用于废水处理时，当投加量为 200mg/L 时，废水浊度去除率可达 99.1%，总磷去除率可达 90%以上，COD 去除率可达 35%以上，BOD 去除率在 80%以上，并且本品净水剂组合物的原料来源丰富，成本低，具有较好的市场应用前景。

配方 108　净水剂组合物（2）

原料配比

原料		配比(质量份)				
		1#	2#	3#	4#	5#
壳聚糖	脱乙酰度大于 90%	5	10	8	10	5
聚乳酸羟基乙酸-聚乙二醇	重均分子量为 2 万	15	—	—	—	—
	重均分子量为 3 万	—	10～20	—	10～20	10～20
	重均分子量为 5 万	—	—	10～20	—	—
聚合硫酸铁		30	20	20	20	25
活性炭	颗粒粒度为 80～120 目	55	50	57	60	60
硫酸铝		10	20	15	10	10
纳米银颗粒	粒径为 50～80nm	6	—	—	—	—
	粒径为 70～120nm	—	7	—	—	5
	粒径为 50～100nm	—	—	6	—	—
	粒径为 100～150nm	—	—	—	8	—

制备方法　将各组分按照上述质量份混合均匀，制得净水剂组合物。

原料介绍

所述聚乳酸羟基乙酸-聚乙二醇的重均分子量为2万～5万。

所述活性炭的颗粒粒度为80～120目。

所述纳米银颗粒的粒径为50～150nm。

产品应用　本品是一种净水剂组合物。

产品特性

(1) 在本品中聚乳酸羟基乙酸-聚乙二醇与壳聚糖还可以作为包覆材料，在净水应用时，将其他成分包覆在其内部，在水环境中形成疏松的亲水外壳和疏水内核的结构，增大颗粒，使得应用后的成分更容易沉降出来，有利于回收。

(2) 本品的净水剂组合物用于废水处理时，当投加量为200mg/L时，废水浊度去除率可达99.1%，总磷去除率可达90%以上，COD去除率可达35%以上，BOD去除率在80%以上，抑菌率达到90%以上，净水后容易从水中回收净水剂组合物，并且本品净水剂组合物的原料来源丰富，成本低，具有较好的市场应用前景。

配方 109　净水剂组合物（3）

原料配比

原料	配比(质量份)		
	1#	2#	3#
聚合氯化铝	50	45	52
壳聚糖	5	4.5	5.4
醋酸	1.2	1	0.9
聚二甲基二烯丙基氯化铵	23	24	20
活性炭	10	8	7
水	20	20	20

制备方法

(1) 将壳聚糖、醋酸和部分水混合，得到第一混合料液。

(2) 将聚二甲基二烯丙基氯化铵与部分水混合，得到第二混合料液。

(3) 将聚合氯化铝与部分水混合，得到第三混合料液。

(4) 将所述第一混合料液、第二混合料液、第三混合料液、活性炭和剩余水混合，得到净水剂组合物。

原料介绍

聚合氯化铝为水溶性无机高分子聚合物，水溶性好，且带有胶体电荷，能吸附、凝聚水中的悬浮物。

壳聚糖是良好的聚凝剂，在醋酸的作用下，能均匀分散在水体中，且具有多种生物学活性，进而吸附水体中的有机物。

活性炭利用水，溶解、分散上述功能组分，不仅能吸附水体中的杂质，还具有较高的性价比，降低净水剂组合物的成本。

聚二甲基二烯丙基氯化铵含有季氨基，正电性强，且电荷密度高，不易受水体pH值波动的影响，进一步提高了净水剂组合物的净水效果。溶解时间短、电荷密度高、水溶性好、高效无毒，进一步改善了净水剂组合物的净水效果，并扩大了净水剂组合物的应用范围。

所述壳聚糖的脱乙酰度大于90%。

所述活性炭的粒度在100目以下。

产品应用　本品是一种净水剂组合物。

净水剂组合物的应用，包括将所述净水剂组合物与待处理原水混合，搅拌后静置沉淀。所述待处理原水为低温低浊度水，所述待处理原水的水温为2～25℃，所述待处理原水的浊度为0.5～5NTU。所述净水剂组合物在待处理原水中的添加浓度为8～20mg/L。所述搅拌的时间为14～35min。静置沉淀的时间为30～45min。

产品特性

(1) 本品不仅能在常温条件下处理高、中浊度的水，还能在低温条件下处理低浊度水。本品提供的净水剂组合物用于低温低浊水处理时，在投加量为18mg/L的条件下，对低温低浊水浊度去除率可达90%以上，并且本品净水剂组合物的原料来源丰富，成本低。

(2) 本品不仅能对常温水中的絮状物进行有效沉淀，还能对低温、低浊度水中的絮状物进行有效沉淀，相对于现有的净水剂而言，普适性更强。

(3) 本品各组分配伍性较好，净化效果优异，且普适性好，可用于处理常温、低温水中的絮状物，制备方法和使用方法简单易控，易于推广应用。

配方 110　聚丙烯酰胺净水剂

原料配比

原料		配比(质量份)						
		1#	2#	3#	4#	5#	6#	7#
液体药剂	聚丙烯酰胺	10	20	15	12	15	15	15
	聚合氯化铝	20	45	30	25	30	30	30
	聚合硅酸铝铁	10	20	15	18	18	18	18
	硫酸铝	5	15	10	8	10	10	10
	聚六亚甲基双胍	—	—	—	—	—	15	18
	水	360	1000	630	504	730	880	910
固体药剂	椰壳活性炭	10	20	15	18	15	15	15
	凹凸棒土	20	30	25	24	25	25	25
	腐殖酸	15	20	18	16	20	20	20
	硅藻土	20	35	30	25	20	20	20

制备方法　取聚丙烯酰胺、聚合氯化铝、聚合硅酸铝铁和硫酸铝，配方6#、7#还要取聚六亚甲基双胍，加水，在25～40℃下超声溶解1～3min，得到上述液体药剂；分别将椰壳活性炭、硅藻土、凹凸棒土和腐殖酸粉碎并过80～100目筛，搅拌混合后得到上述固体药剂。

原料介绍

聚丙烯酰胺是一种线型高分子聚合物，其凭借着电性的中和及其本身所具有的架桥吸附作用，可促使污水中的悬浊粒子快速凝集沉降，从而达到分离澄清的效果，同时也能够用于污泥脱水。

聚合氯化铝同样也具有电中和及架桥吸附的性质，可强力去除污水中的微有毒物及重金属离子，具有吸附、凝聚、沉淀等性能，净水效果明显，安全性高。

聚合硅酸铝铁可用作絮凝剂，能够有效沉降污水中的悬浮物，降低水的浑浊度，同时还具有一定的消毒作用。

硫酸铝溶于水后能使水中的细小微粒和自然胶粒凝聚成大块絮状物，起到凝聚沉降的作用。

椰壳活性炭具有优异的吸附性能，其吸附速度快，吸附容量大，可反复再生使用，能够有效吸附污水中的重金属、有机物等污染物质。

硅藻土具有独特的硅藻壳体结构，其吸附性强，比表面积大，孔隙度高，能够有效吸附污水中的重金属离子，COD去除率高，对有机污染物也具有一定的吸附能力，净水效果好。

凹凸棒土具有良好的耐高温、抗盐碱以及吸附脱色能力，能够有效吸附污水中的农药等有机毒物、重金属离子等污染物质。

腐殖酸具有良好的生理活性以及吸收、络合、交换等性质，能够与金属离子交换络合，其与硫酸铝相配合，能够有效去除水体中的氟、重金属离子，也能够提高对水中污染物的去除率。

所述的聚丙烯酰胺为高分子量聚丙烯酰胺，其分子量大于1000万。

所述的硅藻土先在250℃下烘烤2h，冷却干燥后再进行粉碎。

产品应用　本品是一种聚丙烯酰胺净水剂。

在使用时，先将上述固体药剂投入待处理的污水中，然后再投入上述液体药剂。

产品特性　本品能够有效去除废水中的毒害物质，改善水质，减少污染，净水效果好，使用起来方便快捷。

配方 111　聚硅硫酸铁铝净水剂

原料配比

原料	配比(质量份)
钢渣	700
粉煤灰	300
天然石英(其中 SiO_2 含量为96.52%)	25
浓度为12%的硫酸溶液	3500
35%氢氧化钠溶液	适量
过氧化氢溶液	35(体积)
稳定剂 H_3PO_4	适量

制备方法

(1) 在设有搅拌器和回流冷凝装置的反应器中加入钢渣、粉煤灰和天然石英，将它们混匀。

(2) 将浓度为12%的硫酸溶液加入上述反应器中充分搅拌，温度控制在100～135℃，回流反应2～3.5h后过滤，得到滤液和滤渣。

(3) 将滤液降温至45℃，加入35%的NaOH溶液调节pH值，直至生成白色絮状沉淀，以去除 Al^{3+}。

(4) 加入 H_2O_2 溶液，使体系中 Fe^{2+} 全部转化为 Fe^{3+}，得到 Fe^{3+} 的前驱液。

(5) 将步骤(2)所得滤渣去除 $MgSO_4$ 和 $CaSO_4$ 后，用35%的NaOH溶液碱溶，过滤分离后得到 Na_2SiO_3 前驱液。

(6) 将上述 Fe^{3+} 的前驱液和 Na_2SiO_3 前驱液分别用水稀释后，在强烈机械搅拌下，加入 H_3PO_4 作为稳定剂，再加到聚合反应器中进行聚合反应，用10%的NaOH溶液调节溶液的pH值至溶液由黄色变为橙红色为止，得到液态的聚硅硫酸铁铝。

(7) 将所得液态聚硅硫酸铁铝放入烘箱中，在100～120℃下干燥后即得固体聚硅硫酸铁铝净水剂。

产品应用　本品是应用于钢铁、焦化、造纸、印染等行业重污染的生产废水以及生活污水处理的聚硅硫酸铁铝净水剂。

产品特性　本品以钢铁企业的工业废渣为主要原料，使冶金渣实现了资源化利用；生产的聚硅硫酸铁铝附加值高，生产成本低廉，产品净水效果好。

配方 112　聚合硅酸铝铁净水剂

原料配比

原料	配比(质量份)		
	1#	2#	3#
硫铁矿烧渣	50	80	100
硅藻土	15	20	30
硫酸	50	70	90
盐酸	200	300	400
双氧水	20	30	35
硅酸钠	50	70	90

制备方法

(1) 将硫铁矿烧渣和硅藻土粉碎至200～400目，待用。

(2) 在压力为0.2～0.6MPa的反应釜中加入盐酸，加热至35～50℃。盐酸的质量分数为25%～35%。

(3) 将步骤(1)获得的粉末加入反应釜中，搅拌1～3h，过滤获得铝铁溶液。

(4) 将双氧水加入步骤(3)获得的铝铁溶液中，搅拌2～5h，过滤获得聚铝铁溶液。

(5) 将硅酸钠加水稀释，然后再加入硫酸调节其pH值使之生成聚硅酸。硫酸的质量分数为2%～10%。

(6) 将步骤(4)获得的聚铝铁溶液加入步骤(4)获得的聚硅酸中，陈化1～3h，即可获得所述聚合硅酸铝铁净水剂。

产品应用　本品是一种聚合硅酸铝铁净水剂。

产品特性　本品实现了对硫铁矿烧渣的有效利用，变废为宝，解决了硫铁矿烧渣难以处理的问题，而且该净水剂稳定性高，具有较宽的pH值使用范围，对浊度和腐殖质去除率高，絮凝沉降效果好，能够对水中的多种污染成分进行有效处理，显著降低了水中重金属等有害物质的含量。该净水剂主要采用硫铁矿烧渣和硅藻土制成，成本低，不会产生二次污染，同时其吸附力强，具有净水效果好，净水速度快的特点。

配方 113　聚合磷硫酸铁净水剂

原料配比

原料	配比(质量份)		
	1#	2#	3#
硫铁矿烧渣	50	80	100
硅藻土	15	20	25
硫酸	200	300	400
废铁屑	10	20	25
双氧水	400	500	600
磷酸钠	150	180	220

制备方法

(1) 将硫铁矿烧渣和硅藻土粉碎至200～400目，待用。

(2) 在压力为0.2～0.6MPa的反应釜中加入硫酸，加热至250～350℃。硫酸的质量分数为70%～80%。

(3) 将步骤（1）获得的粉末加入反应釜中，搅拌1～3h，降温至60～90℃用水浸出，过滤获得浸出液。

(4) 将废铁屑加入浸出液中，加热至70～100℃，搅拌3～6h，获得硫酸亚铁溶液。

(5) 将硫酸亚铁溶液经过降温冷却，析出硫酸亚铁晶体。

(6) 将硫酸加入硫酸亚铁晶体中反应0.5～1h，再加入双氧水，加热至70～90℃，搅拌1～3h。硫酸的质量分数为70%～80%。双氧水质量分数为20%～40%。硫酸亚铁与硫酸、双氧水的摩尔比为1∶(0.3～0.5)∶(1～1.5)。

(7) 将磷酸钠加入步骤（6）的溶液中，继续加热至70～90℃，搅拌0.5～1h，获得深棕色溶液。

(8) 将深棕色溶液在50～60℃下烘干，即可获得固体聚合磷硫酸铁净水剂。

产品应用　本品是一种聚合磷硫酸铁净水剂。

产品特性　本品的聚合磷硫酸铁净水剂的制备方法，实现了对硫铁矿烧渣的有效利用，变废为宝，解决了硫铁矿烧渣难以处理的问题，而且该净水剂进行水处理时，水解沉降速度快，pH值使用范围宽，能够对水中的多种污染成分进行有效处理，显著降低了水中重金属等有害物质的含量。该净水剂主要采用硫铁矿烧渣和硅藻土制成，成本低，不会产生二次污染，同时其吸附力强，具有净水效果好，净水速度快的特点。

配方114　聚合硫酸铝铁净水剂

原料配比

原料	配比(质量份)		
	1#	2#	3#
硫铁矿烧渣	50	80	100
硅藻土	15	20	25
硫酸	200	300	400
废铁屑	10	15	20
硝酸铝	10	15	20

制备方法

(1) 将硫铁矿烧渣和硅藻土粉碎至200～400目，待用。

(2) 在压力为0.2～0.6MPa的反应釜中加入硫酸，加热至250～350℃。硫酸的质量分数为70%～80%。

(3) 将步骤（1）获得的粉末加入反应釜中，搅拌1～3h，降温至60～90℃用水浸出，过滤获得浸出液。

(4) 将废铁屑加入浸出液中，加热至70～100℃，搅拌3～6h，获得硫酸亚铁溶液。

(5) 将硫酸亚铁溶液经过降温冷却，析出硫酸亚铁晶体。

(6) 将硫酸亚铁晶体加入硫酸中，再加入硝酸铝，通入空气进行氧化，经水解、聚合反应制得所述聚合硫酸铝铁净水剂。硫酸的质量分数为2%～10%。

产品应用　本品是一种聚合硫酸铝铁净水剂。

产品特性　本品实现了对硫铁矿烧渣的有效利用，变废为宝，解决了硫铁矿烧渣难以处理的问题，而且该净水剂具有铝铁混凝的优良特性，矾花大，絮凝沉降速度快，用量少，去除率高和应用面广，能够对水中的多种污染成分进行有效处理，显著降低了水中重金属等有害物质的含量。该净水剂主要采用硫铁矿烧渣和硅藻土制成，成本低，不会产生二次污染，同时其吸附力强，具有净水效果好，净水速度快的特点。

配方 115　聚合硫酸铜铁无机复合净水剂

原料配比

原料		配比(质量份)
硫酸铁		6
去离子水		150
0.1mol/L 碳酸钠溶液		75～225(体积)
硫酸铜溶液		6～15(体积)
硫酸铜溶液	无水硫酸铜	2.5
	去离子水	100
	0.1mol/L 氢氧化钠	适量
过氧化氢溶液	0.5%过氧化氢溶液	适量
	0.1mol/L 硫酸溶液	适量

制备方法

(1) 将硫酸铁溶解在去离子水中得到硫酸铁溶液。

(2) 在水浴加热的条件下搅拌，将碳酸钠溶液加入步骤 (1) 的硫酸铁溶液中，得到聚合硫酸铁，碱化度为 0.5～1.5，继续搅拌 24h；通过水浴加热溶液保持在 30～65℃。碳酸钠溶液的滴加速度为 0.5mL/min；所使用的碳酸钠溶液为 0.05～0.15mol/L，滴加时间为 75～250min。搅拌速度为 300～500r/min。

(3) 制备硫酸铜溶液，并调节 pH 与步骤 (2) 中的聚合硫酸铁一致。调节 pH 用的是 0.1mol/L 氢氧化钠溶液。

(4) 配制 0.5% (体积分数) 的过氧化氢溶液，调节 pH 与步骤 (2) 中的聚合硫酸铁一致。调节 pH 用的是 0.1mol/L 的硫酸溶液。

(5) 在水浴加热的条件下搅拌，将步骤 (4) 中的过氧化氢溶液滴入步骤 (2) 中的聚合硫酸铁中，密封搅拌 30～60min；通过水浴加热使溶液保持在 30～65℃。过氧化氢溶液的滴加速度为 0.5mL/min；搅拌速度为 300～500r/min。

(6) 在水浴加热的条件下搅拌，将硫酸铜溶液缓慢滴入步骤 (5) 中的聚合硫酸铁中，继续加热至澄清透明后持续搅拌 24h。硫酸铜的滴加速度为 0.25～0.5mL/min；搅拌速度为 300～500r/min。

产品应用　本品是一种聚合硫酸铜铁无机复合净水剂。

应用于生活污水处理，所述聚合硫酸铜铁无机复合净水剂的投加量为 5～90mg/L，适用的 pH 范围为 5.5～9。

产品特性

(1) 本品具有稳定性高，对胶体物质的吸附架桥能力强，混凝效果好，以及强化后续处理等优点，相同投加量下对浊度及有机物的去除率均较高，具有良好的水处理效果。

(2) 在制备过程中引入铜离子，铜离子作为消毒因子减少了沉淀中的微生物数目，减缓了底泥的释放；沉后水中低浓度的铜离子促进了硝化和反硝化反应。

(3) 本品具有工艺简洁、经济和快速等特点。

配方 116　聚合铝镁净水剂

原料配比

原料	配比(质量份)			
	1#	2#	3#	4#
铝土矿	1.75	1.75	1.75	1.75
菱镁矿	1	1.2	1.4	1.2
卤水	4.3(体积)	2.15(体积)	0.86(体积)	5.16(体积)
3.0mol/L 的稀盐酸	7.47(体积)	—	—	—
4.5mol/L 的稀盐酸	—	7.47(体积)	—	—
2.5mol/L 的稀盐酸	—	—	15.68(体积)	—
6.0mol/L 的稀盐酸	—	—	—	8.4(体积)

制备方法

(1) 分别检测铝土矿中氧化铝的含量、菱镁矿中氧化镁的含量和卤水中氯化镁的含量。

(2) 将铝土矿、菱镁矿按比例配料，研磨至 100～250 目，得到混合矿料。

(3) 将混合矿料送至窑内，在 1200～1350℃下煅烧 20～60min，取出后研磨，研磨至 100～250 目，得到含有铝酸镁的熟料矿粉。

(4) 将熟料矿粉与卤水、盐酸按比例混合，在 60～95℃下反应 12～60min，即得到液体聚合铝镁净水剂，干燥后，得到固体聚合铝镁净水剂。

原料配比

所述的铝土矿的品位为 65%，即其氧化铝的含量为 6.4mol/kg。

所述的菱镁矿的品位为 45%，即其氧化镁的含量为 11.2mol/kg。

所述的卤水中氯化镁的含量为 2.6mol/L。

产品应用　本品是一种聚合铝镁净水剂。使用方法包括以下步骤：

(1) 将液体或固体聚合铝镁净水剂加入废水中，搅拌均匀。

(2) 静置 9～24min 即可排放。

若废水的 pH<7，则步骤 (1) 同时投入适量石灰至废水中，搅拌均匀，使其 pH≥7。

产品特性

(1) 本品生产工艺简单，生产成本低，所得聚合铝镁净水剂的净水效果较市售 PAC 好。

(2) 本品是铝和镁的不完全氢氧化物以羟基缩水方式聚合而成的大分子化合物，本品呈弱酸性，投加在水中后由于 pH 值升高，聚合铝镁周围的羟基增多，引发其继续聚合，聚合过程中夹带水中的污染物一起下沉，起到净水的作用。在各组分中，镁起到较强的吸附、聚合成团的混凝作用，同时减轻产品的腐蚀性；铝同样起到吸附和混凝的作用，同时还能对镁起到稳定作用，使得絮团对污染物的扫除更充分。

(3) 本品利用矿产煅烧、盐酸活化的方法制备得到聚合铝镁净水剂。首先将矿物原料煅烧形成含铝酸镁的熟料矿粉；然后与盐酸和卤水混合反应，其中盐酸用于部分分解铝酸镁，溶解的铝离子与未分解的铝酸根复合形成聚铝，同时镁离子已在煅烧过程中化合在铝酸根离子周围，所以实际形成的是聚合铝镁。另外，卤水中的氯化镁增加了镁离子浓度，以避免铝酸镁中的镁溶出而减小镁的聚合度，从而提高了聚合效率。

配方 117　聚合氯化硫酸铁净水剂

原料配比

原料	配比(质量份)		
	1#	2#	3#
硫铁矿烧渣	50	100	80
硅藻土	15	25	20
硫酸	200	350	300
盐酸	150	250	200
氯酸钠	10	20	15
硝酸	30	50	45

制备方法

(1) 将硫铁矿烧渣和硅藻土粉碎至200～400目，待用。

(2) 在压力为0.2～0.6MPa的反应釜中加入硫酸和盐酸，加热至40～70℃。

(3) 将步骤 (1) 获得的粉末加入反应釜中，搅拌1～3h。

(4) 将氧化剂和催化剂加入反应釜中，加热至50～60℃，搅拌3～6h。

(5) 将步骤 (4) 中反应釜内的溶液经过静置冷却，即可获得聚合氯化硫酸铁净水剂。

原料介绍

所述氧化剂为氧气或氯酸钠。

所述催化剂为硝酸。

产品应用　本品是一种聚合氯化硫酸铁净水剂。

产品特性　本品实现了对硫铁矿烧渣的有效利用，变废为宝，解决了硫铁矿烧渣难以处理的问题，而且该净水剂进行水体净化时，其混凝过程所形成的矾花大，沉降快，污泥脱水性能好，无二次污染，具有良好的净化效果，能够对水中的多种污染成分进行有效处理，显著降低了水中重金属等有害物质的含量。该净水剂主要采用硫铁矿烧渣和硅藻土制成，成本低，不会产生二次污染，同时其吸附力强，具有净水效果好，净水速度快的特点。

配方 118　聚合氯化铝净水剂

原料配比

原料		配比(质量份)	
		1#	2#
组分甲		78	89
组分乙		15	28
组分甲	白色聚合氯化铝	56	78
	聚丙烯酰胺	32	45
	十二水合硫酸铝钾	15	27
组分乙	炭黑	8	12
	硅胶	3	11
	硼胶	0.7	—

制备方法　将各组分原料混合均匀即可。

原料介绍

所述的炭黑呈粉末状，其比表面积 A 为1200～2300m^2/g。

所述的硅胶为活性硅胶，其孔容 V (每克硅胶内部孔隙的总体积) 为1.7～2.5mL/g。

所述的炭黑的比表面积 A 与硅胶的孔容 V 满足：$2100 \leqslant A \times V \leqslant 5500$。

产品应用　本品是一种聚合氯化铝净水剂。

产品特性

（1）本品稳定性好，适应水域宽，水解速度快，吸附能力强，形成矾花大，质密沉淀快，出水浊度低，脱水性能好，能够完全净化饮用水，防止对人体造成危害。

（2）本品通过设置白色聚合氯化铝中的三氧化二铝的含量范围，以及炭黑的比表面积与硅胶的孔容之间的关系，以提高净水剂的适应水域宽度，吸附能力，使净化彻底，能完全避免饮用水污染对人体造成的威胁。

配方 119　聚合氯化铝铁净水剂（1）

原料配比

原料		配比(质量份)		
		1#	2#	3#
赤泥酸浸液	赤泥	0.125	0.125～0.2	0.125～0.2
	8mol/L 盐酸	1	1	1
赤泥酸浸液上清液		100(体积)	100(体积)	100(体积)
铝酸钙①		10	15	10
铝酸钙②		10	10	15

制备方法

（1）将赤泥破碎研磨后过筛，选取 200 目以下的赤泥颗粒。将赤泥颗粒和盐酸溶液混合进行酸浸反应，得到赤泥酸浸液，将所述赤泥酸浸液进行离心过滤，得到赤泥酸浸液上清液。酸浸反应的温度控制在 60～80℃，所述酸浸反应的时间控制在 0.5～2h。

（2）向所述赤泥酸浸液上清液中加入铝酸钙①进行一次聚合反应，得到一次聚合液，将一次聚合液进行离心过滤，得到一次聚合液上清液。一次聚合反应的温度控制在 20～80℃，一次聚合反应的时间控制在 1～3h。

（3）向一次聚合液上清液中加入铝酸钙②进行二次聚合反应，得到二次聚合液，将二次聚合液进行离心过滤，得到二次聚合液上清液，静置陈化后即为聚合氯化铝铁净水剂。二次聚合反应的温度控制在 20～80℃，所述二次聚合反应的时间控制在 1～3h。

（4）对所述二次聚合液上清液进行干燥，得到固体聚合氯化铝铁净水剂。

产品应用　本品是一种聚合氯化铝铁净水剂。

产品特性

（1）本品以铝厂产生的工业废渣——赤泥为原材料制备聚合氯化铝铁净水剂，不仅可以有效减少赤泥的处理处置费用，避免赤泥堆放对环境造成的污染，而且可以实现赤泥的资源化利用，降低净水剂的生产成本。

（2）采用铝酸钙两次聚合方法，可在补充溶液中铝元素的同时直接调节盐基度而不需额外加碱，实现物料的充分利用，同时可避免一次投加铝酸钙粉的量过大导致反应器中发生板结现象，将铝酸钙作为聚合反应阶段的碱化剂可有效简化 PAFC 的制备工艺，降低 PAFC 的生产成本。

（3）本品具有絮体生成和沉降速度快的优点，去浊除磷性能优良。

（4）本品提供的制备方法在常压下进行，反应温度不高，工艺简便、可行，成本低廉，易于推广，具有显著的经济效益和社会效益。

配方 120　聚合氯化铝铁净水剂（2）

原料配比

原料	配比(质量份)					
	1#	2#	3#	4#	5#	6#
体积浓度为 45%的盐酸	45	—	—	—	—	—
体积浓度为 48%的盐酸	—	50	—	—	—	—
体积浓度为 50%的盐酸	—	—	55	—	—	—
体积浓度为 53%的盐酸	—	—	—	62	—	—
体积浓度为 55%的盐酸	—	—	—	—	68	—
体积浓度为 57%的盐酸	—	—	—	—	—	73
煤气化炉渣	10	10	10	10	10	10
1mol/L 氢氧化钠	适量	适量	适量	适量	适量	适量

制备方法

（1）将煤气化炉渣破碎至 10mm 以下，烘干，加入盐酸浸渍后，再进行固液分离，获得浸渍液。浸渍是在 76～81℃温度下进行，浸渍时间为 75～95min。

（2）向浸渍液中加入氢氧化钠，不断搅拌，调整 pH 值为 3.5～5.5。熟化后，分离上层液体，烘干后，制得聚合氯化铝铁净水剂成品。熟化是在 20～30℃下熟化 20～25h。烘干是在 95～100℃下进行。

产品应用　本品是一种聚合氯化铝铁净水剂。

产品特性

（1）本品能够吸附水中的物质，对净水过程中的絮凝和沉降有积极作用和明显效果。

（2）本品选用煤气化炉渣作为原料，其为煤气化后的废渣，将其作为原料能够充分利用资源，并且煤气化炉渣价格低廉，能够有效节约生产成本，煤气化炉渣中富含三氧化二铝和三氧化二铁，本品通过将煤气化炉渣破碎，能够增大煤气化炉渣后续反应的接触面积，保证煤气化炉渣充分进行反应，将其浸渍在盐酸中，能够将铝和铁元素从煤气化炉渣中分离出来。加入氢氧化钠，生成的产物在水中为微溶状，具有较大的表面积且有较强的吸附能力，带有正电荷，靠近水中的杂质时，能够被吸附到杂质表面，减少杂质的负电荷，从而使得杂质凝聚沉淀，制备的净水剂能够吸附水中的物质，对净水过程中的絮凝和沉降有积极作用和明显效果。并且相比较而言，铁盐在净化过程中，其沉淀的絮凝物体积小且紧实，而且沉降的速度比较快，而铝盐沉淀的絮凝物体积大，捕捉杂质的能力更强，两者结合，使得本品制备的净水剂对水体的净化效果更佳。

配方 121　聚合氯化铁铝净水剂

原料配比

原料	配比(质量份)		
	1#	2#	3#
硫铁矿烧渣	40	80	60
硅藻土	15	30	20
37%～39%盐酸	200	400	300
三氯化铁或三氯化铝	适量	适量	适量

制备方法

（1）将硫铁矿烧渣和硅藻土粉碎至 200～400 目，待用。

(2) 在压力为0.2～0.6MPa的反应釜中加入盐酸，加热至40～60℃。

(3) 将步骤 (1) 获得的粉末加入反应釜中，继续加热，获得浸提液。

(4) 检测浸提液中的铝铁含量，根据铝铁含量情况加入三氯化铁或三氯化铝，调节铝铁含量的比例。

(5) 将浸提液经过蒸发、浓缩，烘干，再加入水，静置10～20h后研磨获得所述聚合氯化铁铝净水剂。

产品应用　本品是一种聚合氯化铁铝净水剂。

产品特性　本品实现了对硫铁矿烧渣的有效利用，变废为宝，解决了硫铁矿烧渣难以处理的问题，而且该净水剂综合了聚合三氯化铝和氯化铁的优点，净水效果好，且有效作用的pH值范围宽，能够对水中的多种污染成分进行有效处理，显著降低了水中重金属等有害物质的含量。该净水剂主要采用硫铁矿烧渣和硅藻土制成，成本低，不会产生二次污染，同时其吸附力强，具有净水效果好，净水速度快的特点。

配方 122　聚磷氯化铁净水剂

原料配比

原料	配比(质量份)		
	1#	2#	3#
硫铁矿烧渣	40	60	80
硅藻土	15	20	30
25%～35%盐酸	200	250	350
磷酸氢二钠	50	70	90
水	适量	适量	适量

制备方法

(1) 将硫铁矿烧渣和硅藻土粉碎至200～400目，待用。

(2) 在压力为0.2～0.6MPa的反应釜中加入盐酸，加热至45～65℃。

(3) 将步骤 (1) 获得的粉末加入反应釜中，搅拌1～3h，过滤获得三氯化铁溶液。

(4) 将磷酸氢二钠加入步骤 (3) 获得的三氯化铁溶液中，加热至290～350℃，搅拌1～3h，静置冷却降温至20～30℃，然后加入适量水搅拌即可得到所述聚磷氯化铁净水剂。

产品应用　本品是一种聚磷氯化铁净水剂。

产品特性　本品实现了对硫铁矿烧渣的有效利用，变废为宝，解决了硫铁矿烧渣难以处理的问题，而且该净水剂通过在聚合氯化铁中引入适量的磷酸根，对聚铁有增聚作用，净化效果好，能够对水中的多种污染成分进行有效处理，显著降低了水中重金属等有害物质的含量。该净水剂主要采用硫铁矿烧渣和硅藻土制成，成本低，不会产生二次污染，同时其吸附力强，具有净水效果好，净水速度快的特点。

配方 123　聚氯化铝高效净水剂

原料配比

原料	配比(质量份)		
	1#	2#	3#
改性 γ-Al_2O_3	40	45	60
聚氯化铝	20	25	40

续表

原料			配比(质量份)		
			1#	2#	3#
改性亲水剂			5	10	15
抑菌剂	苯甲酸钠		5	10	15
防冻助剂	氯化钙		5	—	—
	氯化钠		—	10	—
	氯化钾		—	—	15
抗坏血酸			5	15	20
硫酸铝			5	8	15
氯化铁			4	6	9
改性 γ-Al_2O_3	扩充剂	尿素与碳酸铵的混合物	1～2.5	—	—
		尿素与碳酸氢钠的混合物	—	1～2.5	—
		尿素	—	—	1～2.5
	γ-Al_2O_3		10	10	10

制备方法　将各组分原料混合均匀即可。

原料介绍

改性 γ-Al_2O_3 具有较大的比表面积，可以充分提高聚氯化铝的絮凝和吸附能力，从而提高净化能力。改性亲水剂能提高净水剂与水的亲和力，从而提高聚氯化铝与水中污染物的接触，改善净化效果。抑菌剂有抑制细菌生长的作用，能提高净水剂的抑菌能力，避免细菌生长造成水质污染。防冻助剂可以使净水剂适用于各个季节，提高净水剂的适用性。

所述的改性 γ-Al_2O_3 的制备方法，具体如下：

(1) 用量筒量取 70mL 去离子水，向去离子水中加入 1 滴 38% 质量浓度的浓盐酸，使去离子水和盐酸充分混合，制备成去离子弱酸水。

(2) 向加热搅拌器中加入适量的步骤 (1) 制取的去离子弱酸水，向搅拌器中加入适量的 γ-Al_2O_3。待 γ-Al_2O_3 充分溶解后，加入适量的扩充剂。扩充剂与 γ-Al_2O_3 的比例为 (1～2.5)：10。搅拌加热充分溶解，搅拌速度为 100～150r/min，加热温度为 40～60℃。搅拌成糊状，放入真空干燥箱内干燥，干燥温度为 60℃。干燥后去离子水与盐酸全部挥发。将干燥后的物料研磨成粉状。

(3) 将粉状物料放入管式炉中加热，加热温度为 500～600℃，并通入氩气或者氮气，气体速率为 1.5L/min。加热 2h 关闭管式炉，自然降温到 60℃ 以下，关闭气源，取出即得改性 γ-Al_2O_3。

所述的扩充剂为尿素、碳酸铵、碳酸氢铵、碳酸氢钠中的一种或者几种的混合物。

所述的改性亲水剂的制备方法，具体如下：

(1) 向加热搅拌装置中加入适量的去离子水，加入适量的硫酸将去离子水 pH 调节到 3～4。

(2) 将适量的水溶性淀粉加入步骤 (1) 制备的酸性水中，在 50～60℃下搅拌，搅拌速度为 100～150r/min，搅拌 1.5h。

(3) 向步骤 (2) 制备的溶液中加入硬脂酸钙，搅拌成糊状，放入真空干燥箱内干燥，干燥完成后研磨成粉末即可。

产品应用　本品是一种聚氯化铝高效净水剂。

产品特性　该净水剂制备简单，生产成本低，原料来源广，净化效果好，不会造成二次污染。

配方 124 可回收净水剂

原料配比

原料		配比(质量份)		
		1#	2#	3#
改性稻秆粉	稻秆	8	15	11.5
	分析纯乙二胺	3	5	4
	质量分数为5%的草酸溶液	30	40	35
	分析纯双氧水	5	8	6.5
脱脂花生壳粉	花生壳	1	1	1
	质量分数为10%的氢氧化钠溶液	5	5	5
酒石酸		5	8	6.5
水		80	100	90
脱脂花生壳粉		7	15	11
改性稻秆粉		10	18	14
高温活性竹炭粉		8	15	11.5
酸性白土粉		7	12	9.5
γ型氧化铝粉		5	8	6.5
沸石粉		8	13	10.5
煤灰粉		9	16	12.5
发泡水泥		8	10	9
熟石膏粉		4	9	6.5

制备方法　先将酒石酸溶于水中，然后加入脱脂花生壳粉以100r/min的搅拌速度搅拌3～5min，浸泡1h，加入高温活性竹炭粉、白土粉、氧化铝粉、沸石粉、煤灰粉和水泥，用2000～3000r/min的搅拌速度快速搅拌1min，然后加入熟石膏粉，用2000～3000r/min的搅拌速度继续快速搅拌2min得到混合浆液，将混合浆液注入0.5mm×0.5mm规格的模具中，40min后卸下模具放进60℃干燥箱中烘干即可。

原料介绍

本品中改性稻秆粉的作用是吸附剂，用于吸附水中的重金属离子。

高温活性竹炭粉的作用是吸附悬浮物，去除臭味。

脱脂花生壳粉的作用主要是和白土作用吸附水中的油脂等不溶于水的有机物，降低水中的碳含量。

酸性白土粉的作用是吸附水中的油性物质。

γ型氧化铝粉的作用是作为吸附剂，和煤灰粉、沸石粉等物质形成多样式吸附剂。

沸石粉首先是作为一种强力吸附剂，吸收水中的氨氮，其次是作为一种分子筛催化剂，能够使水中阳离子快速从水中脱附。

煤灰粉的作用是净水，主要是吸附小颗粒的悬浮物。

酒石酸的作用是作为络合剂，用来络合水中的重金属离子。

熟石膏的作用是调节水泥凝固时间，使水泥快速凝固，加快生产效率。

水泥的主要作用是胶黏剂，用于把净水剂中的成分固定在一起便于回收利用。

所述的改性稻秆粉由下述方法制备：按质量份数计，取8～15份稻秆放在质量分数为10%硝酸溶液中浸泡30min后，将稻秆取出并放入60℃干燥箱中烘干，接着用粉碎机将稻秆粉碎过60～80目筛，得到稻秆粉，然后取3～5份分析纯乙二胺、30～40份质量分数为5%的草酸溶液和稻秆粉充分混合后，在100～150r/min的搅拌速度下浸泡30min，然后加入5～8份分析纯双氧水混合均匀，在100～150r/min的搅拌速度下反应15～30min后，用100目的滤布将滤渣滤出，最后将滤渣放进60℃干燥箱中烘干后得到改性稻秆粉。

所述的脱脂花生壳粉由下述方法制备：将花生壳和质量分数为10%的氢氧化钠溶液按质量比1∶5混合，在100℃下加热煮沸10～15min，冷却后将花生壳取出并用清水洗涤干净，得到脱脂花生壳，最后将脱脂花生壳放进60℃干燥箱中烘干，粉碎并过60～80目筛，得到脱脂花生壳粉。

所述的高温活性竹炭粉由以下方法制备：将竹子切割成10cm×4cm的竹片后，放入密封炭化炉中在300～450℃下干馏炭化，完全炭化后取出用球磨机研磨并过100目筛，得到竹炭粉，然后用质量分数为10%的硫酸溶液将竹炭粉中的可溶物洗涤干净，用120目大小滤网将滤渣滤出并烘干，最后将烘干的滤渣放进1800～2000℃的高温活化炉进行活化，得到高温活性竹炭粉。

产品应用　本品是一种可回收净水剂。

产品特性

(1) 本品在净水剂中加入改性稻秆粉、高温活性竹炭粉和脱脂花生壳粉，改性稻秆粉、高温活性竹炭粉和脱脂花生壳粉通过物理吸附可以有效地吸附污水中的重金属离子和有机物，改善水质，减少水中的污染物质。其中改性稻秆粉可以有效吸附水中的重金属离子，高温活性竹炭粉、脱脂花生壳粉能够吸附水中的不溶性油脂及各种有机物，能够显著降低水中的有机物含量，去除水中臭味。另外，本品还引入水泥和熟石膏，将净水剂黏结在一起，方便回收净水剂，将净水剂所吸附的重金属离子和有机物脱附后加以利用。

(2) 本品能够有效吸附废水中的重金属离子和油性有机物，经过本品处理后的废水重金属离子的含量明显降低，油性有机物含量也显著下降。

(3) 本品既能有效吸附水中的重金属离子和有机物达到净水目的，又方便将废水中的重金属离子和有机物富集再利用，具有很好的推广价值。

配方125　快速去除COD的无机复合净水剂

原料配比

原料	配比(质量份)		
	1#	2#	3#
硫酸亚铁	450	630	750
斑脱岩	80	120	120
硫酸	20	50	50
碳酸钠	20	45	50
炭黑	5	10	10
水	适量	适量	适量

制备方法　按照上述配方称取原料，进行混合后得混合料，加入混合料质量5%的水，搅拌均匀后送入球磨混合机内混合粉碎，然后送入搅拌反应釜反应4h，得到的混合液体即为净水剂。

产品应用　本品是一种用于去除污水中COD的无机复合净水剂。

产品特性

(1) 本品具有快速、强效和广谱性，具有去除COD、SS等污染物显著，混凝时间短，无毒无害，低铝价廉等显著优点。

(2) 针对各类城镇和工业污水处理厂的排放水，利用原有的处理设备，如混合反应沉淀池、气浮机等，采用本品COD降解药剂，可在3～10min内使污水固液分离，产出清水，高效快捷。

(3) 本品不仅可以处理一般COD含量的污水，高COD含量的污水(COD>1000)亦可不需稀释(如高浓度皮革、化纤、化工、渗沥液废水)直接处理。

(4) 本品用于水处理，污水经剂反应后使悬浮物形成的胶羽紧致，固液分离彻底，所以产生的污泥量少，后续的污泥处理费用少。

配方 126 利用高岭石制备聚合氯化铝净水剂

原料配比

原料	配比(质量份)		原料	配比(质量份)	
	1#	2#		1#	2#
高岭石粉粒	1000	2000	20%的盐酸(反应用)	2000	4000
水	5000	10000	氢氧化铝	20	25
20%盐酸(除杂用)	5	10	除色剂	适量	适量

制备方法

(1) 粉碎处理：用粉碎机把高岭石粉碎，过筛，筛孔径小于 0.5cm。

(2) 焙烧改性：将粉碎过筛后的高岭石粉粒放入电炉中焙烧，使其改性。物料在电炉中经过低温焙烧、中温焙烧和高温焙烧三个阶段。低温焙烧的温度为 300℃，焙烧时间 2h；中温焙烧的温度为 500℃，焙烧时间 3h；高温焙烧的温度为 800℃，焙烧时间 2h。然后冷却 3h。

(3) 去除杂质：将焙烧改性后的高岭石粉粒放入反应池中加水混合，在其混合浆液中加入少量的盐酸，搅拌均匀后，静置 3h 后离心去水，去除高岭石粉粒中的水溶性物质及氧化钾、氧化钠、氧化钙等杂质。

(4) 制取氯化铝：将去水后的滤渣放入搪瓷反应釜，并加入 20%的盐酸，盐酸与滤渣的比为 2∶1，搅拌均匀后，在搪瓷反应釜反应 4～5h，每隔一小时搅拌一次，使反应更彻底，最大限度地将滤渣中的氧化铝转化为氯化铝。然后将混合物送入离心机脱水，所得液体经沉淀过滤后备用。所得滤渣投入反应池中加水洗涤，再次经离心机脱水，所得液体与浓盐酸混合，配制成 20%的盐酸溶液，用于制取氯化铝的工艺中。

(5) 制取结晶氯化铝：将沉淀过滤后的液体送入搪瓷反应釜中，加入氢氧化铝进行中和后再加入除色剂去除杂色，加热至 100℃，在煮沸状态下保持 0.5～1h 后冷却，去除杂质，使溶液中的氯化铝充分结晶。

(6) 制取成品：将结晶氯化铝在 170℃下进行沸腾热解，放出的氯化氢用水吸收制成 20%盐酸回收利用。然后加水在 80℃以上进行熟化聚合，再经固化，干燥，破碎，制得固体聚合氯化铝成品。

产品应用 本品是一种利用高岭石制备的聚合氯化铝净水剂。

产品特性

(1) 本品对铝的提取率高，原料的回收利用率高，节约原料，降低生产成本，适合工业化生产聚合氯化铝。所得产品所含杂质较少，纯度高，无杂色，使用效果更好，适应性强，受水体 pH 值和温度影响小，有利于离子交换处理和高纯水的制备。

(2) 溶解性好，活性高，在水体中凝聚形成的矾花大，沉降快，比其他无机絮凝剂净化能力大 2～3 倍。

(3) 聚合氯化铝分子结构大，吸附能力强，用量少，处理成本低。

(4) 腐蚀性小，操作简便，能改善投药工序的劳动强度和劳动条件。

(5) 适应性强，受水体 pH 值和温度影响小，原水净化后达到国家饮用水标准，处理后水中阳、阴离子含量低，有利于离子交换处理和高纯水的制备。

(6) 矾花形成快，颗粒大而重，沉淀性能好，投药量一般比硫酸铝低。

(7) 水温低时，仍可保持稳定的混凝效果，因此在我国北方地区更适用。

(8) 适宜的 pH 值范围较宽，在 5～9 之间，当过量投加时也不会像硫酸铝那样造成水浑浊的反效果。

（9）对污染严重或低浊度、高浊度、高色度的原水都有好的混凝效果。

（10）其碱化度比其他铝盐、铁盐高，因此药液对设备的侵蚀作用小，且处理后水的 pH 值和碱度下降较小。

配方 127　硫化橡胶生产中所用的净水剂

原料配比

原料	配比（质量份）			原料	配比（质量份）		
	1#	2#	3#		1#	2#	3#
聚合氯化铝	40	35	44	菌粉	5	6	6
聚合氯化铝铁	30	25	38	酶制剂	3	2	3
碱式氯化铝	20	18	25	膨润土	17	20	19
硫酸亚铁	15	13	15	麦饭石	26	28	30
硫酸铝	20	9	19	果壳活性炭	8	8	9
硫酸钠	20	24	23				

制备方法　将各组分原料混合均匀即可。

原料介绍

所述的氯化铝为碱式氯化铝。

所述的酶制剂包括了果胶酶、溶菌酶、腈水合酶。

所述的菌粉包括了硝化细菌菌粉、硫细菌菌粉、蜡状芽孢杆菌菌粉、根霉菌菌粉。

所述的活性炭为椰壳活性炭、核桃壳活性炭、枣壳活性炭中的一种或几种的混合物。

产品应用　本品是一种用于硫化橡胶生产中的净水剂。使用方法如下。

（1）在生产硫化橡胶的废水中加入除菌粉、酶制剂、活性炭之外的全部组分，然后以 10～30r/min 的速度进行搅拌，搅拌 1～2h，静置 3～5h，得到初步分层废水。

（2）将步骤（1）中得到的初步分层废水除去底部沉淀，调节 pH 至 3.5～5，加入菌粉，然后以 20～30r/min 的速度进行搅拌，搅拌 1～3h，静置 2～4h，得到次级除菌废水。

（3）将步骤（2）中得到的次级除菌废水除去底部沉淀，调节 pH 至 4.5～6，保持废水温度在 20～35℃，依次加入活性炭和酶制剂，然后以 10～30r/min 的速度进行搅拌，搅拌 3～5h，静置 4～6h，除去底部沉淀，得到净化水。加入的活性炭占废水质量的 0.1%～1%。

产品特性　采用本净水剂，避免了化学处理产生的二次污染，减少了污水的排放量，改善了废水的水质。而且本品所采用的复合微生物菌种能够提高系统抗冲击负荷的能力，以应对有机物质负荷过高的情况。本品显著降低了 COD 的排放量，具有净水效果好，净水速度快，安全性高，不产生二次污染，使用了具有吸附能力的活性炭，使用范围广，处理后的水透明度极高，可回收利用。

配方 128　硫酸铝铁盐净水剂

原料配比

原料		配比（质量份）		
		1#	2#	3#
硫酸铝		3	5	4
硫酸亚铁		4	2	4
硅酸钠		4	6	5
磷脂		0.4	0.2	0.3
荧光蛋白	藻红蛋白	0.8	1	—
	绿色荧光蛋白	—	—	1
改性偶联剂		0.1	0.05	0.1

制备方法

(1) 将1%～5%的硅酸钠用10%～30%的硫酸溶液调节 pH 值至2～5，活化1～8h，得到聚合硅酸。

(2) 将0.2～1mol/L的硫酸铝和硫酸亚铁溶液依次加入步骤 (1) 得到的聚合硅酸中，并持续搅拌5～30min，然后加入 NaOH 调节 pH 值至5～7.5，搅拌后静置3～12h，得到聚硅酸亚铁铝。

(3) 将磷脂和荧光蛋白送入高压均质机中进行高压均质，得到荧光络合物。高压均质压力为50～100MPa，高压均质温度为15～30℃，持续时间5～15min。

(4) 将改性偶联剂、步骤 (2) 得到的聚硅酸亚铁铝和步骤 (3) 得到的荧光络合物加入液相体系中混合搅拌15～75min后即得到硫酸铝铁盐净水剂产物。混合搅拌温度为15～30℃，持续时间30～45min，初始液相体系 pH 值为6.5～7.5。

原料介绍

所述荧光蛋白为藻红蛋白或绿色荧光蛋白。

所述改性偶联剂为三聚乙二醇与巯丙基三乙氧基硅烷合成的蛋白质偶联剂。

所述改性偶联剂通过以下方法制得：

(1) 将三聚乙二醇加入溶有溴代乙醛缩二乙醇和氢化钠的四氢呋喃中，回流反应12h，得到反应物 A。

(2) 将反应物 A 与甲苯磺酰氯、吡啶和二氯甲烷混合，于室温下反应30h，得到反应物 B。

(3) 在氩气保护下，将 Na 溶于无水乙醇后加入巯丙基三乙氧基硅烷，回流反应2h后冷却，将反应物 B 溶于四氢呋喃后，将溶有反应物 B 的四氢呋喃加入所述无水乙醇中，搅拌反应36h，过滤后过色谱柱层析，所得产物即为改性偶联剂。

产品应用　本品是一种硫酸铝铁盐净水剂。

产品特性

(1) 本品将磷脂与荧光蛋白通过疏水相互作用和氢键形成络合物，再通过改性偶联剂将络合物与聚硅酸亚铁铝结合，所得到的净水剂不仅可在水体中形成胶体，且由于荧光蛋白的荧光作用，可以很好地指示净水剂的混合情况，在絮凝沉降过程中也能反映水体净化进程，从而便于工作人员了解净化进度，便于控制排水或及时补充净水剂。

(2) 本品所采用的荧光蛋白本身也具有较好的亲水性，尤其是藻红蛋白，亲水性极佳，可帮助净水剂在水体中分散，并且磷脂具有优秀的脂溶性，即便在充满油污的水体中也能很好地分散，提高了净水剂的适用场景和对象。

配方129　纳米硅藻复合净水剂

原料配比

原料	配比(质量份)	原料	配比(质量份)
改性硅藻土	70	铁矿粉	10
铝矿粉	20		

制备方法　将改性硅藻土与铝矿粉、铁矿粉按照质量份数混合，并机械研磨，过60目筛，即得本法纳米硅藻复合净水剂。

原料介绍

改性硅藻土制备方法如下。

(1) 将天然硅藻矿粉进行机械研磨，并过80～100目筛，将过筛子后得到的硅藻土在温度650～750℃下，焙烧40～160min，随后冷却至室温。

（2）将步骤（1）所得硅藻土按照每克硅藻土加入5mL浓度为0.2～0.6mol/L的硝酸溶液的配比，按所需进行配制，将上述溶液置于合适容器中并放入恒温水浴振荡器中，水浴温度为35～45℃，振荡时间为1.5～2h，结束后，过滤，用去离子水将滤渣洗至中性，在85℃下真空干燥6～8h，随后冷却至室温，将所得硅藻土再次进行机械研磨，并过80目筛，即得改性硅藻土。

产品应用　本品是一种纳米硅藻复合净水剂。

产品特性　本品对天然硅藻矿品运用了焙烧和酸浸两种改性手段，以实现增加硅藻土孔径、比表面积和吸附能力等目的。在污水处理过程中加入本品，利用其巨大的比表面积和较强的吸附力，把超细微粒物质吸附到硅藻表面，再结合絮凝作用，促使污水中的污染物快速物理絮凝、沉淀，大幅度去除污染物及无机物等，提高污水的可生化性。

配方130　纳米净水剂（1）

原料配比

原料		配比(质量份)		
		1#	2#	3#
纳米氧化混合剂		10	15	13
二甲基二烯丙基氯化铵		1	3	2
阳离子淀粉		15	20	17
二甲氨基甲基丙基丙烯酰胺		15	20	17
氧化石墨烯		5	10	7
硫酸铝		10	20	17
氯化铁		10	20	17
钙质细砂土		5	100	7
溴代十六烷		1	3	2
去离子水		适量	适量	适量
稀盐酸		适量	适量	适量
纳米氧化混合剂	氧化铈	3	3	3
	氧化铜	2	2	2
	氧化钛	3	3	3
	二氧化硅	2	2	2
	碳纳米管	1	1	1

制备方法

（1）将阳离子淀粉加入硫酸铝和氯化铁以及10倍量的水中混合搅拌均匀，转移至球磨罐中，在70℃下，利用球磨机球磨2～5h，加入纳米氧化混合剂，继续球磨58h，得到混合浆料。

（2）将二甲基二烯丙基氯化铵与二甲氨基甲基丙基丙烯酰胺混合，加入适量去离子水进行稀释，按比例稀释至30～50倍，再维持恒温在40℃，逐渐滴入溴代十六烷，匀速搅拌4～5h，反应完毕将所得混合液密封保温静置1～2h。

（3）向步骤（1）所获混合浆料中逐渐滴入稀盐酸，间隔5～8min加入钙质细砂土，充分搅拌均匀，并调节混合浆料的pH值至5～6，经一级过滤，滤除混合液中的大块杂质，将滤后浆料转移至旋转蒸发器中。

（4）在步骤（2）中的混合液中加入经球磨过后的氧化石墨烯，通过超声磁力搅拌60min，所述超声波频率为1000～1500W；磁力搅拌后的混合液加入步骤（3）中的旋转蒸发器中进行蒸馏，蒸馏后成质量浓度为80%～90%的高浓度矿浆，常温干燥20～60h，处理成粉末态装罐密闭保存，得到高效的纳米净水剂。

产品应用　本品是一种纳米净水剂。处理污水的方法，包括下列处理系统及处理步骤：

(1) 混凝阶段，待处理废水通过进水口进入投放药剂室内，在药剂室内进入的废水流速开始降低，通过溢流使废水平稳地进入混凝搅拌室，使得所述净水剂以及废水能够在混凝室内充分混凝，将含硫废水中的含硫污染物及其他溶解性杂质形成易沉降的絮凝体。根据水流的流入量自动调节投放净水剂的用量，平均 $1m^3$ 进水加入净水剂 100～150g。

(2) 粗沉降阶段，经药剂混凝后的废水流进第一沉降室进行第一次沉降，通过第一次沉降使得废水中能够被净水剂进行大幅沉降的有害污染物进行首次沉降，经首次沉降后的废水进一步进入第二沉降室，第二沉降室设置有观察口，依据观察或感应的结果动态调整其沉降的时间或者控制前端净水剂的用量。

(3) 细沉降阶段，将第二沉降室与特种沉降室并列设置，使得水流方向发生转折，水流缓慢平稳地进入特种沉降室。所述特种沉降室废水中加入活化剂以及有机混合物进行混合，使用微波辐射混合废水，辐射时长以及辐射功率可依据具体的处理标准来设置，普通情况的污水一般设定 500～5000W 功率的辐射强度。

(4) 斜板沉降阶段，通过斜板沉降室使得废水处理过程中的物化反应或者絮凝沉降体系保持稳定，保证步骤 (3) 中微波辐射后絮凝物的优异沉降效果，斜板沉降的一侧设有进水槽，另一侧连接设有出水口的出水室，经斜板沉降室后废水进入出水室做最后的沉降，从上端口溢流出清水。

所述特种沉降室内部的周壁设置防腐反射涂层，所述防腐反射涂层设置有两层，在建造好的特种沉降室墙体内周壁上涂覆微波反射涂层作为第一涂层，所述微波反射涂层上覆盖一层防腐蚀层作为第二涂层。

在所述进水口端，根据不同环境温度的变化可以进行灵活调节，通过调节微波功率来保持特种沉降室内微波辅助处理时的出口处处理水温度在 25～35℃内，若环境温度较低，则可选择水力停留时间加长（水流减缓），或者增大微波功率；若环境温度较高，则水力停留时间可以缩短，或者减小微波功率，利用温度传感器实时测定废水温度，保持实测温度与预设温度的温差在 2℃范围内，否则需要进行动态调整。

产品特性　本品改善了传统无机、有机絮凝剂成分单一、功效有限的缺点，纳米净水剂使用成本大幅降低，是普通高分子聚丙烯酰胺净水剂的三分之一左右，大大降低了污水处理的运行费用。具有快速高效的絮凝效果，可广泛用于多种污水处理场合，脱色效果显著，COD、BOD 去除率高，沉降速度快。

配方 131　纳米净水剂（2）

原料配比

原料		配比(质量份)		
		1#	2#	3#
纳米颗粒	纳米氧化锆	5	—	—
	纳米氧化铁	—	10	—
	纳米氧化铝	—	—	8
聚合氯化铝铁		15	15	15
三氯化铁		10	10	10
硫酸亚铁		6	6	6
强酸	盐酸	80	—	—
	硫酸	—	80	80

制备方法　将各组分原料混合均匀即可。

产品应用 本品是一种纳米净水剂。

产品特性 该净水剂具有很好的絮凝、混凝、脱色效果，有效降低COD排放量。采用本品的纳米净水剂，实现了对废水的有效处理，显著降低了COD的排放量，具有净水效果好，净水速度快、安全性高、不产生二次污染的特点，减少了污水的排放量，改善了废水的水质，而且处理后的水透明度极高，可回收利用。

配方 132 纳米生物复合净水剂

原料配比

原料	配比(质量份)	原料	配比(质量份)
改性硅藻土	8	特种生物菌种	0.1
铝矿粉	1.5	去离子水	20
铁矿粉	0.49		

制备方法 将改性硅藻土与铝矿粉、铁矿粉、特种生物菌种混合，置于去离子水中，于室温下充分搅拌3～5h，过滤，用去离子水充分洗涤滤渣，将滤渣在室温下干燥并机械研磨，过60目筛，即得本品纳米生物复合净水剂。

原料介绍 所述的特种生物菌种为硝化菌、反硝化菌、噬磷菌中的一种或两种。

产品应用 本品是一种纳米生物复合净水剂。

产品特性 本品利用改性硅藻土本身具有的巨大的比表面积和较强的吸附力，把超细微粒物质吸附到硅藻表面，再结合铝盐、铁盐的絮凝作用，促使水中的污染物快速物理絮凝、沉淀，恢复水体的部分自净能力。本品中所含的特种生物菌在污水中以硅藻为载体快速生长繁殖的同时可以消耗、分解水体中的有机污染物。本品既有传统净水剂的絮凝吸附作用，又为生物菌提供载体，同时具备物理生物作用，达到水质净化的目标。

配方 133 纳米生物净水剂

原料配比

原料		配比(质量份)		
		1#	2#	3#
固载高孔硅藻	秸秆粉	10	10	10
	水	40(体积)	60(体积)	50(体积)
	高孔硅藻(孔径为50～100nm)	30	30	30
	碱化料液	150(体积)	180(体积)	160(体积)
	芽孢杆菌菌液(菌含量≥10^8CFU/mL)	10(体积)	10(体积)	10(体积)
聚合氯化铝		20	15	17
聚合氯化铁		6	4	5
膨润土		40	30	35

制备方法

(1) 将秸秆烘干、粉碎过100目筛，然后按质量体积比1∶(4～6) g/mL在所得秸秆粉中加入水，30～50℃浸提1h，然后过滤，分别收集滤液和滤渣。

(2) 将步骤(1)所得滤液浓缩至原体积的一半，然后加入步骤(1)所得滤渣，并在搅拌条件下加入NaOH，调节溶液pH至9～10，得碱化料液。

(3) 将高孔硅藻于500～600℃下焙烧1h使其初步活化，待其冷却至室温后按质量体积比

1：(5～6) g/mL 加入步骤（2）所得碱化料液，超声处理 5～10min 后静置 2～3h，然后真空过滤，所得滤渣用水快速洗涤 2～3 次后，再于 500W 下微波处理 20～60min。高孔硅藻的孔径为 50～100nm。

(4) 按质量体积比 3：1g/mL 在步骤（3）处理后的高孔硅藻中加入菌液，于 35～40℃、40～60r/min 下摇床培养 3h，然后倾出多余菌液，再加入 2% 的戊二醛水溶液，2～4℃下交联 24～30h，倾出多余戊二醛，用无菌水洗涤 3～4 次，低温干燥，得固载高孔硅藻。菌液为芽孢杆菌，其菌含量≥10^8 CFU/mL。

(5) 将步骤（4）所得固载高孔硅藻与聚合氯化铝、聚合氯化铁、膨润土混合均匀，经造粒、干燥，制得所述纳米生物净水剂。

产品应用　本品是一种纳米生物净水剂。

产品特性

(1) 本品中将秸秆进行提取，所得滤液中含多种养分，其吸附在高孔硅藻上有利于微生物的负载、繁殖；而所得滤渣中富含纤维素，其经碱化、微波处理后可部分炭化，故将其沉积在高孔硅藻的孔穴中，可进一步提升所得净水剂的吸附净化性能。其中采用微波处理还可起到干燥、灭菌的作用。

(2) 在黑臭水体中加入本品纳米生物净水剂，一方面可利用高孔硅藻的巨大的比表面积和较强的吸附力，把超细微粒物质（如黑臭水体中的氨氮、磷等）吸附到硅藻表面，并结合其絮凝作用，促使水中的污染物快速絮凝、沉淀，恢复水体的部分自净能力；另一方面，附着在高孔硅藻上的细菌可快速分解吸附在高孔硅藻上的污染物，进一步达到净化的效果。因此，本品纳米生物净水剂兼具传统净水剂絮凝沉淀的作用及生物净化作用，从而可使黑臭水体达到自然水体的环境条件。

(3) 本品使用安全，无二次污染。

(4) 采用本品处理污水，可使水体中溶解氧含量明显升高，化学需氧量（COD）、氨氮含量及磷含量明显降低。

配方 134　纳米氧化铝净水剂

原料配比

原料	配比(质量份)		
	1#	2#	3#
纳米氧化铝	3	5	6
麦饭石	30	35	30
天青石	10	10	10
沸石	30	30	25
珍珠岩	20	15	10
木炭	35	40	30
铁矿石	—	—	10
去离子水	适量	适量	适量

制备方法

(1) 分别取除纳米氧化铝以外的其他原料组分的相应质量份数，清洗后干燥。

(2) 将步骤（1）获得的原料进行粉碎研磨，磨到 150～350 目。

(3) 将研磨后的原料混合均匀，并制成颗粒状。

(4) 将纳米氧化铝粉体分散在水中，形成分散化、均匀化和稳定化的纳米氧化铝分散液，将纳米氧化铝分散液均匀喷在步骤（3）获得的颗粒上从而获得净水剂。

产品应用　本品是一种纳米氧化铝净水剂，主要用于水塘净化。

产品特性　该净水剂具有较强的吸附能力，能够完成对水塘中的重金属等有毒有害物质的吸附，去除水中异味，降低水中有害物质的含量，而且由于该净水剂原料中含有大量矿物质，使得在净水的同时释放多种对鱼苗生长有益的矿物质和微量元素，有助于鱼苗的健康快速生长。该净水剂可以有效去除水中的重金属，保证水质的安全卫生。

配方 135　凝析油用破乳净水剂

原料配比

原料		配比(质量份)				
		1#	2#	3#	4#	5#
聚醚破乳剂	WD-1	30	—	—	—	—
	YH-1	—	32	—	—	—
	YH-2	—	—	35	—	—
	SD-309	—	—	—	40	—
	WD-299	—	—	—	—	35
除油净水剂	双十二烷基二甲基氯化铵聚合物	10	15	12	18	15
双子季铵盐表面活性剂	烯丙基氯	4	4.5	5	6	5
	溴化二甲基十二烷基苄基铵	0.6	1	1.2	1.5	1.5
清水		55.4	47.5	46.8	34.5	43.5
0.1%KOH 水溶液		适量	适量	适量	适量	适量
醋酸钯		适量	适量	适量	适量	适量

制备方法　在反应釜中加入 0.1%KOH 水溶液，以醋酸钯为催化剂缓慢加入除油净水剂、阳离子聚醚类破乳剂，同时开启搅拌，使其分散均匀，升温到 40℃，将烯丙基氯滴入反应釜中，升温至 80℃，搅拌，加入双子季铵盐表面活性剂，搅拌均匀得所述凝析油用破乳净水剂。

原料介绍

所述除油净水剂可以是高极性大分子除油净水剂，分子量可以达到 200000。加入除油净水剂的目的在于，在两相界面上形成网状结构，这种结构就像过滤网一样滤去乳状液中的污物，达到破乳净化的目的。

所述双子季铵盐表面活性剂的作用是降低油水界面膜的张力，打破原有界面膜的稳固性。

所述阳离子聚醚类破乳剂由羧酸与羟基胺发生酰胺化反应后，再经季铵化反应得到。如二元羧酸与二甲基氨基丙胺，在适当温度下与季铵化剂表氯醇反应而得。

所述阳离子聚醚类破乳剂选用 WD-1、WD-299、SD-309、YH-1、YH-2 中的任一种。WD-1、WD-299、SD-309、YH-1、YH-2 均属于阳离子聚醚类破乳剂。

产品应用　本品是一种凝析油用破乳净水剂。

产品特性

(1) 本品含有阳离子聚醚类破乳剂和除油净水剂，可实现凝析油乳化液的低温、快速、高效处理，而且净水絮凝能力强，油水分离效果优异，脱出水清澈透明。

(2) 本品易在油、水相中分散，更易于聚结在油水界面上，更有效、快速地破坏油水界面膜。其分子量不高，但所含的阳离子铵中和了表面电荷，改变了油水界面活性，克服双电层的排斥作用，在油水界面上形成低强度的、疏松的界面膜，油珠聚集在一起，达到油水分离的目的，防止胶质沥青石蜡的沉积，使脱出水清澈透明。

(3) 本品具有低温 (5℃)、快速、高效、适用范围广等优点，而且净水絮凝能力强，脱出水清澈透明，实现油水快速分离。所述凝析油用破乳净水剂制备工艺简单，上述各组分在碱性条件下，以醋酸钯为催化剂，在适宜的温度下改性而成。

配方 136　膨润土净水剂

原料配比

原料		配比(质量份)		
		1#	2#	3#
膨润土	钠基膨润土	20	—	—
	钙基膨润土	—	30	—
	钙钠基膨润土	—	—	40
硫酸亚铁		8	8	10
硫酸铝		6	4	8
硫酸		50	60	80

制备方法

(1) 分别取相应质量份数的膨润土经过干燥、粉碎研磨后，投入硫酸中，在20～50℃搅拌1～4h，获得初步的浆液。

(2) 将相应质量份数的硫酸亚铁和硫酸铝投入浆液中，在30～60℃搅拌1～3h。

(3) 将步骤（2）中的浆液进行过滤得到滤饼，将滤饼在80～95℃干燥16～20h，粉碎研磨至150～300目即获得所述净水剂。

产品应用　本品是一种膨润土净水剂。

产品特性　采用本膨润土净水剂，实现了对富营养化水体的有效处理，显著降低了水体中磷酸盐的含量，具有净水效果好，净水速度快，安全性高的特点。该净水剂可以有效去除水中的磷酸盐，提高水处理的效果。

配方 137　染料废水强效脱色去污净水剂

原料配比

原料	配比(质量份)			
	1#	2#	3#	4#
三聚氰胺	250	250	250	250
硫酸铝	10	10	10	10
氯化铵	100	100	100	100
甲醛	100	100	100	100
尿素	100	100	100	100
氯化铵	100	100	100	100
甲醛	100	100	100	100
30%的可溶性淀粉水溶液	100	—	—	—
20%的可溶性淀粉水溶液	—	100	—	—
60%的可溶性淀粉水溶液	—	—	100	100
4%的阳离子聚丙烯酰胺水溶液	50	—	—	—
1%的阳离子聚丙烯酰胺水溶液	—	10	—	—
6%的阳离子聚丙烯酰胺水溶液	—	—	50	—

制备方法　在装有搅拌机及恒温控制的反应釜里先加入三聚氰胺、硫酸铝、总量1/2的氯化铵、总量1/2的甲醛，搅拌溶解后，控制反应温度为（70±1)℃，恒温反应1h（进行第一次聚合反应）；再加入尿素、总量1/2的氯化铵、总量1/2的甲醛，控制反应温度为（90±1)℃，恒温反应3h（进行第二次聚合反应）；再加入可溶性淀粉水溶液和阳离子聚丙烯酰胺水溶液，恒

温［(70±5)℃］反应30min（进行第三次聚合反应），冷却至室温即可制得一种染料废水强效脱色去污净水剂。

产品应用　本品是一种对印染废水进行脱色处理的强效脱色去污净水剂。

产品特性

（1）本品原料易得，价格便宜，制备简单。

（2）本品用于处理染料废水具有絮凝沉降速度快，污泥量少，操作简便，处理成本低等优点。

配方 138　三氯化铁复合溶液净水剂

原料配比

原料	配比(质量份)		
	1#	2#	3#
水	10(体积)	10(体积)	10(体积)
聚合硫酸铁	9	5	7
20%的三氯化铁溶液	75(体积)	75(体积)	75(体积)
结晶葡萄糖	5	5	5
三氯化铝	1	5	3

制备方法

（1）将聚合硫酸铁与三氯化铝分别过筛，使聚合硫酸铁和三氯化铝无结块。聚合硫酸铁过筛目数为60～120目，三氯化铝过筛目数为60～90目。

（2）向反应釜内加入水后加入聚合硫酸铁进行水解，并搅拌0.5～1h，保持温度在20～30℃。

（3）向反应釜内加入三氯化铁溶液并搅拌10～40min，且对反应釜进行降温，保持温度在1～8℃。

（4）待反应釜内溶液升温至室温后，向搅拌均匀后的溶液中加入结晶葡萄糖，搅拌水解5～40min。

（5）向反应釜内加入三氯化铝调节pH值，并搅拌0.5～1h，保持温度在20～30℃。调节后的pH值为6～9。

（6）将搅拌后的溶液静置24h后过滤，并将过滤后得到的三氯化铁复合溶液净水剂封装至避光防腐蚀的密封容器内进行保存。溶液的过筛目数为60～100目。

产品应用　本品是一种三氯化铁复合溶液净水剂。

产品特性　本品配制方法简单，成本低，能全面对水体进行杀菌消毒，无毒，无害，安全可靠，且除浊、脱色、脱油、除菌、除味、除藻、去除水中COD、BOD及水中的重金属离子等功效显著，且对水体pH值影响较小，对水质净化处理效果较好。

配方 139　三氯化铁净水剂

原料配比

原料	配比(质量份)		
	1#	2#	3#
硫铁矿烧渣	40	80	60
硅藻土	15	20	20
25%～35%盐酸	200	400	300

制备方法

（1）将硫铁矿烧渣和硅藻土粉碎至200～400目，待用。

（2）在压力为0.2～0.6MPa的反应釜中加入盐酸，加热至45～65℃。

（3）将步骤（1）获得的粉末加入反应釜中，搅拌1～3h，获得滤液。

（4）将滤液经过蒸发、浓缩，降温至20～30℃，得到所述三氯化铁净水剂。降温后自然结晶，然后将结晶破碎成粒状或粉状，即得固体三氯化铁净水剂。

产品应用　本品是一种三氯化铁净水剂。

产品特性　本品实现了对硫铁矿烧渣的有效利用，变废为宝，解决了硫铁矿烧渣难以处理的问题，而且该净水剂能够对水中的多种污染成分进行有效处理，显著降低了水中重金属等有害物质的含量。该净水剂主要采用硫铁矿烧渣和硅藻土制成，成本低，不会产生二次污染，同时其吸附力强，具有净水效果好，净水速度快的特点。

配方140　石油开采用净水剂

原料配比

原料	配比(质量份)		原料	配比(质量份)	
	1#	2#		1#	2#
聚合氯化铝	12	25	氯化钠	8	13
碱式氯化铝	16	25	聚丙烯酰胺	3	7
硫酸铝	7	10	硫酸亚铁	3	7
硅酸	9	22			

制备方法　将各组分原料混合均匀即可。

产品应用　本品是一种石油开采用净水剂。

产品特性　本品配方合理，净水效果好，生产成本低。

配方141　石油石化专用净水剂

原料配比

原料	配比(质量份)				
	1#	2#	3#	4#	5#
多乙烯多胺	15	25	20	21	17
过硫酸铵	3	8	5	7	4
丙烯酸	10	15	13	11	12
巯基乙酸	5	15	10	8	11
丙烯酰胺	5	15	10	8	12
去离子水	20	35	30	22	25
30%氢氧化钠溶液	8	—	—	—	—
40%氢氧化钠溶液	—	15	12	11	13

制备方法

（1）将多乙烯多胺、丙烯酸搅拌10min，搅拌下加入过硫酸铵，持续搅拌并升温至40～50℃，反应2h得到A。

（2）将A持续搅拌，向其中加入巯基乙酸，继续搅拌并升温至70～80℃，继续搅拌反应

4h，得到 B。

(3) 将 B 持续搅拌，冷却后加入丙烯酰胺、去离子水，持续搅拌 40min，最后用氢氧化钠溶液调节 pH 值至 5.5～6.5。

原料介绍　所述氢氧化钠溶液的溶质质量分数在 40%～50%之间。

产品应用　本品是一种石油石化专用净水剂。

产品特性

(1) 本品稳定性好，具有良好的流变性，在不同水体中所带电子的类型可能不同，适用于阴离子水体和阳离子水体，也适用于阴、阳离子共存体系，应用广泛。在使用过程中，净水效果显著。

(2) 本品无毒、无刺激性，具有良好的水溶性，并与多种物质具有良好的相溶性，且具有优良的絮凝分散效果。

(3) 本品稳定性好，净化速率高，能提高石油石化废水处理效率，净水效果显著。

配方 142　适用于煤化工、焦化工业废水深度处理使用的净水剂

原料配比

原料		配比(质量份)			
		1#	2#	3#	4#
纳米碳材料		22	28	31	31
硅藻土粉		2	6	4.5	4.5
焦化好氧池菌种提取物		2.5	3.6	3.6	3.6
专用絮凝剂		63	63	68	68
枯草芽孢杆菌群		8	8	8	8
专用絮凝剂	十二水合硫酸铝钾或硫酸铝	90	95	94	94
	聚合硫酸铁	9.5	4.5	5	5
	叔铵盐高分子絮凝剂	0.5	0.5	1	1
纳米碳材料	纳米碳材料	—	1	1	1
	H_3PO_4 溶液(浓度为 30%)	—	2	3	3
	杭白菊浸出液	—	—	—	2

制备方法　将纳米碳材料、硅藻土粉和焦化好氧池菌种提取物按比例混合，经 105～110℃高温烘干至水分含量小于 5%，放入球磨机研磨至 200～300 目，与专用絮凝剂混合均匀后，再进行分袋包装。按比例称取枯草芽孢杆菌群后单独包装。

原料介绍

所述焦化好氧池菌种提取物提取方法为：将筛选培养合格的焦化好氧池菌种污泥进行浓缩，将浓缩后的菌种污泥脱水并烘干后得到灰黑色固体，即得。

所述纳米碳材料进行如下处理：将 1 质量份的纳米碳材料加入 2～3 质量份的浓度为 30%的 H_3PO_4 溶液中，另加入 2 质量份的杭白菊浸出液，浸泡 8～24h；然后过滤清洗进行烘干，得到含水率低于 5%的改性后的纳米碳材料。

所述的杭白菊浸出液采用如下方法制备：取清洗干净的杭白菊，然后加入质量为杭白菊 20 倍的纯净水中，在 70～80℃下加热 4～6h，过滤后得到滤液。

所述枯草芽孢杆菌群的加入量为每千克净水剂中加入 8mg 枯草芽孢杆菌群。

产品应用　本品是一种适用于煤化工、焦化工业废水深度处理使用的净水剂。使用时，将 0.6g 净水剂倒入 1L 待处理废水中曝气搅拌 4h，静置 3h。

产品特性

(1) 本品利用纳米颗粒的尺寸效应对小分子有机物进行有效的吸附，配方中不含重金属成分，避免了对水体的二次污染，同时加入了焦化废水所匹配的专用菌种，能有效地吸附并分解小分子有机物。净水剂中引入了改性后的纳米碳，在提高絮凝效果的同时增强了脱色效果，配合活性菌群使用还能起到进一步降低 COD 和脱色的综合治理效果，提高了处理效率。

(2) 纳米碳材料具有优异的纳米尺寸效应，能够强烈吸附小分子有机物从而达到降低 CODcr 的功效，同时具有生物载体的双重功能，微生物菌群可以附着在纳米碳材料上，在充分曝气供氧的情况下，高密度的生物菌群能够分解大量有机物，其余难降解的有机物及部分氰化物可以随沉淀的生物淤泥一起排走。

(3) 该净水剂不添加任何有毒有害的重金属元素，绿色无污染，提高絮凝效果的同时增强了脱色效果，提高了处理效率。

配方 143 天然环保净水剂（1）

原料配比

原料	配比(质量份)		
	1#	2#	3#
木质素	10	15	20
壳聚糖	10	15	20
辣木水提液	5	6	8

制备方法

(1) 成品壳聚糖的制备

① 取市售的甲壳质，放于一容器内，加入碱性溶液，用玻璃棒搅匀后置于水浴锅中保温碱浸，滤去碱液，水冲洗至中性。

② 再加入碱性溶液，用玻璃棒搅匀后置于水浴锅中保温碱浸，滤去碱液，水冲洗至中性。

③ 将滤渣干燥，用研碎机研碎，过 200 目筛，即为成品壳聚糖。

(2) 辣木水提液的制备：将辣木原料粉碎得辣木粉，将辣木粉和水置于搅拌容器内，控制温度 4～10℃，搅拌提取 6～10h，经 200 目过滤去除固体得到辣木水提液。

(3) 按比例量取步骤 (1) 制备的成品壳聚糖、(2) 制备的辣木水提液，将其混合均匀，然后在混合液中按照比例加入木质素，混合均匀即得本品天然环保净水剂。

原料介绍　所述的辣木粉碎粒径为 100～120 目。

产品应用　本品是一种天然环保净水剂，使用时，每吨水使用 20～50g。

产品特性

(1) 辣木净水剂为纯植物提取物，使用其净化水质时，无毒、无害，有利于环保，更有利于人体健康，从根本上解决了化学净水剂给人类带来的危害，给环境造成的二次污染。通过对木质素、壳聚糖和辣木水提液三者比例的限定，能够提高吸附性能，使得制备的净水剂净化效果较佳。

(2) 采用本品的安全环保净水剂，可实现对水中多种污染成分的有效处理，显著降低水中重金属等有害物质的含量，而且该净水剂采用天然非金属矿物制成，成本低，使用更加安全环保，不会产生二次污染，同时其吸附力强，具有净水效果好，净水速度快的特点。

(3) 本品所述的制备方法采用两次碱煮法制取壳聚糖，可以得到脱乙酰度高，且分子量大的产品。

配方 144 天然环保净水剂（2）

原料配比

原料	配比（质量份）		
	1#	2#	3#
二氧化硅	25	30	35
氧化钙	15	20	25
氧化铝	10	15	20
二氧化钛	2	5	7
碳酸钙	10	15	20
氧化铁	5	10	15
天然矿物	2	5	7

制备方法　将各组分原料混合均匀即可。

原料介绍　所述天然矿物为沸石。沸石具有以下特性：长年累月堆积下来的孔质矿山，成分以硅酸铝为主体，并含钙、镁、铁、钠等的矿物质，表面多为孔质；具有极强的净化效果，能有效消除水中的重金属离子、微生物污垢。

产品应用　本品是一种天然环保净水剂。使用时，将适量净水剂投入废液中，进行凝聚处理，凝聚处理后，使固液分离，固液分离后得到处理干净的液体。

产品特性

（1）处理原水不受水温、pH 值的影响，使用范围广，安全性高，处理后的水透明度极高，可回用。

（2）本品使用后不会产生二次污染，具有性能稳定、性价比高的优势。

（3）本品相对于传统的高分子凝聚剂，通用性较强，可以处理各种类型的废液，对难处理的污水效果依然很好，脱水性良好；对 COD、BOD 降低率较高，凝聚物坚固且不易损坏；净水操作十分简单。

（4）使用本品进行废液处理，减少了工业废弃物，大大降低了处理成本。

（5）本品以天然矿物质为主要成分，是对环境、生态系统无伤害的净水剂，主要用于废液处理，如水性涂料、水溶性切削液、墨水、胶水等。将本品净水剂加入废液中后，其中和了带电的悬浮粒子，利用分子间的引力达到凝聚效果。

配方 145 天然净水剂

原料配比

原料		配比（质量份）		
		1#	2#	3#
壳聚糖		10	10000	50000
穿心莲提取液		50（体积）	2000（体积）	30000（体积）
复硝酚钠		10	500	20000
人造膨润土		20	300	100000
穿心莲提取液	干燥的穿心莲	500	5000	60000
	水	10000	50000	600000

制备方法　用酸处理去除外壳中的钙，再用碱处理去除外壳中的蛋白质，最后经高锰酸钾脱色制成甲壳质。将甲壳质用碱浸，醋酸处理，调 pH 值，经抽滤、烘干制得壳聚糖。然后将

壳聚糖分散于穿心莲提取液中，加复硝酚钠，制得复合体，在复合体中加人造膨润土便制得净水剂。

原料介绍

所述壳聚糖的具体制备方法如下：

(1) 酸碱处理：将虾壳、蟹壳用水清洗干净，烘干后粉碎，加入稀盐酸浸泡 10～15h，过滤，取滤渣用水清洗至中性，然后加入稀碱溶液浸泡 4h 以上，水溶液的温度为 90～96℃，再次过滤，用水洗至中性，后重复上述酸碱处理操作 2～3 次。

(2) 氧化处理：使用高锰酸钾溶液浸泡 1～3h，再用水洗至中性，然后浸于 1%的亚硫酸氢钠溶液中 1～3h，使高锰酸钾的紫色全部消失，过滤，得白色片状物，即甲壳质。

(3) 甲壳质的处理：将步骤 (2) 获得的甲壳质浸入质量浓度为 30%的 NaOH 溶液中，在 80～90℃下反应 3～10h，洗至中性，后放于 25%的醋酸中浸泡 10～20h，离心处理，取上清液用质量浓度为 10%的 NaOH 溶液调 pH 值至 8，过滤，取滤渣在烘箱中烘干，制得壳聚糖。

所述穿心莲提取液经过下列方法提取：

(1) 将干燥的穿心莲粉碎过 90 目筛，然后加入 10～20 倍质量的提取溶剂，在转速为 800r/min 的条件下搅拌均匀；然后在输出功率为 1200W 的微波条件下，微波提取 20～40min，过滤，重复提取 2～3 次，合并提取液。

(2) 将所得提取液在真空度为 7～11kPa、温度为 50～60℃条件下，浓缩至原体积的 1/3～1/2，得穿心莲提取液。

所述的提取溶剂为自来水、30%～70%的乙醇溶液、浓度为 1.0mol/L 的氯化钠、浓度为 0.1mol/L 的醋酸、浓度为 0.01mol/L 的盐酸中的一种或几种。

产品应用　本品是一种天然净水剂。

产品特性　本品的特点在于制备方法简单，材料来源广泛，成本低，用这种方法制备的净水剂净水效果好，具有杀菌、杀虫的作用，尤其是捕集水中重金属的性能更为显著，净水量大，且水中的铁、锌、钙等人体所需元素不被滤除，不但对饮用水具有很好的净化作用，对工业、生活污水也具有很好的净化作用，使其达到环保要求。该法制备的净水剂进行饮用水消毒时无毒副作用，没有异味，不产生二次污染。

配方 146　添加生物酶的净水剂

原料配比

原料	配比(质量份)		
	1#	2#	3#
生物酶溶液	50	40	20
红串红球菌污泥絮凝剂	15	12	10
壳聚糖季铵盐	18	14	10
棉花籽提取物	15	12	10
皂角提取物	15	12	5
聚合氯化铝	15	13	10
聚丙烯酰胺	12	10	8

制备方法

(1) 将上述的生物酶溶液分别于工作压力 0.5MPa 下，通过超滤膜，进行分离、过滤、浓缩处理，使用的超滤膜每使用 5000min 更换一次，制得活力单位在 2800U/mg 以上、pH 值为 5～7 的酶溶液备用，再将上述处理后的若干酶溶液于容器内搅拌，使之混合均匀，于工作压力 0.3MPa 下，通过膜孔径为 0.007μm 的超滤膜，通过超滤浓缩得到活力单位为 2900U/mg 的酶液，将该酶液通过超滤膜，从中筛分出适合酶分子量的酶混合溶液于−5℃保存备用。

（2）将壳聚糖季铵盐在沸水中搅拌均匀直至溶解，得到体系A。

（3）待温度冷却至35～50℃时，向体系A中加入棉花籽提取物、皂角提取物、红串红球菌污泥絮凝剂，搅拌混合35min；得到体系B。

（4）向体系B中加入聚合氯化铝、聚丙烯酰胺搅拌混合0.5～1h得到体系C。

（5）将步骤（1）制备的酶溶液与体系C置于搅拌器内，转动速度为2000～3000r/min，时间为30～45min，制得生物酶高效净水剂。

原料介绍

红串红球菌具有很强的絮凝能力，它能够很有效地凝聚液体中悬浮的固体，可以处理湖水、膨胀污泥、浑浊的泥水，还可以用来处理禽畜废水等有机物或无机物。

微生物型絮凝剂与金属盐絮凝剂复配使用不仅可克服传统无机金属盐絮凝剂对pH敏感、对活性染料去除率低的缺陷，而且还能有效解决金属离子残留的难题，确保了絮凝剂使用的环境生态安全。

棉花籽提取物和皂角提取物基体拥有很大的比表面积和黏合能力，可以将有效组分吸附并很好地黏合在载体上，提高了净水剂的稳定性。

产品应用　本品是一种添加生物酶的净水剂。

产品特性

（1）本品选用生物酶、红串红球菌污泥絮凝剂、壳聚糖季铵盐、棉花籽提取物、皂角提取物、聚合氯化铝、聚丙烯酰胺，各成分互补增效，使用较少量的净水剂，就可以显著改善水体色度、COD、BOD5、SS、TN。

（2）本品所用的原料资源丰富，净水剂的制备工艺流程简单，生产周期短，操作简便，生产成本低，适于工业化生产。

（3）本品对废水的除浊率、降低水中微生物有明显的效果。

配方147　微胶囊净水剂

原料配比

原料	配比(质量份)		原料	配比(质量份)	
	1#	2#		1#	2#
氨基己糖	16	19	山梨酸乙酯	3	4
鼠李糖	3	4	吐温-80	3	3.5
葡萄糖醛酸	0.1	0.2	聚维酮	8	9.5
羧甲基纤维素	39	40	硬脂酸甘油酯	21	23

制备方法

（1）将聚维酮和吐温-80加入水中溶解。

（2）在快速搅拌下加入氨基己糖、鼠李糖、葡萄糖醛酸、羧甲基纤维素、山梨酸乙酯、硬脂酸甘油酯，搅拌均匀后乳化制成微胶囊液。乳化过程在高速剪切分散乳化机中进行。

（3）将乳化后的微胶囊液通过喷雾干燥制成所述微胶囊净水剂。喷雾干燥过程在喷雾干燥机中进行。

产品应用　本品是一种微胶囊净水剂。

产品特性

（1）本品采用聚维酮、氨基己糖、鼠李糖和葡萄糖醛酸作为壁材包裹净水化合物，制成微胶囊净水剂，微胶囊在水中不会成团，快速分散，囊壁溶解后净水化合物即被释放出来，均匀分散于水中，去除水体污染物效率高。

(2) 本品包含硬脂酸甘油酯，它在水中除了吸附、絮凝作用外，还可催化部分污染物降解。

(3) 本品的组成成分均是无污染化合物，且低残留，不产生二次污染。

配方 148　微生物复合净水剂

原料配比

原料		配比(质量份)	
		1#	2#
复合微生物制剂	枯草芽孢杆菌	3	4
	解淀粉芽孢杆菌	3	4
	嗜酸乳杆菌	2	2
	凝结芽孢杆菌	2	3
	地衣芽孢杆菌	2	2
	铜绿假单胞菌	3	3
净水剂复合载体	聚丙烯酰胺	14	13
	聚合氯化铝铁	8	9
	聚醚季铵盐	15	13
	硅藻泥	18	16
	椰壳炭	17	16
	壳聚糖	18	12
	磺化煤	18	16
	沸石	7	8
	黏土	12	14
	羟基磷灰石	3	2
湿菌体		1	3
净水剂复合载体		1	4
NB 营养肉汤培养基		适量	适量

制备方法

(1) 将复合微生物制剂离心，去除上清液，得到湿菌体。

(2) 取湿菌体用适量 NB 营养肉汤培养基重悬，得到悬浮菌液。

(3) 将净水剂复合载体加入适量 NB 营养肉汤培养基中，再与步骤 (2) 所得悬浮菌液合并，补充 NB 营养肉汤培养基至离心前培养基体积的 1～3 倍，在培养温度为 20～32℃、转速为 50～300r/min 下培养 12～24h，得到微生物复合净水剂，在 15～32℃下干燥，干燥至水分含量为 30%～50%。

原料介绍

复合微生物制剂的制备方法，包括以下步骤：

(1) 采集河湖水样和底泥，离心，将上清液接种于 NB 营养肉汤培养基中，在 25～32℃下培养 12～72h，得到水体菌液。

(2) 取水体菌液作梯度稀释，然后涂布于 NB 营养肉汤固体培养基上，在 25～32℃下培养 12～72h，分离得到单菌落，根据细菌的生理生化特征对分离得到的单菌落进行鉴定筛选。利用 DNA 检测技术对分离得到的单菌落进行鉴定筛选；或者，根据细菌的生理生化特征结合 DNA 检测技术对分离得到的单菌落进行鉴定筛选。

(3) 将筛选得到的枯草芽孢杆菌、解淀粉芽孢杆菌、嗜酸乳杆菌、凝结芽孢杆菌、地衣芽孢杆菌和铜绿假单胞菌分别进行扩大培养，然后按 (3～4)：(3～4)：(2～3)：(2～3)：(1～2)：(2～3) 的活菌数比例将上述菌种混合，得到复合微生物制剂。培养时间以能够使上述菌种生长至能被分离鉴定为宜。

所得复合微生物制剂的总活菌浓度为 $(8\sim20)\times10^8$ CFU/g。

净水剂复合载体的制备方法，包括以下步骤：

按质量比将聚丙烯酰胺、聚合氯化铝铁、聚醚季铵盐、磺化煤、沸石、椰壳炭、壳聚糖和一定量的水混合，加热至40～55℃，在转速200～350r/min下搅拌4～6h，然后在搅拌状态下加入硅藻泥、黏土和羟基磷灰石，继续搅拌1～2h，然后过滤，得到固体物质。

将固体物质在45～80℃下烘干至水分含量为30%～75%，利用抛圆造粒机进行制粒，得到粒径为1～6mm的净水剂复合载体，再烘干至水分含量为10%～30%。在水分含量为10%～30%的情况下，净水剂复合载体不容易散开或掉粉，有利于在后续步骤中加入培养基中。

产品应用　本品是一种微生物复合净水剂。

产品特性　本品中的微生物为采集于河湖水体和底泥中的土著微生物，资源丰富，获得容易，成本低廉。将采集到的土著微生物投入生物培养基中扩大培养，经扩大培养后的土著微生物得到快速繁殖；将土著微生物附着固定于净水剂复合载体中有利于进行污水处理及避免二次污染，土著微生物协同净水剂能够大量降解水中的污染物，使碳源转化为二氧化碳、氮源转化为氮气，使污染物浓度大大降低，水体变清。通过水体生态系统的重建、完善和优化，促进水下原生态系统的恢复，最终恢复水体自净能力。

配方 149　微生物净水剂

原料配比

原料		配比(质量份)					
		1#	2#	3#	4#	5#	6#
吸附剂	活性氧化铝和杏壳活性炭(2∶3)	15	—	—	—	—	—
	活性氧化铝和核桃壳活性炭(1∶3)	—	—	—	20	—	—
	硅藻土和果核壳活性炭(1∶3)	—	—	—	—	15	—
	活性氧化铝	—	15	—	—	—	—
	杏壳活性炭	—	—	15	—	—	—
	硅藻土、核桃壳活性炭和活性氧化铝(1∶3∶1)	—	—	—	—	—	15
微生物菌剂	枯草芽孢杆菌	10	—	—	15	—	—
	硝化细菌	—	20	—	—	—	—
	枯草芽孢杆菌和硝化细菌(1∶2)	—	—	—	—	15	—
	光合菌	—	—	20	—	—	—
	枯草芽孢杆菌、硝化细菌和光合菌(1∶2∶2)	—	—	—	—	—	30
微生物絮凝剂	葡聚糖	10	—	—	15	—	—
	甘露聚糖	—	15	—	—	—	—
	葡聚糖和甘露聚糖(1∶4)	—	—	—	—	10	—
	蛋白质	—	—	20	—	—	—
	葡聚糖、甘露聚糖和蛋白质(1∶1∶3)	—	—	—	—	—	15
微生物营养剂		5	8	6	5	5	10
水		20	20	20	30	30	40

制备方法　将各组分原料混合均匀即可。

产品应用　本品是一种微生物净水剂。

产品特性　微生物菌剂可以降低水质COD、氨氮，减少河道臭味，提高水体透明度；而微生物絮凝剂絮凝范围广，絮凝活性高，且大多不受离子强度、pH值及温度的影响，具有高效、安全、不污染环境的优点。本品通过微生物菌剂、微生物絮凝剂、吸附剂、微生物营养剂的配合，不会残留化学物质在水中，避免产生二次污染，同时该净水剂净化效果好。

配方 150 污水净水剂（1）

原料配比

原料	配比（质量份）		
	1#	2#	3#
壳聚糖	2	4	6
煤炭粉	10	15	20
氯化镁	2	4	6
活性炭	20	25	39
木醋液	10	15	20

制备方法

（1）按比例称取原料，并且将原料进行粉碎，备用；粉碎的粒径为100～200目。

（2）在煤炭粉中加入木醋液，混合搅拌均匀备用；煤炭粉与木醋液的质量比为1∶1。

（3）然后将各原料进行混合，搅拌均匀，即制备得净水剂。

原料介绍　所述的活性炭为木质活性炭、果壳活性炭、煤质活性炭、再生炭或矿物质原料活性炭中的一种。

产品应用　本品是一种污水净水剂。在使用时，100kg 污水加入 2～8kg 的净水剂。

产品特性

（1）本净水剂具有杀菌抑菌的作用，活性炭能够起到吸附污染物的作用。

（2）本品中的活性炭选择性较多，可根据具体净水的要求选择适合的活性炭种类。

（3）本品不会产生二次污染，并且处理后的污水具有较高的透明度，能够回收利用。

配方 151 污水净水剂（2）

原料配比

原料		配比（质量份）				
		1#	2#	3#	4#	5#
液体净水剂	聚合硫酸铁	1	3.5	4.5	12	15
	聚丙烯酰胺	8	12	15	23	30
	氯化铁	15	16.5	19	23	25
	氯化铵	1.5	3.2	6	9	15
	有机酸	1	2	3	5	8
固体净水剂	粉煤灰	25	30	35	45	100
	活性炭粉	40	41	45	50	65
	沸石粉	15	18	23	48	60
	炉渣颗粒	16	18	23	20	127
	硅藻土	25.5	30	50	75	98
	高锰酸钾	2	2.5	4	11	15
	聚合氯化铝	15	20	23	26	35
	聚合硫酸铁	3	5	6	12	15
	聚合氯化铁	3	5	7	12	18
	泡腾崩解剂	2	5	6	12	18
	有机物降解剂	1	3	5	12	16

制备方法　将各组分原料混合均匀即可。

原料介绍　所述的有机酸为柠檬酸、酒石酸、富马酸中的至少一种。

产品应用　本品是一种污水净水剂。污水净水剂的使用方法，包括如下步骤：

(1) 将炉渣颗粒、硅藻土、高锰酸钾、聚合氯化铝、聚合硫酸铁、聚合氯化铁、泡腾崩解剂、有机物降解剂投至废水中，以20～100r/min的转速搅拌3～5min，静置1～1.5h，过滤得到上清液。

(2) 再将液体净水剂加入步骤(1)中的上清液中，以100～150r/min的转速搅拌10～15min，静置15～20min。

(3) 将步骤(2)中的废水过滤，再将粉煤灰、活性炭粉、沸石粉倒入其中，静置20～70min，让粉煤灰、活性炭粉、沸石粉对水进行吸附，得上清液，完成废水的净化。

产品特性　液体净水剂可以漂在水面或者溶于水中，能将水中污染物快速净化，而固体净水剂沉于水底，能对水中的污染物进行吸附，无污染，净化能力强。

配方 152　污水净水剂(3)

原料配比

原料		配比(质量份)		
		1#	2#	3#
硅酸钠		1	2.5	5
活性炭		3	4.5	1
乙醇	体积分数为50%	10	—	—
	体积分数为70%	—	5	—
	体积分数为60%	—	—	8
膨润土		1	2	5
高岭土		2.5	5	1
硅藻土		0.5	0.1	0.25
硫酸铝		1	2	5
水		16	20	10
盐酸	质量分数为38%	0.5	—	—
	质量分数为30%	—	0.1	—
	质量分数为36%	—	—	0.3

制备方法

(1) 将硅酸钠与活性炭按照比例混合，然后加入乙醇，充分搅拌混合均匀。

(2) 将膨润土、高岭土、硅藻土和硫酸铝混合粉碎成粉末状，再加水混合均匀。

(3) 将步骤(1)和步骤(2)获得的产物混合，同时不断加入盐酸搅拌均匀。

产品应用　本品是一种污水净水剂。

产品特性　本品配比科学，制备简单快捷，使用方便，使用时净水剂中的粒子与有机物形成复杂络合物凝聚沉淀，絮凝颗粒大，稳定性高，具有高效、清洁、安全的特点，能够有效去除水中的有机污染物和悬浮物，特别是苯和磷类物质。本品是一种成本低、效果好的净水剂。

配方 153　无机聚合物净水剂

原料配比

原料	配比(质量份)		
	1#	2#	3#
硫铁矿烧渣	50	100	80
硅藻土	15	25	20

续表

原料	配比(质量份)		
	1#	2#	3#
硫酸	200	350	300
盐酸	150	250	200
氧化剂氯酸钠	10	20	15
催化剂硝酸	30	50	45

制备方法

(1) 将硫铁矿烧渣和硅藻土粉碎至200～400目，待用。

(2) 在压力为0.2～0.6MPa的反应釜中加入硫酸和盐酸，加热至40～70℃。

(3) 将步骤(1)获得的粉末加入反应釜中，搅拌1～3h。

(4) 将氧化剂和催化剂加入反应釜中，加热至50～60℃，搅拌3～6h。

(5) 将步骤(4)中反应釜内的溶液静置冷却，即可获得聚合氯化硫酸铁净水剂。

产品应用　本品是一种无机聚合物净水剂。

产品特性

(1) 本品实现了对硫铁矿烧渣的有效利用，变废为宝，解决了硫铁矿烧渣难以处理的问题，而且该净水剂进行水体净化时，其混凝过程所形成的矾花大，沉降快，污泥脱水性能好，无二次污染，具有良好的净化效果。

(2) 本品能够对水中的多种污染成分进行有效处理，显著降低了水中重金属等有害物质的含量。该净水剂主要采用硫铁矿烧渣和硅藻土制成，成本低，不会产生二次污染，同时其吸附力强，具有净水效果好，净水速度快的特点。

配方 154　橡胶促进剂 DM 生产中所用净水剂

原料配比

原料		配比(质量份)		
		1#	2#	3#
固态吸附物料	麦饭石	24	10	25
	活性焦	15	5	20
	炉渣	15	5	15
微生物净水剂	带小棒链霉菌菌粉	1.5	0.5	2
	地衣芽孢杆菌菌粉	0.9	0.5	1.5
	白腐菌菌粉	0.6	0.2	1
	微杆菌菌粉	1.2	0.5	1.5
酶制剂	植酸酶	0.08	0.05	0.1
	硫酯酶	0.09	0.04	0.15
	链霉菌蛋白酶	0.06	0.03	0.2
	烯酮还原酶	0.06	0.02	0.1

制备方法　将各组分原料混合均匀即可。

产品应用　本品是一种橡胶促进剂 DM 生产中所用净水剂。使用方法如下。

(1) 在废水中先加入固态吸附物料，以10～20r/min的转速搅拌均匀，搅拌0.2～1h，静置2～5h，废水分层为上层清水和下层沉淀。

(2) 放出上述废水中的上层清水，除去底部的沉淀污染物，在上层清水中加入微生物净水剂，以10～20r/min的转速搅拌均匀，搅拌0.2～1h，静置2～6h。

(3) 将上述步骤中的废水pH值调节至4.5～6.0，保持废水的温度为35～45℃，再在上述废水中加入酶制剂，以10～20r/min的转速搅拌均匀，搅拌0.2～1h，静置3～8h。

产品特性　采用本品对橡胶促进剂DM生产中的废水进行处理，固体净水剂与复合微生物菌剂、酶制剂共同作用于废水，避免了化学处理产生的二次污染，减少了污水的排放量，改善了废水的水质。而且本品所采用的复合微生物菌种能够提高系统抗冲击负荷的能力，以应对有机物质负荷过高的情况。本品的方法使CODcr的排放量达到国家规定的标准。该方法不需加入大量的化学试剂，对环境友好，而且净水效果好。

配方155　橡胶促进剂DZ生产中所用净水剂

原料配比

原料		配比(质量份)		
		1#	2#	3#
固态吸附物料	麦饭石	24	10	25
	活性焦	15	5	20
	炉渣	15	5	15
微生物净水剂	聚磷菌菌粉	1.5	0.5	2
	白地霉菌菌粉	0.9	0.5	1.5
	白腐菌菌粉	0.6	0.2	1
	微杆菌菌粉	1.2	0.5	1.5
酶制剂	锰过氧化氢酶	0.08	0.05	0.1
	氧化还原酶	0.09	0.04	0.15
	链霉菌蛋白酶	0.06	0.03	0.2
	腈水合酶	0.06	0.02	0.1

制备方法　将各组分原料混合均匀即可。

产品应用　本品是一种橡胶促进剂DZ生产中所用净水剂。使用方法如下。

(1) 在废水中先加入固态吸附物料，以10～20r/min的转速搅拌均匀，搅拌0.2～1h，静置2～5h，废水分层为上层清水和下层沉淀。

(2) 放出上述废水中的上层清水，除去底部的沉淀污染物，在上层清水中加入微生物净水剂，以10～20r/min的转速搅拌均匀，搅拌0.2～1h，静置2～6h。

(3) 将上述步骤中的废水pH值调节至4.5～6.0，保持废水的温度为35～45℃，再在上述废水中加入酶制剂，以10～20r/min的转速搅拌均匀，搅拌0.2～1h，静置3～8h。

产品特性　采用本品对橡胶促进剂DZ生产中的废水进行处理，固体净水剂与复合微生物菌剂、酶制剂共同作用于废水，避免了化学处理产生的二次污染，减少了污水的排放量，改善了废水的水质。而且本品所采用的复合微生物菌种能够提高系统抗冲击负荷的能力，以应对有机物质负荷过高的情况。本品的方法使COD的排放量达到国家规定的标准。该方法不需加入大量的化学试剂，对环境友好，而且净水效果好。

配方156　橡胶促进剂NOBS生产中所用净水剂

原料配比

原料		配比(质量份)		
		1#	2#	3#
固态吸附物料	麦饭石	24	10	25
	活性焦	15	5	20
	炉渣	15	5	15

续表

原料		配比(质量份)		
		1#	2#	3#
微生物净水剂	金黄杆菌菌粉	1.5	0.5	2
	酵母菌菌粉	0.9	0.5	1.5
	白腐菌菌粉	0.6	0.2	1
	微杆菌菌粉	1.2	0.5	1.5
酶制剂	植酸酶	0.08	0.05	0.1
	氧化还原酶	0.09	0.04	0.15
	链霉菌蛋白酶	0.06	0.03	0.2
	腈水合酶	0.06	0.02	0.1

制备方法　将各组分原料混合均匀即可。

产品应用　本品是一种橡胶促进剂 NOBS 生产中所用净水剂。使用方法如下。

(1) 在废水中先加入固态吸附物料，以 10～20r/min 的转速搅拌均匀，搅拌 0.2～1h，静置 2～5h，废水分层为上层清水和下层沉淀。

(2) 放出上述废水中的上层清水，除去底部的沉淀污染物，在上层清水中加入微生物净水剂，以 10～20r/min 的转速搅拌均匀，搅拌 0.2～1h，静置 2～6h。

(3) 将上述步骤中的废水 pH 值调节至 4.5～6.0，保持废水的温度为 35～45℃，再在上述废水中加入酶制剂，以 10～20r/min 的转速搅拌均匀，搅拌 0.2～1h，静置 3～8h。

产品特性　采用本品对橡胶促进剂 NOBS 生产中的废水进行处理，固体净水剂与复合微生物菌剂、酶制剂共同作用于废水，避免了化学处理产生的二次污染，减少了污水的排放量，改善了废水的水质。而且本品所采用的复合微生物菌种能够提高系统抗冲击负荷的能力，以应对有机物质负荷过高的情况。本品的方法使 CODcr 的排放量达到国家规定的标准。该方法不需加入大量的化学试剂，对环境友好，而且净水效果好。

配方 157　橡胶废水用净水剂

原料配比

原料		配比(质量份)				
		1#	2#	3#	4#	5#
聚合氯化铝		45	42	35	37	38
活性炭		16	10	8	15	13
硫酸铝		15	18	25	23	21
硫酸铁		11	10	5	7	9
氯化铁		9	8	4	5	7
膨润土	钠基膨润土	4	—	—	—	—
	钠-钙基膨润土	—	7	—	—	6
	钙-钠基膨润土	—	—	8	—	—
	钙基膨润土	—	—	—	5	—
果壳滤料		12	14	18	17	15
噬氨副球菌菌粉		4	2	1	3	2
硝化细菌菌粉		1.5	1.5	0.8	0.8	1.2

制备方法

(1) 按质量份称量上述组分原料聚合氯化铝、活性炭、硫酸铝、氯化铁、硫酸铁、膨润土、果壳滤料、噬氨副球菌菌粉以及硝化细菌菌粉。

(2) 将活性炭、膨润土以及果壳滤料加入干燥箱中，设置干燥温度为 70℃，干燥时间为 15min，备用。

(3) 将聚合氯化铝、硫酸铝、氯化铁以及硫酸铁加入高混机中，高混机速度为1000r/min，混合15min后，加入干燥好的活性炭、膨润土以及果壳滤料，混合6min，得到混合料a。

(4) 将混合料a加入容器中，加入噬氨副球菌菌粉以及硝化细菌菌粉，开启搅拌器，搅拌速度为200r/min，搅拌12min，得到混合料b。

(5) 将混合料b进行冷压，通氮气加压成型，得到膨松多孔的净水剂。

原料介绍

所述活性炭孔径为10～50Å。

所述果壳滤料为15～30目。

产品应用　本品是一种橡胶废水用净水剂。应用方法为：根据需要的量，将膨松多孔的净水剂投入橡胶废水中，静置4h，对废水进行过滤，即完成对废水的处理。

产品特性　经过本净水剂处理过的橡胶废水，水中悬浮物、总磷含量、化学需氧量以及总氨含量大大降低，且水质透明，无任何刺激性气味，完全达到排放标准。

配方158　消毒净水剂

原料配比

原料		配比(质量份)		
		1#	2#	3#
亚氯酸钠		9	10	8
次氯酸钙		12	15	10
聚丙烯酰胺		15	20	10
聚合氯化铝		15	20	10
硫酸亚铁		7	6～8	6
微生物絮凝剂	酱油曲霉(Aspergillus sojae)产生的AJ7002絮凝剂	60	—	—
	酱油曲霉(Aspergillus sojae)产生的AJ7002絮凝剂和拟青霉菌Ⅰ-1 Paecilomyces spⅠ-1)产生的生物絮凝剂PF101	—	70	—
	酱油曲霉(Aspergillus sojae)产生的AJ7002絮凝剂、拟青霉菌Ⅰ-1(Paecilomyces spⅠ-1)产生的生物絮凝剂PF101和红平红球菌S-1(Rhodococcus erythvopolis sp-1)产生的生物絮凝剂NOC-1	—	—	50

制备方法　将各组分原料混合均匀即可。

原料介绍　所述的微生物絮凝剂为酱油曲霉（Aspergillus sojae）产生的AJ7002絮凝剂、拟青霉菌Ⅰ-1（Paecilomyces spⅠ-1）产生的生物絮凝剂PF101、红平红球菌S-1（Rhodococcus erythvopolis sp-1）产生的生物絮凝剂NOC-1中的至少一种。

产品应用　本品是一种消毒净水剂。使用方法：将本品的消毒净水剂加入污水中，搅拌0.5h后，静置2h，得到净化水。

产品特性　本品采用微生物絮凝剂、聚丙烯酰胺与铝盐等结合使用，能迅速溶解于水，快速释放出杀菌有效成分，降低了对环境的污染，并大大提高了净水效果。

配方159　污水处理净化用净水剂

原料配比

原料	配比(质量份)			
	1#	2#	3#	4#
硫酸铝粉末	70	75	80	90
精制硫酸亚铁	15	18	20	25

续表

原料		配比(质量份)			
		1#	2#	3#	4#
陶瓷分散剂		50	65	60	70
活性炭		15	18	20	25
可溶性金属氯化物		8	11	10	12
单过硫酸氢钾消毒粉		25	28	30	35
三氯异氰尿酸钠		8	9	10	12
可溶性金属氯化物	氯化镁	1	1	1	1
	氯化铜	1	2.5	2	3

制备方法　将各组分原料混合均匀即可。

原料介绍

所述原料的粒度为150目，增大比表面积，提高净水效率。

所述活性炭可以为木质活性炭、果壳活性炭、煤质活性炭、再生炭或矿物质原料活性炭，可根据具体净水的要求选择适合的活性炭种类。

产品应用　本品是一种污水处理净化用净水剂。

产品特性　本品通过复合材料，使得水处理过程中富含铁离子和铝离子，高效降低污水的COD值，同时本品具有脱氮除磷的功效，保证污水处理彻底。

配方 160　工业废水处理用净水剂

原料配比

原料	配比(质量份)		
	1#	2#	3#
碳纳米管	5	10	15
硫酸铁	10	15	20
碳酸镁	15	20	25
硅藻土	10	15	20
沸石粉	20	25	30
消毒剂	10	15	20
硅胶	10	15	20
聚丙烯酰胺	10	15	20

制备方法

(1) 将硅胶、碳纳米管与硅藻土混合，备用。

(2) 将消毒剂与沸石粉混合均匀后加入聚丙烯酰胺，然后将混合物放置在80～100℃下干燥，备用；干燥时间为30～35min。

(3) 将步骤(1)和(2)制备的原料与称得的硫酸铁、碳酸镁粉末混合均匀后即可制得该种新型净水剂。粉末的粒径为100目。

产品应用　本品是一种工业废水净水剂。

产品特性

(1) 本品具有较好的污水净化效果，并且使用此净化剂净化的污水不会产生二次污染。

(2) 本品制备方法简单，易操作，实用性较强。

配方 161　工业污染净水剂

原料配比

原料			配比(质量份)		
			1#	2#	3#
改性活性炭			30	45	60
改性基料			10	5	10
聚氯化铝			10	20	30
分散剂	己烯基双硬脂酰胺		5	—	—
	硬脂酸单甘油酯		—	8	—
	三硬脂酸甘油酯		—	—	10
辅料			10	25	40
防冻剂	氯化钙		10	—	—
	氯化钠		—	15	—
	氯化钾		—	—	20
抗坏血酸			5	15	20
枯草芽孢杆菌			1	5	10
硝化细菌			1	5	10
植物乳杆菌			1	5	10
改性基体	海藻酸钠		10	20	30
	硅藻土		10	25	40
	二乙烯基砜		1	2	3
	去离子水		50	65	80
辅料	蔗糖		10	20	30
	蛋白胨		5	8	10
	琼脂		10	15	20
	去离子水		50	75	80
改性活性炭	扩充剂	尿素	1～2.5	—	—
		碳酸铵	—	1～2.5	—
		碳酸氢铵	—	—	1～2.5
	活性炭		10	10	10

制备方法　将各组分原料混合均匀即可。

原料介绍

改性活性炭具有较大的比表面积，可以充分提高聚氯化铝的絮凝和吸附能力，从而提高净化能力。

改性基体拥有很大的比表面积和黏合能力，可以将有效组分吸附并很好地固定在活性炭的空隙内，提高净水剂的稳定性，采用多种微生物对污染水资源进行生物降解，并吸附在活性炭中，起到了良性循环作用。

分散剂的加入可以使基体很好地分散在改性活性炭之中，避免了堆积。

使用辅料促进了微生物的生长，提高了净化能力。

活性炭颗粒容易分离，可以回收重复利用。

防冻剂可以使净水剂适用于各个季节，提高了净水剂的适用性。

所述的改性活性炭的制备方法，具体步骤如下：

(1) 称取适量的颗粒活性炭，放入烧杯中，加入足量浓硫酸将活性炭完全浸泡其中，并用密封膜包裹，放置在60℃的恒温箱中保存12h。

(2) 将步骤 (1) 处理的活性炭整体放入超声发生仪器中进行超声处理，超声频率为45～62kHz，超声声强为0.36～0.38W/cm^2，超声处理时间为2h。

(3) 将步骤 (2) 处理的活性炭过滤，过滤后的活性炭颗粒使用去离子水进行淋洗，淋洗后用去离子水浸泡超声2h，反复操作3次。

(4) 向加热搅拌器中加入适量的去离子水，加入适量的扩充剂并充分溶解，向搅拌器中加入适量的步骤 (3) 处理的活性炭，扩充剂与活性炭的比例为 (1～2.5)：10；搅拌加热充分溶解；搅拌速度为100～150r/min，加热温度为40～60℃，搅拌至水全部蒸发。放入真空干燥箱内干燥，干燥温度为60℃；将干燥后的物料研磨成粉状。

(5) 将活性炭放入管式炉中加热，加热温度为500～600℃，并通入氢气或者氮气，气体速率为1.5L/min；加热2h关闭管式炉，自然降温到60℃以下，关闭气源，取出即得改性活性炭。

所述的扩充剂为尿素、碳酸铵、碳酸氢铵中的一种或者几种的混合物。

所述的改性基体的制备方法具体如下：

(1) 向加热搅拌装置中加入适当的去离子水，加入适量的硅藻土，60℃搅拌，搅拌速度为100～150r/min，搅拌至硅藻土均匀分散在水中。

(2) 将适量的海藻酸钠、二乙烯基砜加入体系中并持续搅拌1.5h。

(3) 将步骤 (2) 制备的物料放入冰水浴中超声，超声频率为45～62kHz，超声声强为0.36～0.38W/cm^2，超声处理时间为2h，然后放入真空干燥箱，干燥温度为60℃，干燥时间为12h，取出干燥物研磨成粉末即可。

产品应用　本品是一种工业污染净水剂。

产品特性

(1) 本品制备简单，生产成本低，原料来源广，净化效果好，不会造成二次污染。

(2) 本品对废水的除浊率高，悬浮物去除率也较高。

配方 162　新型环保净水剂

原料配比

原料	配比(质量份)		
	1#	2#	3#
硫酸钠	20	40	30
聚丙烯酰胺	10	20	15
十二烷基苯磺酸钠	5	15	10
四聚磷酸钠	20	50	40

制备方法　分别将硫酸钠、聚丙烯酰胺、十二烷基苯磺酸钠和四聚磷酸钠粉碎至200目，混合均匀，即得净水剂。

产品应用　本品是一种环保净水剂。使用时，只需在待处理污水中添加适量的净水剂，即可明显提高沉降效果。而且，处理后水的COD和色度指标也会有明显的改善。

产品特性

(1) 本品选用的聚丙烯酰胺易溶于水，混凝效果优异，产品稳定性好，适用pH值范围广，处理后水的pH降低不大，同时使用无机物与有机物成分协同作为混凝剂，使得本品具有优异的絮凝效果。本品具有净化速度快，效果好，环保无毒等优点。

(2) 本品低毒低害、高效、低成本、适用范围广。

配方 163　废铝灰渣净水剂

原料配比

原料	配比(质量份)		
	1#	2#	3#
废铝灰渣	28	34	33
改性膨润土	29	26	26
氧化石墨烯复合物	32	39	35
氧化钠	18	14	18
甘油	19	13	13
硫酸溶液	8	13	11
二氧化锰	13	7	11
复合微生物菌	15	15	15
活性炭	26	19	26
蒸馏水	14	18	25

制备方法

(1) 将废铝灰渣、改性膨润土与蒸馏水混合，在200～300r/min的转速下搅拌20～30min，再置于自然条件下风干，得到材料一。

(2) 将材料一置于煅烧炉中，在500～600℃下煅烧2～3h，自然冷却至常温，置于粉碎机中粉碎至过300～500目筛，得到材料二。

(3) 将材料二置于硫酸溶液中缓慢搅拌反应10～15min，再加入二氧化锰，在55～65℃下，以120～160r/min的转速搅拌20～30min，得到材料三。

(4) 向材料三中加入氧化钠、甘油，在60～80℃下加热并搅拌，搅拌速度为100～120r/min，反应时间为1～2h，再过滤，收集滤渣，置于干燥箱中，在80～100℃下干燥1～2h，得到材料四。

(5) 将材料四、氧化石墨烯复合物、复合微生物菌和活性炭混合，导入反应釜中，超声分散20～30min，再置于80～100℃下加热反应15～25min，经干燥后，压制成型，即可得到成品。

原料介绍

所述改性膨润土的制备方法为：将膨润土粉碎至过300～500目筛，加入去离子水搅拌制成浆液，超声分散10～15min，再加入盐酸超声10～20min后，真空抽滤，用去离子水清洗后，经真空干燥箱干燥，即可得到改性膨润土。

所述氧化石墨烯复合物的制备方法为：将低聚3-氨丙基三乙氧基硅烷加入氧化石墨烯水分散液中搅拌均匀，在碳化二亚胺的催化下，加入硫脲，在55～65℃下水浴加热20～30min，干燥后，即可得到氧化石墨烯复合物。

所述低聚3-氨丙基三乙氧基硅烷由3-氨丙基三乙氧基硅烷在45～50℃下水解反应3～5h制得。

所述的复合微生物菌为酵母菌和枯草芽孢杆菌的混合物。

产品应用　本品是一种净水剂。

产品特性

(1) 本品对污水处理能力强，对污水中重金属的吸附能力强，絮凝脱色、除臭、COD去除效果明显，原材料绿色环保，不会给环境造成二次污染，是环境友好型产品，并且本品的制备方法简单科学，成本低廉，适合大规模推广生产。

（2）本品中添加的改性膨润土具有较大的比表面积，而氧化石墨烯具有独特的层状结构，二者复配，可大大增加改性膨润土的吸附脱色能力，使得制备的成品对污水的处理能力强，吸附水中的杂质效果更好。

（3）本品在净水过程中无任何新的固体废物产生，后期处理简单、成本低，便于使用和清理。

配方 164　新型净水剂（1）

原料配比

原料	配比（质量份）		
	1#	2#	3#
200 目的铝灰	1	1	1
200 目石灰石	1	2.5	3

制备方法

（1）铝灰和石灰石分别粉碎至 200 目以下，将粉碎后的铝灰和石灰石充分混合均匀。

（2）将步骤（1）中的铝灰与石灰石的混合粉末均化后置入回转窑进行煅烧，煅烧温度为 900～1500℃，煅烧时间为 10～100min；煅烧时间为回转窑高温烧成带的煅烧时间。

（3）将步骤（2）的煅烧产物出炉后进行急速冷却，冷却后的煅烧产物粉碎研磨至 200 目以下，得到净水剂。

原料介绍

所述铝灰为铝电解、铝铸造、铝再生生产过程中产生的铝渣经金属铝回收处理后的废弃铝灰。

所述铝灰中 Al_2O_3 含量大于等于 60%。

所述石灰石中 CaO 含量大于等于 50%。

产品应用　本品是一种净水剂，广泛应用于矿井、印染、电力、钛白等行业的废水处理领域，也用于生活污水、工业废水的净化处理。

所述净水剂用于去除水中的硫酸根离子、无机酸离子、有机酸离子以及重金属离子；所述净水剂水化后直接作为水处理剂进行投加。

产品特性

（1）本品对去除废水中的硫酸根离子效果显著，同时，在废水去除重金属离子、脱色、去除 COD 等方面具有良好的效果。

（2）本净水剂在生产过程中采用干法回转窑煅烧工艺：制备的生料均化后，喂入回转窑内煅烧，经干燥、预热、碳酸盐分解、反应、熟料烧成，生料在窑内与热气体发生一系列的物理化学反应，反应过程属动态固相反应，反应速率快、时间短、能耗低。该工艺具有生产高效、节约能源、环境清洁等优点，是符合环境保护要求和大型化、自动化、科学化特征的现代化生产工艺。

（3）本品的生产方法所用原料易得、来源广泛且价格低廉。

（4）生产时间短，成本低。

（5）水处理剂絮凝效果好，应用范围广。

（6）实现了铝灰资源化综合利用的目的。

配方 165 新型净水剂（2）

原料配比

原料	配比（质量份）	原料	配比（质量份）
聚合硫酸铁	25	分子筛	15
聚合硫酸铝	15	活性炭	10
硫酸亚铁	35		

制备方法　称取原料，将原料粉体加到粉体混合机中混合均匀，得到新型净水剂。

原料介绍

聚合硫酸铁是一种新型高效无机高分子混凝剂，分子量高达 1×10^5，无毒无害，化学性质稳定，能与水混溶。在水处理过程中，聚铁能很快水解形成大量带正电荷的多核络离子，中和胶体微粒表面电荷，强烈吸附胶体微粒，通过黏附、架桥、交联、卷扫作用，使微粒凝聚形成絮体而沉降，从而使水澄清。分子筛和活性炭能将氧化后的具有一定分子量的有机物吸附，使其变成稳定物而沉降。聚合硫酸铁具有调节废水 pH 值的作用，不加酸只加聚合硫酸铁就能使中性的废水具有一定的酸性，在酸性环境下，配方中的硫酸亚铁与外加的双氧水共同作用，氧化废水中的有机分子，使其变成适合分子筛和活性炭孔径吸附的分子，吸附有机分子的分子筛和活性炭在聚铁和聚铝作用下，快速絮凝沉淀，便于水渣分离。

所述的分子筛选用孔径范围在 6.68～7.75nm 之间的分子筛。

所述的活性炭选用孔径范围在 10～20Å 之间的活性炭。

产品应用　本品是一种新型净水剂。净水方法，包括以下步骤：

(1) 将所述新型净水剂溶解于水中，配制成浓度为 10%～20%的净水剂溶液。

(2) 将所述净水剂溶液用计量泵打入废水中，同时将双氧水溶液用另一计量泵打入废水中，使净水剂溶液、双氧水、废水充分混合。

(3) 检测出水水体 pH 值，若 pH 值呈酸性，则加入 NaOH 调节水体的 pH 值至中性，若 pH 值呈中性则不需添加 NaOH（由于本品步骤中没有加入强酸，因此，水体本身的 pH 值并未超过出水要求，若 pH 值已符合出水要求则不需进行此步骤）。

(4) 向水体中加入 PAM 溶液，搅拌均匀；其中，加入 PAM 溶液可以有效加快絮凝沉积速度，提高废水处理效率。PAM 溶液的加入量为水体中干的 PAM 质量浓度约为十万分之一，即当 PAM 溶液的浓度为 0.1%时，PAM 溶液的加入量占废水质量的 0.5%～1%。

(5) 进入沉淀池沉淀，上清液检测指标合格后排放，沉淀物经压滤后排出。

在本品的净水方法中，根据水体中的 COD 值来调节净水剂溶液的加入量和双氧水的加入量，COD 值越高，所需净水剂溶液越多。另外，每种废水中所含的有机物不同，也会对净水剂溶液和双氧水溶液的用量造成影响；而且，采用本品方法不存在放大效应，小试得出的用量即可放大使用。因此，可基于芬顿反应的计算方法结合小试，确定每种废水对应的净水剂溶液和双氧水溶液的用量。

本品中不需预先加入强酸降低水体 pH 值，后期可以减少甚至不需加入 NaOH 再次提升水体 pH 值。

产品特性

(1) 本品对于工业废水处理后段难于处理的有机物和高难工业废水后续深度处理特别有效，不需彻底氧化，只要适当氧化，就能让有机物分子与分子筛和活性炭的孔径匹配，达到降低废水 COD 的目的。

(2) 本品通过合理改进配方和优化净水步骤，打破芬顿反应必须前期用强酸调节 pH 值的惯性思维，使得本品新型净水剂与芬顿反应相比，具有以下优点：不用酸，后期也可减少甚至不用加入强碱调节水体 pH，减少危险性；降低净水成本；COD 的降低值与药剂使用量的线性好；简化净水步骤，提高净水效率；能除磷。

配方 166 新型净水剂（3）

原料配比

原料	配比(质量份)		
	1#	2#	3#
硫酸铝	20	40	30
聚丙烯酰胺	10	20	15
硅酸钠	5	15	10
草酸	20	50	40

制备方法 分别将硫酸铝、聚丙烯酰胺、硅酸钠和草酸粉碎至 200 目，混合均匀，即得净水剂。

产品应用 本品是一种净水剂。

使用时，只需在待处理污水中添加 0.1～2mg/L 的净水剂，即可明显提高沉降效果。而且，处理后水的 COD 和色度指标也会有明显的改善。

产品特性

(1) 本品选用的聚丙烯酰胺易溶于水，混凝效果优异，产品稳定性好，适用 pH 值范围广，处理后水的 pH 值降低不大，同时使用无机物与有机物成分协同作为混凝剂，使得本品具有优异的絮凝效果，本品具有净化速度快，效果好，环保无毒等优点。

(2) 本品低毒低害、高效、低成本、适用范围广。

配方 167 新型净水剂（4）

原料配比

原料	配比(质量份)		原料	配比(质量份)	
	1#	2#		1#	2#
氯化钠	10	20	硅藻土	20	10
硫酸铁	30	40	木质素	20	10
碳酸镁	10	20	沸石粉	20	10
活性炭	20	10	消毒剂	20	10

制备方法 按比例称取原料，将活性炭磨成粉与硅藻土混合备用，将消毒剂与沸石粉混合均匀后加入木质素，然后将混合物放置在 80～100℃下干燥备用，将混合所得粉末与氯化钠、硫酸铁、碳酸镁粉末混合均匀后即可制得该种新型净水剂。消毒剂、沸石粉与木质素的干燥时间为 30～40min。粉末的粒径为 100 目。

原料介绍

所述的活性炭可以选用木材活性炭、果壳活性炭、椰壳活性炭等原料中的任意一种。

所述的消毒剂可采用双氧水或石碳酸中的一种。

产品应用 本品是一种新型净水剂。

产品特性

(1) 本品通过原料之间的配合，能够制备高效的净水剂。

(2) 本品将消毒剂与沸石粉结合在一起，在净水过程中污水的净化消毒效果更好。

(3) 在使用时，提前定比例测出污水与净水剂的最佳混合比，污水净化效果好，能有效解决传统净水剂在处理污水时存在的二次污染及处理不完善的问题。

(4) 本品对水中的有机物的过滤净化效果好，适用于生活污水多的水质净化。

(5) 本品对金属离子的过滤效果好，适用于工业废水较多的污水处理。

配方 168　新型净水剂（5）

原料配比

原料	配比(质量份)		
	1#	2#	3#
硫酸钠	20	40	30
聚丙烯酰胺	10	20	15
硅酸钠	5	15	10
氯化钠	20	50	40

制备方法　分别将硫酸钠、聚丙烯酰胺、硅酸钠和氯化钠粉碎至 200 目，混合均匀，即得净水剂。

产品应用　本品是一种净水剂。使用时，只需在待处理污水中添加 0.1～2mg/L 的净水剂，即可明显提高沉降效果。

产品特性

(1) 本品选用的聚丙烯酰胺易溶于水，混凝效果优异，产品稳定性好，适用 pH 值范围广，处理后水的 pH 值降低不大，同时使用无机物与有机物成分协同作为混凝剂，使得本品具有优异的絮凝效果，本品具有净化速度快，效果好，环保无毒等优点。

(2) 采用本品对污水处理厂的污水进行处理，并对处理前后的污水的控制指标进行测试，污水在经过净水剂处理后，出水的水质各项检测指标均可达到污水排放标准的限值。而且，处理后水的 COD 和色度指标也会有明显的改善。

(3) 本品低毒低害，高效，低成本，适用范围广。

配方 169　新型净水剂（6）

原料配比

原料			配比(质量份)		
			1#	2#	3#
改性磁性载体			30	45	360
改性基体			10	20	30
聚氯化铝			10	20	30
分散剂	己烯基双硬脂酰胺		5	—	—
分散剂	硬脂酸单甘油酯		—	8	—
分散剂	三硬脂酸甘油酯		—	—	10
防冻剂	氯化钙		10	—	—
防冻剂	氯化钠		—	15	—
防冻剂	氯化钾		—	—	20
菌基			10～20	15	20
改性磁性载体	扩充剂、磁性物质	尿素、氧化铁	1～2.5	—	—
改性磁性载体	扩充剂、磁性物质	碳酸铵、氧化铁	—	1～2.5	—
改性磁性载体	扩充剂、磁性物质	碳酸氢铵、氧化铁	—	—	1～2.5
改性磁性载体	颗粒载体	活性炭	10	—	—
改性磁性载体	颗粒载体	凹凸棒土	—	10	—
改性磁性载体	颗粒载体	分子筛	—	—	1

续表

原料		配比(质量份)		
		1#	2#	3#
改性基体	羧基化纳晶纤维素	10	20	10～30
	膨润土	10	25	10～40
	二乙烯基砜	1	2	1～3
	去离子水	50	65	50～80
菌基	蔗糖	10	20	30
	蛋白胨	5	8	10
	琼脂	10	15	20
	去离子水	50	65	80

制备方法

(1) 称取适量的改性磁性载体，放入烧杯中，加入聚氯化铝、分散剂，并用密封膜包裹，放入超声发生仪器中进行超声处理，超声频率为45～62kHz，超声声强为0.36～0.38W/cm²，超声处理时间为2h。

(2) 将步骤(1)处理好的物料与菌基、改性基体、防冻剂混合，在60～80℃、280～300r/min条件下搅拌反应60～80min。

(3) 将步骤(2)处理的物质放入真空干燥箱，干燥温度为40～60℃，干燥时间为12h。

原料介绍

用基体包裹住磁性载体，提高了净化剂的稳定性。改性磁性载体具有较大的比表面积，可以充分提高聚氯化铝的絮凝和吸附能力，从而提高净化能力。

改性基体拥有很大的比表面积和黏合能力，可以将有效组分吸附并很好地黏合在载体上，提高了净水剂的稳定性，采用多种微生物对污染水资源进行生物降解，并吸附在活性炭中，起到了良性循环作用。

分散剂的加入可以使基体很好地分散在载体之中，避免了堆积。

使用辅料促进了微生物的生长，提高了净化能力。

载体使用磁性物质便于回收利用。

防冻剂可以使净水剂适用于各个季节，提高了净水剂的适用性。

所述的改性磁性载体制备方法，具体步骤如下：

(1) 称取适量的颗粒载体，放入烧杯中，加入足量浓硫酸将载体完全浸泡其中，并用密封膜包裹，放置在60℃的恒温箱中保存12h。

(2) 将步骤(1)处理的颗粒载体整体放入超声发生仪器中进行超声处理，超声频率为45～62kHz，超声声强为0.36～0.38W/cm²，超声处理时间为2h。

(3) 将步骤(2)处理的颗粒载体过滤，过滤后的颗粒载体使用去离子水进行淋洗，淋洗后用去离子水浸泡超声2h，反复操作3次。

(4) 向加热搅拌器中加入适量去离子水，加入适量的扩充剂和磁性物质并充分溶解，向搅拌器中加入适量的步骤(3)处理的颗粒载体，扩充剂、磁性物质与颗粒载体比例为(1～2.5)∶10，搅拌加热充分溶解，搅拌速度为100～150r/min，加热温度为40～60℃，搅拌至水全部蒸发，放入真空干燥箱内干燥，干燥温度为60℃，将干燥后的物料研磨成粉状。

(5) 将步骤(4)中处理的颗粒物放入管式炉中加热，加热温度为500～600℃，并通入氢气和氮气，氢气与氮气比例为1∶2，气体速率为1.5L/min，加热2h关闭管式炉，自然降温到60℃以下，关闭气源，取出即得改性磁性载体。

所述的颗粒载体为颗粒活性炭、凹凸棒土、分子筛中的一种或多种的混合物。

所述的扩充剂为尿素、碳酸铵、碳酸氢铵中的一种或者几种的混合物。

所述的磁性物质为氧化铁、氧化亚铁、铁粉中的一种或者几种的混合物。

所述的改性基体制备方法具体如下：

(1) 向加热搅拌装置中加入适当的去离子水，加入适量的羧基化纳晶纤维素，60℃搅拌，搅拌速度为100～150r/min，搅拌至羧基化纳晶纤维素均匀分散在水中。

(2) 将适量的膨润土、二乙烯基砜加入体系中并持续搅拌1.5h。

(3) 将步骤 (2) 制备的物料放入真空干燥箱，干燥温度为60℃，干燥时间为12h，取出干燥物研磨成粉末即可。

产品应用　本品是一种新型净水剂。

产品特性

(1) 本品制备简单，生产成本低，原料来源广，净化效果好，回收容易，不会造成二次污染。

(2) 本品对废水的除浊率高，悬浮物去除率也高，改性基体覆盖在改性磁性载体表面，增加了载体的稳定性，提高了净水剂的持续净化能力。

配方 170　新型净水剂 (7)

原料配比

原料	配比(质量份)		
	1#	2#	3#
硫酸钠	20	40	30
聚丙烯酰胺	10	20	15
五水合偏硅酸钠	5	15	10
磷酸钠	20	50	40

制备方法　分别将硫酸钠、聚丙烯酰胺、五水合偏硅酸钠和磷酸钠粉碎至200目，混合均匀，即得净水剂。

产品应用　本品是一种净水剂。在使用时，只需在待处理污水中添加0.1～2mg/L的净水剂，即可明显提高沉降效果。

产品特性

(1) 本品选用的聚丙烯酰胺易溶于水，混凝效果优异，产品稳定性好，适用pH值值范围广，处理后水的pH值降低不大，同时使用无机物与有机物成分协同作为混凝剂，使得本品具有优异的絮凝效果，本品具有净化速度快，效果好，环保无毒等优点。而且，处理后水的COD和色度指标也会有明显的改善。

(2) 采用本品对污水处理厂的污水进行处理，并对处理前后的污水的控制指标进行测试，污水在经过净水剂处理后，出水的水质各项检测指标均可达到污水排放标准的限值。

配方 171　颗粒纳米净水剂

原料配比

原料	配比(质量份)		
	1#	2#	3#
改性硅藻土	30	45	60
膨润土	10	20	30
聚氯化铝	10	20	30

续表

原料		配比(质量份)		
		1#	2#	3#
植物抑菌剂	紫茎泽兰茎叶	5	—	—
	辣木籽	—	8	—
	艾叶和芦荟混合物	—	—	10
分散剂	乙烯基双硬脂酰胺	5	—	10
	硬脂酸单甘油酯	—	8	—
扩充剂	碳酸铵	10	—	20
	碳酸氢铵	—	15	—
基体	海藻酸钠	10	—	20
	羧基化纳晶纤维素	—	15	—
二乙烯基砜		10	15	20
聚丙烯酰胺		10	15	20

制备方法

(1) 称取适量的改性硅藻土，放入烧杯中，加入聚氯化铝、分散剂、扩充剂，并用密封膜包裹，放入超声发生仪器中进行超声处理，超声频率为45～62kHz，超声声强为0.36～0.38W/cm²，超声处理时间为2h。

(2) 将步骤(1)处理好的溶液放入加热搅拌装置中，加热搅拌，在加热温度为40℃、280～300r/min条件下搅拌成糊状。

(3) 向步骤(2)中的糊状物中加入二乙烯基砜、膨润土和聚丙烯酰胺搅拌均匀，放入真空干燥箱中，干燥温度为40℃，干燥时间为8h。

(4) 将步骤(3)处理的干燥物研磨成粉状，加入适量的基体、植物抑菌剂，搅拌均匀后，注入指定模具中，并放入马弗炉中加热，加热温度为50～100℃，加热时间为4h，加热结束后冷却至室温，打开模具即可得到所述净水剂。

原料介绍

所述的改性硅藻土，具体制备方法如下：

(1) 将硅藻土粉碎，过100目筛，放入烧杯中，加入足量正丁醇浸泡处理，整体放入超声发生仪器中进行超声处理，超声频率为45～62kHz，超声声强为0.36～0.38W/cm²，超声处理时间为3h。

(2) 将步骤(1)处理的物料过滤，过滤后的颗粒载体使用去离子水进行淋洗，淋洗后用去离子水浸泡超声1h，反复操作三次。放入真空干燥箱干燥，干燥温度60～80℃，干燥时间12h即可。

产品应用　本品是一种颗粒纳米净水剂。

产品特性

(1) 本品制备成颗粒状，有利于净水剂的回收，实现了回收利用的可能性，回收之后避免了二次污染的发生。该净水剂制备简单，生产成本低，原料来源广，净化效果好，回收容易，不会造成二次污染。

(2) 本品对废水的除浊率高，悬浮物去除率也高。硅藻土、扩充剂、分散剂、基体以及膨润土的协同作用对本净水剂的净水效果有很大的改善，硅藻土经过扩充剂处理后有很大的比表面积，增加了聚氯化铝的吸附和絮凝能力。基体将有效组分包裹在内，增加了载体的稳定性，提高了净水剂的持续净化能力。

配方 172　纳米高分子无机净水剂

原料配比

原料	配比(质量份)			
	1#	2#	3#	4#
纳米 $MgCO_3$	6	8	9	10
Al_2O_3	61	66	70	64
$CaCO_3$	35	26	21	26
工业盐酸	适量	适量	适量	适量
水	适量	适量	适量	适量

制备方法

(1) 将纳米 $MgCO_3$、Al_2O_3、$CaCO_3$ 按配比混合。

(2) 将混合后的物料进行改性煅烧，煅烧温度为 1400～1600℃，煅烧时间为 7～9h。

(3) 将改性煅烧后的物料进行破碎制粉，破碎后的物料粒度为：300 目>80%，其余物料细度不超过 200 目。

(4) 将步骤 (3) 中的物料、工业盐酸及水加入带有搅拌功能的反应釜中进行化合反应；化合过程搅拌釜为微负压。化合时间为 2.5～4h，pH 值为 2～4，化合反应的温度为 70～90℃。搅拌桨的转速为 200～600r/min。

(5) 化合反应后，静置熟化 12～24h 后即得到新型纳米高分子无机净水剂。

原料介绍

所述的纳米 $MgCO_3$ 粒度为 5000 目。

所述的工业盐酸质量浓度≥31.0% (以 HCl 计)。

产品应用　本品是一种纳米高分子无机净水剂。

产品特性

(1) 本品将混合后的物料进行改性煅烧，煅烧后 β 晶型的 Al_2O_3 转变为 α 晶型的 Al_2O_3；Al_2O_3 晶型转变之后，用于制取的聚合氯化铝产品在脱出有机物和无机物磷、砷过程中，其效果提高了 5 倍以上。

(2) 本品纳米 $MgCO_3$ 在煅及烧过程中遇热快速分解为 MgO，MgO 在煅烧过程中的高温条件下与 Al_2O_3 生成镁铝尖晶石 ($MgO\text{-}Al_2O_3$) 二元化合物，即富镁尖晶石和富铝尖晶石。两种二元化合物在转变过程中晶格都有不同形式的转变，化合物的晶粒和气孔都有大幅转变，所制备的无机净水剂吸附性能较普通净水剂大幅增长。

(3) 本品吸附能力强，无腐蚀性，安全、无毒、无害，提高了净水剂除磷和砷等重金属的能力，对印染厂污水的脱色也具有很好的效果。

(4) 该产品具有净化水质优，使用方便，沉降速度快等特点。

配方 173　阳离子改性聚丙烯酰胺净水剂

原料配比

原料	配比(质量份)					
	1#	2#	3#	4#	5#	6#
甲基丙烯酸叔丁酯	6.5	5	8	6	7.5	7.8
丙烯酰胺	13	10	15	11	13	13.5
壳聚糖	2	1	3	1.5	2.5	2.8
过硫酸铵	0.65	0.5	0.8	0.55	0.75	0.78

制备方法　将甲基丙烯酸叔丁酯与丙烯酰胺分别溶解并混合，在80～100r/min的条件下搅拌24～36h，制得混合物；将混合物置于70～80℃的条件下，加入溶解后的壳聚糖，混合后加入过硫酸盐，混合12～36h，制得预制品，再将所述预制品进行干燥和烧制，制得净水剂。

原料介绍

所述的壳聚糖溶液是壳聚糖用1%～2%（体积分数）的乙酸进行溶解制得的。

选用甲基丙烯酸叔丁酯作为改性原料之一，以此使得改性作用能够在环境较为温和的条件下进行，从而使得净水剂更加便于制作，且制作时间较短，进而使得净水剂制成成本较低，性价比较高。甲基丙烯酸叔丁酯的聚合物具有粘接性强、透明度好、成膜清晰等优势，其可使得净水剂的净水效果更好。

在本品中，以甲基丙烯酸叔丁酯作为单体，与主要原料丙烯酰胺形成的聚丙烯酰胺骨架交联形成具有耐水性的聚合物，以此达到预期效果。因此，当甲基丙烯酸叔丁酯与聚丙烯酰胺混合制成净水剂时，净水剂具有较好的耐光性、耐水性以及耐油性等优点，使用效果与传统的聚丙烯酰胺相比，较好。

丙烯酰胺溶于水和乙醇，微溶于苯以及甲苯，具有易升华以及易聚合的特点，因此，将丙烯酰胺作为聚合物的原料时，聚合反应较易发生，即其能够在环境较为温和的条件下进行聚合反应，以此降低合成成本。同时，由于其聚合物对蛋白质以及淀粉等的絮凝效果较好，因此，被用作絮凝剂，以此达到净化水的效果。

壳聚糖是甲壳质*N*-脱乙酰基的产物，具有良好的生物降解性以及细胞亲和性，与生态保护倡议相符。同时，壳聚糖是天然环境中含量仅次于纤维素的多糖，又是天然多糖中唯一的碱性多糖，可见，其来源广泛，获取容易。壳聚糖中的羟基基团以及氨基基团均为活性较强的基团，在聚合和复合过程能够参与反应，使得混合物形成具有新结构的净水剂，一方面，净水剂的3D网状结构能够有效提升净水剂的吸附效果，另一方面，增强净水剂的稳定性，从而使得净水剂的使用寿命更长，利于保存和运输，便捷性更强。

当甲基丙烯酸叔丁酯单体与聚丙烯酰胺骨架反应形成耐水性以及耐油性更强的阳离子混合物时，再在混合物上复合壳聚糖，其能够与混合物共同形成具有3D网状结构的大分子物质，不仅可加强其净水性能，还可提升分子量，便于其从水中去除，使用价值较高。

过硫酸盐在常温下稳定，且具有较好的水溶性，因此，过硫酸盐能够更好地参与反应，使得反应能够快速发生，使用效果较好。当过硫酸盐在反应体系中时，由于其具有较强的氧化性，因此在体系中能够形成硫酸根自由基，以此达到活化原料中的官能团，引发反应的效果。过硫酸钾的水溶液呈酸性，因此，当壳聚糖以酸性溶剂溶解后，加入过硫酸钾后，其酸度不会受到影响，此时壳聚糖的聚合作用不会受到负面影响，进而使得净水剂的合成成功率更高。而过硫酸铵在水中的溶解速度快，在溶解之后，能够形成含有铵根离子以及过二硫酸根离子的溶液，由于铵根离子亦具有较强的活性，因此，过硫酸铵能够进一步促进反应发生，提升反应速率，缩短净水剂的制作周期，效果较好。

产品应用　本品是一种阳离子改性聚丙烯酰胺净水剂。

产品特性

(1) 该净水剂以丙烯酰胺的聚合物作为骨架，以甲基丙烯酸叔丁酯作为单体，经官能团间的结合作用之后，形成耐水性、耐油性以及耐光性较好的混合物，然后，与壳聚糖混合形成分子量大，且具有3D网状结构的净水剂，以此提升净水剂的净水能力，使用价值更高。

(2) 本品经干燥以及烧制后，净水剂的含水率小于5%，便于保存、运输和使用，同时，净水剂的吸湿性较差，使用寿命较长。

(3) 本品对磷酸盐以及硝酸盐的去除效果较好，尤其对磷酸盐的去除效果较好。可见，该净水剂不仅能够有效去除水中的氮磷污染物，使得排放水达到排放标准，而且其还具有较好的稳定性。另外，由于实际情况下，水中氮磷的含量较少，因此，净水剂的去除效果较好，使用价值较高。

配方 174　氧化石墨烯复合物改性凹凸棒土净水剂（1）

原料配比

原料	配比（质量份）		
	1#	2#	3#
凹凸棒土	30	25	20
十六烷基三甲基溴化铵	2	4	5
氧化石墨烯	12	15	10
聚乙烯醇	7	5	10
聚苯胺	8	6	4
铝酸钙粉	7	5	8
十二烷基苯磺酸	1	2	3

制备方法

（1）将凹凸棒土加入去离子水中搅拌 30～60min 使其分散均匀，浓度为 5%～10%，然后加入十六烷基三甲基溴化铵搅拌 8～10h，抽滤、烘干得改性的凹凸棒土。

（2）将改性的凹凸棒土加入去离子水中，搅拌，超声分散 30～60min 得浓度为 15%～20% 的改性凹凸棒土分散液。

（3）将氧化石墨烯加入去离子水中，超声处理 30～60min，形成分散均匀的氧化石墨烯分散液；氧化石墨烯分散液的浓度为 5%～10%。

（4）将聚乙烯醇、聚苯胺加入氧化石墨烯分散液中超声 30min 得混合液 A。

（5）将改性凹凸棒土分散液和步骤（4）中的混合液 A 在超声和机械搅拌的条件下充分混合，然后加入铝酸钙粉、十二烷基苯磺酸，继续超声、机械搅拌 2～3h，用稀盐酸调节 pH=2，静置，用去离子水洗三次，离心得沉淀物，真空干燥，研磨成粉，即为净水剂。稀盐酸的浓度为 1～3mol/L。

产品应用　本品是一种氧化石墨烯复合物改性凹凸棒土净水剂。

产品特性　本品具有超大的比表面积，可以吸附更多的有机污染物和重金属离子，净水效果好，且不会产生二次污染。

配方 175　氧化石墨烯复合物改性凹凸棒土净水剂（2）

原料配比

原料	配比（质量份）		
	1#	2#	3#
氧化石墨烯复合物	15	25	20
改性凹凸棒土	30	50	40
粉末活性炭	3	5	4
乙烯基三甲氧基硅烷	0.5	1.5	1
复合微生物菌粉	1	2	1.5

制备方法　将各组分原料混合均匀即可。

原料介绍

所述的氧化石墨烯复合物的制备方法包括以下步骤：

(1) 将低聚3-氨丙基三乙氧基硅烷加入氧化石墨烯水分散液中得到絮凝沉淀。

(2) 在碳化二亚胺的催化下，将步骤(1)得到的絮凝沉淀和聚丙烯酰胺进行反应得到丙烯酰胺低聚物氧化石墨烯。

(3) 向步骤(2)制得的丙烯酰胺低聚物氧化石墨烯的水溶液中加入硫脲，通过水浴方法制得氧化石墨烯复合物，水洗冷冻干燥即得。

所述的低聚3-氨丙基三乙氧基硅烷由3-氨丙基三乙氧基硅烷经过水解反应得到，且平均分子量为225～20000，其中水解反应水解温度为38～48℃，水解时间为2～6h。

所述的氧化石墨烯粒径为50～500nm。

所述的聚丙烯酰胺数均分子量为200万～300万。

所述的氧化石墨烯与硫脲的摩尔比为1∶(0.5～5)。

所述的改性凹凸棒土制备方法为：将天然凹凸棒土粉碎至100～200目，加入4～6倍质量的去离子水制成悬浮泥浆，再通过超声充分分散，取上层悬浊液离心处理，真空抽滤干燥得到凹凸棒土；将上述处理后得到的凹凸棒土置于烧瓶中，加入2mol/L盐酸超声10～20min，真空抽滤，去离子水清洗后在真空干燥箱中干燥，研磨至100～200目得到改性凹凸棒土。

所述的复合微生物菌粉包括酵母菌和枯草芽孢杆菌。

产品应用　本品是一种氧化石墨烯复合物改性凹凸棒土净水剂。

产品特性　本品通过氧化石墨烯、改性凹凸棒土复合制得净水剂，氧化石墨烯具有独特的层状结构及较大的比表面积，大大增加了改性后的凹凸棒土的吸附脱色能力，对污水处理能力强，对污水中重金属的吸附能力强，絮凝脱色、除臭、COD去除效果明显，改性凹凸棒土属天然纳米材料，绿色环保，不会给环境造成二次污染，是环境友好型产品。

配方176　液体净水剂

原料配比

原料	配比(质量份)		
	1#	2#	3#
氯酸钠	20～30	22～28	24～26
辣木水	20～30	22～28	24～26
硫酸铝	5～10	6～9	7～8
薄荷水	10～20	12～18	14～16
碳酸钠	10～20	12～18	14～16
活性炭	1～5	2～4	3～4
亚硫酸钠	1～5	2～4	2～3
次氯酸钠	5～10	6～9	7～8
亚硫酸钠	30～40	32～38	34～36
砂砾	10～20	12～18	14～16

制备方法　将各组分原料混合均匀即可。

产品应用　本品主要用作各中小企业工业污水的净水剂。

产品特性　本品适于各种污水的处理，既简单、迅速，又经济有效。本品能够简单、快速、高效、经济地处理净化各种水质。

配方 177　医用废水净水剂

原料配比

原料	配比(质量份)		
	1#	2#	3#
氢氧化钠	50	50	55
亚硫酸钠	16	18	20
氧化铝	5	4	4
聚合氯化铝	5	6	6
氯化铁	6	6	8
过磷酸钠	8	8	10
活性炭	15	12	12
水	70	75	80

制备方法　将各组分原料混合均匀即可。

产品应用　本品是一种医用废水净水剂。

产品特性　本品易分解，对于医用废水的处理效果较好，环保、不会产生二次污染，原材料易得，生产成本较低，可以有效减轻水资源污染。

配方 178　以矿物质为基础的净水剂

原料配比

原料		配比(质量份)	
		1#	2#
氧化镁	粒径 800 目	44	—
	粒径 600 目		49
氢氧化钙	粒径 800 目	30	—
	粒径 800 目	—	26
氧化钙	粒径 800 目	21	—
	粒径 800 目	—	17
二氧化钛	锐钛矿晶型,粒径 800 目	5	—
	金红石晶型,粒径 1000 目	—	8
活性炭		250	200

制备方法　将各组分原料混合均匀即可。

原料介绍

所述的氧化镁的粒径为 400～1000 目，氢氧化钙的粒径为 400～800 目，氧化钙的粒径为 400～800 目，二氧化钛的粒径为 200～2000 目。

所述的二氧化钛为金红石型或锐钛矿型晶型。

所述的活性物质与活性炭的质量之比为 (0.33～0.66)∶1。

产品应用　本品主要用于各种工业废水、生活污水、湖水、河水及自来水的净化。

产品特性

(1) 本品同时实现物理法和化学法净化污染物。

(2) 本品使用寿命长，可反复多次使用。

(3) 本品使用方便，应用范围广，可用于各种工业废水、生活污水、湖水、河水及自来水的净化。

(4) 本品净水效果明显，氧化镁和二氧化钛能分解大部分有机污染物，氢氧化钙和氧化钙能中和酸性污染物，活性炭能显著提高净水剂对污染物的吸附能力。

配方 179 抑菌净水剂

原料配比

原料		配比(质量份)					
		1#	2#	3#	4#	5#	6#
壳聚糖溶液	壳聚糖	0.5	0.5	0.5	0.5	0.5	0.5
	体积分数为1%的乙酸水溶液	30	30	30	30	30	30
	质量分数为2.0%的三聚磷酸钠水溶液	—	5	5	5	5	5
丙烯酰胺		3	3	3	3	3	3
阳离子单体	二甲基二烯丙基氯化铵	1.5	1.5	—	—	—	—
	丙烯酰氧乙基三甲基氯化铵	—	—	1.5	1.5	1.5	1.5
模板剂	聚丙烯酸钠	—	—	—	1.8	1.8	1.8
抑菌剂	杆菌肽	0.5	0.5	0.5	0.5	0.5	0.5
添加剂	聚醚 F-68	0.15	0.15	0.15	0.15	—	0.1
	乙二醇丁醚	—	—	—	—	0.15	0.05
引发剂	偶氮二异丁咪唑啉盐酸盐 VA-044	0.03	0.03	0.03	0.03	0.03	0.03

制备方法

(1) 将壳聚糖溶于体积分数为 0.5%～1.5%的乙酸水溶液中，在室温下以 300～500r/min 的转速搅拌 15～30min，然后加入质量分数为 1%～3%的三聚磷酸钠水溶液，在超声功率 150～300W、超声频率 15～30kHz 下超声处理 3～8min，得到纳米壳聚糖溶液。

(2) 将丙烯酰胺、阳离子单体、抑菌剂和添加剂加入上述纳米壳聚糖溶液中，在室温下以 500～800r/min 的转速搅拌 10～20min，然后通入氮气吹扫 10～20min，再加入引发剂并立即密封，置于紫外光引发装置中，辐射功率为 100～150W，主波长为 300～400nm，平均光强为 1000～1500μW/cm，紫外辐射反应 90～150min，结束后静置 1～3h，将产物用无水乙醇和丙酮洗涤 2～5 次，在 50～70℃下干燥 20～30h，粉碎，得到抑菌净水剂。

原料介绍

壳聚糖是一种阳离子多糖，将其与多价聚阴离子交联剂混合后，会迅速发生分子间和/或分子内交联，形成纳米壳聚糖。将壳聚糖制备成纳米壳聚糖粒子后，能够利用纳米材料独特的尺寸效应，在保留壳聚糖优良性质的同时，还能够明显提升其理化性质及抑菌性。本品将带正电的壳聚糖与带负电的三聚磷酸钠混合在一起，它们自发地发生胶凝，形成表面带有大量氨基的纳米壳聚糖粒子，纳米壳聚糖表面含有大量的氨基基团，能够与阳离子单体发生亲核取代反应，将纳米壳聚糖接枝在阳离子单体的分子链上，增大了净水剂的分子量，有利于吸附絮体的形成。同时由于纳米壳聚糖为弱阳离子型絮凝剂，经过与阳离子单体接枝后，表现出更强的正电性，更易发生电中和作用而使污染物胶体脱稳沉降，达到净水目的。

模板剂——聚丙烯酸钠，能够作为阴离子模板，先通过静电吸引，与阳离子单体-亲核试剂分子链中的强季氨基团发生预吸附，沿模板分子链定向排列形成缔合体，当聚合反应开始后，连续相邻的阳离子单体之间易于优先发生合成反应，从而生成聚合物分子内阳离子单元连续相邻的微嵌段结构，得到阳离子嵌段结构的共聚物，进而提高电荷密度和正电荷利用率以及增强电中和性能；同时与杆菌肽发生亲核取代后，能够促进分子链上有序地结合杆菌肽，提高杆菌肽在净水剂中的密度，进而提高净水剂的抑菌性能。

通过添加聚丙烯酸钠作为模板剂，不仅能够促进阳离子单体有序且集中排列，提高阳离子单体的利用率，减少阳离子单体用量，节约成本，还能够增大分子链与污水胶粒间的静电吸附面积，吸附作用力增强，提高净水剂的絮体强度，同时增加了净水剂中大分子链上的杆菌肽数量，促进净水剂抑菌性能的提升。此外，阳离子单体的集中排列，使得分子链上的阳离子嵌段间的静电斥力作用更强，使净水剂的高分子长链在水溶液中构型更加线性、伸展，有利于吸附和结合更多的胶体微粒和细菌，增强架桥作用，提高絮凝和抑菌效果。

抑菌剂杆菌肽结构稳定、耐高温，在抑菌方面拥有较高效率，对各种细菌有着广谱抗菌活性，同时对真菌、病原体、带有包膜的病毒和肿瘤细胞等有很强的杀灭作用以及具有较高的抑制活性，而对正常细胞没有毒害作用，所以不易使靶菌株产生耐药性。杆菌肽与青霉素相比具有相似的抗菌谱，对革兰氏阴性菌和革兰氏阳性菌均有较强的杀菌作用。

乙二醇丁醚和聚醚 F-68 均为非离子表面活性剂，在水溶液中不会发生电离，稳定性高，不易受到其他添加物及酸碱盐的影响，而且醚键在聚合反应中还可以起到链转移的作用，促进聚合物链增长，增大净水剂的分子量，促进吸附絮体的形成。乙二醇丁醚具有低分子量，能够快速进入水中，增加单体活性及碰撞概率，促进反应的快速进行，同时乙二醇丁醚能够促进大液滴变为小液滴，形成保护膜附着于纳米壳聚糖粒子的表面，防止因均相体系反应过程变化而导致纳米壳聚糖聚集，促进纳米壳聚糖均匀稳定地接枝在聚合物分子链上，进而促进净水剂抑菌性能的提升。聚醚 F-68 中含有的聚氧乙烯基链能够与聚合物分子链相互缠结，附着于聚合物分子链上，改善聚合物的溶解性，还能够起到架桥作用，提高净水剂的絮凝和抑菌效果。

所述阳离子单体为二甲基二烯丙基氯化铵、甲基丙烯酰氧乙基三甲基氯化铵、丙烯酰氧乙基三甲基氯化铵中任意一种。

所述添加剂为亚麻油、乙二醇丁醚、聚醚 F-68、十二烷基苯磺酸钠、十六烷基三甲基溴化铵中的一种或多种。

所述引发剂为偶氮二异丁咪唑啉盐酸盐 VA-044、过硫酸钾、偶氮二异丁腈、偶氮二异丁基脒 V-50 中的任意一种。

产品应用　本品是一种抑菌净水剂。

产品特性　本品制备工艺简单，原料利用率高，制备得到的净水剂兼具絮凝和抑菌双重功能。

配方 180　用铝灰生产的聚氯化铝净水剂

原料配比

原料		配比(质量份)			
		1#	2#	3#	4#
铝灰预处理物料	铝灰	1	1	1	1
	水	2	3	3	3
破碎后的物料	铝灰预处理物料	50	55	50	52
	5000 目纳米 $MgCO_3$	6	8	11	10
	Al_2O_3	12	12	20	15
	$CaCO_3$	32	19	19	23
破碎后的物料		1.5	1.8	2.5	2.5
质量浓度大于 31% 的工业盐酸		0.7	0.8	1	0.9
水		2	2.5	1.8	2.5

制备方法

(1) 将铝灰预处理物料、纳米 $MgCO_3$、Al_2O_3、$CaCO_3$ 按配比混合。

(2) 将混合后的物料进行改性煅烧，煅烧温度为 1400～1600℃，煅烧时间为 7～9h。

（3）将改性煅烧后的物料进行破碎制粉，破碎后的物料粒度为：300 目＞80%，其余物料不超过 200 目。

（4）将步骤（3）中的物料、工业盐酸、水加入带有搅拌功能的反应釜中进行化合反应，使反应物充分聚合，形成高分子化合物。化合过程反应釜为微负压。化合时间为 2.5～4h，pH 值为 2～4，化合反应的温度为 70～90℃。搅拌桨的转速为 200～600r/min。

（5）步骤（4）中的物料经过静置熟化即得到聚氯化铝净水剂。熟化时间为 12～24h。

原料介绍

所述的铝灰预处理物料按以下步骤处理：

（1）将铝灰与水在常温条件下进行混合溶解，溶解过程中不断搅拌溶液，其搅拌速度为 150～300r/min；铝灰与水溶液的比值为 1∶(2～5)。

（2）溶解过程中加入石灰逐渐将溶液调成碱性，当 pH 值达到 11～12.5 之间时加大搅拌强度，搅拌速度调整为 400～800r/min，向溶液中加入双氧水进行强氧化，使溶液中的氨被最大程度地分解并挥发脱出。

（3）将脱氨后的溶液加入过滤设备中进行过滤，得到滤液和滤渣。

（4）将过滤后所得滤渣干燥即得铝灰预处理物料。

所述铝灰为熔炼铝及铝合金生产过程中漂浮于铝熔体表面的不熔夹杂物、氧化物、添加剂等的混合物。

产品应用　本品是一种用铝灰生产的聚氯化铝净水剂。

产品特性

（1）本品将混合后的物料进行改性煅烧，煅烧后 β 晶型的 Al_2O_3 转变为 α 晶型的 Al_2O_3；Al_2O_3 晶型转变之后，制取的聚合氯化铝产品在脱出有机物和无机物磷、砷过程中，其效果提高了 5 倍以上。

（2）纳米 $MgCO_3$ 在煅烧过程中遇热快速分解为 MgO，MgO 在煅烧过程中的高温条件下与 Al_2O_3 生成镁铝尖晶石（$MgO-Al_2O_3$）二元化合物，即富镁尖晶石和富铝尖晶石。两种二元化合物在转变过程中晶格都有不同形式的转变，化合物的晶粒和气孔都有大幅转变，所制备的无机净水剂吸附性能较普通净水剂大幅增长。

（3）纳米 $MgCO_3$ 在煅烧过程中分解为 MgO，在净水剂后期的制备过程中生成镁化合物，镁化合物具有活性大，吸附能力强，无腐蚀性，安全、无毒、无害等特性，提高了净水剂除磷和砷等重金属的能力，对印染厂污水的脱色也具有很好的效果。

（4）纳米 $MgCO_3$ 遇热快速分解为 MgO，将 MgO 在高温煅烧条件下进行改性处理，经改性处理后的氧化镁进一步提高了吸附容量和吸附活性，在制备聚氯化铝净水剂过程中将铝灰预处理物料中残留的 F 进行吸附，利于铝灰预处理物料 α-Al_2O_3 与盐酸化合生成吸附能力更强和稳定性好的聚氯化铝净水剂产品。

（5）本品采用铝灰为原料之一，不仅制得有效的净水剂，而且使铝灰得以资源化利用。

配方 181　用于初步处理医疗废水的净水剂

原料配比

原料	配比(质量份)		
	1#	2#	3#
聚合氯化铝	32	35	28
聚丙烯酰胺	20	20	20
碳酸钠	18	18	18
硫酸钠	22	22	22

续表

原料	配比(质量份)		
	1#	2#	3#
菌粉	3.5	3.5	3.5
硅藻土	33	33	33
膨润土	20	20	19
高锰酸钾	14	14	12
果壳活性炭	10	10	8
麦饭石	18	16	15
酶制剂	2	2	2

制备方法

(1) 在医疗废水中加入除菌粉、酶制剂之外的全部组分，然后以30～40r/min的速度进行搅拌，搅拌3～4h，静置5～6h，得到初步分层废水。

(2) 将步骤(1)中得到的初步分层废水除去底部沉淀，加入菌粉，然后以20～30r/min的速度进行搅拌，搅拌2～3h，静置4～5h，得到次级除菌废水。

(3) 将步骤(2)中得到的次级除菌废水除去底部沉淀，依次加入活性炭和酶制剂，然后以10～30r/min的速度进行搅拌，搅拌4～6h，静置6～8h，除去底部沉淀，得到净化水。加入的活性炭占废水质量的比例为0.01%～1%。

原料介绍

所述的菌粉包括了硝化细菌菌粉、硫细菌菌粉、苯胺降解菌菌粉。

所述的酶制剂包括了氧化还原酶、溶菌酶、蛋白酶。

所述的蛋白酶为碱性蛋白酶。

所述的活性炭为椰壳活性炭、核桃壳活性炭、枣壳活性炭中的一种或几种的混合物。

产品应用　本品是一种用于医疗废水处理的净水剂。

产品特性　本品可有效杀灭废水中所含的大量有毒病菌，具有净水效果好，净水速度快，安全性高，不产生二次污染等优点，使用了具有吸附能力的活性炭，辅以对医疗废水中常见的硝化细菌、硫化细菌等微生物进行处理，使用范围广，处理后的水透明度极高，可回收利用。

配方182　用于处理工业用水的净水剂

原料配比

原料		配比(质量份)					
		1#	2#	3#	4#	5#	6#
改性壳聚糖		1	1.5	2.5	3.5	5	5
氯化铝		5	6.5	7.5	9	10	10
聚丙烯酰胺	分子量10000	5	7.5	10	12.5	15	—
	分子量50000	—	—	—	—	—	15
水玻璃	模数为1.4	5	6.5	7.5	9	10	10
碳酸钠		1	2	3	4	5	5
改性硅藻土		1	2	3	4	5	5
阻垢剂	聚天冬氨酸	5	—	6.5	8	10	10
	聚环氧琥珀酸	—	5	—	—	—	—
滤液	粉煤灰	1	1	1	1	1	1
	30%盐酸	2	2	2	2	2	2
改性壳聚糖	滤液	1	1	1	1	1	1
	壳聚糖	2	2	2	2	2	2
改性硅藻土	硅藻土	1	1	1	1	1	1
	10%的盐酸溶液	1	1	1	1	1	1
水		适量	适量	适量	适量	适量	适量

制备方法　将改性壳聚糖、氯化铝、聚丙烯酰胺、水玻璃、碳酸钠、改性硅藻土和阻垢剂加到水中，搅拌至完全溶解，制得2%～4%用于处理工业用水的净水剂溶液。

原料介绍

改性壳聚糖能够削弱分子的致密性，有效地去除工业废水中的重金属离子，使絮体沉降速度加快。它是一种带正电荷的碳水高分子化合物，与带负电荷的悬浮物缠绕于具有线性结构的分子中，使小颗粒变成大颗粒从而沉降。

氯化铝絮凝沉淀快，净水效果强，使水中细微悬浮粒子和胶体离子脱离，聚集、絮凝、混凝、沉淀，达到净化处理效果。

聚丙烯酰胺具有良好的絮凝性、黏合性、降阻性、增稠性，其作用原理是在吸附架桥、絮凝沉淀的过程中，呈现正电性，对悬浮颗粒带负电荷的污水进行絮凝沉淀。

水玻璃起吸附凝聚作用。

碳酸钠的加入能软化水质，其碳酸根离子与水中钙镁离子起络合作用，提高去除效果。

阻垢剂：聚天冬氨酸或聚环氧琥珀酸能分散水中的难溶性无机盐，阻止或干扰难溶盐在金属表面沉淀，具有减弱结垢性能，提高水处理效率。

改性硅藻土能快速形成密度较大且稳定性好的絮体，甚至当絮体被打碎后，还可发生再絮凝。此外，改性硅藻土具有较好的吸附性能，除磷性能也强。

所述的改性壳聚糖是采用粉煤灰和25%～35%盐酸对其处理制得。

所述的聚丙烯酰胺分子量为10000～50000。

所述的改性硅藻土是采用8%～15%的盐酸对其处理制得。

所述的改性壳聚糖的制备方法：将粉煤灰与25%～35%盐酸按照质量比1∶(1～3)混合，搅拌5～10min，在800～1200℃密闭条件下反应1～1.5h，过滤，取滤液，再将滤液与壳聚糖按照质量比1∶(2～4)混合，搅拌1～2h，制得。

所述的改性硅藻土的制备方法：在不断搅拌下，将硅藻土与8%～15%的盐酸按照质量比1∶(1～2)混合，在100℃下煮沸15～60min，然后抽滤、用水洗涤6～8次，(110±5)℃干燥，制得。

产品应用　本品是一种用于处理工业用水的净水剂。

用于处理工业用水的净水剂的应用步骤如下：

(1) 将所述的净水剂原料加水制成浓度为2%～4%的溶液。

(2) 将工业水使用过滤网去除杂质，然后向每升滤液中加入净水剂溶液5～10mL和质量浓度为30%～40%的硫酸10～50mL，搅拌1～2h；再加入质量浓度为30%～40%的硫酸5～25mL，搅拌0.5～1h，静置1～2h，过滤，取滤液；用碱溶液调节滤液pH值至6.8～7.1。

产品特性

(1) 本品提高水处理效率，加大水资源利用率。

(2) 本品溶解性好，易制备，成本低，易于运输和储存，各种组分协同效果好，无毒，无害，绿色环保，不会产生二次污染，使用范围广泛。

配方183　用于废水超低排放处理的复合净水剂

原料配比

原料	配比(质量份)		
	1#	2#	3#
有效含量≥70%的硫酸亚铁溶液	30	20	60
4%～5%轧钢厂酸洗废液	15	20	10

续表

原料	配比(质量份)		
	1#	2#	3#
聚合氯化铝	8	5	10
聚丙烯酰胺	8	10	5
己二胺四亚甲基膦酸	7	5	10
氧化剂	3	5	1.5
碱化剂	8	5	10
壳聚糖	0.02	0.05	0.01
聚合硫酸铁	6	5	8
辣木碎屑	12	15	10
坡缕石	12	10	15
麦饭石	12	15	10
白云母	6	5	8
活性炭	12	15	10

制备方法

(1) 按原料组成比例，将有效含量≥70%的硫酸亚铁溶液、4%～5%轧钢厂酸洗废液混合搅拌均匀，加入辣木碎屑、坡缕石、麦饭石、白云母、聚合氯化铝、聚合硫酸铁、己二胺四亚甲基膦酸和活性炭，然后加入氧化剂和碱化剂继续搅拌，在温度为80～90℃下反应2～3h后，静置沉淀，取上清液调pH值为0.5～1，边搅拌边滴加壳聚糖、聚丙烯酰胺，共聚反应3～5h，静置1～2天，得到复合净水剂，在20℃时的相对密度为1.19～1.30，氧化铁质量分数≥7%，pH 1～2，将液体复合净水剂进行干燥得固体复合净水剂。

(2) 在上述步骤 (1) 中，取了上清液后剩下的废渣水洗，洗后的水重新进入下一轮原料配制反应使用，废渣提供给建筑材料厂生产建材。

(3) 将上述净水剂经干燥后制成片状或粉状，即得固体高效多功能净水剂。

原料介绍

所述的氧化剂为氯酸盐、高氯酸盐和过硫酸盐中的任意一种或几种的混合物。

所述的碱化剂为铝粉、氢氧化铝、铝酸钙、氢氧化钠中的任意一种或几种的混合物。

所述的酸洗废液为盐酸洗废液和硫酸洗废液中的任意一种或两种的任意比混合物。

所述的壳聚糖的脱乙酰度大于90%。

产品应用　本品是一种用于废水超低排放处理的复合净水剂。

产品特性

(1) 本品具有制备工艺简单，生产能耗低，充分利用废弃物，生产过程无三废排出，处理效果好，用量小等特点。

(2) 本品处理废水相同投加量下，处理效果明显优于其他市售产品。

(3) 对提取成品液后的废渣进行水洗，洗后的水进入下一轮原料配制反应使用，废渣可提供给建筑材料厂生产建材，充分利用了原料。

(4) 本品是以工业副产盐酸或副产硫酸和轧钢厂酸洗废液为原料进行生产，工艺过程简单，便于操作，不产生二次污染，生产成本低。

(5) 本品用于水处理时投加量小，除浊、降COD和脱色效果好。

配方 184 用于复合驱采出液的破乳净水剂

原料配比

原料		配比(质量份)		
		1#	2#	3#
聚醚嵌段共聚物		45	50	50
聚醚多元醇		40	30	40
酯化封端的聚醚类表面活性剂		15	20	10
聚醚嵌段共聚物	丙二醇	2	1	3.4
	环氧丙烷	39.7	66.9	30.7
	环氧乙烷	58	31.6	65.6
	氢氧化钾	0.3	0.5	0.3
聚醚多元醇	丙二醇	4.5	5.5	5.2
	环氧丙烷	95.2	94.1	94.5
	氢氧化钾	0.3	0.4	0.3
酯化封端的聚醚类表面活性剂	丙二醇	44.5	6.9	7
	环氧丙烷	20	68.7	55.2
	环氧乙烷	35	20	33.5
	氢氧化钾	0.25	0.3	0.3
	醋酸	0.25	4.1	4

制备方法 按照质量份数准确取各组分，室温下搅拌混匀，即得。

原料介绍

所述的聚醚嵌段共聚物是以丙二醇为起始剂的聚氧乙烯与聚氧丙烯的多嵌段聚醚。

所述的聚醚嵌段共聚物制备步骤为：将引发剂丙二醇置于梨形烧瓶中，90～100℃下真空脱水0.5～1.5h；氮气流下加入催化剂KOH，115～125℃加热至KOH完全溶解，70～90℃真空脱水0.5～1.5h，趁热导入已经干燥好的高压反应釜中，封盖；充氮气置换脱除反应釜中空气2～4次，设定反应转速180～240r/min，90～110℃下加入所需的环氧乙烷（EO）单体，进行聚合反应；待釜内压力降为零后，抽真空脱去釜内未反应的EO单体，充入氮气，冷却至室温；加入环氧丙烷（PO）单体聚合，重新设定反应温度为90～110℃、转速为160～190r/min，进行聚合反应，待压力表显示聚合完成后130～150℃真空脱水1.5～2.5h，抽真空脱去釜内未反应的PO单体，充入氮气；冷却、出料，得到聚醚嵌段共聚物。

所述的聚醚多元醇是以丙二醇为起始剂的聚氧化乙烯醚。

所述的聚醚多元醇制备步骤为：将丙二醇和氢氧化钾放入反应釜中，反应釜内抽空，通入氮气置换釜内空气3次，以除尽釜内空气，控制温度在90～110℃，同时缓慢抽入环氧丙烷，釜中压力不断上升，控制压力在0.15～0.4MPa，反应时间为3～4h，至环氧丙烷完全反应，釜中压力降至0.1MPa以下，停止加热并通冷却水降温，当温度降至45～55℃时，放空釜内气体，并用氮气将产物从料口压出，得到聚醚多元醇。

所述的酯化封端的聚醚类表面活性剂是以丙二醇为起始剂的聚氧乙烯与聚氧丙烯的两嵌段酯化封端聚醚。

所述的酯化封端的聚醚类表面活性剂制备步骤为：先在反应釜中加入丙二醇、氢氧化钾，加热升温至100℃，抽真空脱水30min；接着缓慢滴加环氧乙烷至反应完毕，反应压力为0.2～0.35MPa，反应温度为120～130℃；再缓慢滴加环氧丙烷，反应压力为0.2～0.4MPa，反应温度为130～140℃，平衡反应1h，加入醋酸中和，真空处理，降温，得到酯化封端的聚醚类表面活性剂。

产品应用　本品是一种用于复合驱采出液的破乳净水剂。针对开采后期的油田，对于水驱采出液，采用1#配方；对于聚驱采出液，采用2#配方；对于碱驱采出液，采用3#配方。

产品特性

（1）本品中破乳净水剂由聚醚嵌段共聚物、聚醚多元醇、酯化封端的聚醚类表面活性剂复配而成，具有破乳、聚结-絮凝、吸附-顶替等作用。将其加入复合驱采出液中，在脱出污水处理过程中不需再添加其他絮凝净水剂，达到一剂二用的效果。当破乳净水剂添加量在20～30mg/L时，可实现原油含水≤1.0%，污水含油≤500mg/L，含油污水经一级自然沉降后，污水含油≤50mg/L，机械杂质≤50mg/L。

（2）在破乳净水剂中，聚醚嵌段共聚物、聚醚多元醇、酯化封端的聚醚类表面活性剂均具有良好的表面性能和渗透能力以及优良的润湿性，可迅速分散在原油中，取代、中和油水界面的乳化剂，形成不牢固的吸附膜并改变颗粒物的润湿性，使得被表面活性剂连接起来的水分子快速聚结，絮凝聚结能力强，浮渣产生量少，对后端污水处理工艺要求低，污水处理系统采用沉降＋过滤的工艺即可使水质达标，不需要气浮装置。此外，通过调整聚醚嵌段共聚物、聚醚多元醇、酯化封端聚醚类表面活性剂的质量配比可合成适用于不同原油物性的产品。

配方 185　用于工业废水的净水剂（1）

原料配比

原料		配比(质量份)
凹凸棒土		13
聚硅酸盐		6
改性淀粉		38
羧基化纳米纤维素		7
生物除菌剂		5
水		34
羧基化纳米纤维素	微晶纤维素	2
	2.0mol/L的过硫酸铵溶液	50(体积)
	水	100(体积)
产物1	环己酮	70
	吗啡啉	114
	对甲基苯磺酸	0.2
	甲苯	200(体积)
	甲醇	100(体积)
	溴乙酸苄酯	157
	水	120(体积)
6-(乙酸苄酯)-ε-己内酯	产物1	7.8
	二氯甲烷	50(体积)
	$NaHCO_3$	3.2
	m-CPBA	6.7
	二氯甲烷	150(体积)
改性淀粉	6-(乙酸苄酯)-ε-己内酯	2.59
	三氯甲烷	50(体积)
	玉米淀粉	1

制备方法

（1）在搅拌器中加入三分之一的水，设置温度35℃，调节转速为80～100r/min，按照所述质量比加入凹凸棒土和聚硅酸盐，混合搅拌 10min。

（2）按照所述质量比加入改性淀粉和羧基化纳米纤维素，同时另加三分之一的水，混合搅拌 20min。

（3）按照所述质量比加入生物除菌剂和剩余的水，混合搅拌 30min，制得所述净水剂。

原料介绍

所述改性淀粉为己内酯接枝改性玉米淀粉，接枝链中连接有酰胺键。

所述改性淀粉通过以下步骤制得：

（1）反应瓶中加入 6-（乙酸苄酯）-ε-己内酯和三氯甲烷，将干燥后的玉米淀粉加入反应中，在 60～70℃下，搅拌 1～2h 得到糊化反应液。

（2）向所述糊化反应液中充入氮气置换瓶中的空气，随后加入辛酸亚锡在 95～100℃下反应 8～10h，产物用三氯甲烷溶解后在甲醇中沉降，收集到的固体真空干燥。

（3）将所述干燥后的固体溶解于无水无氧的四氢呋喃中，加入 Pd/C 并持续通入氢气，室温下搅拌 72h，反应结束后抽滤收集滤液，将滤液减压蒸馏除去大部分溶剂，最后在正己烷中沉降，收集产物，真空干燥，得到羧基化己内酯接枝改性玉米淀粉。

（4）将所述羧基化己内酯接枝改性玉米淀粉加入三氯甲烷中，−20℃下搅拌使其溶解，随后加入氯甲酸乙酯和三乙胺搅拌反应 1.5h，之后保持在室温条件下，持续通入氨气，得到改性淀粉。

所述 6-（乙酸苄酯）-ε-己内酯与玉米淀粉的质量比为（1～5）：1，辛酸亚锡用量为 0.5％。

所述羧基化己内酯接枝改性玉米淀粉与氯甲酸乙酯和三乙胺的质量比为 10：1：1.5。

所述羧基化纳米纤维素的合成过程如下：取 2g 微晶纤维素和 50mL 2.0mol/L 的过硫酸铵溶液混合均匀，在 70℃下超声搅拌 2h，随后加 100mL 水终止反应，反应结束之后反复离心得到乳白色羧基化纳米纤维素胶体。

所述 6-（乙酸苄酯）-ε-己内酯的合成方法如下：

（1）在反应釜中加入 70g 环己酮、114g 吗啡啉、0.2g 对甲基苯磺酸以及 200mL 甲苯，130℃回流 3～4h，随后减压蒸馏，将得到的蒸馏物溶于 100mL 甲醇中，升温至 70℃，缓慢滴加 157g 溴乙酸苄酯，滴加完成后继续回流 2h，旋蒸除去甲醇，反应瓶中加入 120mL 水，升温至 70℃继续搅拌 2h，冷却后用乙醚萃取、无水硫酸钠干燥，粗产物进行柱层析提纯得到产物 1。

（2）在反应瓶中加入 7.8g 产物 1 和 50mL 二氯甲烷，置于冰水浴中，另取 3.2g $NaHCO_3$ 以及 6.7g *m*-CPBA 溶于 150mL 二氯甲烷中制成氧化液，将氧化液缓慢滴加至上述反应瓶中，滴加完成后室温下搅拌反应 72h，依次用饱和硫酸钠、碳酸氢钠和氯化钠水溶液洗涤，取有机层干燥后进行柱层析得到最终产物 2，即 6-(乙酸苄酯)-ε-己内酯。

产品应用　本品是一种用于工业废水的净水剂。

产品特性　玉米淀粉作为天然絮凝剂，对环境友好，然而絮凝性能有限，本品以己内酯作为酰胺键和玉米淀粉相连的桥梁，一方面酰胺键悬挂于聚酯链上有效解决了常规聚丙烯酰胺絮凝剂难降解的问题，聚酯链在水体中被水解成小分子，避免了对水体的二次污染；同时，己内酯开环后产生的酯基链也有助于分散酰胺键的密度，从而降低分子内的氢键作用力；另一方面，长酯基链以及侧酰胺链构成的水溶性链状高分子能够通过静电引力、范德华力和分子间氢键作用力，将水中微粒搭桥联结为絮凝体，从而为高分子淀粉提供凝聚-絮凝作用。羧基化纳米纤维素亦是一种天然高分子，结构与淀粉类似，能够协助改性淀粉促使絮凝物快速沉降，其纳米尺寸效应有助于负载生物除菌剂，进一步起到了降低 COD 和提高除菌性能的作用；聚硅酸盐和凹凸棒土作为无机物配合使用，进一步提高吸附絮凝性能，达到综合治理的效果。

配方 186　用于工业废水的净水剂（2）

原料配比

原料		配比（质量份）						
		1#	2#	3#	4#	5#	6#	7#
离子交换树脂	阳离子交换树脂	20	23	25	23	23	30	35
活性炭	果壳活性炭	10	—	—	8	—	6	3
	杏壳活性炭	—	10	—	—	9	8	6
	核桃壳活性炭	—	—	12	4	6		6
无机絮凝剂	聚合氯化铝	5	—	—	—	6	6	2
	聚合硫酸铝	—	5	—	2	3	—	2
	聚合硫酸铁	—	—	6	4	—	3	6
无机絮凝剂	碳酸钠	1	—	—	1	—	—	—
	碳酸铝	—	2	—	—	4	3	—
	碳酸钙	—	—	2	1	4	6	—
	碳酸铝、碳酸钠和碳酸钙混合物（1∶2∶3）	—	—	—	—	—	—	10

制备方法　将各组分原料混合均匀即可。

产品应用　本品是一种用于工业废水的净水剂。

产品特性　本品通过离子交换树脂上的活性基团交换离子，去除工业废水中的重金属离子，这样不仅可以回收工业废水，还可以回收金属离子溶液；碳酸盐可以进一步降低氢离子的浓度，使氢氧根与剩余的金属离子反应生成沉淀，从而过滤排出；无机絮凝剂能够使废水中的颗粒快速沉淀下来，通过过滤去除废水中的沉淀；活性炭能够很好地吸附反应过程中产生的颜色，使水变得更澄清。该净水剂通过这四种组分的配合，净化工业废水的效果好。

配方 187　用于工业废水快速处理的净水剂

原料配比

原料		配比（质量份）			
		1#	2#	3#	4#
纳米硅藻土粉/纤维素复合材料		22	28	32	35
烷基糖苷衍生物		6	8	10	10
絮凝剂		65	70	70	70
硝化细菌		2	4	6	6
絮凝剂	阳离子型聚丙烯酰胺	50	50	50	50
	聚合氧化铝	22	22	22	22
	聚合硫酸铁	14	14	14	14

制备方法　将纳米硅藻土粉/纤维素复合材料、表面活性剂烷基糖苷衍生物混合均匀，经高温焙烧后加入硝化细菌进行机械研磨，过 90～100 目筛，将过筛子后得到的混合物与絮凝剂充分搅拌混合均匀，进行分袋包装。

原料介绍

本品选用阳离子型聚丙烯酰胺与聚合氧化铝、聚合硫酸铁混合形成絮凝剂，阳离子型絮凝剂存在架桥和电荷中和作用，使沉降速度快且絮体密实。混合而成的絮凝剂具有去除悬浮物、除油、脱色、除重金属及水中的氯的作用。

本品选用烷基糖苷衍生物作为表面活性剂，烷基糖苷分子中含有亲水、亲油基团，是一种两性天然高分子，同时也是一种极性较大的非离子型表面活性剂，具有较强的去污能力，同时能够杀菌消毒，且易于生物降解，不会对环境造成污染。

本品将纤维素与硅藻土粉纳米化并进行复配，形成纳米级复合材料，具有巨大的比表面积和较强的吸附力，能够实现有机物的快速沉降。

所述纳米硅藻土粉/纤维素复合材料通过以下步骤制得：

(1) 将10g的纤维素分散在1000g纯水中，磁力搅拌24h，随后将纤维素分散液通过均质仪，经过9次高压均质后，得到纳米纤维素亲水胶体。

(2) 将天然硅藻矿粉进行机械研磨，并过90～100目筛，将过筛子后得到的硅藻土在高温下焙烧2h，随后冷却至室温；将处理过的硅藻土加入浓度为10%的盐酸溶液中，置于恒温水浴振荡器中振荡分散，用纯水洗涤至中性，过滤烘干，研磨成纳米粉末；水浴温度为35～45℃，振荡时间为1.5～2h。

(3) 将10g纳米硅藻土粉分散在1000g纯水中，搅拌均匀，随后将硅藻土粉分散液加入纳米纤维素水溶胶中，将混合溶液再一次通过均质仪之后，抽滤，真空干燥，研磨成粉末，即纳米硅藻土粉/纤维素复合材料。

所述纤维素分散液和硅藻土粉分散液的质量分数均为0.1%，两种分散液的复配比例为1∶1。

所述表面活性剂为天然衍生物表面活性剂，为烷基糖苷或烷基糖苷衍生物。

所述絮凝剂由50～60份阳离子型聚丙烯酰胺、20～30份聚合氯化铝、10～20份聚合硫酸铁混合而成。

所述的烷基糖苷衍生物的制备方法为：将十二烷基二甲基叔胺盐酸盐溶于适量乙醇，缓慢滴加环氧氯丙烷，室温反应2h，减压蒸馏得到中间产物，将中间产物加入反应瓶中，加入异丙醇、烷基糖苷，搅拌升温至80℃，反应6h，旋转蒸发除去溶剂，即得到烷基糖苷季铵盐。

产品应用　本品是一种用于工业废水快速处理的净水剂。使用时，将0.6g净水剂倒入1L待处理废水（经生化处理后的二沉池水）中曝气搅拌。

产品特性　本品组分简单，配比合理，配方中不含重金属成分，多为天然类化合物，是一种环境友好型净水剂，避免了对水体的二次污染；采用纤维素与硅藻土粉纳米化并进行复配，具有巨大的比表面积，可以吸附大量污染性有机物，与特定含量的各原料组分充分混合，具有快速沉降、脱色和去除COD的作用；加入烷基糖苷或其衍生物，对水体具有杀菌消毒作用，能够有效杀灭水体中的细菌及微生物，避免其大量繁殖造成水体污染。

配方 188　用于工业用中水处理的净水剂

原料配比

原料	配比(质量份)		
	1#	2#	3#
聚合氯化铝	30	34	37
方解石	11	13	13
精制膨润土	5	5	7
硅藻土	5	6	8
碳酸镁	5	6	8
异丁醇	7	6	6
聚二甲基二烯丙基氯化铵	5	7	7
丙烯酰胺	3	4	4
水玻璃	4	5	4

制备方法 将各组分原料混合均匀即可。

产品应用 本品是一种用于工业用中水处理的净水剂。

产品特性

(1) 本品原料易得，制作简单，故价格也不高。

(2) 本品胶体密实、沉降快，沉渣含水量低，净化处理成本低，重金属去除效果明显。

(3) 本品制成产品呈弱碱性，对设备的腐蚀性小，确保设备能长久运行。

配方 189 用于化学机械浆废水深度处理的复合净水剂

原料配比

原料		配比(质量份)		
		1#	2#	3#
A试剂	18%～32%硫酸亚铁	35	60	47
	20%～30%盐酸	8	10	9
	水	45(体积)	80(体积)	65(体积)
	高锰酸钾	—	14	—
	次氯酸钠	4	—	—
	双氧水	—	—	9
	0.05%～0.1%的高分子季铵盐	3	5	4
B试剂	15%～20%盐酸	6	10	15
	50%～90%硫酸	1	3	1.5
	铝含量为4%～5%的废液	120	160	150
	铝酸钙	10	20	15
	0.05%～0.1%的高分子季铵盐	2	5	3.5
液态A试剂		10	10	10
液态B试剂		3	3	3
0.05%～0.1%的高分子季铵盐		0.5	0.5	0.5

制备方法

(1) A试剂制备

① 称取相应量的硫酸亚铁加水搅拌溶解，固含量控制在30%～40%。

② 称取相应量的盐酸，分批加入硫酸亚铁溶液中，并不断搅拌，控制pH值在0.5～1.0。所述的盐酸的质量分数为20%～30%。

③ 控制反应温度为80～95℃，加入氧化剂，氧化反应时间控制在45～90min。

④ 待③反应结束后，静置沉淀24h，将上清液转移到反应釜中，在搅拌条件下，加入相应量的高分子季铵盐或膨润土，反应2h。

⑤ 将④中的混合液干燥，制成片状或粉状。

(2) B试剂制备

① 盐酸和硫酸铵体积比3∶1混合，加热升温到80～90℃，逐步分批加入相应量的铝酸钙和含铝废液，反应时间控制在2～3h；盐酸的质量分数为15%～20%。

② 待①反应结束后，静置沉淀10h，将上清液转移至反应釜中，在搅拌条件下加入相应量的高分子季铵盐或膨润土，反应2h。

③ 将②中的混合液干燥，制成片状或粉状。

(3) 复合净水剂的制备

① 将A试剂和B试剂按质量比(1～3)∶1进行混合。

② 将A试剂和B试剂最终制成片状或分状，从而便于携带。

原料介绍

所述的A试剂的水溶液在20℃时相对水的密度为1.19～1.30，氧化铁质量分数≥10%，pH值为1～2；B试剂的水溶液在20℃时相对水的密度为1.10～1.25，氧化铝质量分数≥8%，氧化铁质量分数≤2%，pH值为3～4。

产品应用 本品是一种用于化学机械浆废水深度处理的复合净水剂，可广泛用于造纸、轻工、纺织、印染、制药等行业废水，用于废水深度处理除浊、脱色和降COD。

产品特性

(1) 该复合净水剂具有用于水处理时投量小，除浊、降COD和脱色效果好等特点，且其制备方法具有工艺操作方便，生产能耗低，过程无三废排放等特点。

(2) A试剂的硫酸亚铁在酸性条件下，与高锰酸钾、双氧水接触能够被快速地氧化成三价的铁离子，从而在水中逐渐形成聚合硫酸铁。由于在铁离子中引入阳离子能够有效地提高聚合铁的聚合度，而高分子季铵盐正好为强阳离子高分子聚合物，并且其是一种有效的非氧化杀菌剂，在除去COD的过程中，也能够对废水进行杀菌。

(3) B试剂的铝酸钙在盐酸中溶解并逐渐形成聚合氯化铝，聚合氯化铝本身就是一种高效的絮凝剂，而钙离子的引入在增强聚合氯化铝的盐碱度的情况下，又提高了聚合硫酸铁的聚合度，从而大大提高了整个复合净水剂的絮凝沉降效果。

(4) 通过A试剂和B试剂的协同配合，大大提高了复合净水剂的去浊、除COD的能力。

(5) 高分子季铵盐是一种非氧化杀菌剂，可以为复合净水剂增添新的效果。

配方190 用于净化水体的环保矿物型高能净水剂

原料配比

原料		配比(质量份)		
		1#	2#	3#
有机改性凹凸棒土		74	84	89
高分子絮凝剂	聚丙烯酰胺	24	—	—
	聚合氯化铝	—	14	—
	聚合硫酸铁	—	—	9
混合剂	聚合磷酸铁	2	—	—
	聚合硫酸铁	—	2	—
	聚合氯化铝铁	—	—	2
有机改性凹凸棒土	凹凸棒土	100	100	100
	改性剂	15	15	15
	蒸馏水	适量	适量	适量

制备方法

(1) 准备原材料。

(2) 在有机改性凹凸棒土中添加煅烧改性剂，经中高温煅烧，冷却后加入高分子絮凝剂，再经高温灼烧，搅拌混合，投入混合剂搅拌至冷却，对混合物进行粉碎。

(3) 将混合物进行研磨，最终得环保矿物型高能净水剂。

原料介绍

所述有机改性凹凸棒土由凹凸棒土、改性剂与蒸馏水构成。

所述的有机改性凹凸棒土的制备方法为：取凹凸棒土与改性剂，两者质量比为100∶15，加入蒸馏水溶解，60℃下反应150min后，水洗至中性，并于105℃烘箱中烘干至恒重，研磨备用。

所述混合剂为聚合硫酸铁、聚合磷酸铁、聚合硅酸、聚合氯化铝铁、聚硅酸硫酸铁、聚合硅酸氯化铁、聚合氯硫酸铁、聚合磷酸铝铁、聚合硅酸铁、硅钙复合聚合氯化铁中的任意一种或多种的混合物。

产品应用　本品是一种用于净化水体的环保矿物型高能净水剂。

产品特性

(1) 本品能够快速对污水进行净水操作，且操作简单，进行稀释喷洒至污水内即可完成净水操作，对磷的去除效果优异，且便于人们运输和储存，净水效果比现有的净水剂效果好，处理时间短，有利于人们的使用。

(2) 本品是通过将有机改性凹凸棒土与高分子絮凝剂混合，并加入混合剂制备的环保矿物型高能净水剂，所采用的原材料安全环保，对磷的去除效果优异，且对于常规的悬浮物去除率高。

配方 191　用于矿山废水处理的净水剂

原料配比

原料	配比(质量份)		
	1#	2#	3#
聚合氯化铝镁	20	30	45
氯化铝	15	15	15
硫酸亚铁	10	10	10
硫酸钠	20	20	20
菌粉	2	2	3
酶制剂	3	4	3
硅藻土	20	20	20
果壳滤料	10	10	10
活性炭	7	7	7

制备方法

(1) 在矿山废水中加入除菌粉、酶制剂、活性炭之外的全部组分，然后以 25r/min 的速度进行搅拌，搅拌 1h，静置 3h，得到初步分层废水。

(2) 将步骤 (1) 中得到的初步分层废水除去底部沉淀，加入菌粉，然后以 30r/min 的速度进行搅拌，搅拌 3h，静置 2h，得到次级除菌废水。

(3) 将步骤 (2) 中得到的次级除菌废水除去底部沉淀，保持废水温度在 30℃，依次加入活性炭和酶制剂，然后以 20r/min 的速度进行搅拌，搅拌 3h，静置 5h，除去底部沉淀，得到净化水。

原料介绍

所述的氯化铝为碱式氯化铝。

所述的酶制剂包括氧化还原酶、溶菌酶、腈水合酶的一种或多种。

所述的菌粉包括硝化细菌菌粉、硫细菌菌粉、苯胺降解菌菌粉的一种或多种。

产品应用　本品是一种用于矿山废水处理的净水剂。

产品特性　采用本品实现了对矿山废水的有效处理，显著降低了 COD 的排放量，具有净水效果好，净水速度快，安全性高，不产生二次污染的特点，减少了污水的排放量，改善了废水的水质，而且处理后的水透明度极高，可回收利用。而且本品所采用的复合微生物菌种能够提高系统抗冲击负荷的能力，以应对有机物质负荷过高的情况。

配方 192　用于煤化工、焦化等化工行业的净水剂

原料配比

原料	配比(质量份)		
	1#	2#	3#
羧甲基纤维素(CMC)	5	8	10
改性壳聚糖(CTS)	5	8	10
酚醛	5	8	10
复合双酸铝铁	25	30	40
黄原胶	1	2	3
阳离子瓜尔胶	1	2	3
酸溶液	5	8	10
十二水合硫酸铝钾	25	30	40
聚丙烯酰胺	20	30	40
聚合硫酸铁	25	50	60
苯乙烯(ST)	2	3	5

制备方法

(1) 准备去离子水置于溶解槽中；所述溶解槽采用耐酸耐碱材质。

(2) 在去离子水中按比例加入羧甲基纤维素（CMC）、改性壳聚糖（CTS）、酚醛、复合双酸铝铁、黄原胶、阳离子瓜尔胶、十二水合硫酸铝钾、聚丙烯酰胺、聚合硫酸铁、ST。

(3) 配制氨基磺酸溶液。

(4) 在步骤（2）得到的混合液中加入氨基磺酸溶液，调节 pH 值至 3～7。

(5) 搅拌均匀后，反应一段时间后即可得到用于煤化工、焦化等化工行业的净水剂。反应时间为 20～40min。

原料介绍

羧甲基纤维素（CMC）能在水中形成透明的黏胶状物质，它可以把絮凝所形成的高分子物质包住，增加其质量，形成较大的矾花，以加快其沉降速度。

黄原胶凝胶增稠剂，具有大分子特殊结构和胶体特性，同样可以起到加快沉降速度的作用。

所述阳离子瓜尔胶是一种水溶性高分子聚合物，其化学名称为瓜尔胶羟丙基三甲基氯化铵。其利用天然瓜尔胶为原料，去除表皮及胚芽后所剩的胚乳部分，主要含有半乳糖和甘露糖。

所述酸溶液为氨基磺酸溶液，浓度为 5%～10%。

所述改性壳聚糖（CTS）是一种改性的有机高分子絮凝剂，用于脱色，所述改性壳聚糖为对羟基苯甲醛与壳聚糖反应生成的吸附性能较强的改性壳聚糖（CTS）。

产品应用　本品是一种用于煤化工、焦化等化工行业的净水剂。

产品特性　本品采用聚硅双酸铝铁、壳聚糖、酚醛三者共同作用，使煤化工、焦化行业污水中的不同污染物与三种脱色剂发生不同的化学反应，最终能够使出水色度达标。采用酚醛，使煤化工、焦化行业污水中的含油类污染物迅速破乳，有利于净水剂的絮凝沉淀作用，还能够防止污染物的上浮。净水剂各组成成分合理，与传统净水剂相比，絮凝剂的使用量大大降低，节约资源，成本低。

配方 193 用于煤焦化废水处理的工业净水剂

原料配比

原料		配比(质量份)		
		1#	2#	3#
磁性纳米粒子	PAC 粉末	0.5	0.3	0.7
	$FeCl_3 \cdot 6H_2O$	4.5	5	5.5
	$FeCl_2 \cdot 4H_2O$	2	3	3
	蒸馏水	100(体积)	100(体积)	100(体积)
	NH_3	1.2～1.5(体积)	1.2～1.5(体积)	1.2～1.5(体积)
	氧化石墨烯	3.5～4.5	3.5～4.5	3.5～4.5
NaOH/乙醇溶液	NaOH 粉末	0.02(mol)	0.02(mol)	0.02(mol)
	无水乙醇	100(体积)	100(体积)	100(体积)
$Ce(NO_3)_3$/乙醇溶液	$Ce(NO_3)_3 \cdot 6H_2O$ 粉末	0.005(mol)	0.005(mol)	0.005(mol)
	无水乙醇	100(体积)	100(体积)	100(体积)
70%乙醇溶液		100	100	100
AC		2	2	2
NaOH/乙醇溶液		100(体积)	100(体积)	100(体积)

制备方法

(1) 将 0.2mol/L NaOH/乙醇溶液与 0.05mol/L $Ce(NO_3)_3$/乙醇溶液混合剧烈搅拌；沉淀物烘干时的温度为 100～110℃，烘干的时间为 10～13h。

(2) 将搅拌后的液体通过离心机对沉淀物进行离心收集，对收集到的沉淀物进行高温烘干，得到 HCO 纳米颗粒。

(3) 将 HCO 纳米颗粒分散到 100g 70%乙醇溶液中，再将 2g AC 添加到 70%乙醇溶液中，并超声处理 30～40min，得到产物 A，然后对产物 A 进行干燥，得到纳米改性水合 CeO_2 粉末。产物 A 的处理：在室温下将 NaOH/乙醇溶液（100mL）滴加到所得产物 A 中，同时剧烈搅拌，搅拌 2h 后，用乙醇和去离子（DI）水洗涤产物，HCO 改性的 AC 在 60℃下干燥 15h。

(4) 将步骤（3）中得到的纳米改性水合 CeO_2 粉末与磁性纳米粒子放入搅拌机进行混合，从而得到工业净水剂。纳米改性水合 CeO_2 粉末与磁性纳米粒子搅拌的时间为 120～150min，且在搅拌的过程中保持搅拌温度为 60～65℃。

原料介绍

磁性纳米粒子的制备（以 1# 配方为例）如下所述：

(1) 将 0.5g PAC 粉末、4.5g $FeCl_3 \cdot 6H_2O$ 和 2g $FeCl_2 \cdot 4H_2O$ 添加到装有 100mL 蒸馏水的烧杯中进行搅拌混合。

(2) 对烧杯进行升温，使得烧杯内溶液温度提升至 55～60℃，在碱性条件下滴加 1.2～1.5mL NH_3 进行反应。

(3) 在反应的过程中将 3.5～4.5g 的氧化石墨烯放入烧杯中。

(4) 反应结束后将烧杯底部的黑色粉末进行过滤，并用去离子水进行洗涤中和。

(5) 将洗涤后的黑色粉末放入烘干机中在 90～110℃下进行干燥 3h，得到磁性纳米粒子。

所述的纳米改性水合 CeO_2 粉末与磁性纳米粒子之间的比例为 1∶(0.95～1.13)。

所述的 NaOH/乙醇溶液的制备方法如下所述：将 0.02mol NaOH 粉末溶于 100mL 无水乙醇中进行充分搅拌 10～15min，得到 0.2mol/L NaOH/乙醇溶液。

所述的 $Ce(NO_3)_3$/乙醇溶液的制备方法如下所述：将 0.005mol $Ce(NO_3)_3 \cdot 6H_2O$ 粉末溶解在 100mL 无水乙醇中充分搅拌 45～50min，得到 0.05mol/L 的 $Ce(NO_3)_3$/乙醇溶液。

产品应用　本品是一种用于煤焦化废水处理的工业净水剂。

产品特性

(1) 本品中，当 PAC 被铁纳米粒子磁化时，PAC 表面的孔隙被占据，PAC 对于煤焦化废水中的污染物的吸附效率略微较低，但是在净水吸附完成之后，PAC 的纳米磁化使其可以再生并通过外部磁体轻松与水介质分离，实现对 PAC 的充分使用，并且在对污水进行吸附的过程中，$Ce(OH)_4$ 在第一次吸附后变为 CeO_2，在后续的循环中以 CeO_2 的形式存在，同时后续的脱附过程中，通过 NaOH 作为再生剂很容易再生 ACCe，使得净水剂可以循环使用，降低了净水剂的损耗。

(2) 由于净水剂中包括纳米改性水合 CeO_2 粉末与磁性纳米粒子，从而使得净水剂能够在煤焦化废水中快速分散，提高了净水剂对煤焦化废水的净化效率。

(3) 氧化铈能够对煤焦化废水中的有害阴离子（如氟离子、重铬酸根离子等）进行吸附，同时也能对煤焦化废水中的砷离子进行有效的吸附，实现对煤焦化废水的充分处理。

配方 194　用于石油炼化废水处理的净水剂

原料配比

原料	配比(质量份)		
	1#	2#	3#
聚合氯化铝铁	30	25	40
氯化铝	20	20	20
硫酸亚铁	15	15	15
氯化镁	15	15	15
硫酸钠	15	15	15
菌粉	3	2	4
酶制剂	4	2	6
硅藻土	20	20	20
麦饭石	20	20	20
果壳滤料	10	10	10
活性炭	5	5	5

制备方法　将各组分原料混合均匀即可。

原料介绍

所述的酶制剂包括氧化还原酶、果胶酶、溶菌酶、腈水合酶的一种或多种。

所述的菌粉包括硝化细菌菌粉、硫细菌菌粉、蜡状芽孢杆菌菌粉、苯胺降解菌菌粉的一种或多种。

产品应用　本品是一种用于石油炼化废水处理的净水剂。

处理废水的方法，包括以下步骤：

(1) 在石油炼化废水中加入除菌粉、酶制剂、活性炭之外的全部组分，然后以 30r/min 的速度进行搅拌，搅拌 2h，静置 4h，得到初步分层废水。

(2) 将步骤 (1) 中得到的初步分层废水除去底部沉淀，调节 pH 值至 4.5，加入菌粉，然后以 25r/min 的速度进行搅拌，搅拌 3h，静置 2h，得到次级除菌废水。

(3) 将步骤 (2) 中得到的次级除菌废水除去底部沉淀，调节 pH 值至 5，保持废水温度在 30℃，依次加入活性炭和酶制剂，然后以 20r/min 的速度进行搅拌，搅拌 4h，静置 5h，除去底部沉淀，得到净化水。

产品特性　采用本品对废水进行有效处理，显著降低了 COD 的排放量，具有净水效果好，净水速度快，安全性高，不产生二次污染的特点，减少了污水的排放量，改善了废水的水质，而且处理后的水透明度极高，可回收利用。而且本品所采用的复合微生物菌种能够提高系统抗冲击负荷的能力，以应对有机物质负荷过高的情况。菌粉与酶制剂协同作用于废水水体，水体中的各有害物质得到了有效的处理，水体得到了很好的净化。

配方 195 用于水净化的高效净水剂

原料配比

原料		配比(质量份)				
		1#	2#	3#	4#	5#
活性炭		50	45	55	50	50
聚合硫酸铝		20	15	25	20	20
聚合硫酸铁		30	25	35	30	30
氯化铁		20	15	25	20	20
壳聚糖		15	10	20	15	15
叶蛇纹石粉		10	5	15	10	10
硅酸钠		13	10	16	13	13
四硼酸钠和硼酸		16	14	18	16	16
四硼酸钠和硼酸	四硼酸钠	7	6	8	6	8
	硼酸	1	1	1	1	1

制备方法　将活性炭、聚合硫酸铝、聚合硫酸铁、氯化铁、壳聚糖、叶蛇纹石粉、硅酸钠、四硼酸钠和硼酸混合均匀即可。

产品应用　本品是一种用于水净化的高效净水剂。高效净水剂的使用方法为：1L 污水中添加该净水剂 400～600mg。

产品特性　本品具有优异的 COD 去除率和脱色效果，这种技术效果与原料四硼酸钠和硼酸的质量份之比有关，四硼酸钠和硼酸的质量份之比为（6～8）：1 时，净水效果最好。

配方 196 用于污染水体原位治理的复合净水剂

原料配比

原料		配比(质量份)				
		1#	2#	3#	4#	5#
复合微生物		34	36	36	35	40
硅藻土		20.5	19.5	19.5	20	15
沸石粉		25	25	25	25	30
PAC		20.5	19.5	19.5	20	15
复合微生物	短小芽孢杆菌 BSK-9	40	40	—	51	40
	肠杆菌 AOZ-1	60	60	—	49	60
	枯草芽孢杆菌	—	—	40	—	—
	硝化细菌	—	—	60	—	—

制备方法　将各组分原料混合均匀即可。

原料介绍

沸石粉由于内部有很多孔径、均匀的管状孔道和内表面积很大的孔穴，对水中无机污染物、有机物和重金属离子具有较强的吸附能力。沸石粉作为主要成分之一，作用是利用其吸附能力快速吸附水体氨氮，使得复合净水剂除了有复合微生物的降解作用外，还可以快速降低水体中的氨氮含量。

硅藻土和 PAC 的作用是吸附、沉淀污染水体中的悬浮固体（SS），使水体透明度显著提高，同时降低水体中的 COD。尽管硅藻土和 PAC 在使用功能上有所雷同，但硅藻土是一种无毒且吸附能力强的天然产物，其具有独特的孔隙结构，孔隙度大，吸附性能强，能够吸附大量有机污染物，其可以在一定程度上部分替代化学制剂 PAC，从而降低 PAC 的使用量，保证在治水过程中不会对水体带来二次化学污染。硅藻土和 PAC 可以形成絮凝团，絮凝团会吸附水体中的土著微生物和投加的复合微生物，且水体中的污染物含量在絮凝团中较高，因而可以在絮凝团中持续降解污染物，达到长效的效果。

通过对复合微生物中具有 COD 降解功能的菌剂和具有氨氮降解功能的菌剂的比例进行限定，可以充分发挥两种菌剂的协同作用，两种菌剂有明确的生理上的分工和协作，从而对难降解的有机污水的处理发挥良好的作用。

所述复合微生物由具有 COD 降解功能的菌剂和具有氨氮降解功能的菌剂组成，其中，所述复合微生物中具有 COD 降解功能的菌剂的质量分数为 40%～65%。

所述具有 COD 降解功能的菌剂为短小芽孢杆菌、枯草芽孢杆菌、地衣芽孢杆菌、光合细菌或市售净水菌剂中具有 COD 降解功能的菌剂中的一种或多种。

所述具有氨氮降解功能的菌剂为肠杆菌、硝化细菌、亚硝化细菌、施氏假单胞菌或市售净水菌剂中具有氨氮降解功能的菌剂中的一种或多种。

所述具有 COD 降解功能的菌剂为短小芽孢杆菌 BSK-9，所述具有氨氮降解功能的菌剂为肠杆菌 AOZ-1。

所述构成复合微生物的菌剂的形态可以为固态或者液态。

所述复合微生物中具有 COD 降解功能的菌剂的质量分数根据待处理污水的 COD 值和氨氮值进行确定，当 COD 值/(COD 值＋氨氮值×20）的值在 40%～65%范围时，复合微生物中具有 COD 降解功能的菌剂的质量分数等于 COD 值/(COD 值＋氨氮值×20）的值；当 COD 值/(COD 值＋氨氮值×20）的值低于 40%时，复合微生物中具有 COD 降解功能的菌剂的质量分数为 40%；当 COD 值/(COD 值＋氨氮值×20）的值高于 65%时，复合微生物中具有 COD 降解功能的菌剂的质量分数为 65%。COD 值/(COD 值＋氨氮值×20）的值为计算得到的比值乘以 100%换算而得的百分数，其中 COD 和氨氮的单位均为 mg/L。

所述复合微生物的总活菌数≥1×10^{10} CFU/g。

产品应用　本品是一种用于污染水体原位治理的复合净水剂。

复合净水剂适用于 COD 不高于 50mg/L，氨氮不高于 10mg/L 的污染水体。

所述的复合净水剂的使用方法为：所述复合净水剂在使用时复合微生物、硅藻土、沸石粉、PAC 的质量分数根据待处理污水的 COD 值和氨氮值进行确定。其中，复合微生物的质量分数根据水体 COD 值/100 的值确定，当 COD 值/100 的值在 25%～40%范围内时，复合微生物的质量分数等于 COD 值/100 的值；当 COD 值/100 的值低于 25%时，复合微生物内的质量分数为 25%；当 COD 值/100 的值高于 40%时，复合微生物的质量分数为 40%。其中，沸石粉的质量分数根据水体氨氮值/25 的值确定，当氨氮值/25 的值在 25%～35%范围内时，沸石粉的质量分数等于氨氮值/25 的值；当氨氮值/25 的值低于 25%时，沸石粉的质量分数为 25%；当氨氮值/25 的值高于 35%时，沸石粉的质量分数为 35%。在确定复合微生物和沸石粉的质量分数后，硅藻土和 PAC 按照 1∶1 的比例分配剩余的质量分数。所述的 COD 值/100 的值为计算得到的比值乘以 100%换算而得的百分数；氨氮值/25 的值为计算得到的比值乘以 100%换算而得的百分数。

所述的复合净水剂在使用前，硅藻土、沸石粉和 PAC 按比例混匀，复合微生物单独存放，复合微生物在使用时与硅藻土、沸石粉和 PAC 的混合物混匀进行投放。因为复合微生物需要保证其活性及稳定性，其保存具有相对较高的要求，例如需要低温贮存。

为便于复合净水剂的投放，所述的复合净水剂在使用时先加水制成悬浊液再投放到待处理水体中。复合净水剂与水按1：(2～5) 的比例配制成悬浊液，悬浊液配制时水的添加量可根据投撒的不同要求进行适应调整。净水剂悬浊液的投放可以采用人工投撒，亦可采用本领域常用的投菌或投料装置进行自动投撒。

所述复合净水剂可以使用待处理水体使其溶解形成悬浊液，制成悬浊液后均匀投放到污染水体中，在水体溶氧低于2mg/L的水体中，需要补充溶氧，以保证使用效果，例如通过结合曝气机对待处理污染水体进行曝气处理来增加污水溶氧，在水质COD、氨氮低于GB 3838—2002规定的Ⅴ类水标准时，每隔两天使用1次，连续使用2次，在高于Ⅴ类水标准时，每隔1天使用1次，连续使用3次。

产品特性

(1) 本品可以使生物菌剂和非生物菌剂发挥协同净化作用，共生协作不仅可以提高净化效果，而且可以节约生物菌剂的使用量，降低污水处理成本。

(2) 本品可以应用于各种类型的污染水体，特别适用于污染水体的原位治理，本品通过形成絮凝团而将生物菌剂吸附在絮凝团中，从而能够发挥长效净化作用，在水体原位治理中生物菌剂不易随着水体的流动而流失。静态水体、微流动水体、流动水体均可使用本品的复合净水剂进行净化处理。

(3) 本品因含有絮凝成分，可以有效降低水体SS含量，提高透明度；因含有沸石粉，可以快速吸附氨氮，并提供絮凝核心；非生物成分形成的絮凝团除了汇聚各种污染物之外，还可以吸附水体中的土著微生物和投加的复合微生物，从而使微生物在絮凝团中持续降解污染物，强化和加速微生物对污染物的降解，达到长效的效果。

(4) 本品采用天然絮凝剂硅藻土部分代替PAC，降低化学絮凝剂的添加量，使得复合净水剂中的非生物成分对水体生态几乎不产生负面影响，不会在治水的同时带来二次化学污染，具有安全性高的特点。

(5) 本品将生物净水剂与非生物净水剂优化组合，生物净水剂中各菌种共生配合，并协同非生物净水剂，显著增强了污染去除效果和水质净化效果。本品将生物与非生物手段的优点有效集成，不但能够有效改善现有生物净化技术处理污染水体见效慢的缺陷，也可以解决非生物方法的结果易反复的问题，在水体污染治理中具有良好的应用前景。

(6) 本品能够更有效地去除污染水体中的COD和氨氮，对SS的去除率也更高，能够更好地对水质进行净化和澄清，具有良好的环保效果。

配方 197　由铝灰、硫酸及可选的赤泥制备含聚合硫酸铝的净水剂

原料配比

原料	配比(质量份)											
	1#	2#	3#	4#	5#	6#	7#	8#	9#	10#	11#	12#
二次铝灰	1000	1000	1000	1000	1000	1000	1000	—	—	—	—	—
铝灰	—	—	—	—	—	—	—	1000	1000	1000	1000	1000
氢氧化钠	550	550	—	550	550	450	550	550	550	550	550	—
碳酸钠	—	—	650	—	—	—	—	—	—	—	—	650
碳酸钙粉	—	—	—	—	—	—	—	—	—	—	—	120
氧化钙	65	65	—	65	65	65	40	65	65	65	65	65
平均粒径2.3μm的重质碳酸钙粉	—	—	120	—	—	—	—	—	—	—	—	—

续表

原料	配比(质量份)											
	1#	2#	3#	4#	5#	6#	7#	8#	9#	10#	11#	12#
自来水	2700(体积)	1200(体积)	1200(体积)	1200(体积)	550(体积)	1200(体积)	900(体积)	1200(体积)	800(体积)	2700(体积)	800(体积)	1200(体积)
滤渣水洗收集的洗涤水	—	—	—	1500(体积)	1500(体积)	1500(体积)	1800(体积)	1500(体积)	1500(体积)	—	1500(体积)	—
98%工业硫酸	875	875	875	875	875	875	875	875	875	875	875	875
40%氢氟酸	—	—	—	—	—	—	—	—	30	—	30	—
含水赤泥(干基600kg)	—	—	—	—	—	—	—	—	820	—	—	—
含水赤泥(干基1500kg)	—	—	—	—	—	—	—	—	—	—	2050	—
$FeSO_4 \cdot 7H_2O$ 含量90%的钛铁矿-硫酸法钛白粉生产装置的副产硫酸亚铁	—	—	—	—	—	—	—	600	—	—	—	—

制备方法

(1) 将铝灰，与所需量的碳酸钠、氢氧化钠中的一种或两种，所需量的碳酸钙、氧化钙、草酸钙、柠檬酸钙、硫酸钙中的一种或多种，混匀，在氧化气氛400～1000℃焙烧，制得焙烧生成料。所述氧化气氛通过供入脱水或除湿的空气或富氧空气形成。

(2) 取焙烧生成料，与含硫酸的水溶液反应制备浆液，反应至浆液滤液pH 3.0～4.0，Al_2O_3 含量为5%～12%，盐基度为40～75。通过控制焙烧生成料的投入速率控制反应浆液的温度，和/或通过控制焙烧生成料的投入量控制浆液滤液的盐基度。反应过程中加入0.1%～0.5%的柠檬酸、柠檬酸钙或柠檬酸钠，作为稳定剂。浆液中加入硫酸亚铁或其溶液，或所用硫酸含硫酸亚铁，或加入由废铁屑与硫酸反应生成的含硫酸亚铁的溶液，或所用硫酸先加废铁屑反应生成所需量的硫酸亚铁，并在所述制备浆液的反应过程中pH 2.0～4.0期间鼓入空气、富氧空气、氧气，或者加入双氧水溶液、次氯酸钠溶液、次氯酸钙溶液，将二价铁氧化处理为三价铁，生成含聚合硫酸铝铁的复合净水剂。

(3) 步骤(2)中的浆液过滤，滤液为含聚合硫酸铝的净水剂，滤渣水洗所得固渣进一步利用或堆存、填埋，固渣可用作烧结建材、烧结水泥的原材料或配料。

原料介绍

所述铝灰包括由一次铝灰回收金属铝后剩余的二次铝灰及没有金属铝回收价值的铝灰。

所述硫酸为含氟废硫酸、含铁废硫酸或含铝废硫酸。

产品应用　本品是一种由铝灰、硫酸及可选的赤泥制备的含聚合硫酸铝的净水剂。

产品特性

(1) 本品除了含聚合硫酸铝，还含有较高浓度的硫酸钠、氯化钠、氯化钾，其在作为净水剂的应用中起到了电解质的作用，对净水过程中的絮凝、沉降有积极作用和明显效果。制备过程中加入含铁原料后，生成复合聚合硫酸铝铁，其在作为净水剂的应用中具有更好的效果，兼具聚合硫酸铝净水剂、聚合硫酸铁净水剂的优良效果，可形成大而密实、易沉降的矾花和沉淀物，降浊效果好，三价铁盐具有一定的氧化能力，可破坏一些微小藻类的分子结构并使其快速凝集，同时对有机质的氧化、去除和凝集有一定作用，特别适用于高浊水的降浊净化。受所含大量硫酸钠的抑制，净水剂产品含钙量极低，使用过程中，被处理水的钙浓度不增加。

(2) 本品可消耗大量废硫酸，如含氟废硫酸、含铁废硫酸或含铝废硫酸，以及铝工业废物，如铝灰、赤泥，有较高的环保效益。

配方198　由铝灰制备含聚合氯化铝的净水剂

原料配比

原料	配比(质量份)								
	1#	2#	3#	4#	5#	6#	7#	8#	9#
二次铝灰	1000	1000	1000	1000	1000	1000	—	—	1000
铝灰	—	—	—	—	—	—	1000	1000	—
碳酸钙和/或氧化钙	800	800	1000	500	800	800	800	800	800
20%盐酸	3200	2400	3200	3200	3200	3200	3200	3000	—
25%盐酸	—	—	—	—	—	—	—	—	2560
含水赤泥	—	—	—	—	820	1640	—	2050	—
水	适量	适量	适量	适量	适量	适量	适量	适量	适量

制备方法

(1) 将铝灰和碳酸钙和/或氧化钙球磨、混匀，在氧化气氛850～1200℃焙烧，制得焙烧生成料。

(2) 取焙烧生成料，与盐酸及水反应制备浆液，反应至浆液滤液pH 3.5～4.5，Al_2O_3含量为5%～12m%，盐基度为40～100。

(3) 将步骤(2)中的浆液过滤，滤液为含聚合氯化铝的净水剂，滤渣水洗所得固渣作他用或堆存、填埋。脱水方式包括喷雾干燥或转筒干燥。

原料介绍　所述铝灰包括由一次铝灰回收金属铝后剩余的二次铝灰及没有金属铝回收价值的铝灰。

产品应用　本品是一种由铝灰制备的含聚合氯化铝的净水剂。

产品特性　本品除了含聚合氯化铝，还含有较高浓度的氯化钙，其在作为净水剂的应用中起到了电解质的作用，对净水过程中的絮凝、沉降有积极作用和明显效果；制备过程中加入含铁原料后，生成复合聚合氯化铝铁，其在作为净水剂的应用中具有更好的效果，兼具聚合氯化铝净水剂、聚合氯化铁净水剂的优良效果，可形成大而密实、易沉降的矾花和沉淀物，降浊效果好，三价铁盐具有一定的氧化能力，可破坏一些微小藻类的分子结构并使其快速凝集，同时对有机质的氧化、去除和凝集有一定作用。

配方199　油田污水破乳净水剂

原料配比

原料	配比(质量份)		
	1#	2#	3#
二甲胺水溶液(40%)	760	600	700
环氧氯丙烷	120	120	120
氢氧化钠	24	24	24
二硫化碳	400	350	400
硫酸镍	15	10	15

制备方法

(1) 二甲胺水溶液(40%)在搅拌下滴加环氧氯丙烷，滴加期间控制温度不超过50℃。滴加完毕后提温至70℃，恒温反应1h，关闭加热，自然冷却至室温。

(2) 投加催化剂至反应釜中，搅拌均匀后使用N_2吹扫20min。二硫化碳静置30min消除静电后，缓慢滴加至反应釜中，滴加过程中控制温度在30～40℃，恒温反应4～5h。

(3) 在反应釜中投加硫酸镍作为特定离子，搅拌均匀后放料。

原料介绍　所述的催化剂为工业用氢氧化钠，其质量分数为30%～31%。

产品应用　本品是一种油田污水破乳净水剂。

产品特性

(1) 本品加量低（≤50mg/L），除油率高，净水效果好，处理后的水体无色透明。

(2) 本品产生的污泥量少，不会影响污水站的日常运行。

(3) 本品不影响原油物性，不影响油站的日常运行。

(4) 本品不含任何腐蚀性药剂以及有毒有害物质，对投加人员、环境以及设备都没有伤害，性状稳定，投加简单；投加后，药剂见效快，除油效果明显，并且在除油的同时，药剂大分子和原油形成的絮团能够将污水中的机械杂质裹挟带出，同时达到去除机械杂质的目的，实现了一剂双效。

(5) 本品将该类型的药剂用于油田污水破乳净水，配合加入硫酸镍作为特定离子，破坏污水胶体的稳定状态，从根本上净化水质，解决污水含油的问题。

(6) 该净水剂合成后为阴离子聚合物，含有多个配位基团，可以作为桥联基团，同时配合特定的离子形成超分子配位结构体，破坏污水乳液稳定态，恢复污水自净化功能（即油上浮、悬浮物沉淀）；同时产品分子另一端的长链结构，使其具有絮体卷扫作用，加速污水自净化，最终达到净化水质的目的。

配方200　有机类净水剂

原料配比

原料	配比(质量份)	
	1#	2#
海藻	200	250
乙酸乙酯	300	300
碱式氯化铝	15	20
膨润土	50	35
活性炭	15	10
明胶	5	5
十二烷基二甲基苄基氯化铵	1	2
聚环氧乙烷	3	2

制备方法

(1) 将海藻粉碎，加入乙酸乙酯后充分搅拌得混合液。

(2) 使用纯水对步骤（1）中的混合液进行洗涤后浓缩，得到结晶固体；将洗涤出的残渣使用浓度为15%的醋酸进行浸泡，然后取出处理后的残渣待用。浓缩过程分为两个阶段，第一阶段温度保持在25℃，当结晶速率降低至初始状态的50%时，进入第二阶段，第二阶段温度保持在10℃，直至结晶完成。

(3) 将步骤（2）得到的结晶固体与碱式氯化铝、膨润土、活性炭进行混合粉碎，然后加入45%的乙醇溶液，制得混悬液。

(4) 在混悬液中加入明胶、十二烷基二甲基苄基氯化铵和聚环氧乙烷，充分搅拌后加热蒸发，将混悬液加热蒸发为胶状物后，缓慢加入步骤（2）待用的残渣，将温度控制在小于40℃，直至蒸发完成得到成品净水剂。

产品应用　本品是一种有机类净水剂。

产品特性　本品通过对海藻原料的深度加工，将海藻中的有效成分充分提取，同时合理配置添加剂，提高了净水剂的吸附效果。

配方 201　藻基生物除磷净水剂

原料配比

原料	配比(质量份)	原料	配比(质量份)
改性硅藻土	70	聚磷菌	0.1
铝矿粉	29.9	去离子水	适量

制备方法

(1) 将天然硅藻矿粉进行机械研磨，并过 80～100 目筛，将过筛子后得到的硅藻土在温度 650～750℃下，焙烧 40～160min，随后冷却至室温。

(2) 将步骤 (1) 所得硅藻土按照每克硅藻土加入 5mL 浓度为 0.2～0.6mol/L 的硝酸溶液的配比，按所需进行配制，将上述溶液置于合适容器中并放入恒温水浴振荡器中，水浴温度为 35～45℃，振荡时间为 1.5～2h，结束后，过滤，用去离子水将滤渣洗至中性，在 85℃下真空干燥 6～8h，随后冷却至室温，将所得硅藻土再次进行机械研磨，并过 80 目筛，即得改性硅藻土。

(3) 将步骤 (2) 所得改性硅藻土与铝矿粉、聚磷菌按照质量份数混合，取总质量为 1kg，混合后置于 2000mL 去离子水中，于室温下充分搅拌 3～5h，过滤，用去离子水充分洗涤滤渣，将滤渣在室温下干燥并机械研磨，过 60 目筛，即得本品藻基生物除磷净水剂。

产品应用　本品是一种纳米硅藻复合净水剂。

产品特性

(1) 本品是以高纯度硅藻天然矿品为基体，加入一定量的含铝矿品及特种噬磷生物菌种混合而成的藻基生物除磷净水剂。在污水处理过程中加入本品藻基生物除磷净水剂，利用硅藻本身具有的巨大的比表面积和较强的吸附力，把无机磷吸附到硅藻表面，再结合铝盐的絮凝作用，使吸附着无机磷的硅藻快速物理絮凝、形成沉淀污泥排出，污水中的总磷得到大幅度去除。本品净水剂中所含的特种噬磷生物菌在污水中以硅藻为载体快速生长繁殖的同时可以消耗、分解吞噬污水中的有机磷。本品具有传统化学除磷剂的絮凝吸附去除无机磷的作用，且又为特种噬磷生物菌提供载体分解吞噬有机磷，同时具备物理生物作用，达到去除污水中总磷的目标。

(2) 采用本品纳米硅藻复合净水剂处理生活污水，COD、氨氮、总氮、总磷、SS 去除率均达到 91%以上。

配方 202　造纸废水净水剂

原料配比

原料	配比(质量份)					
	1#	2#	3#	4#	5#	6#
硅藻土	60	60	60	60	60	60
三氯化钾	15	15	15	15	15	15
碳酸钠	13	13	13	—		
硫酸亚铁	15	15	15	15	15	15

续表

原料	配比(质量份)					
	1#	2#	3#	4#	5#	6#
盐酸	22	22	22	—	—	—
亚硝酸	—	—	—	22	22	22
活性炭	35	45	38	35	45	38
结晶氯化铝	—	—	—	20	15	18
亚硫酸钾	—	—	23	—	—	23
氯化铵溶液	—	17	—	—	17	—
水	110	110	110	110	110	110
磷酸二氢钠	32	—	32	32	—	32
硫酸锌	—	25	—	—	25	—

制备方法　将各组分原料混合均匀即可。

产品应用　本品是一种造纸废水净水剂。

产品特性　本品性能可靠，使用方便，净水成本低，所需设备简单。制备工艺简单、无二次污染且生产成本低，既可以对造纸污水进行有效净化，同时又可以减少各种对人体有害的元素，能够起到更好的保护作用。

配方 203　重金属离子工业废水的净水剂

原料配比

原料		配比(质量份)					
		1#	2#	3#	4#	5#	6#
大豆蛋白粉		22	15	20	22	15	17
羟丙基甲基纤维素		18	10	13	10	16	18
木质纤维		16	8	9	9	14	12
没食子酸		10	5	7	7	6	5
磷酸氢二钾		12	2	4	4	10	8
棉花秸秆粉末		5	8	7	8	5	6
牡蛎壳粉末		1	5	1	3	4	5
硅藻土		3	6	5	6	3	3.5
聚对苯二甲酸乙二醇酯		1	2	1	1.5	2	1.5
聚二硫二丙烷磺酸钠		2	4	3	4	2	2.5
乙酰单乙醇胺		1	3	2	1	3	2.5
十六烷胺		1	4	2	1	3	3.5
抑菌剂		1	5	4	5	1	3
抑菌剂	顺丁烯二酸	—	2	4	3	3	2.5
	二氧化硅	—	1	1	1	1	1
	过氧化氢	—	3	5	4	3.5	4.5
	已二醇	—	6	7	6.5	6	6.5
活性炭		—	—	—	2	3	1

制备方法　将各组分原料混合均匀即可。

产品应用　本品是一种重金属离子工业废水的净水剂。

产品特性　本品原料成本低，原料来源广泛，适合用于工业上大批量加工生产，具有使用方便、无二次污染的优点。

配方 204　重金属絮凝净水剂

原料配比

原料	配比(质量份)	
	1#	2#
精制膨润土	30	45
铝铁系絮凝剂	20	35
磷酸三钾	5	12
硫酸钙	6	11

制备方法

(1) 按照上述质量份配比准备原料。

(2) 均质混合，将精制膨润土、铝铁系絮凝剂放入高速均质机中混合，一定时间后在 1000 倍显微镜下观察混合粒度分布，混均度高于 98%为合格。

(3) 在球磨机内装入磷酸三钾、硫酸钙，开机 30min，在上述时间后分批加入步骤 (2) 所述的已混均的物料，球磨 60～90min，得到净水剂。

原料介绍

所述的铝铁系絮凝剂，由如下工艺制得：

(1) 将硅酸钠配制成聚合硅酸钠溶液，用于配制聚合硅酸钠溶液的硅酸钠与水的质量比为 (0.5～0.8)：100。

(2) 向聚合硅酸钠溶液中加入稀硫酸，稀硫酸的浓度为 0.15～0.18mol/L，稀硫酸的加入能够使聚合硅酸钠得到一定程度的活化，有利于后续反应的进行，所述稀硫酸加入后，继续搅拌反应 10～30min，使溶液 pH 值降至 8～10。

(3) 继续向溶液中加入双氰胺、季铵盐和铁盐的混合溶液，控制温度在 60～80℃反应一段时间。

(4) 继续向溶液中加入铝盐溶液，铝盐溶液中铝离子的浓度为 120～135g/L，加入所述铝盐溶液后反应时间为 2～4h，控制温度在 60～80℃。所述铁盐优选的包括氯化铁、硫酸铁、硝酸铁中的一种或多种；所述铝盐优选的包括氯化铝、硫酸铝、硝酸铝。

(5) 停止反应后将溶液静置熟化，熟化静置时间为 12～36h，得到铝铁系絮凝剂。

所述双氰胺、季铵盐和铁盐的混合溶液中，双氰胺浓度为 30～35g/L，季铵盐的浓度为 3～5g/L，铁盐中三价铁离子的浓度为 35～40g/L，其中所述双氰胺、季铵盐和铁盐的混合溶液的加入量与步骤 (1) 中聚合硅酸钠溶液的体积比为 (0.3～0.5)：1，加入所述双氰胺、季铵盐和铁盐的混合溶液后，反应时间为 1～1.5h。

产品应用　本品是一种重金属絮凝净水剂。

产品特性

(1) 本品原料易得，价格便宜，制备简单，其产品用于处理饮用水、工业用水及污水絮凝沉降速度快。

(2) 本品无毒无污染，在水中可自然分解，大大降低了二次生化污染；吸附污水中有色杂质，对水中的金属离子，如 Hg^{2+}、Ni^{2+}、Cu^{2+}、Pb^{2+}、Ca^{2+}、Ag^{+} 等，具有明显的吸附和络合作用。

(3) 本品具有产率高，成本较低，絮凝体密实、沉降快，沉渣含水量低，对水体中的重金属离子去除效果良好等特点。

配方 205 综合快速消除黑臭水体氨氮的环保净水剂

原料配比

原料		配比(质量份)
改性氧化镁		20～30
磷酸氢盐		10～15
氯酸钾		20～30
螯合剂		15～20
絮凝剂		10～15
助凝剂		5～10
消毒剂		10～15
溶剂		适量
螯合剂	三聚磷酸钠	1
	多聚磷酸钠	1
	焦磷酸钠	2

制备方法

(1) 将一定比例的改性氧化镁、磷酸氢盐、氯酸钾投入搅拌机内进行混合搅拌，控制温度为30～45℃，搅拌时间为2h，搅拌转速为70r/min，2h后将其升温至50℃。

(2) 向搅拌机内加入适量的溶剂，溶剂为水，继续进行搅拌，控制温度保持在50℃，搅拌0.5h后向搅拌机内添加絮凝剂、助凝剂和消毒剂。

(3) 继续进行搅拌，搅拌0.5h之后，继续进行升温，以每隔1h升温10℃的速度将其升温至90℃，然后停止搅拌，使其降温。

(4) 利用风冷和水冷相结合的方式将其降温至室温，然后将其取出准备进行投放。

原料介绍

所述改性氧化镁的制备方法如下：

(1) 以白云石为原料，用二次碳化法制备氧化镁，先把白云石煅烧，生成氧化镁、氧化钙。

(2) 经水消化得 $Mg(OH)_2$ 和 $Ca(OH)_2$，第一次碳化使 $Mg(OH)_2$ 转化成 $MgCO_3$ 和 $Mg(HCO_3)_2$，使 $Ca(OH)_2$ 转化成 $CaCO_3$。

(3) 将得到的 $Mg(HCO_3)_2$ 热解成 $MgCO_3$ 沉淀，将沉淀物置于水中进行第二次碳化，使 $MgCO_3$ 转化成 $Mg(HCO_3)_2$。

所述螯合剂为三聚磷酸钠、多聚磷酸钠、焦磷酸钠的混合物，其中三聚磷酸钠、多聚磷酸钠、焦磷酸钠的比例为1∶1∶2。

产品应用 本品是一种综合快速消除黑臭水体氨氮的环保净水剂。

使用方法：

(1) 取一定量的含氨氮废水，估算水中氨氮的含量。

(2) 加氢氧化钠或盐酸调节废水的pH至偏碱性。原因在于：

① 当水中pH值为8.0～8.4，水温为20℃时，净水剂反应速率最快，在反应过程中废水的pH值将下降，当废水碱度不足时，即需投加石灰，维持pH值在7.5以上。

② 温度高时，净水剂反应速率快，适宜水温为35℃，在15℃以下净水剂内部改性氧化镁活性急剧降低，故水温以不低于15℃为宜。

(3) 投加一定量的环保净水剂，充分搅拌，反应一段时间，水中的氨氮会被氨氮去除剂氧化为氮气，将氨氮转化为氮气的形式去除。

(4) 再向水中投加沸石粉，通过实验基质的物理表面吸附去除氨氮。沸石粉为处理优化的200目的沸石粉。

产品特性

(1) 本品能够快速降低水体中的氨氮含量，且时间短，见效快，比生物修复的时间效率高，而且无二次污染，达到高效去除氨氮的目的，起到净化水质的作用，达到修复景观水体生态的效果，通过选择合适的环保净水剂的浓度，保持了水体水环境各种相对稳定的环境，提高水体净化效果。

(2) 本品在水体中添加优化的沸石粉，它无毒无害，具有空隙度大、吸收性强和化学性质稳定的特点，有效吸附水体中剩余的氨氮，进一步恢复水体平衡状态。

配方 206 超支化聚合物絮凝净水剂

原料配比

原料			配比(质量份)			
			1#	2#	3#	4#
超支化单体	超支化中间体	双(2-羟乙基)氨基(三羟甲基)甲烷	20	21	21	21
		2,4,6-三羟基苯甲酸	170	187	187	253
		去离子水	610	592	592	524
		对甲基苯磺酸	1	2	2	1.6
	超支化中间体		150	150	150	150
	阻聚剂间苯二酚		0.1	0.2	0.2	0.2
	1-氯-2-丁烯		165	180	180	180
去离子水			754.8	678.5	719.2	754.8
阴离子单体	丙烯酸钠		50	85	70	50
阳离子单体	甲基丙烯酰氧乙基三甲基氯化铵		15	—	—	15
	二甲基二烯丙基氯化铵		—	25	—	—
	丙烯酰氧乙基三甲基氯化铵		—	—	20	—
酰胺类单体	丙烯酰胺		180	210	—	180
	二甲氨基丙基丙烯酰胺		—	—	190	—
超支化单体			0.2	1.5	0.7	0.2
葡萄糖酸钠			0.03	0.03	0.05	0.03
过氧化乙酰			0.01	0.015	0.05	0.01
乙二胺			0.01	0.015	0.05	0.01

制备方法

(1) 在反应器中加入双(2-羟乙基)氨基(三羟甲基)甲烷、2,4,6-三羟基苯甲酸和去离子水得到待反应体系，将所述待反应体系升温至150～160℃，并在惰性气氛下加入催化剂进行反应，得到所述超支化中间体；所述反应包括在150～160℃的真空条件下反应3～5h后，继续反应2～3h减压至常压，并降温至40～50℃。

(2) 将所述超支化中间体分散至去离子水中得到分散液，将所述分散液的pH值调节至7～8，然后加入阻聚剂，并于20～70℃下滴加所述卤代烯烃，待滴加完所述卤代烯烃后，于60～70℃下保温3～5h，得到所述超支化单体。

(3) 在反应器中加入去离子水、所述阴离子单体、所述阳离子单体、所述酰胺类单体、所述超支化单体混匀，得到混合溶液，将所述混合溶液的pH值调节至6.8～8.0，然后通入氮气，再加入所述聚合助剂引发聚合反应，得到所述超支化聚合物絮凝净水剂。聚合反应的温度为5～8℃；聚合反应的时间为2～3h。

原料介绍

所述催化剂为对甲基苯磺酸或2,4-二甲基苯磺酸。

所述卤代烯烃含有一个卤原子和一个碳碳双键，且所述卤代烯烃的碳链长度为3或4；其中，所述卤原子为氯原子或溴原子；所述卤代烯烃为3-氯丙烯、1-氯-2-丁烯、4-氯-1-丁烯、3-溴丙烯或4-溴-1-丁烯。

惰性气氛可以为氩气气氛、氮气气氛。

所述阴离子单体为丙烯酸钠、丙烯酸钾或丙烯酸铵。

所述阳离子单体为甲基丙烯酰氧乙基三甲基氯化铵、丙烯酰氧乙基三甲基氯化铵、丙烯酰氧乙基三甲基氯化铵、二甲基二烯丙基氯化铵中的至少一种。

所述酰胺类单体为丙烯酰胺、甲基丙烯酰胺、*N*,*N*-二甲基丙烯酰胺、*N*-甲基-*N*-乙烯基乙酰胺、二甲氨基丙基丙烯酰胺中的至少一种。

所述聚合助剂包括螯合剂、氧化剂和还原剂。

所述螯合剂为葡萄糖酸钠和/或乙二胺四乙酸二钠。

所述氧化剂为过氧化乙酰、叔丁基过氧化氢、过氧化氢、过硫酸钾、过硫酸铵中的至少一种。

所述还原剂为乙二胺、亚硫酸氢钠、焦亚硫酸钠、甲醛、次硫酸氢钠中的至少一种。

所述的pH调节剂采用由氢氧化钠、丙烯酸、氨基磺酸组成的混合溶液。

产品应用　本品是一种超支化聚合物絮凝净水剂，用于污水处理技术领域。

产品特性

(1) 本品具有超支化三维网络结构，且支化结构末端含有大量羟基，与污染物的络合能力强、负载量大，絮凝效果显著。

(2) 本品中包括阳离子基团、阴离子基团，使得絮凝净水剂各功能成分形成有机整体，更有利于发挥协效作用，使悬浮物质通过电中和、架桥吸附等作用絮凝，进而改善其综合性能和性能稳定性。

(3) 本品中引入超高支化程度的支化型单体，使得超支化聚合物絮凝净水剂具有较高的超支化三维网络结构，引入超支化结构，一方面能改善溶解性，使得超支化聚合物絮凝净水剂加入污水中后，能与污水中的待絮凝成分充分接触；另一方面，能更好地发挥架桥网捕作用，支化结构末端含有大量羟基，与污染物的络合能力强、负载量大，能够对悬浮物、有机杂质、重金属离子进行有效吸附，絮凝效果显著，处理液清澈度高，尤其适用于洗煤废水中。

(4) 本品用量少且絮凝效果佳、效率高，具有在使用过程中溶解速度快、黏度低的优点。

(5) 本品中的阴离子单体能够对重金属离子进行有效吸附，减少重金属离子含量，同时提高上清液的透明度。

(6) 在本品中，螯合剂用于螯合反应单体中存在的金属离子，以保证聚合反应速率，避免反应速率过慢，也避免影响超支化聚合物絮凝净水剂的分子量和溶解性。

(7) 在本品中，通过调节pH能避免反应介质的酸碱性影响后续引发剂的分解速率，从而保证聚合反应的正常进行。在本品中，以水作为聚合反应的反应介质，不仅成本低，还能消除有机溶剂对环境的影响，制备过程简单，且不需加热。而且反应介质的环境为中性，制备过程对环境友好、无污染、能耗低、产物无毒无腐蚀性、不会产生二次污染，符合绿色环保化工助剂的发展方向。

(8) 本品制备的超支化聚合物絮凝净水剂具有超支化结构，对洗煤废水进行处理后，其上层清液的透光率最高可到达98.3%，其COD值最高为43mg/L，显然该超支化聚合物絮凝净水剂具有优异的絮凝效果。

配方 207　处理高浊度工业废水的复配絮凝净水剂

原料配比

原料	配比(质量份)				
	1#	2#	3#	4#	5#
双氰胺甲醛树脂	10	30	10	10	20
聚合氯化铝	30	25	20	20	25
阳离子聚丙烯酰胺	1	2	3	1	2

制备方法　将各组分原料混合均匀即可。

产品应用　本品是一种有效处理高浊度工业废水的复配絮凝净水剂。

产品特性

(1) 本品在去除废水高浊度方面，在 pH=6.5 时，去除浊度效果达到最佳，能够为实际工程应用减少能耗，节约成本。

(2) 本品选取的双氰胺甲醛树脂能够对废水进行脱色处理，并有很强的黏附性，可配合絮凝净水剂进行使用，增强絮凝效果。

(3) 选取低价高效的聚合氯化铝絮凝净水剂对废水进行絮凝沉淀，可以去除废水中的绝大部分悬浮物和部分有机物等，降低浊度，配合少量阳离子聚丙烯酰胺，增强絮凝性能和沉降效果，缩短沉降时间，也增强了脱色和去浊效果，同时，对 COD、氮、磷也有附加的去除效果。

配方 208　处理染料废水的复合絮凝净水剂

原料配比

原料	配比(质量份)		
	1#	2#	3#
阳离子聚丙烯酰胺	0.6	0.5	0.8
氯化聚 2-羟丙基-1,1-*N*-二甲基铵	8	9	7
十六烷基三甲基溴化铵	3	4	5
聚二甲基二烯丙基氯化铵	3.5	3	4.5
聚乙烯亚胺	1	0.8	1.5
硫酸亚铁	7	6	5
硅酸钠	2	2.5	2
聚合硫酸铝铁	8	10	9
聚丙烯酸	0.05	0.08	0.1

制备方法

(1) 将硫酸亚铁、硅酸钠和聚合硫酸铝铁的混合物添加到聚丙烯酸和十六烷基三甲基溴化铵的混合液中，搅拌均匀，制备得到第一混合液。

(2) 将阳离子聚丙烯酰胺加入氯化聚 2-羟丙基-1,1-*N*-二甲基铵、聚二甲基二烯丙基氯化铵以及聚乙烯亚胺的混合物中，搅拌均匀，制备得到第二混合液。

(3) 将第二混合液添加到第一混合液中，于 30～35℃搅拌 1～1.5h，制备得到处理染料废水用复合絮凝净水剂。

原料介绍

所述的阳离子聚丙烯酰胺的制备方法，由以下步骤组成：

(1) 将 *N*,*N*,*N*-三甲基-3-(2-甲基烯丙酰氨基)-1-氯化丙铵、丙烯酰胺、乙二胺四乙酸二钠和去离子水加入反应釜中，搅拌使其溶解。所述的N,N,N-三甲基-3-(2-甲基烯丙酰氨基)-1-氯化丙铵、丙烯酰胺的质量比为1：(4.5～5)。所述的N,N,N-三甲基-3-(2-甲基烯丙酰氨基)-1-氯化丙铵与丙烯酰胺的质量和占N,N,N-三甲基-3-(2-甲基烯丙酰氨基)-1-氯化丙铵、丙烯酰胺和去离子水质量和的42%～45%。乙二胺四乙酸二钠的质量占N,N,N三甲基-3-(-2-甲基烯丙酰氨基)-1-氯化丙铵与丙烯酰胺质量和的0.07%。

(2) 向反应釜中通氮气20～25min，然后加入引发剂，继续通氮气13～15min。所述的引发剂为亚硫酸氢钠、过硫酸钾和偶氮二异丁脒盐酸盐（V-50）的混合物；其中，亚硫酸氢钠、过硫酸钾和偶氮二异丁脒盐酸盐（V-50）的混合质量比为1：(1.5～1.8)：(0.7～0.8)。所述的引发剂的质量占N,N,N-三甲基-3-(2-甲基烯丙酰氨基)-1-氯化丙铵与丙烯酰胺质量和的0.08%。

(3) 停止通氮气并升温到聚合反应温度反应一段时间，然后升温至熟化温度进行静置熟化，制备得到胶状共聚物，胶状共聚物经后处理，制备得到阳离子聚丙烯酰胺。聚合反应温度为30～33℃，聚合反应时间为2～2.5h。熟化温度为50～53℃，熟化时间为2～2.2h。所述的后处理为将胶状共聚物于58～63℃下干燥50～55h，然后研磨得到粉末状阳离子聚丙烯酰胺。

产品应用　本品是一种处理染料废水的复合絮凝净水剂。使用方法：将本品添加到染料废水中，添加量为1.0～1.3g/L。

产品特性

(1) 本品对活性染料、分散染料和硫化染料均具有较好的去除效果，且能够在宽的pH值范围内使用，不需提前调节染料废水的pH值。硫酸亚铁、硅酸钠、聚合硫酸铝铁复配使用，增强了悬浮物、较为容易去除的分散染料和硫化染料的去除效果，阳离子聚丙烯酰胺、氯化聚2-羟丙基-1,1-N-二甲基铵、聚二甲基二烯丙基氯化铵以及聚乙烯亚胺复配使用，对染料废水中各类染料均具有很好的去除效果，且具有各自适宜的pH值使用范围，拓宽了絮凝净水剂的使用范围，通过添加十六烷基三甲基溴化铵和聚丙烯酸，改善絮体的形态，增加絮体的密实度，减小絮体的沉降时间。

(2) 本品制备方法简单，易于实现工业化生产，采用该方法制备得到的絮凝净水剂效果稳定，使用范围广泛。

配方 209　醋酸酯废水用的絮凝净水剂

原料配比

原料	配比(质量份)				
	1#	2#	3#	4#	5#
天然糯玉米淀粉	30	30	20	30	30
水	500	500	500	500	500
丙烯酰胺	90	100	80	90	90
二甲基二烯丙基氯化铵	10	12	10	—	—
甲基丙烯酰氧乙基三甲基氯化铵	—	—	—	10	—
过硫酸钾	0.5	0.4	0.2	0.5	0.5
亚硫酸氢钠	0.5	0.6	0.3	0.5	0.5

制备方法

(1) 将淀粉进行等离子体物理改性，获得改性淀粉；淀粉中的支链淀粉的质量占所述淀粉总质量的95%～100%。采用低温等离子体进行改性的条件是：功率为20～240W，处理时间为5～30s。等离子体改性的过程为：将淀粉放入低温等离子体处理装置中，在常压和空气气氛下对淀粉进行等离子体处理，处理功率为20～100W，处理时间为5～20s。

(2) 在惰性气氛下，将步骤(1)获得的改性淀粉溶于水中获得改性淀粉水溶液，然后将其与丙烯酰胺混合均匀，然后加入引发剂并混合均匀，获得混合水溶液。改性淀粉水溶液中淀粉的质量分数为1.5%～6%。获得的混合水溶液中丙烯酰胺的质量分数为10%～20%。所述改性淀粉水溶液与丙烯酰胺混合后加入二甲基二烯丙基氯化铵或甲基丙烯酰氧乙基三甲基氯化铵。获得的混合水溶液中二甲基二烯丙基氯化铵或甲基丙烯酰氧乙基三甲基氯化铵的质量分数为1.1%～3%。

（3）将步骤（2）获得的混合水溶液在惰性气氛下进行接枝共聚反应，即可获得本品絮凝净水剂。所述接枝共聚反应在超声波装置中进行，时间为15～45min，温度为50～80℃，超声波装置的功率为200～300W。进行接枝共聚反应之后所获得产物还需经过熟化、洗涤、纯化和干燥方可获得能够使用的絮凝净水剂。所述熟化的具体过程是指，将反应产物于室温下静置20～40min。所述洗涤是利用乙醇、水、丙酮等溶剂洗涤2次以上以充分去除未反应的单体、电解质等小分子，以免影响絮凝净水剂的使用效果。所述纯化是通过过滤、陈化或者萃取等实现，最优选陈化10～24h，简单方便，不需额外操作。所述干燥为通过真空干燥箱进行，其中，真空干燥的条件为：真空度为（－0.05）～（－0.08）MPa，温度为50～70℃，时间为30min～2h。

原料介绍

所述的淀粉为糯玉米淀粉。

所述惰性气氛为氮气、氦气等。

所述的水为电阻率大于0.5MΩ·cm的水，如去离子水、超纯水等。

所述改性淀粉水溶液获得的具体过程为：在惰性气氛中将改性淀粉加入水中，随后将体系加热至60～90℃并在该温度条件下搅拌30～60min，最后降至室温即可获得改性淀粉水溶液。

所述的引发剂为氧化还原类引发剂。

所述氧化还原类引发剂为过硫酸钾/亚硫酸氢钠、过硫酸铵/亚硫酸氢钠，过硫酸钾和亚硫酸氢钠的用量分别为所述淀粉质量的1%～5%。

产品应用　本品是一种醋酸酯废水用的絮凝净水剂。

产品特性

（1）本品具有用量少、絮凝形成速度快、颗粒大和沉降快、水处理时间短和絮凝效果好等优点。

（2）本品制备方法以淀粉和丙烯酰胺为原料制备了淀粉和丙烯酰胺的接枝共聚物，其中淀粉经过低温等离子改性处理后可使溶解度、相对结晶度和糊化温度提高，且膨化度和黏度均降低，与丙烯酰胺共聚后接枝率可达90%以上，淀粉的数均分子量超过300万，具有特别优异的螯合作用，能够捕捉废水中的重金属离子。另外，本品接枝共聚物用于处理醋酸酯生产工艺中所产生的废水时会产生压缩双电层，分子上所带的电荷与废水中的悬浮物所带电荷相反，正负电荷中和后使悬浮物脱稳，这些悬浮物相互凝聚使微粒增大，形成絮凝体，絮凝体长大到一定体积后即在重力作用下脱离水相沉淀，从而去除废水中的大量悬浮物，从而达到水处理的效果。

（3）本品采用淀粉进行改性制备絮凝净水剂，淀粉的来源广泛，生产成本较低，可以节约大量的净水成本，且开拓了淀粉的新用途。

（4）本品稳定性能良好，对重金属的去除率高，用量较少，絮凝速度快，生成的污泥量少且易处理，具有良好的社会效益和经济效益。

配方 210　非晶态羟基氧化铁/聚丙烯酰胺复合絮凝净水剂

原料配比

原料		配比(质量份)
非晶态羟基氧化铁	六水氯化铁	3
	碳酸氢盐	1
	乙醇	40(体积)

续表

原料		配比(质量份)
非晶态羟基氧化铁		4.10
超纯水		30(体积)
丙烯酰胺		6
引发剂	质量分数为1%的过硫酸铵	1.6(体积)
	亚硫酸氢钠溶液	1.6(体积)

制备方法　将非晶态羟基氧化铁加入超纯水中，在惰性气体保护下与丙烯酰胺、引发剂进行聚合反应，反应结束后沉淀聚合物，获得非晶态羟基氧化铁/聚丙烯酰胺复合絮凝净水剂。将获得的非晶态羟基氧化铁/聚丙烯酰胺复合絮凝净水剂烘干、研磨。烘干温度为40～70℃。

原料介绍

所述的碳酸氢盐为碳酸氢铵、碳酸氢钠、碳酸氢钾或碳酸氢锂中的一种或几种。

所述引发剂为氧化剂和还原剂的混合物。

所述氧化剂为过硫酸铵、过硫酸钠、过硫酸钾中的一种或多种，优选过硫酸铵。

所述还原剂为亚硫酸氢钠、硫代硫酸钠、抗坏血酸、葡萄糖中的一种或多种，优选亚硫酸氢钠。

产品应用　本品是一种非晶态羟基氧化铁/聚丙烯酰胺复合絮凝净水剂。去除废水中锑离子的应用：将上述非晶态羟基氧化铁/聚丙烯酰胺复合絮凝净水剂投加于具有一定浊度的含锑离子的废水中，按阶段混凝处理即可。所述废水的pH值为4～9。所述废水中含有Cl^-、NO_3^-、HCO_3^-、PO_4^{3-}、SO_4^{2-}或腐殖酸中的一种或多种。非晶态羟基氧化铁/聚丙烯酰胺复合絮凝净水剂的反应过程包括物理过程和化学过程，具体为：聚丙烯酰胺的支链氨基能够与非晶态羟基氧化铁中的铁络合，从而将非晶态羟基氧化铁固定在聚丙烯酰胺上；另一部分非晶态羟基氧化铁可能通过物理吸附作用附着在聚丙烯酰胺表面的孔洞内。

产品特性

(1) 本品制备方法不涉及高温高压，能耗低，流程简单，原料价格低廉。

(2) 本品制备的絮凝净水剂在pH 4～9范围，对废水的处理效果均明显优于晶态羟基氧化铁/聚丙烯酰胺以及传统商用絮凝净水剂聚合硫酸铁。

(3) 本品可处理较宽浓度范围的含锑废水，用较小的投加量即可处理高浓度的含锑废水，同时基本不受废水中其他常见离子的影响，效果稳定，并且在大范围pH值波动（4～9）下处理效果基本不受影响，适用范围广。

配方 211　复合型微生物絮凝净水剂

原料配比

原料	配比(质量份)				
	1#	2#	3#	4#	5#
蜡状芽孢杆菌提取干粉	16	14	22	12	24
枯草芽孢杆菌提取干粉	12	10	16.5	9	18
光合细菌提取干粉	8	7	11	6	12
酵母菌提取干粉	4	4	5.5	3	6
粉末活性炭	9	7.5	12	3	15
沸石粉	3	2.5	3	1	5
氯化钙	10	8	14	5	15
氯化镁	5	4	6	2.5	7.5
三氯化铁	5	4	6	2.5	7.5

续表

原料	配比(质量份)				
	1#	2#	3#	4#	5#
硬脂酸钠	4	2.5	5	2.5	7.5
十二烷基磺酸钠	4	2.5	5	2.5	7.5
纯化水	400	350	550	210	720

制备方法　将各组分原料混合均匀即可。

原料介绍

所述蜡状芽孢杆菌提取干粉的制备方法为：将市售蜡状芽孢杆菌菌种经活化、种子制备、发酵后得发酵液，发酵液经离心、乙醇提取、冻干后得到干粉。

所述枯草芽孢杆菌提取干粉的制备方法为：将市售枯草芽孢杆菌菌种经活化、种子制备、发酵后得发酵液，发酵液经离心、乙醇提取、冻干后得到干粉。

所述光合细菌提取干粉的制备方法为：将市售光合细菌菌种经活化、种子制备、发酵后得发酵液，发酵液经离心、乙醇提取、冻干后得到干粉。

所述酵母菌提取干粉的制备方法为：将市售酵母菌菌种经活化、种子制备、发酵后得发酵液，发酵液经离心、乙醇提取、冻干后得到干粉。

产品应用　本品主要用于工业废水深度处理。使用方法：本品在污水中的投放量为1～2g/L。

产品特性

(1) 本品发挥各复配组分的优点，从而达到取长补短的目的，对污水处理效果优良，能够有效去除水体中的COD、氨氮、悬浮物和色度等，处理方法操作简单，运行稳定，特别适用于工业废水深度处理。

(2) 本品通过不同组分之间的协同效应和增效作用，增强了絮凝剂的使用效率，并解决了直接投加上述微生物存在的有效利用率低、絮凝作用弱、储存和使用不便利的问题。

(3) 本品具有比表面积大、吸附容量大和固载能力强等优势，可显著提高絮凝效果和沉降性能，增强了微生物絮凝净水剂的桥联作用和中和作用，微生物絮凝净水剂与胶体颗粒以离子键结合从而提高絮凝效果。

(4) 本品表面存在较多的亲水基团，其易与水结合，而不利于与水中污染物质发生絮凝吸附，表面改性剂的加入可中和微生物絮凝净水剂的亲水基团，改善其疏水性，增强其絮凝性能。

配方 212　复合絮凝净水剂（1）

原料配比

原料		配比(质量份)			
		1#	2#	3#	4#
聚合硫酸铝	铝灰	5	5	5	5
	30%硫酸溶液	40(体积)	40(体积)	40(体积)	40(体积)
聚合硫酸铝		100	200	200	200
碱化剂		适量	适量	适量	适量
有机高分子化合物	木质素磺酸钠	1	1	—	—
	海藻酸钠	—	—	1	—
	壳聚糖	—	—	—	1
稳定剂	乙酸钠	2.8	5.6	5.6	5.6

制备方法

(1) 采用硫酸溶液酸浸铝灰得到含铝酸浸液。酸浸的温度为40～90℃，时间为1～5h。

(2) 使用碱化剂将步骤 (1) 所述含铝酸浸液的pH值调节至3～5，经过聚合反应后得到聚合硫酸铝。聚合反应的温度为30～90℃，时间为0.25～2.5h。

(3) 将步骤 (2) 所述聚合硫酸铝与有机高分子化合物混合，加入稳定剂，经过熟化后得到复合絮凝净水剂。混合的温度为20～60℃，时间为0.25～2h。熟化时间为12～48h，温度为25～60℃。

原料介绍

所述有机高分子化合物包括海藻酸钠、壳聚糖、木质素磺酸钠中的至少一种。

所述硫酸溶液的质量浓度为5%～30%。

所述稳定剂的质量浓度为1%～5%。

所述碱化剂包括氢氧化钠、碳酸钠、氢氧化钙、氧化钙、碳酸氢钠中的至少一种。

产品应用　本品是一种复合絮凝净水剂，用于水处理领域。

产品特性

(1) 本品兼具高效的废水处理能力及杀菌作用。

(2) 本品采用低浓度的硫酸酸浸可得到高盐基度的聚合硫酸铝，达到减少聚合硫酸铝制备成本的目的。

(3) 本品具有高效絮凝、杀菌和除氨氮的效果，能够较好地应用于养殖废水与印染废水的处理，有效降低处理废水的成本。

(4) 本品具有良好的脱色效果，脱色率可达到96.06%。本品具有明显的杀菌效果，杀菌率最高可达96.19%。本品具有明显的去除污水当中的氨氮的效果，去除率可达54.36%。

配方 213　复合絮凝净水剂（2）

原料配比

原料		配比(质量份)
BS溶液	枯草芽孢杆菌(BS)	1
	培养液	100(体积)
培养液	葡萄糖	0.35
	蛋白胨	0.083
	酵母膏	0.05
	磷酸二氢钾	0.035
	碳酸钙	0.025
	水	100(体积)
PEBB溶液	1-乙烯基-3-乙基咪唑溴盐(PEB)	0.9
	二草酸硼酸锂(LiBOB)	1
	水	100(体积)

制备方法

(1) 枯草芽孢杆菌菌粉加入培养液中培养，得到混合菌液。培养的温度为20～40℃，培养的时间≥5min。

(2) 1-乙烯基-3-乙基咪唑溴盐和二草酸硼酸锂加水溶解，搅拌，得到混合溶液。搅拌的时间为5～30min。

(3) 将步骤 (1) 所述混合菌液和步骤 (2) 所述混合溶液混合，混合后进行搅拌，得到所述复合絮凝净水剂。搅拌时间为3～8min。

原料介绍

本品的原料包括1-乙烯基-3-乙基咪唑溴盐（PEB）和二草酸硼酸锂（LiBOB），在水溶液中，1-乙烯基-3-乙基咪唑溴盐（PEB）和二草酸硼酸锂（LiBOB）发生取代反应后生成1-乙烯基-3-乙基咪唑硼酸盐（PEBB），本品的絮凝净水剂巧妙地结合了离子液体（PEBB）和枯草芽孢杆菌（BS），并使其有机结合，形成了一种全新的高活性酶靶点吸附网络，这种网络结构不仅是3D的网络结构，具有更大的比表面积和更强的物理吸附能力，更重要的是由于其上阴离子所带的极性基团，网络结构能够结合BS所分泌的碱性蛋白酶，又因为碱性蛋白酶在此体系内带正电荷，会和带负电荷的赤泥颗粒相互吸引，因此这种高活性酶靶点吸附网络会类似“主动”地去抓捕赤泥颗粒，大大增大了颗粒聚集速度和效率，从而加速沉降，提高浊度去除率。

产品应用　本品是一种复合絮凝净水剂。

使用方法：将上述复合絮凝净水剂与赤泥浆混合，搅拌，静置。赤泥浆的pH值为7.0～11.0；搅拌的时间为5～15min。复合絮凝净水剂与赤泥浆的体积比为1∶(30～70)。

赤泥絮凝沉淀方法特别适合于降碱后的赤泥。赤泥浆的固含量为600～700g/L。

产品特性

(1) 以生物蛋白来中和电荷，BS可以分泌碱性蛋白酶，由于其等电点大于赤泥浆的pH，所以其在赤泥浆中带正电荷，部分碱性蛋白能够与带负电荷的赤泥颗粒发生电中和，因此赤泥颗粒相互之间的库仑斥力降低，碰撞在一起的概率增大，从而加快了赤泥颗粒聚集并沉降的速度。

(2) 本品提供的赤泥絮凝沉淀方法，能够有效降低溢流浊度40%～70%，脱色率达到40%～60%，对COD的去除率为30%～60%，且絮凝成的团絮块尺寸够大、结构较为紧实，便于后续工业操作。

(3) 对环境以及生产设备友好。在本方案中发挥主要作用的活性物质是BS所分泌的碱性蛋白酶，由于其是生物大分子，能够在自然条件下被有效降解，对环境十分友好。并且，其所带电荷是可变电荷，因此其不具有氧化性，对工厂设备没有腐蚀性。

配方 214　复合絮凝净水剂（3）

原料配比

原料	配比(质量份)				
	1#	2#	3#	4#	5#
阴离子型聚丙烯酰胺	10	12	15	17	20
聚合硫酸铝	8	10	12	14	16
聚合氯化铝	5	6	8	9	10
聚合硫酸铁	6	6	6	6	6
木质磺酸盐	6	10	15	18	22

制备方法　将阴离子型聚丙烯酰胺、聚合硫酸铝、聚合氯化铝、聚合硫酸铁与木质磺酸盐混合均匀，即得到所述复合絮凝净水剂。

产品应用　本品是一种用于废弃工程泥浆絮凝脱水的净水剂。

在废弃钻孔泥浆的絮凝脱水处理中的应用：将所述复合絮凝净水剂加入钻孔泥浆中，充分搅拌混合，静置沉淀8～20min，即完成所述絮凝脱水处理。所述复合絮凝净水剂与所述钻孔泥浆的质量比为1∶1000。所述搅拌混合为先以150～300r/min的转速，搅拌1min，再以30～70r/

min 的转速搅拌 3min，确保絮凝净水剂和泥浆能充分搅拌混合。按质量比 1∶1000 将上述复合絮凝净水剂添加到 1000g 泥浆试样中。将混合物先以 200r/min 的转速快速搅拌 1min，再以 50r/min 的转速慢速搅拌 3min。

产品特性　本品适用泥浆范围广，其含水量在 38%～300%均具有良好的絮凝效果；处理速度高，混合物静置 10min 即可形成上清液和泥浆沉淀，最快可达 8min；处理效果好，处理后的脱水率高于 42.0%，最高可达 62.5%；絮凝出的泥团可达到压滤设备上机要求或直接作为回填土，上清液可达到直接排放标准。由此可见，本品对于废弃工程泥浆的絮凝效果显著，特别针对高含水量的废弃工程泥浆的絮凝效果明显，且复合絮凝净水剂制备简单，成本低，处理时间短，处理效果好。

配方 215　复合载体吸附型絮凝净水剂

原料配比

原料	配比(质量份)	原料	配比(质量份)
铁矿分选后的尾矿粉	500	水	500(体积)
磁性颗粒成分	20	聚丙烯酰胺	10
硅藻土	70		

制备方法　采用铁矿分选后的尾矿粉作为原料，通过水洗去除泥土，然后采用磁选机分选出具有磁性的颗粒状成分，将其与硅藻土混合制浆，并加热至 (75±5)℃，加入聚丙烯酰胺进行溶胀混合，充分搅拌后静置熟化 2～3h，最后经干燥、造粒，制得所述复合载体吸附型絮凝净水剂。分选时所用磁场强度≤120mT。干燥的温度≤70℃。净水剂的粒径为 0.5～1.2mm。

原料介绍

所述具有磁性的颗粒状成分的平均粒径为 6～8μm。

所述硅藻土的比表面积为 40～65m²/g，孔体积为 0.45～0.98cm³/g。

所述聚丙烯酰胺的数均分子量为 1000 万～1500 万。

产品应用　本品是一种用于石油化工行业产生的含油污泥废水处理的复合载体吸附型絮凝净水剂。

所得复合载体吸附型絮凝净水剂可用于处理含油污泥，其用量为 1‰～1.5‰。

产品特性

(1) 本品与含油污水搅拌混合后，多孔的硅藻土成分会对水中的油、有机物等进行吸附，聚丙烯酰胺成分溶解在水中会形成高分子聚合物，并起到连接架桥作用，将吸附油滴的硅藻土、尾矿粉磁性微粒（磁铁矿和赤铁矿，主要成分 Fe_3O_4、Fe_2O_3、硅、铝）结合到一起形成絮团，而尾矿磁性微粒由于密度较大，可加速絮团的下沉速度，因而具有良好的絮凝效果。

(2) 本品通过载体絮凝技术原理，以铁矿尾矿粉、硅藻土、聚丙烯酰胺为原料进行配合制备复合载体吸附型絮凝净水剂，其配方合理，使用效果好，能够去除油泥废水中的油、悬浮物、有机物等，便于后续污泥脱水，且通过结合外界磁场的磁力，可进一步加速絮团下沉，提高絮凝效果。

(3) 尾矿粉是铁矿分选后的产物，属于固体废物，利用尾矿粉作为原料价格低廉，可实现废物再利用，具有很高的生态环保效益。

(4) 本品为粉末药剂，其可直接计量添加使用，省去了传统絮凝净水剂配制水剂的麻烦，节约设备成本。

配方 216 改性聚合氯化铝絮凝净水剂

原料配比

原料		配比(质量份)		
		1#	2#	3#
酒石酸铝	左旋酒石酸	6	5.25	6.75
	六水三氯化铝	2.78	2.36	2.92
	去离子水	15	10	15
	50%偏铝酸钠	1.11	0.47	1.75
聚硼酸酒石酸铝	氢氧化钠溶液	9.5	6.2	8.3
	三氯化硼	1.4	1.2	1.6
	酒石酸铝	2.1	1.8	2.4
	去离子水	10	5	10
改性聚合氯化铝絮凝净水剂	聚合氯化铝	10	10	10
	去离子水	30	20	40
	聚硼酸酒石酸铝	4	2	6

制备方法

(1) 制备酒石酸铝

① 将左旋酒石酸与六水三氯化铝混合于去离子水中，充分搅拌后，置于回流装置内，设置油浴温度为100～120℃，搅拌反应2～4h，缓慢加入偏铝酸钠溶液，继续搅拌反应3～5h，降温至45～55℃，使用氨水调节pH值为7.0～8.0，得到粗反应液。偏铝酸钠溶液的质量分数为50%。

② 将粗反应液经过过滤后，收集滤液，减压干燥处理，得到的粉末即为酒石酸铝。

(2) 制备聚硼酸酒石酸铝：将三氯化硼与去离子水混合形成三氯化硼溶液，搅拌至全部溶解后，加入酒石酸铝，然后逐滴加入氢氧化钠溶液，滴加的过程中不断搅拌，之后保持温度在70～90℃，继续搅拌1.5～2h，降温至室温，微波处理，然后密封保存至少24h，干燥除去溶剂，得到聚硼酸酒石酸铝。氢氧化钠溶液的质量分数为30%～50%，微波功率为1200W，微波频率为2450MHz，微波处理时间为5～10min。

(3) 制备改性聚合氯化铝絮凝净水剂：将聚合氯化铝与去离子水混合，充分溶解后，置于冰水浴中保存，得到聚合氯化铝溶液；然后将聚硼酸酒石酸铝加入聚合氯化铝溶液中，撤去冰水浴，并逐渐升温至45～55℃，搅拌反应2～3h，干燥除去溶剂，得到改性聚合氯化铝絮凝净水剂。

原料介绍

聚合氯化铝不是单一的形态组成，而是包含了单体、聚合体在内的各种形态按一定比例组成的复杂化合物，虽然具有较好的絮凝性，但是稳定性较差。本品中，使用聚硼酸酒石酸铝对聚合氯化铝进行改性处理，不仅增强了聚合氯化铝的储存稳定性，还增大了其羟基络合官能团的数量，且对于重金属离子的絮凝效果得到增强。

酒石酸铝中，铝离子与酒石酸离子形成了二元羧基络合物，该络合物为水溶性络合物。由于金属离子与配位体的成键性质多为静电引力，在后续聚硼酸酒石酸铝的制备中，多聚硼酸根离子的存在会影响酒石酸铝络合物的部分稳定性，使得多聚硼酸根、酒石酸根与铝离子之间形成一种新的络合体系，该络合体系能够在后续处理污水的过程中提供能够水解的铝离子，而单纯的酒石酸铝络合物则很难直接提供铝离子。

聚硼酸酒石酸铝具有较大的网状立体结构和较高的分子量，不仅具有较强的黏结能力和吸附架桥作用，而且稳定性更好，不会像聚硅酸产品那样在短时间内迅速形成凝胶而失活，这就极大地扩大了其在水处理中的应用场景。

产品应用　本品是一种改性聚合氯化铝絮凝净水剂，能够用于多种污水的絮凝处理，特别适用于含微量重金属污水的絮凝处理。

产品特性　本品具有絮凝速度快、絮凝效率高、稳定性高的优点。

配方 217　改性壳聚糖基磁性絮凝净水剂

原料配比

原料		配比(质量份)			
		1#	2#	3#	4#
磁性壳聚糖复合物	壳聚糖粉末	2.4	2.4	2.4	2.4
	$FeCl_3 \cdot 6H_2O$	5.6	5.6	5.6	5.6
	$FeCl_2 \cdot 4H_2O$	2.1	2.1	2.1	2.1
	水	200(体积)	150(体积)	150(体积)	200(体积)
	NaOH(3mol/L)乙醇-水溶液(乙醇与水的体积比为1∶2)	600(体积)	500(体积)	500(体积)	500(体积)
	0.5g/L戊二醛溶液	800(体积)	650(体积)	800(体积)	750(体积)
磁性壳聚糖复合物		40	30	10	15
水		220(体积)	200(体积)	100(体积)	100(体积)
0.05g/mL的$K_2S_2O_8$溶液		10(体积)	10(体积)	4(体积)	8(体积)
烯丙基三甲氧基硅烷单体		8(体积)	8(体积)	5(体积)	5(体积)

制备方法

(1) 将壳聚糖粉末、$FeCl_3 \cdot 6H_2O$和$FeCl_2 \cdot 4H_2O$溶于水中，通入N_2除氧（0.5～2.0h），得到混合溶液A。

(2) 将NaOH溶于乙醇-水混合溶剂中，得到混合溶液B。

(3) 将混合溶液A逐滴加入混合溶液B中，生成沉淀，过滤，将沉淀用水洗涤至中性，将洗涤后的沉淀加入戊二醛溶液中，在室温下交联反应20～40h，之后过滤，用乙醇和水洗涤，得到磁性壳聚糖复合物。

(4) 将步骤(3)所得磁性壳聚糖复合物加入水中，通入N_2除氧（5～30min），加入引发剂，在40～50℃下反应5～15min，接着逐滴滴加烯丙基三甲氧基硅烷单体，继续通N_2并在40～50℃下反应4～6h，之后过滤，用乙醇和纯水清洗，真空干燥（60℃），得到所述的改性壳聚糖基磁性絮凝净水剂。

原料介绍

烯丙基三甲氧基硅烷中的Si—O—CH_3能水解生成Si—OH片段，增加了链的长度，使得分子链之间相互交联，建立三维网络，改变了分子链结构和螯合基团的空间分布，增加了吸附位点，提高了絮体网捕、吸附作用，有利于絮体的形成和生长，并使产生的絮体密实而粗大。

所述壳聚糖的脱乙酰度为92%～95%。

所述引发剂为$K_2S_2O_8$，以0.05g/mL的$K_2S_2O_8$溶液的形式投料。

产品应用　本品是一种磁性改性壳聚糖复合物，可用于废水中有机染料、重金属离子的去除。

产品特性

(1) 本品对水体中的絮体、颗粒、金属有较高的网捕、吸附作用，且介质本身具有较大质量，对絮体有促沉作用，本品所用原料环保，且使用后不会造成二次污染。

(2) 本品具有较大的比表面积且为网状结构，拥有很好的吸附性，增强了絮体的团聚性能。

(3) 本品在引入了Fe_3O_4后，质量增加，使其与絮体结合、团聚后更易沉淀。本品在纳米

Fe_3O_4 磁核外包覆有机物壳层，能够对 Fe_3O_4 磁核起到保护作用，且可以多次回收使用，更有环保、经济效益。

（4）本品主要原料壳聚糖来源广泛，价格低廉；并且本品制备方法反应条件温和，能耗低。

配方 218　改性絮凝净水剂

原料配比

原料		配比(质量份)			
		1#	2#	3#	4#
多臂预聚体	1H,1H-十五氟-1-辛醇	600	600	600	600
	丙酮	43	43	43	43
	3-丙烯酰基氧基丙基三氯硅烷	120	120	120	120
改性单体	环氧氯丙烷	185	185	185	185
	20%的氢氧化钠水溶液	65	65	65	65
	三甲胺	140	140	140	140
	氢氧化钠	13	13	13	13
	N-对羟苯基丙烯酰胺	326	326	326	326
丙烯酰胺		20	30	40	20
阳离子单体	甲基丙烯酰丙基三甲基氯化铵	120	—	160	120
	(3-丙烯酰胺丙基)三甲基氯化铵	—	140	—	—
多臂预聚体		4	7	10	4
改性单体		20	30	40	20
阴离子单体	2-丙烯酰氨基-2-甲基丙磺酸钠	25	35	50	25
去离子水		600	550	500	600
醋酸		0.5	1	0.4	0.5
引发剂	过硫酸铵	0.2	0.3	0.4	0.2
	亚硫酸氢钠	0.3	0.4	0.5	0.3
油性溶剂	白油	270	290	310	270
乳化剂		30	35	40	30
转相剂		20	25	30	20

制备方法

将丙烯酰胺、甲基丙烯酰丙基三甲基氯化铵［或（3-丙烯酰胺丙基）三甲基氯化铵］、多臂预聚体、改性单体、2-丙烯酰氨基-2-甲基丙磺酸钠和去离子水于 600r/min 下搅拌混匀，加入醋酸调整 pH 值为 4.5，再加入过硫酸铵混合均匀；然后在 12000r/min 的搅拌速度下继续加入白油、乳化剂混匀，直至乳化体系黏度达到 1000mPa・s 以上；然后通入氮气 30min，在 400r/min 的搅拌速度下，于 20℃下加入亚硫酸氢钠引发聚合反应，5h 后反应结束，再加入转相剂搅拌 1.5h 得到改性絮凝剂。

原料介绍

所述乳化剂为山梨醇聚醚-30 四油酸酯、三乙醇胺单油酸酯和失水山梨醇单硬脂酸酯的复配物，复配比为山梨醇聚醚-30 四油酸酯：三乙醇胺单油酸酯：失水山梨醇单硬脂酸酯＝1：1：2。

所述转相剂为聚乙二醇单油酸酯。

所述多臂预聚体通过如下步骤制备得到：将 $1H,1H$-十五氟-1-辛醇（全氟-1-辛醇）加入丙酮中，并在氮气气氛中于 5～10℃下滴加 3-丙烯酰基氧基丙基三氯硅烷进行反应，待反应完成后进行旋蒸处理，得到所述多臂预聚体。3-丙烯酰基氧基丙基三氯硅烷和全氟-1-辛醇的摩尔比为 1：(3～3.5)。

所述丙酮的用量为 3-丙烯酰基氧基丙基三氯硅烷和全氟-1-辛醇用量之和的 5%～7%。

制备所述多臂预聚体的反应时间为 3～4h；所述旋蒸处理的时间为 1～2h，所述旋蒸处理的温度为65～75℃，压力为－0.1～－0.09MPa。

所述改性单体由环氧氯丙烷、三甲胺和N-对羟苯基丙烯酰胺于碱性环境下制备得到。

所述环氧氯丙烷、三甲胺与N-对羟苯基丙烯酰胺三者之间的摩尔比为1∶(1～1.5)∶1。

所述改性单体通过如下步骤制备得到：将环氧氯丙烷和质量分数为20%的氢氧化钠水溶液混匀，然后加入三甲胺反应2～3h，再继续加入氢氧化钠和N-对羟苯基丙烯酰胺，待反应2～3h后，得到所述改性单体。其中，反应温度为65～70℃，所述质量分数为20%的氢氧化钠水溶液的用量为环氧氯丙烷和三甲胺用量之和的16%～20%；所述氢氧化钠的用量为N-对羟苯基丙烯酰胺用量的4%～5%。

产品应用　本品是一种改性絮凝净水剂，对印染污水具有优异的预处理效果。

产品特性

(1) 本品对印染污水具有较强的预处理效果，能够对悬浮物、有机杂质、重金属离子进行有效吸附，可吸附脱色，处理后处理液的清澈度高，色度去除率高。

(2) 本品为油包水型乳液，在印染废水中溶解速度快，稳定性强，长时间存放也不分层、不沉降，可直接在废水池中添加，不需溶解设备。

(3) 本品具有多臂结构，通过电荷中和、吸附、架桥和卷扫作用与印染废水中的有机物、重金属离子、无机悬浮物等形成紧密均匀的絮体，COD去除率达95%以上，悬浮物、氨氮、铜离子、铬离子、铅离子的去除率均达到95%以上，浊度控制在5NTU以内，处理液清澈度高。

配方 219　高分子絮凝净水剂

原料配比

原料		配比（质量份）				
		1#	2#	3#	4#	5#
甲基丙烯酰氧乙基三甲基氯化铵		7	7	7	9	9
甲基丙烯酰丙基三甲基氯化铵		3	2	2	1	1
苯乙烯		0.8	1	0.6	0.6	0.3
表面活性剂	十二烷基硫酸钠	0.07	0.09	0.06	0.06	0.06
二乙烯基苯		0.01	0.005	0.01	0.01	0.01
螯合剂	丙二胺四乙酸	0.005	0.003	0.003	0.003	0.003
光引发剂	2-羟基-4′-(2-羟乙氧基)-2-甲基苯丙酮	0.005	0.004	0.004	0.004	0.004
链转移剂	次亚磷酸钠	0.04	0.06	0.04	0.04	0.04
去离子水		6.5	6.5	6.5	6.5	6.5

制备方法

(1) 将甲基丙烯酰氧乙基三甲基氯化铵单体、甲基丙烯酰丙基三甲基氯化铵单体、苯乙烯、表面活性剂、二乙烯基苯、螯合剂、光引发剂、链转移剂混合溶解于去离子水中，搅拌均匀后，得到溶液A。

(2) 调节溶液A的pH值，对溶液A降温除氧后，在紫外引发设备下，进行两段光照引发聚合，聚合结束后熟化0.5～2h，得到胶体B。两段光照引发聚合中，第一段光照引发聚合的紫外光强为0～400$\mu W/cm^2$，第二段光照引发聚合的紫外光强为400～1000$\mu W/cm^2$。所述第一段光照引发聚合反应的时间为60～90min；所述第二段光照引发聚合反应的时间为60～90min。调节溶液A的pH值至6.0～6.5，温度降至10～20℃。

(3) 将胶体B经造粒、烘干、磨粉、筛分后，即得到所述絮凝净水剂。

原料介绍

所述链转移剂为甲酸钠、次亚磷酸钠中的至少一种。

所述表面活性剂为十二烷基硫酸钠、十二烷基苯磺酸钠中的至少一种。

所述螯合剂为乙二胺四乙酸二钠盐、乙二胺四乙酸四钠盐、丙二胺四乙酸、三乙醇胺中的一种或多种。

所述光引发剂为 2-羟基-4′-(2-羟乙氧基)-2-甲基苯丙酮、2-羟基-2-甲基苯丙酮、1-羟基环己基苯基甲酮、2-甲基-2-(4-吗啉基)-1-[4-(甲硫基)苯基]-1-丙酮、2,4,6-三甲基苯甲酰基二苯基氧化膦中的一种或多种。

产品应用　本品是一种高分子絮凝净水剂。

产品特性　本品在制备絮凝净水剂中以甲基丙烯酰氧乙基三甲基氯化铵、甲基丙烯酰丙基三甲基氯化铵作为聚合高分子链，具有更高的阳离子密度用于电性中和。且甲基丙烯酰丙基三甲基氯化铵具有较高的聚合活性，与苯乙烯、甲基丙烯酰氧乙基三甲基氯化铵聚合后，相比于常规的聚丙烯酰胺阳离子絮凝净水剂，适用于 pH 范围更广的水体中。同时，本品通过苯乙烯与阳离子单体接枝聚合，在二乙烯基苯的交联作用下形成三维结构，在絮凝净水剂主链内引入刚性的苯环结构作为微观骨架，降低分子链的蜷曲程度，以提高污泥的脱水效果。此外，本品通过两段不同光强的紫外引发，使单体聚合充分，提高单体转化率，同时辅以聚合前加入的表面活性剂，降低了胶体造粒过程中表面活性剂的用量，共同降低了本絮凝净水剂的生产成本。

配方 220　高溶解性两性淀粉絮凝净水剂

原料配比

原料		配比(质量份)	
		1#	2#
水解玉米淀粉	玉米淀粉	20	20
	α-淀粉酶	0.15	0.2
	去离子水	200(体积)	200(体积)
中间产物Ⅰ	水解后的玉米淀粉	3	3
	去离子水	50(体积)	50(体积)
	硝酸铈铵	0.1	0.15
	0.4%的丙烯酰胺溶液	20(体积)	15(体积)
	阳离子单体丙烯酰氧乙基三甲基氯化铵(DAC)	1(体积)	1.5(体积)
中间产物Ⅰ		10	8
去离子水		50(体积)	40(体积)
三聚磷酸钠		3	3
尿素		1	1.5
4mol/L 的磷酸溶液		适量	适量

制备方法

(1) 淀粉水解预处理：称取玉米淀粉和 α-淀粉酶于去离子水中，在 30℃下水浴加热水解 20min，静置沉降后抽滤，再置于 50℃烘箱内烘干，研磨成粉末备用。

(2) 中间产物Ⅰ制备：取水解后的玉米淀粉，加入去离子水，搅拌均匀后倒入四口瓶中，80℃下糊化 40min，然后快速冷却至室温，通 N_2 排除体系内氧气，调节 pH 值为 5，加入硝酸铈铵，引发 15min 后，加入 0.4%的丙烯酰胺溶液和 DAC，在 40℃连续搅拌下恒温反应 2h，反应结束后自然冷却至室温，用无水乙醇反复洗涤并过滤，置于50℃下真空干燥，研磨后的粉末即为中间产物Ⅰ。

(3) 最终产物Ⅱ的制备：取中间产物Ⅰ于去离子水中，三聚磷酸钠和尿素溶解于10份去离子水中，将上述溶液混合，用4 mol/L的磷酸溶液调节pH值至7，50℃下恒温水浴30min，抽滤后将滤饼移入烘箱，50℃烘30min后，120℃反应2h，即制得产品。

产品应用　本品是一种高溶解性两性淀粉絮凝净水剂。

产品特性

(1) 本品采用水解技术对淀粉进行水解预处理，极大提高两性淀粉的溶解性，与未水解预处理淀粉所制备的两性淀粉絮凝净水剂相比，溶解度提高了35%，提高了应用范围，降低了成本。

(2) 本品制备得到的两性淀粉絮凝净水剂与阳离子淀粉絮凝净水剂相比，絮凝效果基本保持的情况下，对于金属离子的吸附效果良好，应用范围更广。

(3) 本品提供的制备方法，能耗低，反应效率高，安全环保，可重复性高，产品具有高溶解性，改善了传统絮凝净水剂难溶的特点，在较低的投加量下就可以达到明显的絮凝效果，在去除无机悬浮型杂质的同时去除带负电的溶解型杂质和带正电荷的金属离子，处理效率高，具有广泛的应用价值。

配方 221　高效无机絮凝净水剂

原料配比

原料		配比(质量份)	
		1#	2#
高锰酸钾溶液	浓度为0.8g/L	3	—
	浓度为0.6g/L	—	5
聚硅酸硫酸铁		42	45
聚合硫酸铁		48	50
稳定剂	磷酸氢二钠	0.03	0.05
水		12	12

制备方法　按质量份将高锰酸钾溶液、聚硅酸硫酸铁、聚合硫酸铁、稳定剂和水混合后即得到。

原料介绍

所述聚硅酸硫酸铁的制备方法为：在硅酸钠溶液中加入硫酸后搅拌得到活性硅酸，调节pH值为7～10，再加入硫酸铁，加热，同时控制Fe/Si比值，熟化后得到聚硅酸硫酸铁。所述Fe/Si摩尔比在0.8～1.2之间。

所述稳定剂包括酒石酸钠、葡萄糖酸钠、酒石酸钾和磷酸氢二钠中的至少一种。

产品应用　本品是一种高效无机絮凝净水剂。

使用方法：所述高效无机絮凝净水剂在使用时配合投药装置共同使用，净水剂的用量为3～5mg/L。

产品特性

(1) 本品中使用聚合硫酸铁和聚硅酸硫酸铁两者混合，前者的再生能力较强，后者的抗剪切能力较强，在高锰酸钾溶液、稳定剂的共同作用下，使得COD去除率高达76.40%，在常温下存放6个月后，其COD去除率高达75.00%。此外，本品所制备的絮凝净水剂能够应用于规模化生产。

(2) 本品制备方法工艺简单，原料易得，能耗低，操作简单，大幅度降低了生产成本。

配方 222　高效絮凝净水剂

原料配比

原料		配比(质量份)				
		1#	2#	3#	4#	5#
膦酸醇胺盐	三乙醇胺	2(mol)	3(mol)	2(mol)	3(mol)	3(mol)
	羟基亚乙基二膦酸	1.6(mol)	3.6(mol)	2.4(mol)	3.6(mol)	3.6(mol)
JQL-01 型壳聚糖季铵盐	壳聚糖醋酸溶液	1	1.2	1.1	1.1	1.2
	引发剂硝酸铈铵	2(体积)	2(体积)	2(体积)	2(体积)	2(体积)
	丙烯酰胺	5.8	7.4	6.4	6.4	7.4
	二甲基二烯丙基氯化铵	0.65	0.82	0.78	0.78	0.82
	冷水	50(体积)	50(体积)	50(体积)	50(体积)	50(体积)
	丙酮溶剂	5(体积)	5(体积)	5(体积)	5(体积)	5(体积)
膦酸醇胺盐		1.5	3	2	3	2
去离子水		18(体积)	78(体积)	40(体积)	78(体积)	40(体积)
硫酸铝		5	20	10	20	10
硫酸亚铁		5	10	8	10	8
JQL-01 型壳聚糖季铵盐		0.2	2	1.2	2.0	1.2
乙二醇		5	35	20	35	20
渗透剂脂肪醇聚氧乙烯醚		2	10	6	1	6

制备方法

(1) 将三乙醇胺滴加到装有羟基亚乙基二膦酸的三口烧瓶中反应，得到膦酸醇胺盐。搅拌 30～50min，反应温度为 25～40℃。

(2) 将得到的膦酸醇胺盐加入反应釜中，然后把去离子水加到反应釜中，搅拌 5～8min，转速为 120～150r/min，保持温度在 50～600℃，接着依次倒入硫酸铝、硫酸亚铁，搅拌 30～40min，最后把 JQL-01 型壳聚糖季铵盐、乙二醇、渗透剂脂肪醇聚氧乙烯醚倒进反应釜中，搅拌 20～30min，得到高效絮凝净水剂。

原料介绍

渗透剂脂肪醇聚氧乙烯醚（JFC）可以使药剂以最快速度在水中与悬浮物发生絮凝反应。

硫酸铝与硫酸亚铁能提供大量的络合离子，且能够强烈吸附胶体微粒，通过吸附、桥架、交联作用使胶体凝聚。同时还发生物理化学变化，中和胶体微粒及悬浮物表面的电荷，降低了 δ 电位，使胶体微粒由原来的相斥变为相吸，破坏了胶团稳定性，使胶体微粒相互碰撞形成絮状沉淀，硫酸亚铁还具备一定的还原性，可以还原悬浮物中的部分金属离子，有利于絮凝。

三乙醇胺与羟基亚乙基二膦酸生成的三乙醇胺的膦酸盐能快速捕捉水中的重金属及其他悬浮物形成沉淀，同时具有一定缓蚀功效，延长设备使用寿命。

JQL-01 型壳聚糖季铵盐能使铝、铁形成的絮状沉淀吸附在其高分子长链上，极大地加快沉降速度，同时具有一定杀菌功效，延长设备使用寿命。

加入乙二醇可以使絮凝净水剂的凝固点降低到零下 30℃，有效解决了在北方冬季的运输问题。

所述的 JQL-01 型壳聚糖季铵盐的制备方法如下：将含壳聚糖的质量分数为 1.8%～2.2%醋酸溶液置于四口烧瓶中，在 40～65℃温度下水浴加热，搅拌 30～40min，接着在氮气环境下，加入引发剂硝酸铈铵，再滴加丙烯酰胺、二甲基二烯丙基氯化铵，反应 5～6h 后，加入 50mL 冷水，迅速降至室温，接着倒入丙酮溶剂，沉淀，减压抽滤，真空干燥，得到 JQL-01 型壳聚糖季铵盐。

产品应用 本品是一种高效絮凝净水剂。

使用方法：

(1) 向加药罐内加水至600L，开启搅拌和鼓风，再加絮凝净水剂75kg，然后用水稀释至1000L，配成7%的药剂，启动加药泵，调整加药泵的冲程至50%～85%，将絮凝净水剂注入循环浆液排液管混合后进入澄清器。脱硫废水系统按照《动力中心辅助系统操作法》正常运行操作。

(2) 每小时流量15～21t的待处理废水在管线内与絮凝净水剂进行充分混合并进行絮凝，然后进入胀鼓过滤器进行过滤，胀鼓过滤器上清液自流至氧化罐，经氧化风氧化后进入外排池外排。

产品特性

(1) 本品适用水质范围广、效率高，且具有操作简单，可直接用泵投加或稀释后投加，投加量少，对设备无腐蚀，对工艺无不良影响，对原水COD有一定去除作用，兼具缓蚀杀菌功效，耐高温、耐酸碱。在pH 5.0～9.0，废水悬浮物浓度2000～6000mg/L，水温40～80℃时，加注该絮凝净水剂50～500mg/L后澄清器出水悬浮物≤50mg/L，悬浮物去除率达99%以上，絮凝效果明显优于单一的絮凝净水剂。

(2) 本品配制成水溶液加入废水中，产生压缩双电层，使废水中的悬浮微粒失去稳定性，胶粒物相互凝聚使微粒增大，形成絮凝体、矾花。絮凝体长大到一定体积后即在重力作用下脱离水相沉淀，从而去除废水中的大量悬浮物，达到水处理的效果。

配方 223 高效絮凝药剂

原料配比

原料	配比(质量份)	原料	配比(质量份)
膨润土	25～30	硅藻土	5～15
活性炭	15～25	氯化锌	15～30
粉煤灰	5～15	聚磷氯化铝	5～15
氯化钙	5～20	纤维素粉	1～5
硫酸亚铁	10～15	稀盐酸	适量

制备方法

(1) 粉煤灰的焙烧：取粉煤灰焙烧，使其脱碳脱水，形成游离态的混合物。

(2) 粉煤灰的酸浸：将焙烧过的粉煤灰放入带有回流冷凝管的反应器中，添加适量的盐酸后进行氧化反应形成溶液，直至冷却；粉煤灰酸浸完成后，将粉煤灰中的酸不溶物与溶液分离。

(3) 粉煤灰的碱浸：在步骤(2)制备的溶液中添加适量的氢氧化钠，经过反应后形成新的溶液；溶液完成碱浸后将其中的不溶物过滤干净。

(4) 硅藻土的添加：向上述步骤制备的新的溶液中添加硅藻土后搅拌0.5h。

(5) 物料的混合搅拌：向上述搅拌后形成的溶液中依次添加膨润土、活性炭、氯化钙、硫酸亚铁、氯化锌、聚磷氯化铝以及纤维素粉搅拌1h，使得各物料之间充分反应。

(6) 粉煤灰的聚合反应：将上述步骤制备的溶液固液分离后向溶液中加入稀盐酸进行聚合反应，从而得到絮凝药剂成品。添加的稀盐酸为盐酸加水稀释后形成的稀盐酸，稀盐酸形成后，加甲基红指示液2滴，用氢氧化钠滴定液滴定，终点时，读出氢氧化钠滴定液使用量，计算氯化氢含量，确保稀盐酸为质量分数低于20%的盐酸。

产品应用 本品是一种高效絮凝药剂。

产品特性 本品化学性能稳定，对小分子有机物的去除率高，安全无污染，对处理水的pH

值要求低，其次，活性炭还能吸收制备过程中产生的异味，以及增加上述化学制品的活性，从而提高水处理的效率。

配方 224 高性能聚氯化铝絮凝净水剂

原料配比

原料		配比(质量份)				
		1#	2#	3#	4#	5#
活化硅藻土	硅藻土	200	200	200	200	200
	质量分数5%的盐酸溶液	800(体积)	1000(体积)	1050(体积)	1100(体积)	1200(体积)
改性硅藻土	活化硅藻土	150	150	170	190	200
	丙烯酰胺	100	100	100	100	100
	丙烯酰氧乙基三甲基氯化铵	30	32	41	42	45
	2-乙烯基吡啶	1	1.2	1.5	1.8	2
	偶氮二异丁腈	0.075	0.075	0.075	0.075	0.075
	过硫酸钾	0.025	0.025	0.025	0.025	0.025
氯化铝		6	3	3	3	3
去离子水		80	50	70	80	90
改性硅藻土		120	70	80	90	100
0.4～0.5mol/L NaOH水溶液		适量	适量	适量	适量	适量

制备方法

(1) 将硅藻土、盐酸溶液加入反应釜中，保温反应、过滤水洗、低温干燥、烘干研磨、马弗炉煅烧，马弗炉升温至300～350℃，煅烧1～1.5h，继续升温至400～450℃，煅烧0.5～1h，得到活化硅藻土。水浴升温至70～90℃，保温反应1～2h。

(2) 将活化硅藻土、丙烯酰胺、去离子水加入反应瓶中，加入丙烯酰氧乙基三甲基氯化铵、2-乙烯基吡啶，机械搅拌均匀，氮气氛围、常温条件下，加入引发剂，保温反应9～15h，出料、烘干、粉碎过筛，得到改性硅藻土。

(3) 将氯化铝、去离子水以及改性硅藻土加入反应瓶中，机械搅拌均匀，恒压滴液漏斗滴加0.4～0.5mol/L NaOH水溶液，滴加至盐基度为75%～85%。保温静置熟化、干燥、研磨，得到絮凝净水剂。熟化温度为80～95℃，熟化时间为12～18h。

原料介绍

硅藻土表面接枝共聚物产生大量的凸起和孔洞，整体结构更加松散，接枝的聚丙烯酰胺分子链破坏了硅藻土结构的有序度和晶体结构，大大增加了比表面积和吸附能力，有助于提高架桥、絮凝能力，在酸性条件下，改性硅藻土表面正电性较高，在絮凝除藻过程中所发挥的电性中和能力较强。

在硅藻土表面接枝聚丙烯酰胺增加硅藻土的基底间距和电位值，提高硅藻土与藻类细胞的吸附能力，改性硅藻土在水体中呈正电性，与水体中呈负电性的藻细胞因电性吸引聚集，使水中凝聚絮凝的凝结核浓度增加，在异相絮凝的过程中，不但增加了颗粒间的有效碰撞，而且使藻类细胞等与改性硅藻土凝聚成密度更大的絮凝体，有效去除水体中的藻类细胞，氨氮与改性硅藻土表面的阳离子进行离子交换，水中的磷以磷酸盐的形式存在，絮凝净水剂对总磷吸附效果好。

聚合氯化铝负载在改性硅藻土孔道中，并在搅拌过程中缓释到废水中，有效避免聚合氯化铝在水中首先水解并形成矾花导致沸石粉与藻细胞难以聚结形成新的絮凝体的问题。在絮凝过程中，水合铝络离子进行水解，生成单核羟基铝离子，之后逐级水解，单核羟基铝离子因为碰撞形成多核羟基络合物，络合物吸附水中带负电的悬浮物和胶体颗粒，形成具有网状结构的$[Al(OH)_3]_m$（$m \geqslant 13$）沉淀下来。

所述的引发剂为偶氮引发剂与过硫酸钾混合制备，偶氮引发剂为偶氮二异丁腈、偶氮二异庚腈中的任意一种。

产品应用　本品是一种高性能聚氯化铝絮凝净水剂。

产品特性　本品使用过程中，在搅拌下水中凝结核浓度迅速增加，形成密度和体积较大的矾花，促使混凝沉淀的进行。本品净水效果好。

配方 225　高性能絮凝净水剂

原料配比

原料	配比(质量份)			
	1#	2#	3#	4#
三氧化二铝	25	26	23	27
氧化硅	15	14	17	17
氢氧化铝粉	12.5	14	11	11
改性酰氨基胺	12.5	13	11	12
三氧化二铁	17	13	16	16
氧化钙	22	20	22	17

制备方法

（1）将三氧化二铝与氧化硅在700～1100℃环境下烧结4～5h，并研磨成80～120目的A粉末。

（2）将三氧化二铁与氧化钙在650～1000℃环境下烧结4～5h，并研磨成80～120目的B粉末。

（3）将A粉末、B粉末、氢氧化铝粉、改性酰氨基胺共同混合得到所述絮凝净水剂。

产品应用　本品是一种高性能絮凝净水剂。

产品特性

（1）本品利用了三氧化二铝粉末、三氧化二铁粉末、氧化硅粉末，三氧化二铝是高效吸附组分，通过烧结并研磨进一步提升其比表面积，以此来提升其吸附性能，发挥絮凝共沉的作用；改性酰氨基胺能够强化絮体生成和高效脱色；氢氧化铝粉一方面能够增加比表面积，另一方面能增加混合物的韧性和强度；氧化钙能够在污水处理中起到调质以及抗菌的作用。

（2）本品的各组分材料通过烧结研磨后其比表面积增大，且使得各组分材料的平均粒径稳定，根据各材料成分的不同性质组合，使得混合后的絮凝净水剂在处理后期絮凝的絮体强度大，韧性高，易处理，且通过增加其比表面积使得吸附效率高，沉淀效果好，同时能够去色抗菌，使用经济。

配方 226　工业废水处理用复合絮凝净水剂

原料配比

原料		配比(质量份)		
		1#	2#	3#
聚合硅硫酸铁-有机复合絮凝液		40	50	60
改性壳聚糖		25	35	45
聚合硅硫酸铁-有机复合絮凝液	硅酸钠	10	13	16
	淀粉	20	30	40

续表

原料		配比(质量份)		
		1#	2#	3#
聚合硅硫酸铁-有机复合絮凝液	硫酸	12	13	14
	硫酸亚铁	13	14	15
	氧化剂	1.5	2.5	3.5
	蒸馏水	50	75	100
	稳定剂	5	9	13
	丙烯酰胺	7	8	9
改性壳聚糖	壳聚糖	25	35	45
	乙酸	5	10	15
	催化剂	6	8	10
	聚丙烯酰胺	15	25	35
	丙酮	60	70	80
	改性蒙脱土	20	23	26
聚丙烯酰胺	丙烯腈	10	13	16
	纯水	50	65	80
	骨架兰尼铜	0.5	0.7	0.9
	树脂	30	40	50
	引发剂	0.9	1.2	1.5
改性蒙脱土	蒙脱土	12	13	14
	乙醇	5	7	9
	去离子水	50	55	60
	苯基三丙基氯化铵	6	8	10
	十二烷基二甲基苄基氯化铵	4	6	8
	羟基氧化铁	3	4	5

制备方法

(1) 取改性壳聚糖加入电动搅拌罐中，保持罐内温度为50～70℃，在转速为700～900r/min下搅拌1～3h。

(2) 缓慢加入聚合硅硫酸铁-有机复合絮凝液，并使用pH调节剂控制罐内液体的pH值为1～3，保持转速为700～900r/min搅拌5h，使聚合硅硫酸铁-有机复合絮凝液与改性壳聚糖搅拌均匀，然后静置活化5～7h，最后配制成复合絮凝净水剂胶体。

原料介绍

苯基三丙基氯化铵和十二烷基二甲基苄基氯化铵均呈弱碱性，两者相互配合，起到良好的协同作用，对所述蒙脱土具有良好的表面改性作用，苯基三丙基氯化铵和十二烷基二甲基苄基氯化铵进入所述蒙脱土的层间后，可对层间距起到支撑作用，扩大层间距。

所述聚合硅硫酸铁-有机复合絮凝液的制备方法，具体包括如下步骤：

(1) 准备如下质量份原料：硅酸钠10～16份、淀粉20～40份、硫酸12～14份、硫酸亚铁13～15份、氧化剂1.5～3.5份、蒸馏水50～100份、稳定剂5～13份、丙烯酰胺7～9份。

(2) 将硅酸钠加入蒸馏水中，使用玻璃棒搅拌10～20min使其完全溶解，得到硅酸钠溶液，随后使用硫酸对硅酸钠溶液的pH值进行调节，使pH值为5.2～6.2，得到聚硅酸溶液。

(3) 将硫酸亚铁加入蒸馏水中，加热使其完全溶解，搅拌均匀后，得到硫酸亚铁溶液，然后将(2)中的聚硅酸溶液与硫酸亚铁溶液进行混合，在转速为500～600r/min下搅拌1h，然后加入氧化剂，在45～55℃下熟化50～70min得到聚硅硫酸铁。

(4) 步骤将(3)中的聚硅硫酸铁溶液倒入电动搅拌罐中搅拌，并调整电动搅拌罐内的搅拌机在转速为600～800r/min下搅拌4～6h，在50～60℃进行活化，活化结束后将淀粉加入其中，并保持搅拌机在转速600～800r/min下搅拌1～3h，再加入稳定剂和丙烯酰胺，继续搅拌2h，然后放置2.5h，得到聚合硅硫酸铁-有机复合絮凝液。

所述改性壳聚糖的制备方法，具体包括如下步骤：

(1) 准备如下质量份原料：壳聚糖25～45份、乙酸5～15份、催化剂6～10份、聚丙烯酰胺15～35份、丙酮60～80份、改性蒙脱土20～26份。

(2) 将壳聚糖进行溶解，在溶解搅拌过程中加入乙酸，搅拌10～20min，溶解完成后将溶液倒入电动搅拌罐内，控制罐内温度为50～60℃，然后滴加催化剂进入电动搅拌罐内，并调整电动搅拌罐内的搅拌机转速为300～500r/min，搅拌60～80min，溶解充分后，加入聚丙烯酰胺和改性蒙脱土，继续保持搅拌机转速为300～500r/min并恒温50～60℃，搅拌反应1～3h，然后冷却静置2h。

(3) 将步骤(2)中冷却静置后的产物用丙酮进行洗涤，洗涤6～8次，得到改性壳聚糖。

所述聚丙烯酰胺的制备方法，具体包括如下步骤：

(1) 准备如下质量份原料：丙烯腈10～16份、纯水50～80份、骨架兰尼铜0.5～0.9份、树脂30～50份、引发剂0.9～1.5份。

(2) 将丙烯腈与纯水混合后置入反应容器中，接着加入骨架兰尼铜，调整电动搅拌罐内的搅拌机转速为400～500r/min，然后将罐内液体加热到100～140℃，制得丙烯酰胺水溶液。

(3) 将步骤(2)中的丙烯酰胺水溶液置入配料釜，然后加入树脂，往配料釜内灌入氮气，提取纯净的丙烯酰胺水溶液。

(4) 将步骤(3)中的纯净丙烯酰胺水溶液加纯水和引发剂后放入烧杯中，然后使用卤灯光照射进行聚合反应，照射温度至75～77℃，照射时间为3.5～3.9h，制得聚丙烯酰胺。

所述改性蒙脱土的制备方法，包括如下步骤：

(1) 准备如下质量份原料：蒙脱土12～14份、乙醇5～9份、去离子水50～60份、苯基三丙基氯化铵6～10份、十二烷基二甲基苄基氯化铵4～8份、羟基氧化铁3～5份。

(2) 将蒙脱土搅拌分散于乙醇的酸溶液中，通入二氧化碳至饱和，并继续搅拌5～7h，然后升温至78～80℃，升温时二氧化碳排出，得到蒙脱土悬浮液。

(3) 将步骤(2)制得的蒙脱土悬浮液降温至45～47℃，加入苯基三丙基氯化铵和十二烷基二甲基苄基氯化铵，然后继续搅拌1～2h。

(4) 将步骤(3)的反应产物降温至25～27℃，将羟基氧化铁加入蒙脱土悬浮液中，搅拌反应1.5～2.5h，然后依次经出料、过滤、洗涤、真空干燥、研磨得到所述羟基铁改性蒙脱土。

所述催化剂为过硫酸铵。

所述稳定剂为硫代硫酸铵、次亚磷酸钠或硫氢化钠中的一种。

所述淀粉为磷酸酯淀粉、黄原酸酯淀粉、醋酸酯淀粉、氧化淀粉、交联淀粉中的一种。

所述引发剂为T50。

所述酸溶液为盐酸溶液、硫酸溶液和硝酸溶液中的一种，所述酸溶液的氢离子浓度为0.4～0.8mol/L。

产品应用　本品是一种工业废水处理用复合絮凝净水剂。

产品特性

(1) 本品有效成分含量高，极易溶于水，能够应用于工业废水和生活废水的处理，能高效去除污水中的SS、COD、BOD、磷、氮及重金属离子，具有较高的去除率，具有用量少、絮凝效果明显的特点。

(2) 本品具有优异的表面结构和吸附架桥能力，并且无毒无害，易生物降解，具有良好的絮凝性和吸附性。

(3) 本品在处理工业污水时具有高效、无毒、成本低、絮凝能力强的优势。

(4) 本品能有效降低工业废水中的COD，提高了油去除率和浊度去除率，提高了絮凝和沉降速度，并且使用后废水呈中性可回收。

配方 227 胍基乙酸改性木素絮凝净水剂

原料配比

原料		配比(质量份)
精制木质素	木素黑液	50
	水	60(体积)
	30%稀硫酸	适量
精制木质素		2
10%的氢氧化钠溶液		20(体积)
40%的甲醛溶液		1.5(体积)
10%的胍基乙酸溶液		20(体积)

制备方法

(1) 称取粗木素或木素黑液（呈强碱性）放于烧杯中，加水，加热至80℃，不断搅拌至全部溶解，随后分批加入稀硫酸调节烧杯内液体呈酸性，冷却至室温后离心分离出沉淀，用蒸馏水清洗沉淀后再离心，重复该步骤直到清洗沉淀后得到的蒸馏水呈中性为止，将洗好的沉淀烘干，得黑色固体精制木质素。

(2) 称取精制木质素溶解于氢氧化钠溶液中，充分搅拌后加入甲醛溶液，然后边搅拌边滴加胍基乙酸溶液，滴加完毕后调节pH至合适范围，在20～80℃温度下恒温反应0.5～4h，反应结束后用稀硫酸酸化，离心分离，沉淀用蒸馏水洗涤数次直至洗涤后的蒸馏水呈中性，取出固体低温冷冻干燥或真空常温干燥，得胍基乙酸改性木素絮凝净水剂。

产品应用　本品是一种胍基乙酸改性木素絮凝净水剂，用于污水处理技术领域。污水主要为印染、矿冶、机械制造、化工、电子、仪表工业生产过程中排出的含染料或重金属的污水。

产品特性

(1) 本品利用曼尼希反应在木素苯环上引入胍基和羧基，一方面增加了对各种色素的活性吸附位点（比如形成氢键、极性增加导致的分子间力增加等），另一方面增加了和金属离子的配位能力，两者均有利于吸附。

(2) 本品对亚甲基蓝、乙基紫、品红等色素及Cu^{2+}、Cr^{3+}、Co^{2+}、Hg^{2+}、Pb^{2+}等金属离子均有良好的絮凝效果，用量为0.5g/L时，对以上色素的去除率均可达到85%以上，对以上金属离子的去除率均在60%以上，在工业废水处理方面具有良好的应用前景。

(3) 本品使用的木素来源于造纸黑液，生产成本低廉，而且产物完全可以被生物降解，不会造成环境污染。

配方 228 海藻酸钠改性絮凝净水剂

原料配比

原料		配比(质量份)
海藻酸钠溶液	海藻酸钠粉末	10
	水	加至1L
海藻酸钠溶液(含1g SA)		100(体积)
甲基丙烯酰氧乙基三甲基氯化铵(DWIC)		20(体积)

续表

原料	配比(质量份)
V-50光引发剂(预先溶解于1体积水中)	0.03
丙酮	200(体积)
酒精	100(体积)

制备方法

(1) 将海藻酸钠粉末倒入水中，水浴加热搅拌，使得海藻酸钠粉末完全溶解于水中，得到浓度为10g/L的海藻酸钠溶液；水浴加热的温度为60℃。

(2) 将海藻酸钠溶液、甲基丙烯酰氧乙基三甲基氯化铵加入反应装置中，摇匀。

(3) 向反应装置中通入氮气驱氧后，加入V-50光引发剂，继续通氮，通氮结束后密封反应装置；V-50光引发剂添加至反应装置前，预先溶解于1份水中，再将溶解得到的V-50光引发剂溶液添加至反应装置内。

(4) 将反应装置封口放入低温紫外灯下照射，进行接枝聚合反应，反应完成后静置得到聚合物。反应装置封口在低温紫外灯下照射时长为1h；静置时长为2h。

(5) 将步骤(4)所得的聚合物转移至容器中，加入丙酮，使得聚合物析出并沉于容器底部，倒出容器中的丙酮，将析出的聚合物剪碎造粒，并倒入酒精中清洗未反应的单体，将清洗后的聚合物颗粒转移至烘箱中烘干至恒重，再将烘干产物研磨得到海藻酸钠改性絮凝净水剂。倒入丙酮后，聚合物析出反应时长为6h；烘干温度为60℃。倒入酒精中清洗的方式为：重复振荡清洗3次，每次振荡清洗1h。

产品应用　本品是一种海藻酸钠通过低温紫外引发聚合反应改性的絮凝净水剂。

产品特性　本品中，采用紫外引发的方式，利用紫外光引发剂V-50在紫外光照下分解产生自由基，自由基攻击海藻酸钠发生吸氢作用，产生海藻酸钠大分子自由基，从而引发与阳离子单体的接枝聚合作用，采用低温紫外引发接枝聚合的方法，具有耗氮少、运行成本低、操作简单的优点，且不引入其他无机离子，不会对后期絮凝回用水水质造成影响。

配方229　含钛复合聚硫酸铁絮凝净水剂

原料配比

原料		配比(质量份)		
		1#	2#	3#
纳米聚合硫酸铁	硫酸亚铁	8	8	8
	丙三醇水溶液	1(体积)	1(体积)	1(体积)
	蒸馏水	8(体积)	8(体积)	8(体积)
	浓硫酸	0.8(体积)	0.8(体积)	0.8(体积)
	过氧化氢水溶液	2.8(体积)	2.8(体积)	2.8(体积)
	乙酸钠溶液	7(体积)	7(体积)	7(体积)
改性纳米二氧化钛	钛酸四丁酯	20(体积)	18(体积)	19.1(体积)
	无水乙醇①	40(体积)	42(体积)	40(体积)
	无水乙醇②	16.5(体积)	15(体积)	15(体积)
	蒸馏水	20(体积)	22(体积)	24(体积)
	硝酸铁溶液	3(体积)	2.4(体积)	1.5(体积)
	硝酸铈溶液	0.5(体积)	0.6(体积)	0.4(体积)
纳米聚合硫酸铁		50	50	50
改性纳米二氧化钛		6	7	10
水		适量	适量	适量

制备方法　将固体的纳米聚合硫酸铁与改性纳米二氧化钛混合，放置在恒温水浴锅中，用电子恒速搅拌器搅拌，配成1%～1.5%的液体复合絮凝净水剂。搅拌速率为100～120r/min，搅拌时间为20～30min。

原料介绍

纳米聚合硫酸铁在水溶液中排列成有序的链状，呈空间网状交联，这种交联紧密的空间网状结构具有比表面积大，吸附力强的特点，有利于捕捉水中的小颗粒，从而形成絮状沉淀。纳米二氧化钛具有光催化活性，受光激励产生的空穴和电子具有很强的氧化还原能力，能将一些有机物小分子降解。

改性纳米二氧化钛中掺杂了铁和铈，适量的铁掺杂时，部分铁离子进入二氧化钛晶格中取代了部分钛离子，晶格发生畸变，二氧化钛晶格表面的氧原子容易逃离晶格而起到空穴捕获作用，从而降低电子-空穴对重新结合的概率，可以增大纳米二氧化钛的比表面积，反应面积增大，有助于被降解物吸附，铈掺杂时能够抑制纳米二氧化钛晶粒的增大，部分铈离子进入二氧化钛晶格内，起到了捕捉光生电子，阻止电子-空穴复合的作用，铁和铈的掺杂均能减小二氧化钛的粒径，铁-铈共掺杂时二氧化钛的晶粒尺寸最小，能有效抑制纳米二氧化钛晶粒增大，提高了其比表面积，增强纳米二氧化钛的光催化性能。

所述的纳米聚合硫酸铁的制备包括如下步骤：

(1) 向烧瓶中加入硫酸亚铁，依次加入丙三醇水溶液与蒸馏水，水浴加热至60～70℃，保持20～30min，边加热边搅拌，得到混合液一。

(2) 向 (1) 中制得的混合液一中依次滴加浓硫酸与过氧化氢水溶液，机械搅拌0.5～1h，得到混合液二。

(3) 将 (2) 制得的混合液二放入超声反应仪器中，缓慢滴加乙酸钠溶液，调节pH=1.2～1.5，机械搅拌0.5～1h，得到混合液三，将混合液三放入水热反应釜中，升温至120～150℃，反应15～24h，过滤，用蒸馏水洗涤3～5次，再置于烘箱中干燥，得到纳米聚合硫酸铁产品。

所述的浓硫酸的浓度为14～18mol/L，丙三醇水溶液的浓度为2～3mol/L，过氧化氢水溶液的浓度为4～5mol/L，乙酸钠溶液的浓度为0.8～1.0mol/L。

改性纳米二氧化钛的制备包括如下步骤：

(1) 向钛酸四丁酯中加入无水乙醇①，边滴加边搅拌，得到混合液四。

(2) 向 (1) 制得的混合液四中依次滴加无水乙醇②、蒸馏水、硝酸铁溶液、硝酸铈溶液，继续搅拌3～4h，得到二氧化钛溶胶。

(3) 将 (2) 制得的二氧化钛溶胶在空气中放置2～3h后置于干燥箱中干燥，得到掺杂铁和铈的二氧化钛凝胶前驱体，马弗炉煅烧，得到改性纳米二氧化钛。

产品应用　本品是一种含钛复合聚硫酸铁絮凝净水剂。

使用方法：每1000～1200mL的水加入3～5g净水剂，搅拌均匀。

产品特性

(1) 本品具有优异的絮凝效果，水处理效率高，在长时间放置时，形态分布更稳定，更有利于运输和储存，具有明显的实际应用价值。

(2) 本品在废漆雾处理时，掺杂铁与铈的纳米二氧化钛将水中的油漆喷雾分解成细小的粒子，使油漆脱黏，聚合硫酸铁属于高分子材料，在水中通过在油漆颗粒之间的“架桥”作用，使处于分散状态的小粒子絮凝成大颗粒上浮，促进了液体中漆渣成分的固液分离。

配方 230 环保型废水高效脱色絮凝净水剂

原料配比

原料		配比(质量份)		
		1#	2#	3#
双氰胺甲醛脱色剂	双氰胺	800	850	820
	甲醛	600	650	630
	氯化铵①	160	190	180
	氯化铵②	340	360	350
改性沸石颗粒	粒径小于 0.5μm 的沸石粉末	120	—	—
	粒径为 1～2μm 的沸石粉末	—	120	—
	粒径为 0.5～1μm 的沸石粉末	—	—	120
	羧甲基纤维素钠胶水	40	40	40
双氰胺甲醛脱色剂		750	800	780
助凝剂	聚丙烯酰胺乳液	150	200	175
改性沸石颗粒		50	100	80

制备方法

(1) 制备双氰胺甲醛脱色剂

① 按质量份数计，在反应釜中加入双氰胺、甲醛以及氯化铵①，升高温度至 70～80℃，调节 pH 值至 7～8，恒温反应 100～130min，得到初步混合物。反应温度为 70～75℃，pH 值为 7.5～7.6，反应时间为 115～120min；还可加入催化剂。

② 继续往初步混合物中加入氯化铵②，升高温度至 70～80℃，调节 pH 值至 4～5，恒温反应 60～120min，得到聚合物。反应温度为 70～75℃，pH 值为 4.8～5.0，反应时间为 110～120min。

③ 在恒温下出料，并将出料后的聚合物放置在敞口容器中，静置，直至聚合物的温度降低至室温，形成黏稠的液体，即得双氰胺甲醛脱色剂。

(2) 制备改性沸石颗粒：将沸石研磨成粉末状，再往粉末状的沸石中加入羧甲基纤维素胶水，搅拌均匀形成糊料，并重新制粒形成沸石颗粒，然后在沸石颗粒的表面涂覆一层聚乙烯醇胶水，干燥，即得改性沸石颗粒。

(3) 制备环保型废水高效脱色絮凝净水剂：按质量份数计，取步骤 (1) 制得的双氰胺甲醛脱色剂、助凝剂以及步骤 (2) 制得的改性沸石颗粒，混合并搅拌分散均匀，即得环保型废水高效脱色絮凝净水剂。

原料介绍

所述催化剂为氢氧化钠、氢氧化钙、氢氧化钾、醋酸钠中的任一种。

所述的粉末状的沸石粉的粒径为 0.5～2μm。

所述的双氰胺甲醛脱色剂的黏度为 50～80Pa·s。

产品应用 本品是一种环保型废水高效脱色絮凝净水剂。

产品特性

(1) 利用氯化铵替代传统工艺中的盐酸作为制备双氰胺甲醛脱色剂的原料，反应所得的双氰胺甲醛分子链中含有更多氨基以及亚氨基，有利于更好地与废水染料分子中含有的偶氮结构以及磺酸根结合，使得絮凝净水剂的脱色效果更好；同时，氨基以及亚氨基均为亲水性基团，有利于絮凝净水剂更好地均匀分散于废水中，使得絮凝净水剂的脱色以及絮凝效果更好、更加高效。同时，用于反应的催化剂氯化铵以及用于与脱色剂复配的助凝剂和改性沸石均不容易对环境造成污染，使得絮凝净水剂更加环保。

(2) 本品既可保证废水的高效脱色絮凝，又不容易引入过多的氨氮而导致废水中的氨氮含量过高，且脱色絮凝的操作简单方便。

配方 231 混合化学絮凝净水剂

原料配比

原料	配比(质量份)		
	1#	2#	3#
乙二胺-二甲氨基丙烷-环氧氯丙烷共聚物	3	4	2
聚二甲基二烯丙基氯化铵	6	5	5
多胺阳离子聚合物	1	—	—
聚乙烯亚胺阳离子聚合物	1	3	2
浓度为10%的聚合氯化铝溶液	0.001	0.001	0.001
水	加至100	加至100	加至100

制备方法　在搅拌桶中加入乙二胺-二甲氨基丙烷-环氧氯丙烷共聚物、聚二甲基二烯丙基氯化铵，以60～80r/min的转速搅拌7～10min，然后缓慢加入多胺阳离子聚合物、聚乙烯亚胺阳离子聚合物，边加入边搅拌5～7min，再加入10%的聚合氯化铝溶液，补充水至整个体系达到100份，最后搅拌5min以上，即制得混合化学絮凝净水剂。

原料介绍　所述的浓度为10%的聚合氯化铝溶液应提前配制，将聚合氯化铝作为母液，水作为溶剂，以质量比1∶9的比例混合制成浓度为10%的聚合氯化铝溶液。

产品应用　本品是一种混合化学絮凝净水剂。

混合化学絮凝净水剂的脱硫废水处理方法：根据待处理废水体积，以1∶3500的药剂废水比，将对应体积的所述混合化学絮凝净水剂装入加样桶中，并在加样桶中以130r/min的转速搅拌所述混合化学絮凝净水剂，利用计量泵将加样桶中的所述混合化学絮凝净水剂直接加入絮凝箱中，利用絮凝箱中已有的搅拌设备将废水与所述混合化学絮凝净水剂进行搅拌，所述混合化学絮凝净水剂对酸性水质具有中和效果，净化后的水体的pH值在6.5～7.5之间，且净化沉降后的物质为沙性颗粒，直接进入压泥机环节。

产品特性

(1) 本品对所需处理水体采用一次性加入的方法，不需其他药剂配合，比原有处理方法更优化更简化，不仅可以减轻劳动强度，大大简化现有企业的加药设备和过程，而且可以使工作现场更加整洁环保，使作业面清洁，节约人力物力，大大节约企业的净水成本。

(2) 本品对酸性水质具有中和效果，不需另加酸碱物质调节pH，净化后的水体的pH值在6.5～7.5之间。

(3) 本品可使废水净化沉降后的物质为沙性颗粒，直接进入压泥机环节，不需再处理。

配方 232 基于改性硅藻土的复合絮凝净水剂

原料配比

原料		配比(质量份)		
		1#	2#	3#
改性硅藻土		20	30	40
无机絮凝净水剂		10	12	15
无机絮凝净水剂	聚合硫酸铝	1	—	—
	聚合硅酸铝	1	—	2
	聚合硅酸铁	—	1	1

续表

原料			配比(质量份)		
			1#	2#	3#
无机絮凝净水剂	氯化铁		—	1	—
	聚合氯化铝		—	2	1
微生物菌群			0.1	0.2	0.2
助凝剂壳聚糖			—	1	1
改性硅藻土	粉体	硅藻土	1	1	1
		10mol/L 氢氧化钠溶液	4(体积)	4(体积)	4(体积)
	粉体		100	100	100
	聚乙二醇的水溶液		1	1.2	1.5
	偏铝酸钠		1.8	1.8	2.5
	聚乙二胺		70	80	100

制备方法　将各组分原料混合均匀即可。

原料介绍

所述改性硅藻土的制备过程如下：

(1) 称取一定量的硅藻土于锥形瓶中，加入氢氧化钠溶液，在40℃下恒温振荡2～3h，结束后，过滤，水洗至中性，烘干后于350～400℃煅烧2～3h得到粉体。

(2) 待粉体冷却后置于聚乙二醇的水溶液中，超声振荡使其分散均匀，加热至60℃，之后向其中加入偏铝酸钠，恒温搅拌1h，得浆料。

(3) 向浆料中添加聚乙二胺，升温至80～90℃，搅拌1～2h，冷却至室温后，固液分离，将固体烘干、研磨即得改性硅藻土。

所述微生物菌群为酵母菌、乳酸菌、枯草杆菌和硝化细菌中的至少两种。

产品应用　本品是一种基于改性硅藻土的复合絮凝净水剂。

产品特性

(1) 硅藻土具有多孔性构造和较大的比表面积，本品首先采用氢氧化钠对其进行处理，可有效增大硅藻土孔径；煅烧可进一步去除杂质和增大孔容积；添加聚乙二醇增加空间位阻，进而在与偏铝酸钠混合时增大接触面积，能有效去除水体中的金属离子；利用铝对其包覆，铝带正电，因而改性硅藻土表面电性发生变化，可有效吸附水体中的氮磷等杂质；最后聚乙二胺的加入在硅藻土表面形成保护层，一方面延长使用寿命，另一方面增加了吸附位点，对水体中的有机物也具有一定的吸附性。

(2) 通过改性硅藻土的吸附作用聚集水体中的杂质污染物，再通过无机絮凝净水剂以及微生物菌群协助对水体中的污染物进行絮凝沉淀和降解，有效降低废水中的金属离子和有机物。

配方 233　基于改性海藻酸钠的复合絮凝净水剂

原料配比

原料		配比(质量份)		
		1#	2#	3#
海藻酸钠粉末	海藻酸钠	5	5	5
	乙醇	50(体积)	50(体积)	50(体积)
	0.3mmol/mL 高碘酸钠水溶液	50(体积)	50(体积)	50(体积)
溶液 A	海藻酸钠粉末	1	1	1
	去离子水	20(体积)	20(体积)	20(体积)

续表

原料		配比(质量份)		
		1#	2#	3#
混合溶液B	10%的羟乙基纤维素水溶液	10(体积)	12(体积)	10(体积)
	无机絮凝净水剂	3	5	5
	四氧化三铁	0.5	0.8	1
十六胺		0.6	0.8	1
硼氢化钠		0.2	0.2	0.2
无水乙醇		适量	适量	适量

制备方法

(1) 称取海藻酸钠于乙醇中获得悬浮液，超声处理30min使其分散均匀，加入高碘酸钠水溶液，避光反应5h，过滤，用乙醇洗涤三次，干燥、研磨得到海藻酸钠粉末；取海藻酸钠粉末溶于去离子水中得到质量分数为5%～15%的溶液A。

(2) 配制10%的羟乙基纤维素水溶液，向其中加入无机絮凝净水剂，搅拌溶解后加入四氧化三铁，超声使其分散均匀，得到混合溶液B。

(3) 取十六胺溶于水中得到溶液C，将混合溶液B置于三颈瓶中，升温至50～60℃，将溶液A和溶液B分别置于恒压滴液漏斗中，边搅拌边向三颈瓶中滴加溶液A和溶液B，控制两溶液的滴加速度相近；滴加完成后保温反应过夜。

(4) 反应完成后冷却至室温，在冰水浴中分批次加入硼氢化钠，继续反应过夜，最后向三颈瓶中加入三倍体积量的无水乙醇，静置3～6h，将沉淀冷冻干燥即得基于改性海藻酸钠的复合絮凝净水剂。

原料介绍

海藻酸钠是一种天然的高分子多糖化合物，在其主链上分布着丰富的自由羟基和羧基，因此也是一种天然的阴离子聚合物。经氧化开环后，与十六胺发生席夫反应，同时加入纳米四氧化三铁和无机絮凝净水剂。由于海藻酸钠分子链已经含有亲水的羧酸基团，经引入十六烷基基团后，分子链上含有疏水基，高分子聚合物链在水溶液中以四氧化三铁为核自组装形成两亲结构的微颗粒，具有较高的稳定性，同时也具有磁性。

所述无机絮凝净水剂为质量比为2∶(1～2)∶(1～2)的聚合氯化铝、聚合硅酸铁和氯化铁的混合物。

产品应用　本品是一种基于改性海藻酸钠的复合絮凝净水剂。

产品特性

(1) 本品以天然的高分子材料海藻酸钠为基础材料，通过对其进行简单的化学改性，即可得到高效的复合絮凝净水剂，产品质量稳定，使用寿命长，絮凝效果好，能有效减少水中的重金属离子和有机污染物。

(2) 本品对重金属离子、氨氮、酚类有机物都具有较好的去除效果。本品由于添加了四氧化三铁而具备一定的磁性，便于絮凝净水剂回收处理或再利用。

配方234　聚硅酸铝铁/阳离子淀粉复合絮凝净水剂

原料配比

原料			配比(质量份)
阳离子淀粉	淀粉溶液	淀粉	10
		体积比为1∶1的乙醇-水混合溶剂	25(体积)
	碱和季铵型阳离子醚化剂	氢氧化钠	1(mol)
		3-氯-2-羟丙基三甲基氯化铵	1(mol)
	碱和季铵型阳离子醚化剂		10

续表

原料			配比(质量份)
阳离子淀粉	淀粉溶液		0.8
	催化剂	0.5mol/L 的氢氧化钠溶液	0.8
阳离子淀粉			2
固体聚硅酸铝铁			100

制备方法

(1) 将水玻璃溶于水中，用酸调节 pH 值为 4.0～5.0，静置熟化 0.5～1h，得到聚硅酸溶液。按 SiO_2 的质量分数为 2.2%～2.8%，将水玻璃溶于水中。

(2) 将聚合硅酸溶液与铝盐、铁盐混合，混匀后用碱调节碱化度至 0.25～0.8，静置熟化，得到聚硅酸铝铁溶液；熟化 24h 以上。

(3) 将碱和季铵型阳离子醚化剂按摩尔比为 (0.8～1.1)∶1 混合反应，然后加入淀粉溶液，再投加催化量的碱，在 60～75℃下搅拌反应 2～3h，反应产物经洗涤、干燥，得到阳离子淀粉。

(4) 将聚硅酸铝铁溶液与阳离子淀粉混合，得到聚硅酸铝铁/阳离子淀粉复合絮凝净水剂。

原料介绍

所述聚硅酸铝铁的碱化度为 0.25～0.8，$n(Al):n(Fe)=(1\sim3):1$，$n(Al+Fe):n(Si)=(1\sim3):1$，$n$ 表示物质的量。

产品应用　本品是一种聚硅酸铝铁/阳离子淀粉复合絮凝净水剂。

产品特性

(1) 本品对低温低浊水具有优异的浊度净化效果和良好的抑菌与有机物去除效果，絮体大而实，沉降速度快，投加量小，成本低，且制备过程简单易操作。

(2) 本品的剩余浊度最小为 0.6NTU，去除率达到 96.00%，显著优于聚硅酸铝铁絮凝净水剂和聚合氯化铝絮凝净水剂，高锰酸盐指标去除率为 42.10%，微生物指标去除率为 80.00%，且在投加量较低的情况下也可以保持较好的絮凝性能。

配方 235　聚合氯化铝基絮凝净水剂

原料配比

原料			配比(质量份)	
			1#	2#
改性壳聚糖	中间产物	5-氯甲基水杨醛	2	2
		丙酮	40(体积)	40(体积)
		硅烷偶联剂预处理壳聚糖	4	4
		乙腈	40(体积)	40(体积)
	中间产物		2	2
	无水乙醇		80(体积)	80(体积)
	处理剂		4	4
改性壳聚糖			4	5
稀酸溶液			100(体积)	100(体积)
多聚磷酸钠			1	1
聚合氯化铝溶液			80(体积)	80(体积)

制备方法

(1) 制备改性壳聚糖

① 将 5-氯甲基水杨醛和丙酮混合，然后加入硅烷偶联剂预处理壳聚糖和乙腈，在温度为 20℃条件下搅拌 38h，搅拌结束后经过离心分离、真空干燥得到中间产物。

② 在氮气保护条件下，将中间产物和无水乙醇混合，搅拌分散后加入处理剂，设置温度为50℃，搅拌分散48h，经过离心分离、真空干燥得到改性壳聚糖。

（2）将改性壳聚糖和稀酸溶液混合，加入多聚磷酸钠搅拌分散30min得到混合液，在温度为80～90℃条件下，将混合液滴加到聚合氯化铝溶液中，继续保温搅拌2h，得到聚合氯化铝基絮凝净水剂。

原料介绍

所述的稀酸溶液选自稀盐酸、稀醋酸中的一种，稀酸溶液的质量浓度为1%；聚合氯化铝溶液中的总铝浓度为0.1mol/L。

所述处理剂为聚乙烯亚胺接枝二硫代氨基甲酸盐。

所述的聚乙烯亚胺接枝二硫代氨基甲酸盐通过如下步骤制备：将0.2g 4-二甲氨基吡啶、0.5g 1-(3-二甲氨基丙基)-3-乙基碳聚乙烯亚胺、50mL去离子水、1g质量分数30%的氢氧化钠水溶液混合，搅拌5min，加入8g聚乙烯亚胺继续搅拌10min，在温度为18℃条件下缓慢滴加4g二硫化碳，滴加过程中维持温度不超过18℃，滴加结束后搅拌5min，得到聚乙烯亚胺接枝二硫代氨基甲酸盐。聚乙烯亚胺的分子量为70000；50%水溶液。

所述的硅烷偶联剂预处理壳聚糖通过如下步骤制备：在氮气保护条件下，将壳聚糖粉末和醋酸水溶液混合，制成壳聚糖溶液备用，将*N*,*N*-二乙基-3-氨基丙基三甲氧基硅烷加入壳聚糖溶液中，在温度为25℃条件下搅拌反应24h，反应结束后，经过离心、洗涤、干燥，得到硅烷偶联剂预处理壳聚糖。壳聚糖粉末脱乙酰度为75%，黏均分子量为20万，醋酸水溶液的质量分数为3.5%，壳聚糖粉末、醋酸水溶液和*N*,*N*-二乙基-3-氨基丙基三甲氧基硅烷的用量比为7g：100mL：6g。

壳聚糖是一种生物相溶性好、可生物降解的天然高分子材料，聚乙烯亚胺和壳聚糖中均含有大量的氨基，改性壳聚糖中仍具有参与反应的氨基，在酸性条件下，改性壳聚糖分子内交联，多聚磷酸钠溶液中的磷酸根则与聚合氯化铝共聚，具有更好的粘接架桥作用。

聚乙烯亚胺分子链上的氮原子对重金属具有很强的螯合能力，但其本身易溶于水、易流失，以聚乙烯亚胺为原料接枝二硫代氨基甲酸盐提高对金属的螯合能力，本品中选择聚乙烯亚胺接枝二硫代氨基甲酸盐作为原料，与中间产物发生反应，以C═N键进行结合，一方面改善处理剂的易流失性，另一方面结合后形成的C═N键不会降低处理剂对金属的螯合性能，提高了产品的稳定性。

产品应用　本品是一种聚合氯化铝基絮凝净水剂，用于水处理剂技术领域。

产品特性

（1）本品中以改性壳聚糖和聚合氯化铝为原料制备聚合氯化铝基絮凝净水剂，结合了有机絮凝净水剂和无机絮凝净水剂的优点，可以更高效地处理污水。

（2）本品的絮凝效果高于壳聚糖和聚合氯化铝，而且更容易与金属离子形成稳定的络合物而沉降。

（3）本品具有良好的重金属去除率，处理效果良好。

配方 236　壳聚糖复合絮凝净水剂

原料配比

原料		配比(质量份)					
		1#	2#	3#	4#	5#	6#
聚合氯化铝溶液	铝箔废酸(铝含量以Al_2O_3计为4.8%，HCl酸度16.0%，H_2SO_4酸度0.6%)	1600	1600	1600	1600	1600	1600
	铝酸钙粉(铝含量以Al_2O_3计为56.8%)	240	240	240	240	240	240

续表

原料		配比(质量份)					
		1#	2#	3#	4#	5#	6#
壳聚糖溶液	壳聚糖(脱乙酰度为90%，黏度为100mPa·s)	6	10	2	—	6	6
	壳聚糖(脱乙酰度为95%，黏度为100mPa·s)	—	—	—	6	—	—
	体积分数为1.5%的乙酸水溶液	加至1L	加至1L	加至1L	加至1L	加至1L	加至1L
壳聚糖溶液		1(体积)	1(体积)	1(体积)	1(体积)	1(体积)	1(体积)
聚合氯化铝溶液		50(体积)	50(体积)	50(体积)	50(体积)	30(体积)	42(体积)

制备方法

(1) 回收制备聚合氯化铝溶液：将铝箔废酸在40～50℃下，以2～6BV/h的流速通入离子交换树脂柱，在柱体流出的铝盐水中加入铝酸钙粉，在90～100℃下反应50～60min，过滤得到聚合氯化铝溶液；过滤方法采用板框压滤。壳聚糖溶液与聚合氯化铝溶液的体积比为1∶(30～50)。

(2) 制备壳聚糖溶液：在乙酸水溶液中投加壳聚糖，配制质量浓度为2～8g/L的壳聚糖溶液；壳聚糖的黏度为100～200mPa·s。

(3) 复合共聚：反应温度为50～60℃，搅拌下将壳聚糖溶液均匀加入聚合氯化铝溶液中，反应2～3h，熟化16～24h，得到壳聚糖复合絮凝净水剂。

原料介绍

所述的离子交换树脂柱填装三菱SA20ALLP强碱性阴离子交换树脂。

所述的壳聚糖的脱乙酰度是指壳聚糖分子中脱除乙酰基的糖残基数占壳聚糖分子中的糖残基数的百分数。

所述的铝酸钙粉可以为氧化铝含量为50%～60%的铝酸钙粉，铝酸钙粉的投加量为铝盐水质量的10%～18%。

所述的聚合氯化铝溶液的回收可以为常规铝箔废酸，包括含有氯化铝、硫酸铝、盐酸和硫酸中的一种或几种的铝箔废酸，铝箔废酸中氧化铝的质量分数为3%～6%，盐酸酸度为15%～20%，硫酸酸度为0.5%～1.0%。

产品应用　本品是一种壳聚糖复合絮凝净水剂。

产品特性

(1) 本品中采用离子交换树脂工艺分离酸与铝盐水回收制备聚合氯化铝溶液，避免了酸碱中和及蒸发冷凝处理废酸所造成的资源浪费，克服现有离子交换树脂工艺操作周期长、分离效率低、树脂再生难等问题。进一步引入壳聚糖复配聚合氯化铝絮凝净水剂，提高物化混凝效果，减少对环境的二次污染。且引入安全无毒、环境友好、可生物降解的壳聚糖，增加了聚合氯化铝产品的附加值，强化吸附架桥能力，提升对污水中小颗粒的絮凝作用。

(2) 本品具有良好的絮凝效果，壳聚糖复合絮凝净水剂具有更强的吸附能力，有利于增强对颗粒的架桥作用，改善了传统铝盐水处理剂可能在水体中残留的缺点，提升了絮凝效果和产品稳定性，可用于处理印染废水、食品废水及造纸废水等微小颗粒含量较多的废水。

(3) 本品提供了利用铝箔废酸制备壳聚糖复合絮凝净水剂的方法，该工艺充分利用铝箔废酸资源，通过阴离子交换树脂实现酸与铝盐水的分离，降低酸度的同时减少后工序铝酸钙粉的投加量，简化了聚合氯化铝生产工序。且强碱性阴离子树脂不需要再生就可用于下一个循环，操作周期短，铝盐回收率最高可达96%。

(4) 引入壳聚糖复配聚合氯化铝絮凝净水剂，提高物化混凝效果，减少对环境的二次污染，对浊度、COD及TP的去除效果较好。

配方 237　梳状壳聚糖基絮凝净水剂

原料配比

原料		配比(质量份)
聚二甲基丙烯酰胺溶液	N,N-二甲基丙烯酰胺	250
	硫代乙醇酸	25
	引发剂	2
接枝反应	四丁基溴化铵	25
	羟基琥珀酰亚胺	1
	1-乙基-(3-二甲基氨基丙基)碳酰二亚胺盐酸盐	1
	N,N-二甲基丙烯酰胺	1
米白色乳状溶液	壳聚糖	1(mol)
	N,N-二甲基丙烯酰胺	10(mol)
去离子水		适量
丙酮		适量
无水乙醇		适量

制备方法

(1) 制备聚二甲基丙烯酰胺溶液

①将硫代乙醇酸溶解到去除氧气的甲苯中，得到硫代乙醇酸甲苯溶液。去除氧气的甲苯为向甲苯中持续通入5～10min氮气；所述的硫代乙醇酸甲苯溶液的质量分数为2%～4%。

②将引发剂加入温度为60～90℃的硫代乙醇酸甲苯溶液中，搅拌溶解，得到反应体系。

③向反应体系中滴加N,N-二甲基丙烯酰胺，再在氮气气氛和60～90℃的条件下搅拌反应，得到聚二甲基丙烯酰胺溶液，搅拌反应的时间为2～6h。

(2) 接枝反应

① 将壳聚糖溶于稀酸中，再使用NaOH溶液将pH值调节至6，得到壳聚糖溶液。所述的壳聚糖溶液的质量分数为3%～5%；所述的稀酸为稀盐酸或稀醋酸，质量分数为0.5%～1%。

② 将四丁基溴化铵、羟基琥珀酰亚胺和1-乙基-(3-二甲基氨基丙基)碳酰二亚胺盐酸盐加入聚二甲基丙烯酰胺溶液中，再在氮气气氛下搅拌均匀，得到反应液。

③ 将壳聚糖溶液加入反应液中，再在氮气气氛和室温下搅拌，得到米白色乳状溶液。搅拌的时间为8～10h，搅拌的速度为200～400r/min。

④ 使用去离子水作为透析液对米白色乳状溶液进行透析，溶液再经过丙酮沉淀，无水乙醇清洗，真空干燥，得到梳状壳聚糖基絮凝净水剂。透析的时间为9～12h。

原料介绍　所述的引发剂为过氧化苯甲酰或偶氮二异丁腈。

产品应用　本品是一种高分子基絮凝净水剂。

产品特性

(1) 本品的质地疏松多孔，有较大的比表面积，在吸附架桥方面优势显著，在较小的用量下能实现染料的高效去除，节约成本。

(2) 本品疏水性的增强使絮凝净水剂与染料分子之间具有了更强的疏水作用，因而具有优越的脱色能力，脱色率最大可达到99%。

(3) 本品适用范围广泛，能对pH值在2～9范围内的染料废水进行有效脱色，满足了多种印染废水的要求；同时，其具有较好的稳定性，脱色效果不受染料浓度、共存无机离子以及浊度的影响。

(4) 本品具有一定的疏水性，絮体能迅速从水中分离并在重力作用下沉降，沉降性能较好，脱色效果较好。

配方 238 可降解絮凝净水剂

原料配比

原料		配比(质量份)			
		1#	2#	3#	4#
架桥剂	聚丙烯酰胺(PAM)	20	25	20	30
辅助剂1	改性淀粉	20	20	25	30
辅助剂2	壳聚糖季铵盐	50	45	45	30
引发剂	硝酸铈	1	1	1	1
催化剂	纳米二氧化钛	1	1	1	1
连接剂	改性碱式碳酸镁	8	8	8	8
水		适量	适量	适量	适量

制备方法

(1) 聚丙烯酰胺的制备：将固体聚丙烯酰胺颗粒用粉碎机进行粉碎，过50目筛，收集筛余物密封保存备用。改性淀粉的处理：将改性淀粉于真空干燥箱中60℃烘干，去除其中的水分，密封保存备用。壳聚糖季铵盐的处理：将壳聚糖季铵盐于真空干燥箱中60℃烘干，去除其中的水分，密封保存备用。

(2) 将(1)中制备好的聚丙烯酰胺、改性淀粉和壳聚糖季铵盐，以及硝酸铈、纳米二氧化钛和改性碱式碳酸镁按照一定的比例放入混匀器中，搅拌混匀1h，将混匀后的产物密封保存备用。

(3) 将(2)中的混匀产物配制成3‰～5‰的工作液，即可降解絮凝净水剂。

具体包括如下步骤：配制过程中取1000质量份水于烧杯中，并将烧杯置于搅拌器下，开启搅拌装置，取3～5质量份的(2)得到的混匀产物，缓慢加入水中，待完全加入后，以400r/min的转速继续搅拌50min，搅拌完成后得到均一稳定的乳白色的絮凝净水剂工作液。

原料介绍

所述聚丙烯酰胺的分子量为500万～800万。

所述改性淀粉为阳离子改性淀粉。

所述纳米二氧化钛的粒径为5～10nm。

所述50目筛的孔径为0.27mm。

产品应用 本品是一种可降解絮凝净水剂，用于环境功能材料和污水污泥处理技术领域。

产品特性

(1) 本品解决了传统化学合成高分子絮凝净水剂不可降解的问题。

(2) 本品解决了可降解絮凝净水剂制备过程烦琐、成本高等问题，提高了可降解絮凝净水剂大规模使用的可行性。

(3) 本品解决了传统高分子絮凝净水剂絮凝污泥后续脱水困难的问题。

配方 239 利用铜冶炼炉渣制备聚硅酸硫酸铁铝絮凝净水剂

原料配比

原料		配比(质量份)		
		1#	2#	3#
上清液a	炉渣	1	1.2	1.5
	30%硫酸溶液	1.8	2.2	2.5

续表

原料		配比(质量份)		
		1#	2#	3#
上清液 b	上清液 a	1	1	1
	双氧水	0.5	0.55	0.6
上清液 b		1	1	1
氢氧化铝		0.2	0.25	0.3
硫酸		适量	适量	适量

制备方法

(1) 将炉渣加入 30%硫酸溶液中，在 50～70℃下搅拌冲洗，直至溶解完成，得到浑浊原液。

(2) 将浑浊原液在 50～70℃下静置 2～4h 进行沉淀，然后转移沉淀后的上清液 a；沉淀在 95～105℃下搅拌烘干后（送去选矿浮选）作为生产渣精矿的原料，回收有价金属（有价金属包括铜、金和银）。

(3) 在上述上清液 a 中加入双氧水，搅拌活化后得上清液 b，向上清液 b 中加入氢氧化铝，反应结束后用硫酸调节 pH 值至 3 以下。搅拌活化的时间为 1～2h。

(4) 用硫酸调节 pH 值至 3 以下后陈化，再水洗过滤得聚硅酸硫酸铁铝絮凝净水剂半成品，烘干后得聚硅酸硫酸铁铝絮凝净水剂成品。陈化的时间为 8～10h，烘干的温度为 90～110℃。

原料介绍

所述的硫酸溶液获取方法如下：冶炼原料铜精矿（含 20%～30%的硫）经冶炼炉反应燃烧后（大部分硫在 1100℃以上与工业风中的氧反应生成二氧化硫），烟气（烟气夹杂着大量的烟尘，是不能随意排放的，否则会严重污染环境）经过余热锅炉和电收尘除尘降温后，进入制酸系统，经制酸系统净化、干吸、转化后制成硫酸溶液。

产品应用　本品是一种利用铜冶炼炉渣制备的聚硅酸硫酸铁铝絮凝净水剂。

产品特性

(1) 本品利用了炉渣，同时铜冶炼系统自身生产的硫酸可用于炉渣的酸洗酸浸溶解，自产自销，充分利用系统自身产物，生产成本具有很大优势。

(2) 生产过程简单且全为湿法，没有烟气和废液废渣，所有产物闭路没有额外产出。同时减少炉渣的总量，减少了在物料倒运过程中的能源浪费，及物料洒落对周围环境的污染和影响，具有一定的社会效益和环保效益。

(3) 本品是一种高效的絮凝净水剂，既具有不低的经济价值，同时对资源综合利用的意义也很大。

配方 240　煤化工专用絮凝净水剂

原料配比

原料	配比(质量份)						
	1#	2#	3#	4#	5#	6#	7#
聚胺	10	25	15	20	10	20	25
聚二甲基二烯丙基氯化铵	10	20	12	18	10	15	20
聚合氯化铝	20	25	22	24	20	22	25
聚合硫酸铁	10	15	12	14	10	13	15
异噻唑啉酮	2	6	3	5	2	4	6
去离子水	50	100	60	80	50	80	100

制备方法

(1) 将去离子水加入反应釜中，搅拌情况下加入聚胺，持续搅拌 30～60min，待完成搅拌后，加入聚合氯化铝，持续搅拌反应 1～2h 得到 A。持续搅拌反应 1～2h 的搅拌速率为 200～300r/min。

(2) 将 A 持续搅拌，向其中加入聚二甲基二烯丙基氯化铵，继续搅拌并升温至 35～45℃，继续搅拌 2～4h，得到 B。

(3) 将 B 持续搅拌，冷却至常温，然后加入聚合硫酸铁、异噻唑啉酮，持续搅拌 20～40min。

原料介绍

聚胺、聚二甲基二烯丙基氯化铵是具有阳离子性质的聚合物，在聚合氯化铝、聚合硫酸铁絮凝净水剂体系中引入阳离子聚合物，可以提高铝、铁絮凝净水剂的电中和作用，从而提高其絮凝能力，同时聚合氯化铝、聚合硫酸铁具有一定的吸附能力，有一定的脱色效果，加入异噻唑啉酮能够有效地抑制药剂微生物的滋生，延长药剂的使用时间。

产品应用　本品是一种煤化工专用絮凝净水剂。

产品特性

(1) 本品配方中的絮凝净水剂无毒、无刺激性，具有良好的水溶性，并与多种物质具有良好的相溶性，且具有优良的絮凝分散效果。

(2) 本品稳定性好，絮凝速度大大提高，能提高煤化工废水处理效率，有效降低废水的 COD，同时还有一定的脱色作用。该制备方法操作简单，操作条件温和，无污染，无三废排出，安全环保。

配方 241　疏水缔合阳离子型聚丙烯酰胺絮凝净水剂

原料配比

原料			配比(质量份)				
			1#	2#	3#	4#	5#
改性纳米氧化镍	纳米氧化镍	四水合乙酸镍	4	6	8	5	5
		去离子水	200	250	300	210	210
	硅烷偶联剂	乙烯基三甲氧基硅烷	0.08	—	—	0.16	0.16
		乙烯基甲基二甲氧基硅烷	—	0.2	—	—	—
		甲基丙烯酰氧基丙基三甲氧基硅烷	—	—	0.32	—	—
	纳米氧化镍		1	1.5	2	1	1
	丙烯酸		0.12	0.26	0.4	0.2	0.2
十六烷基二甲基烯丙基氯化铵疏水单体	烯丙基氯		26	26～39	39	37.5	37.5
	十六烷基二甲基烯丙基氯化铵		78	105	130	108	108
	无水乙醇		117	140	162.5	158	158
聚合物胶块	乙烯基改性纳米氧化镍		0.5	0.75	1	1	0.75
	十六烷基二甲基烯丙基氯化铵疏水单体		1.5	1.75	2	1.75	2.0
	丙烯酰胺		15	21.5	27.5	25	27.5
	甲基丙烯酰氧乙基三甲基氯化铵		25	30	35	35	34.5
	四水合乙酸锰		0.5	0.65	0.75	0.65	0.65
	九水合硝酸铁		0.825	1.1	1.225	1.1	1.1
	有机盐	醋酸钠	1	—	—	1.25	1.5
		苯甲酸钠	—	1.25	—	—	—
		乙醇钠	—	—	1.5	—	—
	尿素		1.25	2	2.5	1.75	1.5
	去离子水		37.5	50	60	55	60
	复合引发剂体系		2	2.5	3	2.5	3

续表

原料			配比(质量份)				
			1#	2#	3#	4#	5#
复合引发剂体系	过硫酸盐	过硫酸铵	0.2	—	—	5	10
		过硫酸钾	—	10	—	—	—
		过硫酸钠	—	—	20	—	—
	亚硫酸盐	亚硫酸钠	0.5	—	—	7.5	10
		亚硫酸钾	—	15	—	—	—
		亚硫酸氢钾	—	—	30	—	—
	偶氮化合物	偶氮二异丁腈	00.1	—	—	10	10
		偶氮二异丁酸二甲酯	—	20	—	—	—
		偶氮二异丁基脒盐酸盐	—	—	10	—	—
	甲基丙烯酸 N,N-二甲氨基乙酯		0.5	10	5	5	5
	甲胺		0.5	—	—	10	10
	乙二胺		—	15	10	—	—
	异丙醇		5	—	—	—	—
	季戊四醇		—	20	5	8.5	5
	去离子水		加至100	加至100	加至100	加至100	加至100
聚合物胶块			20	20	20	20	20
片碱			3	3.5	4	3.5	3.5

制备方法

(1) 制备纳米氧化镍及其改性处理

① 制备氢氧化镍溶胶前驱体：将四水合乙酸镍溶解于去离子水中，在持续搅拌的条件下，逐滴加入氨水调节 pH 值至 9.7～10，继续搅拌至生成浅绿色的氢氧化镍溶胶。

② 制备纳米氧化镍：将①所得氢氧化镍溶胶转入反应釜中并放在400℃的马弗炉中保温 4～6h，随后将产物进行抽滤，并用去离子水和无水乙醇将其洗涤至中性，60℃真空干燥 24h 后，即得纳米氧化镍。

③ 改性纳米氧化镍：将硅烷偶联剂滴加至纳米氧化镍表面，搅拌均匀后，再加入丙烯酸，搅拌反应 1～2h，即得改性纳米氧化镍。

(2) 制备十六烷基二甲基烯丙基氯化铵疏水单体：将烯丙基氯、十六烷基二甲基烯丙基氯化铵和无水乙醇在持续搅拌下升温到 55℃，并在 55℃下加热回流 24h，再于 50℃减压蒸馏出无水乙醇，随后将产物倒入丙酮中冷冻过夜后进行抽滤洗涤，再将抽滤产物置于 40℃烘箱中烘干，即得十六烷基二甲基烯丙基氯化铵疏水单体。

(3) 制备疏水缔合阳离子型聚丙烯酰胺絮凝净水剂

① 将乙烯基改性纳米氧化镍、十六烷基二甲基烯丙基氯化铵疏水单体、丙烯酰胺、甲基丙烯酰氧乙基三甲基氯化铵、四水合乙酸锰、九水合硝酸铁、有机盐、尿素加入去离子水中，充分搅拌溶解后将其温度降至 0～2℃，再移入聚合釜中并以 $60m^3/h$ 的流速通入氮气 1～1.5h，然后加入复合引发剂体系引发聚合反应，聚合 3～5h 后，再升温至 100℃并保温晶化 1～2h，制得聚合物胶块。

② 将所得聚合物胶块剪碎后，加入片碱，揉搓均匀后进行水解反应 2～3h，再进行干燥、粉碎、过筛，即得疏水缔合阳离子型聚丙烯酰胺絮凝净水剂。

原料介绍

所述硅烷偶联剂选自乙烯基三甲氧基硅烷、乙烯基三乙氧基硅烷、乙烯基甲基二甲氧基硅烷或甲基丙烯酰氧基丙基三甲氧基硅烷中的一种或几种。

所述有机盐选自醋酸钠、苯甲酸钠、乙醇钠中的一种或几种。

所述氮气的纯度≥99.99％。

产品应用 本品是一种疏水缔合阳离子型聚丙烯酰胺絮凝净水剂。

产品特性

(1) 本品利用乙烯基硅烷偶联剂及丙烯酸对纳米氧化镍进行表面修饰，进而使纳米氧化镍通过不饱和碳链的聚合反应接入聚丙烯酰胺分子链中。同时，由于纳米氧化镍表面存在丙烯酸，对 Mn^{2+}、Fe^{3+} 具有螯合作用及静电荷吸附作用，使反应体系中的 Mn^{2+}、Fe^{3+} 进一步以纳米氧化镍为晶核，在聚合反应后期（聚合反应后期反应温度较高，易于纳米 $MnFe_2O_4$ 的生成）及晶化反应时期，自组装形成接枝于聚丙烯酰胺链上的纳米 $MnFe_2O_4$-NiO 异质结结构，使得所制备的聚丙烯酰胺絮凝净水剂同时具有优良的光催化降解性能及较强的絮凝能力和吸附能力，可广泛应用于水处理领域。

(2) 本品在聚丙烯酰胺链中引入疏水单体、阳离子单体，增强了聚合物分子链间的疏水缔合能力，增强有机高分子与固体颗粒间的相互作用，更有利于固体颗粒絮凝沉降。

配方 242 耐高温抗高碱固体型絮凝净水剂

原料配比

原料			配比(质量份)			
			1#	2#	3#	4#
第一聚合液	耐高温抗高碱单体	*N*-乙烯基吡咯烷酮	126	—	104	—
		2-丙烯酰氨基-2-甲基丙磺酸	—	165	104	—
		对苯乙烯磺酸	—	—	—	61.5
	EDTA-2Na		0.1	0.1	0.1	0.1
	8%的2-羟基-2-甲基-1-苯基-1-丙酮		30	20	42	25
	去离子水		170	135	92	238
第二聚合液	30%的丙烯酰胺溶液		1560	1210	1300	866
	70%的丙烯酸溶液		2300	2500	2420	2560
	螯合剂	EDTA-2Na	1.5	1.5	1.5	1.5
	去离子水		2970	3020	2950	3210
	次磷酸钠		0.05	0.03	0.025	0.035
	尿素		300	300	300	300
	氨水与氢氧化钠的混合液		适量	适量	适量	适量
偶氮引发剂	偶氮二异丁腈		6	4.5	7.5	6
	30%的偶氮二异丁咪唑啉盐酸盐溶液		0.3	0.25	0.25	0.3
	50%的偶氮二异丁脒盐酸盐溶液		9	6	8	9
氧化剂	15%的叔丁基过氧化氢		10	10	10	10
还原剂	20%的亚硫酸氢钠		15	15	15	15

制备方法

(1) 将耐高温抗高碱单体、螯合剂 EDTA-2Na、光引发剂 2-羟基-2-甲基-1-苯基-1-丙酮溶解于去离子水中，搅拌均匀，配制成第一聚合液，调节第一聚合液的 pH 值并对其降温，通过除氧装置进行除氧。第一聚合液的温度调为 0～15℃，pH 值调至 3.0～6.0，除氧至液相溶氧量低于 0.1μL/L。

(2) 将丙烯酰胺单体、丙烯酸、螯合剂 EDTA-2Na、次磷酸钠、尿素溶解于去离子水中配制成第二聚合液。在控制第二聚合液温度的前提下，加碱中和调节其 pH 值。在加碱中和时，所述第二聚合液的温度控制在 0～15℃，所述第二聚合液 pH 值调至 6.0～9.0。加碱中和所用到的碱为氨水与氢氧化钠的混合液，二者质量比为（5∶1）～（4∶5），余量为去离子水。

(3) 将除氧后的第一聚合液输送至有惰性气体保护、紫外灯预引发的反应装置中，开始紫外预引发；待在线温度计显示第一聚合液温度上升至预设值时，将第一聚合液、第二聚合液混合形成第三聚合液，并转入聚合釜中，调整第三聚合液的 pH 值及温度；然后对第三聚合液进行除氧，至氧含量低于 0.1μL/L，即可加入偶氮引发剂、氧化剂、还原剂，待第三聚合液的温度上升 5～10℃，关闭通氮装置，密闭聚合釜，使胶体自然熟化。混合液的 pH 值调至 7.0～9.0，温度调至 −15～5℃。紫外灯引发光波长为 300～400nm，紫外光的光强为 8000～14000$\mu W/cm^2$，光照时间 1～10min。

(4) 胶体熟化后，再经预磨、造粒、烘干、研磨后制成阴离子固体型聚丙烯酰胺产品。

产品应用　本品是一种耐高温抗高碱固体型絮凝净水剂。

产品特性　本品通过引入环保的具有特殊官能团的单体 2-丙烯酰氨基-2-甲基丙磺酸、对苯乙烯磺酸、*N*-乙烯基吡咯烷酮中的一种或多种与丙烯酰胺、丙烯酸盐共聚，不但增强絮凝净水剂的热、碱稳定性，加强共聚物的絮凝性能，且工艺简单适合工业生产。

配方 243　亲疏水性可转换絮凝净水剂

原料配比

原料		配比(质量份)		
		1#	2#	3#
活性聚异丙基丙烯酰胺	异丙基丙烯酰胺	0.79	1.32	2.18
	0.1mol/L 的无水柠檬酸	20(体积)	20(体积)	20(体积)
	2%的过硫酸钾溶液	3(体积)	5(体积)	7(体积)
	链转移剂甲基丙烯酸羟乙酯	0.1	0.2	0.3
衣康酸酐酰胺化改性瓜尔胶	瓜尔胶	0.5	0.5	0.5
	0.1mol/L 的柠檬酸	20(体积)	20(体积)	20(体积)
	0.05mol/L 的衣康酸酐溶液	4(体积)	4(体积)	4(体积)
	2%的过硫酸钾溶液	2(体积)	2(体积)	2(体积)
0.1mol/L 的柠檬酸		20(体积)	20(体积)	20(体积)
2%的表面活性剂十二烷基苯磺酸钠溶液		3(体积)	3(体积)	3(体积)
2%的过硫酸钾溶液		5(体积)	7(体积)	10(体积)
丙烯酰胺		1.5	2	2.5
丙烯酰氧乙基三甲基氯化铵		0.5	0.67	0.83

制备方法

(1) 活性聚异丙基丙烯酰胺温控短链制备：常温条件下，取异丙基丙烯酰胺溶解于浓度为 0.1mol/L 的无水柠檬酸中，待全部溶解后，在搅拌条件下缓慢滴入质量分数为 2%的过硫酸钾溶液和链转移剂甲基丙烯酸羟乙酯，充分搅拌后向混合液中充入高纯氮气 15～20min 除氧，并置于恒温水浴锅中，待其充分反应后取出冷却至室温，得到活性聚异丙基丙烯酰胺。常温条件为 20℃，高纯氮气纯度为 99.5%，水浴加热温度为 60～80℃，反应时间为 3～4h。甲基丙烯酸羟乙酯滴加速率为 5mL/min。

(2) 衣康酸酐酰胺化改性瓜尔胶：在 40℃恒温搅拌条件下，将瓜尔胶溶胀于 0.1mol/L 的柠檬酸中，充分溶胀后滴入 0.05mol/L 的衣康酸酐溶液和 2%的过硫酸钾溶液，在氮气氛围下，采用冷凝回流法在 40～50℃下搅拌反应 30～50min。

(3) 活性温控短链与酰化瓜尔胶的组装：取步骤 (1) 合成的活性聚异丙基丙烯酰胺溶解于柠檬酸中，通过分液漏斗将其滴入步骤 (2) 的反应装置中，在氮气氛围下，采用冷凝回流法在 70～80℃下搅拌反应 3～5h，反应结束后冷却静置 5h。

(4) 亲疏水温控改性瓜尔胶接枝阳离子聚丙烯酰胺：将步骤 (3) 反应完全后的混合液从冷凝回流装置中取出，并在磁力搅拌条件下滴入 2%的表面活性剂十二烷基苯磺酸钠溶液，待充分混合后，滴入 2%的过硫酸钾溶液、丙烯酰胺、丙烯酰氧乙基三甲基氯化铵形成混合溶液，在高纯氮气氛围下搅拌混合均匀，并使用保鲜膜快速密闭反应装置，将密闭后的反应装置置于微波引发器中，采用微波快速引发方式合成温控亲疏水性转换的瓜尔胶和阳离子聚丙烯酰胺接枝共聚物。搅拌并通入高纯氮气的时间为 20min，微波引发器功率为 300W，反应时间为 10min。

(5) 纯化：采用无水乙醇和去离子水提纯步骤 (4) 所得接枝共聚物，将该共聚物粗品用无水乙醇浸泡并静置 12h，取出浸泡液，用去离子水冲洗 3 次后使用无水乙醇对浸泡液进行索氏抽提 12h，然后置于 50～70℃温度下烘干 48h，即可得亲疏水性可转换絮凝净水剂。无水乙醇的纯度为 99.5%，去离子水电导率≤18.65μS/cm。

原料介绍　瓜尔胶是一种天然高分子材料，成本低廉，易溶于水且易于改性，用于制备水处理剂具有生物可降解、无毒的优点。引入聚异丙基丙烯酰胺微嵌段，可制备具有温控微嵌段结构的絮凝净水剂。在常温下，异丙基丙烯酰胺的酰氨基质子化加强絮凝净水剂正电性，增强对负电性污染颗粒的捕集；在 30℃以上，异丙基丙烯酰胺疏水从水体中吸附疏水颗粒。

产品应用　本品是一种温控亲疏水性可转化的微嵌段絮凝净水剂，用于对水环境中微塑料颗粒污染物的去除。

产品特性

(1) 本品具有应用范围广、投加量低、效率高、絮体性能优异的特点，具有良好的应用前景。

(2) 本品制备方法具有原料来源广泛、成本低、制备工艺简单、反应条件温和且易控制等优点。

配方 244　水处理用有机高分子絮凝净水剂

原料配比

原料		配比(质量份)			
		1#	2#	3#	4#
丙烯酸		10	12	14	15
四甲基胍		17	20	26	28
司盘-80		1	2	4	5
环己烷溶液		50	60	90	100
丙烯酰胺		20	24	28	30
乙烯基胍胺		0.2	1	1.5	2
增效剂		7	9	10	12
引发剂		2	3	5	6
增效剂	丙烯酸铁	10	12	14	15
	巯基聚乙二醇丙烯酸酯	5	7	10	12
	环己烷溶液	50	60	90	100
	三乙胺	3	4	6	7

制备方法

(1) 将丙烯酸和四甲基胍加热升温，密封，强烈机械搅拌 3～5h，得到丙烯酸四甲基胍。加热温度为 40～50℃。

(2) 将司盘-80 充分溶解在环己烷溶液中，加入丙烯酰胺、乙烯基胍胺、增效剂，加入反应器里，搅拌，升温；需持续通氮 0.5～2h。搅拌速率为 500～600r/min，反应温度为 45～60℃。

(3) 向 (1) 得到的丙烯酸四甲基胍中加入配好的 (2) 溶液、引发剂，搅拌，得到有机高分子絮凝净水剂。

原料介绍

所述增效剂的制备方法为：按质量份在反应釜中加入丙烯酸铁、巯基聚乙二醇丙烯酸酯、环己烷溶液、三乙胺，升温，持续通氮1～3h，得到增效剂。所述反应温度为60～70℃。

所述引发剂为偶氮二异丁腈。

产品应用　本品是一种水处理用有机高分子絮凝净水剂。

产品特性　本品是通过分子链中所含的活性部位与悬浮物颗粒产生化学吸附架桥作用，形成胶粒絮凝净水剂？胶粒结构的絮状物，从而增大絮体的尺寸。有机絮凝净水剂大分子链上又分布有阳离子、阴离子或非离子基团，它们可通过电中和、吸附架桥作用，提高其絮凝效果，使絮凝净水剂在油田水处理中具有用量低、沉降快、絮凝效果好的特点，利于污染物快速沉降而除去，并且解决了废水中油类的去除率低等问题。

配方 245　四氧化三铁纳米复合吸附絮凝净水剂

原料配比

原料		配比(质量份)
四氧化三铁纳米粒子	三氯化铁	1
	氢氧化钠	3
	去离子水	20
	乙二醇	100
四氧化三铁纳米粒子		2
N-(*β*-氨乙基)-*γ*-氨丙基甲基二甲氧基硅烷(KH-602)		1
N-(*β*-氨乙基)-*γ*-氨丙基三甲氧基硅烷(KH-792)		1

制备方法

(1) 将三氯化铁、氢氧化钠、去离子水加入乙二醇中，搅拌混合均匀，加热至沸腾后冷凝回流，冷却，分离洗涤得到粒径分布在20～40nm之间的四氧化三铁纳米粒子。加热升温速率为5～15℃/min，冷凝回流时间为4～6h。

(2) 将步骤(1)制得的四氧化三铁纳米粒子分散到去离子水中，并加入*N*-(*β*-氨乙基)-*γ*-氨丙基甲基二甲氧基硅烷(KH-602)和*N*-(*β*-氨乙基)-*γ*-氨丙基三甲氧基硅烷(KH-792)，调节混合液的pH值至5～7，机械搅拌后经分离洗涤、冷冻干燥得到Fe_3O_4纳米复合吸附絮凝净水剂。混合液pH值为6，所述的机械搅拌时间为6～12h。

(3) 将利用磁性分离出的Fe_3O_4纳米复合吸附絮凝净水剂重新分散到水中，调节分散液pH值为10～11，超声后再用磁铁分离出Fe_3O_4纳米复合吸附絮凝净水剂，重复上述步骤洗涤分离2～5次，再将利用磁性分离出的Fe_3O_4纳米复合吸附絮凝净水剂冷冻干燥，得到可重复使用的Fe_3O_4纳米复合吸附絮凝净水剂。分散液pH值为10.5，所述重复洗涤分离次数为3次。

原料介绍　所述的三氯化铁可以为无水三氯化铁或六水合三氯化铁。

产品应用　本品是一种四氧化三铁纳米复合吸附絮凝净水剂。

三元复合驱油污水的处理方法，所述的方法包括以下步骤：将上述方法制备得到的Fe_3O_4纳米复合吸附絮凝净水剂加入驱油污水中，经过搅拌或振荡，再用磁铁分离，磁铁分离后取出上清液进行检测。所述的搅拌或振荡时间为6～12h，所述磁铁磁性分离时间为0.5～2h。

产品特性

(1) 本品不仅可实现三元复合驱油污水的高效破乳，且可同时去除污水中的聚合物、阴离子表面活性剂等，具有广泛的应用前景。

(2) 本品在碱性条件下对三元复合驱油污水的处理效果好，符合实际应用的需求。

(3) 本品具有原料易得、制备方法简单、成本低廉、绿色友好、易大规模制备生产的优点，且制备的净水剂可多次重复使用。

配方 246 苏氨酸改性木素絮凝净水剂

原料配比

原料		配比(质量份)
精制木质素	木素黑液	50
	水	60(体积)
精制木质素		20
10%的氢氧化钠溶液		20(体积)
40%的甲醛溶液		1.5(体积)
10%的苏氨酸溶液		20(体积)
稀硫酸		适量

制备方法

(1) 称取粗木素或木素黑液（呈强碱性）放于烧杯中，加水，加热至一定温度，不断搅拌至全部溶解，随后分批加入稀硫酸调节烧杯内液体呈酸性，冷却至室温后离心分离出沉淀，用蒸馏水清洗沉淀后再离心，重复该步骤直到清洗沉淀后得到的蒸馏水呈中性为止，将洗好的沉淀烘干，得黑色固体精制木质素。精制温度为室温至100℃，稀硫酸浓度为5%～30%。

(2) 称取精制木质素溶解于氢氧化钠溶液中，充分搅拌后加入甲醛溶液，然后边搅拌边滴加苏氨酸溶液，滴加完毕后在20～90℃下反应0.5～4h，反应结束后，用稀硫酸酸化，离心分离，沉淀用蒸馏水洗涤数次直至洗涤后的蒸馏水呈中性，然后取出固体在合适条件下进行干燥，得苏氨酸改性木素絮凝净水剂。

干燥条件为低温冷冻干燥或真空常温干燥或低于50℃条件缓慢烘干。

产品应用　本品是一种苏氨酸改性木素絮凝净水剂，用于污水处理技术领域。污水主要为印染、矿冶、机械制造、化工、电子、仪表工业生产过程中排出的含染料或重金属的污水。

产品特性

(1) 本品利用曼尼希（Mannich）反应在木素苯环上引入氨基、羟基和羧基，一方面增加了对各种色素的活性吸附位点（比如形成氢键、极性增加导致的分子间力增加等），另一方面增强了和金属离子的配位能力，两者均有利于吸附。

(2) 本品对亚甲基蓝、乙基紫、品红等色素及Cu^{2+}、Cr^{3+}、Co^{2+}、Hg^{2+}、Pb^{2+}等金属离子均有良好的絮凝效果，用量为0.5g/L时，对以上色素的去除率均可达到85%以上，对以上金属离子的去除率均在60%以上，在工业废水处理方面具有良好的应用前景。

(3) 本品使用的木素来源于造纸黑液，生产成本低廉，而且产物完全可以被生物降解，不会造成环境污染，因此，苏氨酸改性木素絮凝净水剂的推广和应用具有降低造纸黑液污染和有效利用资源的双重意义。

配方 247 铁基杂化絮凝净水剂

原料配比

原料		配比(质量份)		
		1#	2#	3#
铁盐溶液	六水合三氯化铁	25	24.5	25.5
	去离子水	225(体积)	225(体积)	225(体积)
15%～25%醋酸铵溶液		3(体积)	3(体积)	3(体积)
铁盐溶液		100(体积)	100(体积)	100(体积)
丙烯酰胺(AM)		72	72.2	73

续表

原料		配比(质量份)		
		1#	2#	3#
引发剂		0.5	0.4	0.6
引发剂	过硫酸钾	1	1	1
	亚硫酸氢钠	1.5	1.2	1.8
疏水性阳离子单体	甲基丙烯酰氧乙基二甲基十六烷基溴化铵	41.6	42	38

制备方法

(1) 将醋酸铵溶液与铁盐溶液混合后得到氢氧化铁胶体。混合时的温度为室温，醋酸铵溶液滴至铁盐溶液中，滴加的速度为8～10滴/s。

(2) 将部分丙烯酰胺、氢氧化铁胶体混匀后得到混合溶液。加入的部分丙烯酰胺为丙烯酰胺总质量的50%。

(3) 先将引发剂、混合溶液、疏水性阳离子单体混匀后反应50～70min，再加入剩余丙烯酰胺反应7～9h，即得铁基杂化絮凝净水剂。反应温度为38～42℃，所述反应在氮气氛围下进行。

产品应用　本品是一种铁基杂化絮凝净水剂，用于矿井水处理技术领域。应用方法，包括以下步骤：

(1) 调节矿井水水体pH值、温度。调节pH值至5.5～8.5，调节温度至15～55℃。

(2) 投加铁基杂化絮凝净水剂，进行搅拌。铁基杂化絮凝净水剂的投加量为12～16mg/L。所述搅拌为先进行快速搅拌后进行慢速搅拌，所述快速搅拌的转速为340～360r/min，快速搅拌时间为80～120s，慢速搅拌的转速为85～95r/min，慢速搅拌的时间为290～320s。

产品特性

(1) 本品通过调节水体pH值、温度、铁基杂化絮凝净水剂的投加量、搅拌阶段、搅拌强度、搅拌时间、沉降时间，可以控制矿井水的絮凝、除油性能，煤粉悬浮颗粒物、乳化油去除率最高分别可达99.24%、65.56%。

(2) 本品处理矿井水方法简单，便捷，高效，可以避免对环境造成的危害。

配方 248　铁接枝淀粉絮凝净水剂

原料配比

原料	配比(质量份)		
	1#	2#	3#
玉米淀粉	5	5	5
去离子水	20(体积)	50(体积)	30(体积)
50mmol/L的过硫酸钾溶液	5(体积)	5(体积)	5(体积)
铁浓度为40mmol/L的聚合氯化铁溶液	10(体积)	—	—
铁浓度为30mmol/L的氯化铁溶液	—	10(体积)	—
铁浓度为50mmol/L的氯化亚铁溶液	—	—	10(体积)

制备方法

(1) 将玉米淀粉在80℃下恒温干燥24h，置于三口烧瓶中，加入去离子水混合，机械搅拌30～60min，搅拌过程中通氮气20min排出体系中的氧气，在70～90℃温度下糊化，得糊化淀粉。

(2) 糊化淀粉降温，加入过硫酸钾溶液引发反应。

(3) 待反应进行2～5min后加入聚合氯化铁溶液，在温度为50～70℃下持续搅拌1.5～3h

后得成品。

产品应用 本品是一种铁接枝淀粉絮凝净水剂。

产品特性

(1) 本品在污水絮凝中可形成超大絮状物，提高了污水中污染物的去除效果，减少了絮凝净水剂的用量，提高污物去除效率。

(2) 本品提供的制备方法原料易得，且淀粉可生物降解，降低了絮凝净水剂后续处理带来的环保压力。

(3) 本品利用铁盐接枝并分散到淀粉中形成大分子聚合乳液，接枝率高，提高了污染物在污水中沉淀析出的效果。

配方 249 污泥脱水用葡萄糖基高分子絮凝净水剂

原料配比

原料	配比(质量份)		
	1#	2#	3#
淀粉	10	13	15
纤维素	10	13	15
改性壳聚糖	7	10	13
丙烯酰胺	8	9	10
反丁烯二酸	5	7	9
乙二醛	7	8	9
二甲胺	3	4.5	6
氯化铵	1	3	5
亚硫酸氢钠	3	5.5	8
改性粉煤灰	8	10	12
去离子水	100	110	120

制备方法

(1) 在30～60℃温度和磁力搅拌下，向反应器中加入葡萄糖基高分子化合物、改性壳聚糖、丙烯酰胺、反丁烯二酸、改性粉煤灰以及去离子水，混合后搅拌均匀，即得混合物。

(2) 调整反应器内温度为5～25℃，向反应器内通入氮气，氮气通入至少20min后，向反应器中加入亚硫酸氢钠，反应10～20min之后，向反应器中加入二甲胺，并在40～70℃下反应30～60min，之后再加入乙二醛，保持温度不变并继续反应1～2h。

(3) 将反应器内温度调节至35～50℃，并向反应器中滴加氯化铵催化剂，添加完后将反应器内温度升到60～90℃，反应2～5h后取出，即得絮凝净水剂。

原料介绍

所述葡萄糖基高分子化合物包括质量比为1∶1的淀粉和纤维素，且其细度均为200～700目。

所述改性壳聚糖的制备方法为：首先将壳聚糖制成水溶液，然后以氯化铁为改性剂与壳聚糖混合，待溶解后在搅拌下缓慢滴加40%浓度的氢氧化钠溶液调节pH值至5.0～5.3，即得改性壳聚糖。

所述壳聚糖与氯化铁的质量比为1∶2。

所述壳聚糖水溶液的浓度为5.0mg/L。

所述改性粉煤灰的制备方法为：将粉煤灰原料过200目筛，室温下浸泡在4mol/L的氢氧化钾溶液中2h，浸泡过程中以30r/min的速度进行搅拌，浸泡过后将粉煤灰于105℃的条件下烘干2h，即得改性粉煤灰。

所述粉煤灰和氢氧化钾溶液的质量比为1∶3。

产品应用　本品是一种污泥脱水用葡萄糖基高分子絮凝净水剂。

产品特性

(1) 本品通过添加氯化铁对壳聚糖进行改性，由于氯化铁中三价铁离子的介入，增大了絮凝净水剂的网状结构，增强了絮凝净水剂对悬浮颗粒物的网捕能力，从而有效地提高了COD去除率以及沉降率。

(2) 本品通过对粉煤灰进行碱液改性，可以有效地改善絮凝净水剂对污泥的脱水效果。

配方 250　污水处理絮凝净水剂

原料配比

原料		配比(质量份)		
		1#	2#	3#
改性无机多孔材料	改性剂十二烷基二甲基甜菜碱	1	1	1
	水	20	50	80
	稀硫酸	0.3	0.4	0.5
	沸石	0.33	0.25	0.2
絮凝净水剂主体	聚合氯化铝	100	105	110
	氧化钙	100	105	110
	活性碳酸钙	10	12	15
助凝剂		5	7	10
助凝剂	蛇纹石粉体	1	1	1
	改性无机多孔材料	2	4	5

制备方法

(1) 改性无机多孔材料制备：称取改性剂十二烷基二甲基甜菜碱和无机多孔材料，在搅拌状态下加入反应釜中，同时加入水和稀硫酸，并进行保温反应3～5h，得到混合液体，然后将保温反应得到的混合液体进行水洗，将混合液体水洗至pH值为7～8，并通过离心机进行分离，得到的固相为改性无机多孔材料。保温反应中，改性剂十二烷基二甲基甜菜碱与水的质量比为1∶(20～80)，稀硫酸与改性剂十二烷基二甲基甜菜碱的质量比为(0.3～0.5)∶1。保温反应温度为60～80℃，反应压力为常压，搅拌速度为50～80r/min。离心机的转速为3000～4500r/min。

(2) 絮凝净水剂主体制备：按质量份分别称取聚合氯化铝、氧化钙、活性碳酸钙，将备好的聚合氯化铝和氧化钙加入搅拌釜进行混合搅拌，5～10min后加入活性碳酸钙，再次搅拌10～15min后，得到絮凝净水剂主体。搅拌速度为50～100r/min。

(3) 混合：将絮凝净水剂主体与改性无机多孔材料、蛇纹石粉体混合搅拌8～10min，得到混合固体。搅拌速度为50～100r/min。

(4) 干燥：将混合固体进行干燥，并研磨成粉体，得到污水处理絮凝净水剂。干燥温度为50～70℃，干燥时间为3～7h。将污水处理絮凝净水剂的粒径研磨至10～20mm。

原料介绍　所述的无机多孔材料为沸石、煤矸石、钢渣中的至少一种。

产品应用　本品是一种污水处理絮凝净水剂，用于工业废水、生活废水、矿山尾坝矿的水处理。

污水处理絮凝净水剂的应用，包括如下步骤：

(1) 将污水处理絮凝净水剂与水混合配制成质量分数为5%～10%的溶液，搅拌均匀得到污水处理絮凝净水剂水溶液。

(2) 将污水处理絮凝净水剂水溶液缓慢加入需要处理的污水中，搅拌5～10min。

(3) 停止搅拌并静置10～20min，上下固液分层清晰后进行过滤。

每吨污水中污水处理絮凝净水剂的使用量为3～6kg。

产品特性　本品价格低廉，操作方便，各成分间相互协同促进吸附和絮凝能力，能使污水中的细微悬浮粒子、金属离子、阴离子、有机物和胶体离子等污染物聚集、絮凝，达到净化处理效果，絮凝速度更快，混凝效果更佳，絮凝所用时间更短，本品自身成分对水环境影响很小，既降低了污水处理成本，又明显提高了絮凝效率。

配方 251　污水处理用絮凝净水剂（1）

原料配比

原料		配比(质量份)			
		1#	2#	3#	4#
氯化铝($AlCl_3 \cdot 6H_2O$)		14	20	40	50
氯化铁($FeCl_3 \cdot 6H_2O$)		2	3	4	5
稀土增效剂		0.24	0.6	1.2	1.8
无机加重材料		9	15	30	33
稀土增效剂	丙烯酸铝	24	26	30	32
	(2-巯基乙基)三甲基氯化铵	55	60	70	75
	甲醇	200	205	215	220
	甲醇钠	2	3	4	5
	过氧化苯甲酰	0.5	1	2	2.2
	烯丙基溴化锌	2	3	6	7
	铈(+3)丙烯酰酸酯(94232-54-9)	0.02	0.1	0.5	0.7

制备方法

(1) 按照质量份数，称取氯化铝（$AlCl_3 \cdot 6H_2O$）、氯化铁（$FeCl_3 \cdot 6H_2O$）、稀土增效剂，加入反应器中，搅拌，升温。所述反应温度为70～100℃，反应时间为1～3h。所述反应器材质宜采用塑料或搪瓷或不锈钢。所述搅拌速率为500～800r/min。

(2) 再缓慢加入氢氧化钠溶液，控制碱化度，继续搅拌，待反应结束后，冷却到室温。所述搅拌速率为500～800r/min。所述反应温度为70～100℃，反应时间为1～3h。

(3) 继续进行熟化反应，得到聚合氯化铝铁溶液，然后将该溶液放入烘箱中，烘干并研磨成粉末。所述熟化时间为18～24h。所述烘干温度为85～100℃，烘干时间为20～24h。所述反应温度为70～100℃，反应时间为1～3h。

(4) 加入无机加重材料，复配得到污水处理用絮凝净水剂。

原料介绍

所述氢氧化钠溶液的质量分数为10%～20%。

所述碱化度为1～2。

所述无机加重材料为硅酸钠或硅酸钙或高岭石或陶瓷。

所述一种稀土增效剂制备方案如下：按照质量份数，将丙烯酸铝、(2-巯基乙基) 三甲基氯化铵、甲醇、甲醇钠、过氧化苯甲酰搅拌混合均匀后在氮气保护下升温，40～55℃下反应60～100min，再加入烯丙基溴化锌，40～55℃下反应20～40min，再加入铈（+3）丙烯酰酸酯（94232-54-9），40～55℃下反应20～40min，蒸发除去甲醇，即可得到一种稀土增效剂。

产品应用　本品是一种污水处理用絮凝净水剂，处理污水最佳投药量为100～400mg/L。

产品特性

(1) 本品可直接投加用于水的混凝净化处理，混凝反应快、矾花大、絮凝体沉降快，特别是对于微污染饮用水源中的藻类去除，具有更加优良的强化混凝去除效果。

(2) 本品吸附污染物的能力更强，能够将污水中的污染物全部聚沉到水底，且出水水质情况要强于市售絮凝净水剂的处理效果，表面无浮油和杂质；处理后的污水含油量及COD符合国家相关排放标准，处理效果达到表面无浮油，絮体稳定沉降的要求。

配方 252　污水处理用絮凝净水剂（2）

原料配比

原料		配比(质量份)		
		1#	2#	3#
聚合磷硫酸铁		9	11	13
聚硅酸铝铁		8	6	5
改性凹凸棒土		37	35	33
三聚磷酸钠交联壳聚糖		20	21	19
聚合氯化铝		6.5	6	8
硫酸铝		3	2	4
乙二胺聚氧乙烯聚氧丙烯醚		1.2	0.8	1
三聚硫氰酸三钠盐		1.5	2	1.7
水		适量	适量	适量
改性凹凸棒土	凹凸棒土	3	1	2
	浓度为1.8mol/L的硝酸溶液	65(体积)	—	—
	浓度为1.7mol/L的硝酸溶液	—	20(体积)	—
	浓度为1.75mol/L的硝酸溶液	—	—	43(体积)
三聚磷酸钠交联壳聚糖	壳聚糖粉末	10	9	9
	质量分数为1%的三聚磷酸钠溶液	1	1	1
	0.1mol/L的乙酸溶液	适量	适量	适量
	氢氧化钠溶液	适量	适量	适量

制备方法

(1) 制备改性凹凸棒土和三聚磷酸钠交联壳聚糖。

(2) 将聚硅酸铝铁、改性凹凸棒土、三聚磷酸钠交联壳聚糖、聚合氯化铝、硫酸铝和三聚硫氰酸三钠盐按照一定的质量份数比混合均匀，然后加入聚合磷硫酸铁、乙二胺聚氧乙烯聚氧丙烯醚和水进行湿法球磨，最后进行干燥处理，制备得到污水处理用絮凝净水剂。加入水的质量占进行湿法球磨原料质量和的30%～33%，干燥处理温度为50～55℃，干燥处理时间为3～4h。

原料介绍

所述的改性凹凸棒土是向凹凸棒土中加入硝酸溶液进行搅拌反应，然后抽滤，洗涤至pH为中性，最后于108～110℃下干燥2～3h，冷却后研磨过150目筛。硝酸溶液的浓度为1.7～1.8mol/L；凹凸棒土与硝酸溶液的质量体积比为（1～3）∶（20～65），单位为g/mL；搅拌反应的时间为28～30h，搅拌反应温度为常温。

所述的三聚磷酸钠交联壳聚糖的制备方法为：将壳聚糖粉末溶于乙酸溶液中，得到壳聚糖乙酸溶液，滴加氢氧化钠溶液调节壳聚糖乙酸溶液的pH值为5，搅拌状态下将三聚磷酸钠溶液滴加到上述溶液中进行离子交联反应，经离心收集下层沉淀并用去离子水洗涤至pH为中性，最后进行冷冻干燥，制备得到三聚磷酸钠交联壳聚糖。乙酸溶液的浓度为0.1mol/L，壳聚糖乙酸溶液的浓度为2.5g/L。三聚磷酸钠溶液的质量分数为1%；壳聚糖粉末与三聚磷酸钠的质量比为（9～10）∶1。离子交联反应的时间为5～5.5h。

采用硝酸溶液活化凹凸棒土，是因为硝酸能够去除凹凸棒土通道中的杂质，更有利于吸附质分子的扩散，由于H原子半径小于Na、Mg、K、Ca等原子的半径，故体积小的H原子置换层间的Na^+、Mg^{2+}、K^+、Ca^{2+}等离子，孔容积得到增大，当溶解了八面体结构中的Al^{3+}、Fe^{3+}、Mg^{2+}等离子，使晶体两端的孔道角度增加，直径增大，活化后的凹凸棒土随着八面体中阳离子的带出形成了如同固体酸作用一样的裸露表面，它们之间以氢键连接，经过活化，离子渗透作用增强，导致结构展开，其结果是酸处理后的凹凸棒土吸附性能和化学性显著提高。

壳聚糖由于主链上含有的氨基和羟基可有效地络合重金属离子，但是在酸性介质中由于氨基质子化易溶解，因此选择三聚磷酸钠与壳聚糖氨基位通过离子成键形成交联，提高壳聚糖的吸附性能。

聚合磷硫酸铁是在聚合硫酸铁中引入磷酸盐，在一定条件下生成的带磷酸根的多核中间络合物。由于PO_4^{-3}是高价阴离子，与Fe^{3+}有较强的亲和力，能够部分置换聚合铁中的羟基，并能在铁原子之间架桥形成多核络合物，所以对污水中带负电胶体的吸附架桥作用加强。此外，由于聚合磷硫酸铁水解聚合产物内添加或嵌入了磷酸根，磷酸根的负电荷（－3价）使得聚合磷硫酸铁的电位更低，因此对Cu^{2+}以及Ph^{2+}等金属离子具有更高的电荷中和能力，更容易使之脱稳凝聚。因此，它的添加能够提高除浊除油率，脱色效果好且对重金属具有一定的去除能力；而且其在相对较高的温度以及中性环境下絮凝效果更好。聚硅酸铝铁结合了活化硅酸的粘接聚集、吸附架桥效能，铝系絮体比表面积大容易网捕卷扫和铁系絮体密实容易沉降的优点。当污水中的污染物呈现出带负电荷的胶体状态时，聚硅酸铝铁中含有的大量金属阳离子以及水解后形成的羟基络离子就会发生双电层吸附和电中和作用。此外，聚硅酸大分子结构也会起到絮凝架桥及网捕卷扫作用，增强对污水的处理效果。聚硅酸铝铁的添加，对污水中的镉和氟也具有很好的去除作用，且对污水能够起到一定的消毒作用，与聚合磷硫酸铁复配使用，提高了絮凝净水剂在低温和常温下的絮凝能力。

改性凹凸棒土是一种很好的脱色剂，能截留和吸附带色物质和杂质，在脱色的同时还能去除污水中的酚、油、氨和氮，并且经硝酸溶液活化后的凹凸棒土离子交换能力提升，能够很好地去除污水中的Cu^{2+}、Pb^{2+}以及Ni^{2+}等重金属离子，此外改性凹凸棒土具有很好的粘接性。为了增加壳聚糖在酸性条件下的实用性，通过三聚磷酸钠对壳聚糖进行改性处理，复配改性凹凸棒土使用，提高对污水中重金属离子的去除率，并进一步降低污水中的浊度、色度、悬浮物和胶粒等物质。此外，增加改性凹凸棒土以及三聚磷酸钠交联壳聚糖的添加量，能够大大降低制备絮凝净水剂的成本。

硫酸铝能够通过电性中和作用与中分子量的有机物形成絮体，将中分子量的有机物进行包裹去除；聚合氯化铝主要通过吸附架桥作用形成絮体，易形成体积较大的松散絮体，对小分子量的有机物具有很好的截流效果，两者复配使用，实现对有机物的进一步去除。此外，硫酸铝还能在酸性条件下起到一定的破乳作用，硫酸铝在水解过程中会不断产生H^+，酸性条件下可以破坏乳化液的油珠界膜，从而起到一定的破乳作用。

三聚硫氰酸三钠盐能够保证极高的重金属排出效率，它可以沉淀几乎所有的单价和二价金属，同时也可以除去已经转变成络合物的重金属。

乙二胺聚氧乙烯聚氧丙烯醚能够提高制备的絮凝净水剂在水中的分散性，并起到抑泡、消泡和破乳的作用。

产品应用　本品是一种污水处理用絮凝净水剂。使用时，将污水处理用絮凝净水剂添加到污水中，添加量为1.0～1.2g/L。

产品特性

（1）本品通过原料之间的协同作用关系，实现对污水中COD、BOD、SS、油脂以及重金属的高效去除，且所述的絮凝净水剂能够在较宽的pH值和较宽的温度下起作用，适用范围广，能够简化污水处理的工艺步骤，提高污水处理的效率。

(2) 本品用量少，混凝时间短，形成絮体的速度快，有利于沉降分离，综合成本低，适用于各类污水的净化处理。

配方 253 污水净化絮凝净水剂

原料配比

原料		配比(质量份)		
		1#	2#	3#
聚丙烯酰胺		12	33	25
聚乙烯亚胺		10	29	20
二氯异氰尿酸钠		8	12	10
偶氮二异丁腈		2	6	4
铝硫酸铵		10	15	12
壳聚糖		4	9	7
氯化铝		2	8	6
凝血酶		0.03	0.05	0.04
辅助凝聚剂		1	3	2
辅助凝聚剂	薯蓣皂苷	0.6	1.8	1.2
	橄榄多酚	3.2	3.9	3.7
	刺云豆胶	1.2	2.8	2.0

制备方法

(1) 取聚丙烯酰胺、聚乙烯亚胺、二氯异氰尿酸钠、偶氮二异丁腈混合得到混料A，再加入35～48℃水中，搅拌至溶解，得到混液A。搅拌速率为140～180r/min，搅拌时间不小于30min。混料A和水的质量体积比(g/mL)为(3～5)∶10。

(2) 将铝硫酸铵、壳聚糖、氯化铝和凝血酶混合，于60～80℃、超声频率60～80kHz下超声波处理3～10min，得到混料B。

(3) 将辅助凝聚剂和混料B加入(1)中的混液A中，调节pH值为6.8～7.2，升温搅拌，静置，离心沉淀，真空干燥得到污水净化絮凝净水剂。搅拌温度为50～70℃，搅拌速率为400～600r/min，搅拌时间为1～3h，静置时间为5～8h。

产品应用 本品是一种污水净化絮凝净水剂。

产品特性

(1) 本品能快速凝结水池中的细小悬浮颗粒，提高过滤效率，提高污水的净化效率，且溶解速度快，余药含量少，将小颗粒絮凝成大颗粒后形成絮团，使其加速沉降，减小污水中的浊度。

(2) 本品采用凝血酶能够吸附胶质、油脂、菌类等物质，使它们凝聚成较大的颗粒，从而沉淀；其中污水凝聚剂通过原料选择、科学配比协同发挥作用，具有较强的水溶性和稳定性，可有效地清除水中的悬浮物、胶体物和有机物等，同时具有良好的沉淀效果。

配方 254 污水絮凝净水剂

原料配比

原料	配比(质量份)		
	1#	2#	3#
聚合氯化铝	20	25	23
聚丙烯酰胺溶液	10	13	11.5

续表

原料			配比(质量份)		
			1#	2#	3#
硫酸铝			5	7	6
椰子改性纤维			14	16	15
聚丙烯酰胺溶液	聚丙烯酰胺		1	1	1
	水		1.5	2.5	2
椰子纤维	碱液	氢氧化钾	3	5	4
		脂肪醇聚氧乙烯醚	10	12	11
		水	加至100	加至100	加至100
	椰子叶		1	1	1
	碱液		1.5	2.5	2
	酶解液	果胶酶	5	6	5.5
		木质素过氧化物酶	3	4	3.5
		冰醋酸	10	15	13
		水	加至100	加至100	加至100
	酶解液		3	5	4
	蒸煮后的椰子叶		1	1	1
椰子改性纤维	*N*-甲基吗啉-*N*-氧化物水溶液	*N*-甲基吗啉-*N*-氧化物	70	60	65
		水	30	40	35
	N-甲基吗啉-*N*-氧化物水溶液		0.8	1.2	1
	椰子纤维		1	1	1

制备方法

(1) 取聚丙烯酰胺加入水中，升温至60～65℃，制得聚丙烯酰胺溶液。聚丙烯酰胺和水的质量比为1∶(1.5～2.5)。

(2) 将硫酸铝加入聚丙烯酰胺溶液中，制得聚丙烯酰胺混合液。

(3) 将椰子改性纤维和聚合氯化铝加入聚丙烯酰胺混合液中，于35～45℃搅拌40～60min，停止搅拌，升高温度至55～65℃，水浴加热2.5～3.5h。搅拌速率为100～150r/min。

原料介绍

所述椰子改性纤维的制备包括以下步骤：

(1) 取椰子叶放入碱液中蒸煮，将蒸煮后的椰子叶放入酶解液中浸泡，制得椰子纤维。所述蒸煮温度为110～130℃，所述蒸煮时间为5～6h。所述酶解温度为30～40℃，所述酶解时间为3～5h。

(2) 将椰子纤维粉碎，制得椰子纤维粉末，椰子纤维粉末加入*N*-甲基吗啉-*N*-氧化物水溶液中浸泡5～7h，将加热后的混合液冷冻干燥制得改性椰子纤维。

本品的椰子纤维处理方法，有效去除椰子纤维附着的木质素、胶体等杂质，合理的碱液和酶解液配比，不仅有效去除木质素等杂质，而且不损伤纤维素，结合*N*-甲基吗啉-*N*-氧化物水溶液制得一种有利于聚合氯化铝、聚丙烯酰胺聚集的改性椰子纤维。

本品使用聚合氯化铝、聚丙烯酰胺、硫酸铝结合海南当地自然环境资源椰子纤维，椰子纤维经过处理改变椰子纤维的物理性能，在硫酸铝的作用下聚合氯化铝、聚丙烯酰胺聚集在椰子纤维上，可以提高污水絮凝净水剂的吸附能力，提高污水治理效果。本品絮凝净水剂在使用过程中形成的沉降絮体紧实度较高，沉降絮体较大且在后续处理过程中不易分散，避免造成二次污染，提高污水治理效率。本品制得的污水絮凝净水剂还能在强酸、强碱环境中使用，色度去除率均高于90%，浊度去除率均高于98%。

产品应用　本品是一种污水絮凝净水剂。

产品特性

(1) 本品具有较好的分散性和溶解性，絮凝速度快，絮凝效果不受处理水质影响。

（2）本品制得的污水絮凝净水剂对污水具有很好的治理效果，浊度去除率达到99.3%，色度去除率达到93.3%。本品中碱含量较低，能够减少碱液对环境造成的二次污染。本品根据聚合氯化铝等原料的性质，调整椰子纤维的物理性能，酶解液不仅能够提高去除椰子纤维中木质素等杂质的效率，还能保护椰子纤维不受损。

配方 255　无机复合絮凝净水剂

原料配比

原料		配比（质量份）				
		1#	2#	3#	4#	5#
高吸附性纳米颗粒	白土	20	—	10	10	10
	云母粉	—	20	10	10	10
	浓度为50%的氢氧化钠水溶液	120	120	120	120	120
	微晶纤维素	5	5	5	—	5
	表面活性剂	10	10	10	10	—
聚硅酸溶液	硅酸钠	236.50	236.50	236.50	236.50	236.50
	水	763.5	763.5	763.5	763.5	763.5
	8%～10%硫酸	适量	适量	适量	适量	适量
高吸附性纳米颗粒		7	7	7	7	7
$FeCl_2$		1.6	1.6	1.6	1.6	1.6
氯化铝		1.4	1.4	1.4	1.4	1.4
聚硅酸溶液		110	110	110	110	110
表面活性剂	乙二胺四乙酸	2	2	2	2	2
	十二烷基苯磺酸钠	3	3	3	3	3

制备方法

（1）制备高吸附性纳米颗粒。

（2）制备聚硅酸溶液。

（3）按质量份计，将步骤（1）制得的高吸附性纳米颗粒和$FeCl_2$、氯化铝加入步骤（2）得到的聚硅酸溶液中，以100～200r/min的转速搅拌12～24h，得到所述无机复合絮凝净水剂。

原料介绍

所述高吸附性纳米颗粒的制备方法，包括以下步骤：按质量份计，将白土、云母粉加入氢氧化钠水溶液中，以100～200r/min的转速搅拌30～60min，再向其中加入微晶纤维素、表面活性剂，继续以100～200r/min的转速搅拌20～40min，得到乳液；然后在持续搅拌下用8%～10%硫酸调节乳液的pH值至6～7，停止搅拌，得到微酸性乳液，将得到的微酸性乳液转移至水热反应釜中，置于110～120℃下反应12～24h，冷却至室温后，经离心取沉淀、洗涤、干燥，再置于700～900℃下煅烧3～5h，冷却至室温后，得到高吸附性纳米颗粒。

所述聚硅酸溶液的制备方法，包括以下步骤：按质量份计，将硅酸钠加入水中，以100～200r/min的转速持续搅拌，并用8%～10%硫酸调节pH值至1～3，室温下搅拌聚合3～4h，然后在常温下陈化5～7h，得到聚硅酸溶液。

为了增强絮凝净水剂的絮凝能力，同时降低絮凝净水剂中无机纳米粒子的残留，本品以白土和云母粉为原料，采用氢氧化钠进行溶解，得到了含有大量硅酸根、偏铝酸根和多种具有絮凝能力的金属离子的溶液，然后以微晶纤维素为成核中心，以乙二胺四乙酸、十二烷基苯磺酸钠调控形貌，采用水热法缩聚，得到了一种新型纳米粒子，再高温煅烧去除微晶纤维素，得到了具有高吸附性的纳米颗粒。此纳米颗粒不仅具有高吸附性，对于水中的染色因子具有高的去除率，还能够与聚硅酸进行缩聚，形成大的絮凝团，沉淀后脱去，水中残留量极少。

采用白土和云母粉处理的微晶纤维素的效果优于单一的白土或者单一的云母粉。这是由于白土和云母粉所含的三氧化二铝、二氧化硅的比例不同，及其含有的微量金属元素不同，二者配合使用，经氢氧化钠溶解后，再进行水热反应，能够在微晶纤维素表面形成具有高孔隙率的结构，既具有极高的吸附性，也具有快速释放金属离子的能力。其高吸附性使得其能够快速去除水中不溶性物质，形成絮状沉淀，并对磷具有较好的去除效果。而微晶纤维素在这里主要作为白土和云母粉溶解液水热反应的成核中心，其主要成分为以 β-1,4-葡萄糖苷键结合的直链式多糖类物质，是天然纤维素经稀酸水解至极限聚合度（LODP）的可自由流动的极细微的短棒状或粉末状多孔状颗粒组成的白色、无臭、无味的结晶粉末，其含有大量的羟基基团，对硅酸根和偏铝酸根具有极好的吸附、螯合作用，能够使得白土和云母粉溶解液中的硅酸根和偏铝酸根以微晶纤维素为成核中心进行缩聚，能够保证生成的产物形貌结构上的统一，再辅以乙二胺四乙酸、十二烷基苯磺酸钠调控形貌结构，生成具有高孔隙率的微球，能够大幅提升其比表面积，从而提升其吸附能力和金属离子释放能力。但是由于微晶纤维素对金属离子具有较好的吸附性，其一定程度上阻碍了高吸附性纳米颗粒对金属离子的释放，这不利于水体的脱色。因此，本品进一步采用高温煅烧，将微晶纤维素炭化，不仅降低了微晶纤维素对金属离子释放的影响，还形成了独特的中空结构，进一步增强了纳米颗粒的吸附性。

产品应用　本品是一种无机复合絮凝净水剂，用于废水处理领域。

产品特性　本品具有高的絮凝能力、极快的絮凝速度及极佳的脱色效果，并且在水中的残留率极低，对工业废水以及给排水的预处理具有非常实用的应用价值。

配方 256　无机高分子絮凝净水剂

原料配比

原料	配比(质量份)	原料	配比(质量份)
煤灰①	3.5	3mol/L NaOH 溶液	0.5(体积)
2mol/L 稀硫酸	2(体积)	煤灰②	0.5
3mol/L 稀盐酸	3(体积)		

制备方法

(1) 将煤灰①与酸液混合，控制 pH 值为 0～2，静置，过滤，得到上层溶液和下层沉淀物。所述酸液为硫酸和盐酸。所述混合的具体过程为：将煤灰与硫酸混合，搅拌，加入盐酸，再次搅拌。所述搅拌的时间为 10～15min。

(2) 将碱液加入步骤 (1) 得到的上层溶液中，搅拌，直至溶液中出现白色胶体，停止加入碱液，得到混合溶液。所述碱液为氢氧化钠溶液，所述搅拌的转速为 30～60r/min，所述搅拌的时间为 2～3min。

(3) 将煤灰②加入步骤 (2) 得到的混合溶液中，在 70～90℃进行反应，过滤，浓缩，得到无机高分子絮凝净水剂。所述反应的时间为 2～2.5h，所述反应在搅拌条件下进行，所述搅拌的转速为 60～100r/min，所述浓缩为蒸发浓缩。

产品应用　本品是一种无机高分子絮凝净水剂。

产品特性

(1) 本品具有电中和能力强、吸附架桥作用明显、沉降快、用量少、抗腐蚀等优点，在低温和广泛 pH 值范围内都具有高效的絮凝性能，可以被广泛应用于污水处理，具有很高的实用价值。

(2) 本品对污水的浊度、色度和 COD 的去除效果良好，浊度去除率高达 94.16%，COD 去除率高达 75.42%，色度去除率可达 33.33%。本品有良好的污水处理效果，具有实际应用能力，可以实现电厂煤灰和锅炉尾部烟气的综合利用。

配方 257　无机絮凝净水剂复合阳离子淀粉基絮凝净水剂

原料配比

原料			配比(质量份)		
			1#	2#	3#
阳离子淀粉基絮凝净水剂			1.25	2.5	1.7
聚合硫酸铝或聚合氯化铝			3.75	2.5	3.3
水			加至100	加至100	加至100
阳离子淀粉基絮凝净水剂	淀粉	玉米淀粉	3	—	—
		可溶性淀粉	—	4	—
		小麦淀粉	—	—	2
	丙烯酰胺		6	5	8
	阳离子单体	二甲基二烯丙基氯化铵	2	—	—
		甲基丙烯酰氧乙基三甲基氯化铵	—	3	—
		烯丙基三甲基氯化铵	—	—	1
	引发剂		0.1	0.2	0.125

制备方法　将阳离子淀粉基絮凝净水剂和无机聚合物溶于水中，在常温下搅拌至澄清，得到无机絮凝净水剂复合阳离子淀粉基絮凝净水剂。

原料介绍

所述的阳离子淀粉基絮凝净水剂的制备方法如下：淀粉在70～100℃糊化0.5～2h，然后降温至15～60℃，加入引发剂、丙烯酰胺和阳离子单体反应1～6h，然后用乙醇析出烘干。

所述的引发剂为高锰酸钾、偶氮二异丁腈、过硫酸铵、过硫酸钾、过硫酸钠、硝酸铈铵、硫酸铈铵、硫酸高铈和Fe^{2+}/H_2O_2的任意一种。

所述的阳离子单体为二甲基二烯丙基氯化铵、甲基丙烯酰氧乙基三甲基氯化铵、丙烯酰氧乙基三甲基氯化铵、甲基丙烯酰胺丙基三甲基氯化铵、(3-丙烯酰胺丙基）三甲基氯化铵、3-氯-2-羟丙基-三甲基氯化铵、2,3-环氧丙基三甲基氯化铵、烯丙基三甲基氯化铵中的任意一种或几种。

所述的无机聚合物为聚合氯化铝、聚合氯化铁、聚合氯化铝铁、聚合硫酸铝、聚合硫酸铁、聚合硫酸铝铁中的任意一种或几种。

产品应用　本品是一种无机絮凝净水剂复合阳离子淀粉基絮凝净水剂。

产品特性

(1) 本品的制备方法简单，所得的絮凝净水剂稳定性好，含阳离子基团密度大，能有效絮凝污水中带负电的污染物。

(2) 本品是复合絮凝净水剂，无机和有机组分协同作用，提高了对污水中污染物的絮凝效果，能更好地应用于各种复杂污水处理。

(3) 本品制备的絮凝净水剂，絮凝速度快，投加量少，絮凝效果好，处理后的泥饼含水率低，值得推广。

(4) 本品无机组分和阳离子淀粉基组分协同作用，提高了对含泥污水的处理效果，絮凝速度快，絮凝后的泥饼含水率低，有利于之后的泥饼深度处理，其生产成本低。

配方 258 无机-有机复合高效絮凝净水剂

原料配比

原料		配比(质量份)					
		1#	2#	3#	4#	5#	6#
硅酸钠		122	122	122	122	122	122
丙烯酰氧乙基三甲基氯化铵(DAC)		193.5	193.5	193.5	193.5	193.5	193.5
丙烯酰胺(AM)		193.5	193.5	193.5	193.5	193.5	193.5
还原剂	亚硫酸氢钠	0.00645	0.00879	0.00879	0.00879	0.00879	0.00879
氧化剂	过硫酸铵	0.00645	—	0.00879	0.00879	—	—
	过硫酸钾	—	0.00879	—	—	0.00879	0.00879
偶氮类引发剂	偶氮二异丁脒盐酸盐	0.0645	0.264	0.176	0.105	0.439	0.439
络合剂	乙二胺四乙酸二钠	0.01935	0.01935	0.01935	0.01935	0.01935	0.01935
	二乙烯三胺五亚甲基膦酸	0.1935	0.1935	0.1935	0.1161	0.290	0.290
改性剂	$AlCl_3$	534	267	—	266	400.5	400.5
	$FeCl_3$	—	162	62	62	—	261
	$Al_2(SO_4)_3$	—	—	267	—	—	—
	$Fe_2(SO_4)_3$	399	—	—	—	162	—
0.2～1mol/LNaOH 溶液		适量	适量	适量	适量	适量	适量

制备方法

(1) 取硅酸钠配制成 0.25～0.5mol/L 的硅酸钠水溶液，用 1～5mol/L 的稀盐酸调节 Na_2SiO_3 水溶液的 pH 值为 3.5～6.5，调节 pH 值后，熟化，制得聚硅酸溶液。熟化为在 25～45℃下熟化处理 2～6h。

(2) 向步骤 (1) 制得的聚硅酸溶液中加入丙烯酰胺和丙烯酰氧乙基三甲基氯化铵两种单体，配制成单体溶液；在搅拌条件下，通氮气除氧，并使体系温度降低。通氮气除氧的时间为 20～60min，所述体系温度降至 8～12℃。

(3) 向步骤 (2) 所得体系中加入引发剂和络合剂，混合均匀后，置于紫外灯下，进行聚合反应，得到半透明的凝胶状物。所述聚合反应置于紫外灯光下进行，反应时间为 3～6h。

(4) 将步骤 (3) 所得凝胶状物进行造粒，制成颗粒物。

(5) 向步骤 (4) 所述颗粒物中加入改性剂，揉捏使改性剂与颗粒物进行充分接触。

(6) 在揉捏作用下，向步骤 (5) 所得体系中加入 NaOH 溶液，调节碱化度后，静置熟化，得到聚合硅酸铝铁和聚丙烯酰胺复合物。调节所述碱化度至 0.5，所述静置熟化的时间为 4～8h。

(7) 将步骤 (6) 所得聚合硅酸铝铁和聚丙烯酰胺复合物进行烘干，经粉碎、筛分，即得所述絮凝净水剂。所述烘干的温度为 70～80℃，所述絮凝净水剂的粒径为 0.2～0.8mm。

产品应用 本品是一种无机-有机复合高效絮凝净水剂。

产品特性 本品生产过程不需分离纯化，工艺简单，生产成本低，利于工业化。制得的复合型絮凝净水剂产品有机组分为模板法聚合而成的嵌段型阳离子聚丙烯酰胺，具有优异的絮凝性能，无机组分为改性的聚硅酸铝铁，具有高密度阳离子电荷，电荷中和作用强，本品能够充分利用无机组分和有机组分的性能优势，发挥协同增效作用。

配方 259 无机-有机复合絮凝净水剂

原料配比

原料		配比(质量份)					
		1#	2#	3#	4#	5#	6#
丙烯酰胺		160	180	180	180	160	160
无机絮凝体	改性硅藻土	60	80	70	70	60	60
功能单体	2-丙烯酸十二烷基酯	6	—	—	8	6	6
	丙烯酸十四酯	—	8	—	—	—	—
	丙烯酸十六酯	—	—	6	—	—	—
阴离子单体	丙烯酸钠	100	—	—	90	100	100
	烯丙基磺酸钠	—	90	—	—	—	—
	乙烯基磺酸钠	—	—	80	—	—	—
结构调节剂	次磷酸钠	0.004	0.005	0.006	0.005	0.004	0.004
	N-羟甲基丙烯酰胺	0.008	0.011	0.012	0.015	0.004	0.016
表面活性剂	烷基多苷	10	12	15	15	10	10
去离子水		660	630	660	640	660	660
引发剂	偶氮二异丁脒盐酸盐	0.1	—	—	0.12	0.1	0.1
	偶氮二异丁咪唑啉盐酸盐	—	0.08	—	—	—	—
	偶氮二异丁腈	—	—	0.15	—	—	—
	过硫酸钾	0.04	—	—	0.05	0.04	0.04
	过硫酸铵	—	0.05	0.04	—	—	—
	亚硫酸氢钠	0.02	0.025	0.02	0.025	0.02	0.02

制备方法

(1) 将丙烯酰胺、无机絮凝体、功能单体、阴离子单体、结构调节剂、表面活性剂和去离子水充分混合，得到共混物。

(2) 向共混物中加入碱液调节 pH 值至 7.0～8.0，并吹氮气除氧 30min，然后在氮气保护下，于 15～20℃，加入引发剂，反应 3～5h，得到无机-有机聚合物胶体。

(3) 将所述无机-有机聚合物胶体进行造粒，粒径为 0.2～0.5mm 的无机-有机聚合物胶粒经干燥、粉碎、筛分，得到所述无机-有机复合絮凝净水剂。所述干燥为于 70～90℃干燥 60～90min。

原料介绍　所述无机絮凝体为硅藻土经焙烧、硫酸酸化处理得到的改性硅藻土；所述改性硅藻土中二氧化硅的质量分数大于 85%。焙烧的温度为 500℃，时间为 2～3h；硫酸酸化采用质量分数为 90%的硫酸溶液酸化处理 3～4h。

产品应用　本品是一种无机-有机复合絮凝净水剂。

产品特性

(1) 本品可以高效去除絮凝过程中的有机物，特别是多环芳烃及杂环化合物，且用量较少，絮凝沉降时间短，絮凝效率高，操作过程可以实现一次性加药，简化了操作工艺，同时也降低了处理成本。

(2) 本品通过焙烧和硫酸酸化处理对硅藻土进行改性，得到改性硅藻土。首先，通过焙烧将硅藻土中的有机杂质除去，同时保留硅藻土的绝大部分孔隙的完整性和良好的吸附性；然后，通过硫酸酸化除去硅藻土中的金属氧化物，进而提高了改性硅藻土中二氧化硅的质量分数，同时增大了改性硅藻土的比表面积、孔隙率。此外，改性硅藻土具有强吸附性、大比表面积、高孔隙率、耐酸、耐碱等优异性能，对污水具有很好的吸附净化效果。

（3）本品中的改性硅藻土具有较大的体积，这使絮凝净水剂分子具有较大的流体力学体积，进而使接枝在其上的有机共聚物分子链有较大的伸展空间，不易发生有机共聚物分子链内及有机共聚物分子链间链段缠绕，能够包裹更多的悬浮颗粒并发生聚集，进而使得絮凝净水剂分子间通过架桥形成超大网络结构，通过继续包裹和吸附周围游离的小絮团使其自身得以增长，当其增长到一定尺寸时便会发生絮凝沉降。因此，在絮凝过程中，本品因有机共聚物分子链具有足够的伸展空间，明显缩短了絮凝时间，同时分子链缠结的减少和超大网络结构的形成使絮凝净水剂对悬浮物的清除作用增强，表现为用量少、絮凝沉降时间短、絮凝效率高。

（4）本品结构稳定，稳定性好，能有效去除多环芳烃及杂环化合物。本品采用次磷酸钠和*N*-羟甲基丙烯酰胺的混合物作为结构调节剂，其中，*N*-羟甲基丙烯酰胺中的不饱和双键可以和功能单体（疏水性酯类）发生反应，*N*-羟甲基可以和羟基和羧基发生交联，次磷酸钠可以降低有机共聚物分子的聚合度和分子量，在两者共同作用下有利于形成微网状结构，扩大网捕卷扫面积，有效捕捉污水中的细小颗粒，去除污水中的多环芳烃及杂环化合物，增强耐酸碱耐热性。此外，将次磷酸钠和*N*-羟甲基丙烯酰胺的质量比控制在上述范围可以确保制备得到的无机-有机絮凝净水剂具有较好的溶解性。

配方 260　无机-有机强化除磷絮凝净水剂

原料配比

原料	配比(质量份)		
	1#	2#	3#
10%全铁含量的液体聚合硫酸铁	100(体积)	100(体积)	100(体积)
蒸馏水	100(体积)	100(体积)	100(体积)
硅烷偶联剂(乙烯基三甲氧基硅烷)	3	3.1	3.2
硅藻土	2	2	2.5
0.5%聚丙烯酰胺溶液	适量	适量	适量
碳酸氢钠	适量	适量	适量

制备方法　将10%全铁含量的液体聚合硫酸铁与蒸馏水混合，加入硅烷偶联剂（乙烯基三甲氧基硅烷），然后在室温下搅拌反应3h，加入硅藻土，转移至超声清洗仪中，打开超声，调节超声功率至300W，水浴温度升至50℃，进行负载反应0.5h。缓慢滴加配制好的0.5%聚丙烯酰胺溶液，其聚丙烯酰胺与液体聚合硫酸铁中铁元素的质量比为0.3∶100，温度控制在60℃，恒温反应0.5h，用碳酸氢钠调节pH值为2.0，室温放置2h，即得到无机-有机强化除磷絮凝净水剂。

原料介绍

硅烷偶联剂的硅烷氧基对无机物具有反应性，有机官能基对有机物具有反应性或相溶性，因此，当硅烷偶联剂介于无机和有机界面之间，可形成有机基体-硅烷偶联剂-无机基体的结合层。

硅藻土本身具有吸附团聚作用，并且硅藻土中的多种金属物质可以和聚合硫酸铁相互作用形成具有多种价键结构的三维网状大分子聚合体，有利于复合絮凝净水剂发挥吸附架桥和卷扫功能，从而使负载硅藻土后的改性聚合硫酸铁的黏附架桥能力提高。

产品应用　本品是一种无机-有机强化除磷絮凝净水剂。

产品特性

（1）所合成的无机-有机强化除磷絮凝净水剂不仅兼具无机絮凝净水剂所带高密度正电荷和

有机絮凝净水剂高分子量的特征，并且通过负载硅藻土增强了整体的吸附架桥和卷扫功能，适用的pH值范围为4～11。

(2) 本品选用碳酸氢钠调节pH值至1.5～4.2，可控制目标产物的盐基度为6%～8%，废水中的磷酸根易与游离铁离子反应生成磷酸铁沉淀，盐基度过高则铁离子结合了更多氢氧根离子形成氢氧化铁，导致游离的铁离子较少，除磷效果不好。

(3) 本品所合成的无机-有机强化除磷絮凝净水剂对城市污水、工业污水和生活污水中的悬浮物和磷元素去除率分别高达95.96%和98.82%。

配方 261　新型聚硅酸铁镁絮凝净水剂

原料配比

原料	配比(质量份)			
	1#	2#	3#	4#
去离子水①	66(体积)	66(体积)	66(体积)	66(体积)
工业水玻璃	5(体积)	2.5(体积)	2.5(体积)	2.5(体积)
20%硫酸	16(体积)	16(体积)	16(体积)	16(体积)
七水合硫酸亚铁	8.43	4.22	12.66	4.22
七水合硫酸镁	7.46	3.73	11.10	3.73
去离子水②	20(体积)	20(体积)	20(体积)	20(体积)
氯酸钠	0.55	0.55	0.9	0.55
0.5mol/L碳酸氢钠溶液	18.2(体积)	9.1(体积)	27.3(体积)	15.2(体积)

制备方法

(1) 将工业水玻璃用去离子水①稀释，在搅拌的条件下加入稀硫酸中，用恒温水浴锅控制温度为25℃，再用电动搅拌机快速搅拌一定时间制备聚硅酸。所述的制得的聚硅酸pH值为1.0～2.0。

(2) 将亚铁盐、镁盐溶于去离子水②中，加入少许浓硫酸得到亚铁、镁盐酸化溶液，再将其缓慢加入步骤(1)制得的溶液中，混合均匀后加入氧化剂，使二价亚铁离子被完全氧化为三价铁离子。加入浓硫酸酸化后溶液的pH值为1.0～2.0，与聚硅酸pH值保持一致。所述的铁镁盐溶液通过蠕动泵加入聚硅酸中，投加速率为1.5mL/min。

(3) 将碳酸氢钠溶液缓慢加入步骤(2)制得的溶液中，用电动搅拌机快速搅拌一定时间，使三价铁离子和镁离子水解后与聚硅酸进行聚合，然后在室温下静置熟化一定时间即制备得到黏稠的液态聚硅酸铁镁絮凝净水剂。所述的碳酸氢钠溶液浓度为0.5mol/L，通过蠕动泵加入步骤(2)制得的溶液中，投加速率为0.5mL/min，混合搅拌后得到的聚硅酸铁镁絮凝净水剂的碱化度为0.2～0.5。所述的熟化时间为48～120h。

原料介绍

所述的亚铁盐为七水合硫酸亚铁，所述的镁盐为七水合硫酸镁。

所述的氧化剂为氯酸钠或次氯酸钠。

产品应用　本品是一种新型聚硅酸铁镁絮凝净水剂。

产品特性

(1) 本方法操作简单，成本低廉，对印染废水脱色效果好，可以在显著提升混凝性能的情况下保证出水水质安全。

(2) 本品通过共聚方法制得的聚硅酸铁镁絮凝净水剂较常规的无机(高分子)絮凝净水剂在具备电性中和能力的同时，其吸附架桥及网补卷扫能力大大提升，形成絮体速率更快，且絮体更大更密实，沉降速率更快，浊度及有机物去除率高。

（3）本品制备过程操作简单，所需的原料种类较少且价格低廉。混凝过程中不需添加助凝剂，经处理后的水中无单体的铁、镁离子残留，可以在保证出水水质安全、无二次污染的基础上降低制备成本。

配方 262 絮凝净水剂（1）

原料配比

原料	配比（质量份）			
	1#	2#	3#	4#
3.0%～5.0%羧甲基纤维素钠	100	100	100	100
浓度为0.4mol/L的 $NaIO_4$ 水溶液	12（体积）	14（体积）	16（体积）	18（体积）
乙二醇	3（体积）	3（体积）	3（体积）	3（体积）
去离子水	120（体积）	120（体积）	120（体积）	120（体积）
5.0%牛磺酸水溶液	20（体积）	25（体积）	30（体积）	40（体积）
硼氢化钠粉末	0.72	0.78	0.83	0.88
无水乙醇	250（体积）	250（体积）	250（体积）	250（体积）

制备方法

（1）在避光条件下，向羧甲基纤维素钠水溶液中加入 $NaIO_4$ 水溶液，搅拌均匀，得到混合液，然后将所述混合液在室温条件下避光反应5～8h，反应终止，得到反应液；再将所述反应液沉淀、过滤、洗涤，得到氧化羧甲基纤维素。所述反应终止为滴加乙二醇终止反应；所述反应液沉淀是将反应液滴入极性有机溶剂中沉淀产物；用盐酸溶液调节所述混合液pH值至4～5；所述盐酸溶液的浓度为1.0mol/L。

（2）将步骤（1）得到的氧化羧甲基纤维素溶于去离子水，得到氧化羧甲基纤维素水溶液；然后将牛磺酸水溶液缓慢加入所述氧化羧甲基纤维素水溶液中，水浴加热反应，得到中间产物混合液。所述水浴加热反应温度为45～55℃，反应时间为10～12h。

（3）将步骤（2）中得到的中间产物混合液冷却至室温，在搅拌状态下分批加入还原剂，进行还原反应，反应结束后冷却至室温，得到反应产物；将所述反应产物经无水乙醇沉淀，得到沉淀物，再将所述沉淀物经过滤、洗涤、冷冻干燥，即得所述絮凝净水剂。所述还原反应的时间为10～12h。

原料介绍

所述极性有机溶剂为甲醇、无水乙醇、正丙醇或异丙醇中的任意一种或多种。

所述还原剂为硼氢化钠粉末或氰基硼氢化钠粉末。

产品应用　本品是一种絮凝净水剂，用于去除污水中的重金属离子和有机污染物。所述重金属离子为汞（Hg^{2+}）、镉（Cd^{2+}）中的一种或两种；所述有机污染物为苯酚。

产品特性

（1）本品的制备方法是，通过在羧甲基纤维素中引入强电离基团，使其在对有机污染物保持较好的吸附性能的同时，增强对重金属离子的吸附性能。为了达到这一目的，首先将羧甲基纤维素氧化，然后再与牛磺酸进行反应，在分子中引入强电离基团——磺酸基，合成了一种天然高分子有机絮凝净水剂，在将其应用于污水处理时，不仅能够有效去除污水中的有机污染物，而且还能提高对重金属离子的去除率。

（2）本品所用原料源于天然高分子材料纤维素的改性，纤维素来源丰富、价格低廉，所制备的絮凝净水剂易降解、环境友好、后续操作简单，是一种无毒无害的绿色环保型污水处理剂。

（3）本品制备方法简单，对污染水中的重金属离子汞（Hg^{2+}）、镉（Cd^{2+}）和有机化合物苯酚去除率较高，重金属离子 Hg^{2+} 的去除率高达99.5%，Cd^{2+} 的去除率高达96.8%，苯酚的去除率高达98.5%，具有较好的应用前景。

配方 263 絮凝净水剂（2）

原料配比

原料	配比(质量份)				
	1#	2#	3#	4#	5#
氧化铝	25	30	45	50	40
碳酸钙	30	40	50	55	48
桃壳炭化粉	5	8	12	15	10～15
壳聚糖	0.5	1	3	5	12

制备方法

(1) 将所需量的氧化铝和碳酸钙混匀，得到混合物一。

(2) 将混合物一经过煅烧后，得到混合物二。煅烧时间为120～180min，煅烧温度为800～1200℃。

(3) 向混合物二中加入所需量的桃壳炭化粉与壳聚糖进行研磨，得到絮凝净水剂。

原料介绍

所述的原料氧化铝、碳酸钙和桃壳炭化粉使用前，分别利用研磨机研磨至粉末状。

本品中，氧化铝是一种高硬度化合物，具有较强的吸附能力，碳酸钙与氧化铝混合煅烧后形成具有层状晶体结构的钙铝石，能吸附废水中的离子，尤其对废水中的磷酸根离子及酚、氨氮等有机物质具有较强的吸附作用，还能去除水中的悬浮物。

桃壳炭化粉由于本身的硬度，理想的密度、多孔和多面性，具有较强的除油性能和除固体微粒性能，因此，桃壳炭化粉在油田含油废水处理、工业废水处理和生活废水处理中得到了广泛的应用。

壳聚糖具有优良的混凝吸附能力，对废水的脱色和去除废水中的COD具有良好的效果。

产品应用 本品是一种絮凝净水剂，用于水处理药剂技术领域。

产品特性

(1) 本品具有较强的破乳能力，不仅能将废水中的乳化油和胶体絮凝分离沉淀，还能吸附去除废水中的悬浮物，降低废水中的COD、总磷和氨氮，同时，还能对废水起到脱色作用。

(2) 本品主要适用于含油废水，其不仅具有较强的破乳能力，絮凝沉降速度快，而且使用过程中对环境无污染，安全可靠。

配方 264 絮凝净水剂组合物

原料配比

原料			配比(质量份)		
			1#	2#	3#
改性聚硅硫酸铁	聚合硫酸铁	12%～24%硫酸亚铁水溶液	20	12	24
		88%～95%硫酸	92	88	95
		22%～30%双氧水	适量	适量	适量
	聚合硫酸铁		22	10	12
	聚硅酸		11	5	6
1.5%羧甲基纤维素钠水溶液			7	—	
1%羧甲基纤维素钠水溶液			—	2	5
10%～14%柠檬酸水溶液			适量	适量	适量
氢氧化钠			适量	适量	适量

续表

原料		配比(质量份)		
		1#	2#	3#
絮凝净水剂组合物	改性聚硅硫酸铁	65	62	66
	季铵型阳离子淀粉	14	13	16
	聚二甲基二烯丙基氯化铵	8	6	9
	乙二胺四乙酸二钠	0.9	0.8	1
	粒径 600 目的蒙脱土	4	3	5
	硅藻土	2.3	1	3
	去离子水	5.8	14.2	—

制备方法

(1) 改性聚硅硫酸铁的制备

① 聚合硫酸铁合成：将 12%～24%硫酸亚铁水溶液加入 88%～95%的硫酸中，使溶液中硫酸根与二价铁离子的摩尔比达到（1.3～1.6）∶1，加热至 85～98℃，温度恒定后，500～850r/min 搅拌下滴加 22%～30%双氧水，双氧水加入量为硫酸亚铁摩尔量的 2.5～4 倍，滴加速率为 0.06～0.12mL/s，滴加完毕后，持续搅拌，恒温反应 3～6h 得到红棕色聚合硫酸铁。

② 改性聚硅硫酸铁合成：将聚合硫酸铁、聚硅酸与 1%～2%的羧甲基纤维素钠水溶液混合，1000～1500r/min 搅拌下加热至 60～80℃，以 0.1～0.18mL/s 速率滴加 10%～14%柠檬酸水溶液，滴加完毕后持续搅拌，恒温反应 3～5h，加入氢氧化钠调节 pH＝6～7，得到改性聚硅硫酸铁。所述柠檬酸水溶液加入量为聚合硫酸铁质量的 50%～65%。

(2) 絮凝净水剂组合物混配

按上述配方，在混合釜里加入去离子水、改性聚硅硫酸铁、乙二胺四乙酸二钠，在搅拌速率为 2000～3500r/min 下依次加入季铵型阳离子淀粉、聚二甲基二烯丙基氯化铵、蒙脱土和硅藻土，搅拌 2.5～4h 后出料得到絮凝净水剂组合物。

产品应用 本品主要用于造纸污水、印染污水和制革污水处理。

产品特性 本品 pH 值适用范围为 2～11.5，对造纸污水 COD_{Cr} 去除率为 80.1%～83.7%、色度去除率为 93.6%～96.2%，对印染污水 COD_{Cr} 去除率为 73.7%～79.4%、色度去除率为 93.9%～95.2%，对制革污水 COD_{Cr} 去除率为 69.9%～74.1%、色度去除率为 90.9%～93.4%。

配方 265 阳离子型淀粉基絮凝净水剂

原料配比

原料		配比(质量份)			
		1#	2#	3#	4#
淀粉	马铃薯淀粉	35	—	—	—
	普通玉米淀粉	—	40	—	—
	高直链玉米淀粉	—	—	33	—
	瓜尔胶	—	—	—	35
短链醇	无水异丙醇①	80(体积)	100(体积)	80(体积)	80(体积)
10mol/L 的氢氧化钠溶液①		20(体积)	—	16(体积)	20(体积)
15mol/L 的氢氧化钠溶液①		—	20(体积)	—	—
环氧丙烷		30(体积)	35(体积)	28(体积)	30(体积)
无水异丙醇②		48(体积)	60(体积)	48(体积)	48(体积)
10mol/L 的氢氧化钠溶液②		20(体积)	—	16(体积)	20(体积)
15mol/L 的氢氧化钠溶液②		—	20(体积)	—	—

续表

原料	配比(质量份)			
	1#	2#	3#	4#
65%3-氯-2-羟丙基三甲基氯化铵溶液	58	60	50	557.8
95%异丙醇溶液	50(体积)	65(体积)	50(体积)	50(体积)
乙酸	2(体积)	2(体积)	2(体积)	2(体积)

制备方法

(1) 先将淀粉、短链醇①、氢氧化钠溶液①混合均匀，后向体系中加入环氧丙烷，搅拌使体系充分溶胀。搅拌温度为38～50℃，搅拌时间1～3h。

(2) 向步骤 (1) 的体系中加入3-氯-2-羟丙基三甲基氯化铵溶液，补加短链醇②和氢氧化钠溶液②，加热搅拌反应，反应结束后，经过95%异丙醇溶液、乙酸洗涤、中和、干燥得到产品，获得阳离子絮凝净水剂。反应温度为45～70℃，反应时间为2～3h。

原料介绍

所述淀粉为普通玉米淀粉、马铃薯淀粉、高直链玉米淀粉、木薯淀粉中的一种。

所述短链醇为乙醇、异丙醇、丁醇中的一种。

所述淀粉可用瓜尔胶、原纤维、田菁胶替代。

产品应用　本品是一种阳离子型淀粉基絮凝净水剂，用于污泥脱水领域。

所述阳离子型淀粉基絮凝净水剂的应用，所述絮凝净水剂与聚丙烯酰胺按照质量比 (0.1～5)：1共混，得到的复合絮凝净水剂用于污泥脱水。

产品特性

(1) 本品在反应体系中加入了环氧丙烷，提高了淀粉分子的水溶性并降低了空间位阻，从而使制得的絮凝净水剂的絮凝效果好。

(2) 本品工艺简单，操作简便，生产过程环保，反应时间短，原料成本低且易获取，符合绿色生产要求。所得阳离子型淀粉基絮凝净水剂无毒，易生物降解，具有安全高效、对环境友好等优点。

配方 266　阳离子絮凝净水剂

原料配比

原料		配比(质量份)		
		1#	2#	3#
反应产物	纳米 Fe_3O_4	10	10	10
	聚丙烯酰胺	5	10	20
	过硫酸铵	2.5	2.5	2.5
	亚硫酸氢钠	2.5	2.5	2.5
反应产物		50	50	50
助磨剂		1	3	5
去离子水		加至100	加至100	加至100
中间体1	邻硝基氯苯	25	25	25
	乙二醇	5.5	5.5	5.5
	苄基三乙基氯化铵	2	2.2	2.5
	质量分数为40%的液碱	40	—	—
	质量分数为41%的液碱	—	45	—
	质量分数为42%的液碱	—	—	50

续表

原料		配比(质量份)		
		1#	2#	3#
中间体2	中间体1	10	10	10
	无水乙醇	90	95	100
	5%钯碳	0.75	0.85	1
	质量分数为80%的水合肼溶液	10	12	15
中间体3	中间体2	0.1	0.1	0.1
	无水甲醇	50(体积)	55(体积)	60(体积)
	丙烯酸甲酯	0.11	0.12	0.13
中间体4	中间体3	0.1	0.1	0.1
	体积分数为50%的乙醇溶液	50(体积)	—	—
	体积分数为55%的乙醇溶液	—	55(体积)	—
	体积分数为60%的乙醇溶液	—	—	60(体积)
	质量分数为30%的液碱	20(体积)	—	—
	质量分数为31%的液碱	—	25(体积)	—
	质量分数为32%的液碱	—	—	30(体积)
中间体5	中间体4	0.1	0.1	0.1
	三氯甲烷	40(体积)	45(体积)	50(体积)
	二氯亚砜	12(体积)	15(体积)	18(体积)
助磨剂	中间体5	0.1	0.1	0.1
	碳酸钾	0.15	0.18	0.2
	三羟甲基氨基甲烷	0.42	0.43	0.45
	无水乙醇	80(体积)	90(体积)	100(体积)

制备方法

(1) 将纳米 Fe_3O_4 加入去离子水中，用超声波分散15～30min，分散均匀形成质量分数为1%的混合液。

(2) 向混合液中依次加入阳离子聚丙烯酰胺、过硫酸铵和亚硫酸氢钠，在温度为20～30℃、搅拌速率为150～300r/min的条件下搅拌60～90min，得到反应液。

(3) 利用永磁铁将反应液中的反应产物分离出来，利用去离子水洗涤3～5次，之后将反应产物、助磨剂以及去离子水加入球磨罐中，在球磨速率为400～600r/min的条件下球磨10～15h形成浆料，之后将浆料喷雾干燥形成粉末，得到阳离子絮凝净水剂。

原料介绍

所述助磨剂由以下步骤制备得到：

(1) 将邻硝基氯苯、乙二醇以及苄基三乙基氯化铵加入安装有搅拌器、温度计、导气管以及恒压滴液漏斗的三口烧瓶中，在温度为85～90℃、搅拌速率为250～350r/min的条件下边搅拌边逐滴加入液碱，控制滴加速率为1～2滴/s，滴加完毕后继续搅拌反应15～20h，反应结束后将反应产物趁热真空抽滤，将滤饼用乙醇溶液洗涤2～3次，之后放置于真空干燥箱中，在温度为90～95℃的条件下干燥6～8h，得到中间体1。

(2) 将中间体1、无水乙醇以及5%钯碳加入安装有搅拌器、温度计、回流冷凝管以及恒压滴液漏斗的四口烧瓶中，在搅拌速率为250～350r/min的条件下边搅拌边升温至回流，控制升温速率为2～3℃/min，之后边搅拌边逐滴加入水合肼溶液，控制滴加速率为1～2滴/s，滴加完毕后继续搅拌反应6～8h，反应结束后将反应产物趁热真空抽滤，将滤液降温至0～5℃，析出沉淀，之后真空抽滤，将滤饼放置于真空干燥箱中，在温度为70～75℃的条件下干燥8～10h，得到中间体2。

(3) 将中间体2、无水甲醇加入安装有搅拌器、温度计、导气管以及恒压滴液漏斗的三口烧瓶中，通入氮气保护，在温度为−5～0℃、搅拌速率为250～350r/min的条件下边搅拌边逐滴加入丙烯酸甲酯，控制滴加速率为1～2滴/s，滴加完毕后继续搅拌反应30～50min，之后升温至20～25℃继续搅拌反应10～15h，反应结束后将反应产物旋转蒸发去除溶剂和未反应的丙烯酸甲酯，之后放置于真空干燥箱中，在温度为50～55℃的条件下干燥15～20h，得到中间体3。

(4) 将中间体3、乙醇溶液加入安装有搅拌器、温度计、导气管、回流冷凝管以及恒压滴液漏斗的四口烧瓶中，通入氮气保护，在温度为20～25℃、搅拌速率为250～350r/min的条件下搅拌反应30～50min，之后边搅拌边逐滴加入液碱，控制滴加速率为1～2滴/s，滴加完毕后升温至45～50℃继续搅拌反应4～6h，反应结束后将反应产物冷却至室温，用硫酸溶液调节pH值为1～2，之后静置析出沉淀，真空抽滤，将滤饼放置于真空干燥箱中，在温度为70～80℃的条件下干燥15～20h，得到中间体4。

(5) 将中间体4、三氯甲烷加入安装有搅拌器、温度计以及恒压滴液漏斗的三口烧瓶中，在温度为45～50℃、搅拌速率为250～350r/min的条件下边搅拌边逐滴加入二氯亚砜，控制滴加速率为1～2滴/s，滴加完毕后继续搅拌反应8～10h，反应结束后将反应产物冷却至室温，之后旋转蒸发去除溶剂和未反应的二氯亚砜，得到中间体5。

(6) 将中间体5、碳酸钾、三羟甲基氨基甲烷以及无水乙醇加入安装有搅拌器、温度计以及回流冷凝管的三口烧瓶中，在搅拌速率为250～350r/min的条件下搅拌20～30min，之后边搅拌边升温至回流，控制升温速率为2～3℃/min，之后继续搅拌反应10～15h，反应结束后将反应产物真空抽滤，将滤饼用蒸馏水洗涤2～3次，之后放置于真空干燥箱中，在温度为50～55℃的条件下干燥6～8h，得到助磨剂。

产品应用　本品是一种阳离子絮凝净水剂。

产品特性

(1) 本品制备方法中通过采用阳离子聚丙烯酰胺能够在纳米Fe_3O_4颗粒表面包裹形成一层有机功能膜，能够分散纳米Fe_3O_4颗粒，避免纳米Fe_3O_4颗粒被氧化为α-Fe_2O_3。该阳离子絮凝净水剂具有超顺磁性，可以在外加磁场和絮体自身重力作用下加快固液分离，缩短絮体沉降时间，提高絮凝效率。该阳离子絮凝净水剂的制备工艺简单、成本低、易于放大、无二次污染等优点便于实现高效经济的絮凝操作。

(2) 本品助磨剂的分子链上含有大量的羟基，能够在阳离子絮凝净水剂球磨过程中吸附在阳离子絮凝净水剂的表面，提高阳离子絮凝净水剂的分散性，而且助磨剂能够将阳离子絮凝净水剂表面润湿，降低阳离子絮凝净水剂表面能，促进微细裂纹产生并延伸，阻止新裂纹的愈合，阻止阳离子絮凝净水剂细颗粒的吸附聚集，从而促进阳离子絮凝净水剂细化，使其更易分散于水体中，提高阳离子絮凝净水剂在水体中与颗粒物的接触面积与接触概率，进而提高其絮凝效果。

配方267　异辛酸铝复配絮凝净水剂

原料配比

原料	配比(质量份)			
	1#	2#	3#	4#
异辛酸铝	80	76	74	72
十二烷基二甲基苄基氯化铵	15	17	18	19
十二烷基二甲基甜菜碱	5	7	9	10

制备方法　将各组分原料混合均匀即可。

原料介绍

本品以异辛酸铝作为主要成分，复配十二烷基二甲基苄基氯化铵和十二烷基二甲基甜菜碱。异辛酸铝由于铝-氧配位键的存在，容易形成网状交联结构，与汽油、苯等具有十分出色的亲和性，能够有效结合含油污水中的油滴；十二烷基二甲基苄基氯化铵为一种阳离子表面活性剂，能够有效中和含油污水胶粒电性，起到良好的破乳作用；十二烷基二甲基甜菜碱与十二烷基二甲基苄基氯化铵可以共同作用于油水界面，有效降低油水界面张力。以上三种成分复合使用，能够有效提升含油污水处理效果。

异辛酸铝为白色粉末，无臭，无毒，不溶于水，使用过后，可通过简单的过滤处理进行分离。

十二烷基二甲基苄基氯化铵属于非氧化性杀菌剂，具有广谱、高效的杀菌灭藻能力，能有效地控制水中菌藻繁殖和黏泥生长，同时具有一定的去油、除臭能力和缓蚀作用。

十二烷基二甲基甜菜碱具有优良的稳定性，生物降解性好，能够去污杀菌。

产品应用　本品是一种异辛酸铝复配絮凝净水剂。

所述的异辛酸铝复配絮凝净水剂的使用方法，包括以下步骤：

(1) 向含油污水中加入十二烷基二甲基苄基氯化铵，浓度为37.5～50mg/L，匀速搅拌10min；搅拌过程均采用搅拌机，搅拌机均以500～1000r/min的速度进行搅拌。含油污水进行过滤，采用过滤设备进行过滤。

(2) 向步骤(1)含油污水中加入十二烷基二甲基甜菜碱，浓度为12.5～25mg/L，匀速搅拌10min；搅拌过程均采用搅拌机，搅拌机均以500～1000r/min的速度进行搅拌。

(3) 向步骤(2)含油污水中加入异辛酸铝，浓度为175～200mg/L，匀速搅拌20min；搅拌过程均采用搅拌机，搅拌机均以500～1000r/min的速度进行搅拌。

(4) 将上述含油污水静置1～1.5h，然后过滤除去滤渣。

产品特性

(1) 该复合絮凝净水剂毒性低，能够消毒杀菌，具有高效、环保的优点。

(2) 本品具有较好的油污去除效果。

配方 268　用于废水处理的絮凝净水剂

原料配比

原料	配比(质量份)						
	1#	2#	3#	4#	5#	6#	7#
壳聚糖季铵盐	20	40	25	35	28	32	30
季铵盐絮凝粉末	80	30	60	40	55	55	50
丙烯酸二甲氨基乙酯季铵盐	50	150	70	120	80	80	90
十二水合硫酸铝钾	60	30	50	40	50	40	45
聚合硫酸铝	25	50	25	40	25	25	30

制备方法

(1) 准备壳聚糖季铵盐、季铵盐絮凝粉末、丙烯酸二甲氨基乙酯季铵盐、十二水合硫酸铝钾、聚合硫酸铝，分别研磨成超细粉末。

(2) 将上述超细粉末进行混合，并真空干燥，即可。

原料介绍

所述的壳聚糖季铵盐为市售商品，其牌号为000220。

所述的季铵盐絮凝粉末为市售商品，其牌号为BWD-01。

产品应用　本品是一种用于废水处理的絮凝净水剂。

产品特性　本品对于机加工清洗废水中的COD、BOD、SS及浊度有着较好的处理效果，同时，巧妙地将壳聚糖季铵盐、季铵盐絮凝粉末、丙烯酸二甲氨基乙酯季铵盐、十二水合硫酸铝钾、聚合硫酸铝进行组合使用，去除其中任何一种成分都会带来效果上的明显降低，上述物质除去污水中易于影响絮凝效果的钙、镁等重碳酸盐，使之形成胶体颗粒，降低污水中的碱度和硬度，然后经絮凝原料协效产生絮凝作用，去除污水中的杂质，达到除浊、净水的目的。

配方 269　用于去除废水中有机污染物的改性絮凝净水剂

原料配比

原料	配比(质量份)	原料	配比(质量份)
聚合氯化铝	10	氢氧化钠颗粒	1.5
聚丙烯酰胺	1	聚合硫酸铝	5

制备方法

(1) 取聚合氯化铝和聚丙烯酰胺放入研钵中，进行充分混合，对混合后的材料进行研磨，得到粉末A。

(2) 将粉末A过100目筛，获得粉末B。

(3) 向粉末B中加入氢氧化钠颗粒，获得粉末C。

(4) 向粉末C中加入聚合硫酸铝，对混合后的材料进行研磨，得到的物质即为用于去除废水中有机污染物的改性絮凝净水剂。

产品应用　本品是一种用于去除废水中有机污染物的改性絮凝净水剂。

产品特性　本品对废水中的不溶性悬浮污染物去除效果明显。对初始COD为11600mg/L的废水进行处理，向200mL废水中投加0.22g改性絮凝净水剂，在25℃条件下，反应30min后，COD去除率为93.97%。

配方 270　用于处理染料废水的聚硅酸铝镁复合絮凝净水剂

原料配比

原料		配比(质量份)		
		1#	2#	3#
磁粉	0.285mol/L的 $FeCl_3 \cdot 6H_2O$	100	—	—
	0.25mol/L的 $FeCl_3 \cdot 6H_2O$	—	100	—
	0.32mol/L的 $FeCl_3 \cdot 6H_2O$	—	—	100
	0.15mol/L的 $FeCl_2 \cdot 4H_2O$	100	—	—
	0.08mol/L的 $FeCl_2 \cdot 4H_2O$	—	100	—
	0.16mol/L的 $FeCl_2 \cdot 4H_2O$	—	—	100
	25%氨水	30(体积)	30(体积)	30(体积)
磁性聚硅酸溶液	磁粉	0.072465	0.07	0.08
	H_2O	50(体积)	50(体积)	50(体积)
	硅酸钠粉末	2.0035	1.7248	2.1360
	20%硫酸	适量	适量	适量
磁性聚硅酸铝镁溶液	0.4mol/L的硫酸铝溶液	—	19.82(体积)	—
	0.427mol/L的硫酸铝溶液	—	—	5.8(体积)
	0.5mol/L的硫酸镁溶液	—	2.56(体积)	—
	0.854mol/L的硫酸镁溶液	—	—	2.4(体积)

续表

原料		配比(质量份)		
		1#	2#	3#
淀粉溶液	淀粉	0.5	0.5	0.5
	1%的冰醋酸	100(体积)	—	—
	0.5%冰醋酸	—	100(体积)	—
	1.5%冰醋酸	—	—	100(体积)
淀粉溶液		1.5(体积)	1.32(体积)	1.7(体积)

制备方法

1#配方制法

(1) 在浓盐酸氛围下，配制0.285mol/L的$FeCl_3 \cdot 6H_2O$溶液，在浓盐酸和铁粉氛围下配制0.15mol/L的$FeCl_2 \cdot 4H_2O$溶液，将两溶液1∶1混合并迅速加入30mL 25%氨水，搅拌2h，用无水乙醇洗涤三遍，烘干溶液，碾磨成粉，制得磁粉。

(2) 取72.465mg磁粉溶于50mL H_2O，60℃水浴搅拌2h，转速为700r/min，将磁粉溶解；加入2.0035g硅酸钠粉末搅拌溶解，并缓慢滴加20%硫酸调节溶液pH值为3.0，40℃水浴搅拌2h，静置熟化4h，得到磁性聚硅酸溶液。

(3) 称取0.5g淀粉溶于100mL 1%的冰醋酸中，40℃下搅拌2h，获得淀粉溶液。

(4) 取1.5mL经1%冰醋酸处理的淀粉溶液，加入磁性聚硅酸铝镁溶液，40℃水浴搅拌2h，静置熟化24h，制备得到磁性聚硅酸铝镁-淀粉复合絮凝剂。

2#配方制法

(1) 在浓盐酸氛围下，配制0.25mol/L的$FeCl_3 \cdot 6H_2O$溶液，在浓盐酸和铁粉氛围下配制0.08mol/L的$FeCl_2 \cdot 4H_2O$溶液，将两溶液1∶1混合并迅速加入30mL 25%氨水，搅拌1.5h，用无水乙醇洗涤三遍，烘干溶液，碾磨成粉，制得磁粉。

(2) 取70mg磁粉溶于50mL H_2O，50℃水浴搅拌1h，转速为500r/min，将磁粉溶解；加入1.7248g硅酸钠粉末搅拌溶解，并缓慢滴加20%硫酸调节溶液pH值为2，35℃水浴搅拌2.5h，静置熟化6h，得到磁性聚硅酸溶液。

(3) 加入0.4mol/L的硫酸铝溶液19.82mL，和0.5mol/L的硫酸镁溶液2.56mL，30℃水浴搅拌2.5h，静置熟化8h，得到磁性聚硅酸铝镁溶液。

(4) 称取0.5g淀粉溶于100mL 0.5%冰醋酸中，45℃下搅拌2h，获得淀粉溶液；取1.32mL经0.5%冰醋酸处理的淀粉溶液，加入磁性聚硅酸铝镁溶液，30℃水浴搅拌3h，静置熟化22h，制得磁性聚硅酸铝镁-淀粉复合絮凝剂。

3#配方制法

(1) 在浓盐酸氛围下，配制0.32mol/L的$FeCl_3 \cdot 6H_2O$溶液，在浓盐酸和铁粉氛围下配制0.16mol/L的$FeCl_2 \cdot 4H_2O$溶液，将两溶液1∶1混合并迅速加入30mL 25%氨水，搅拌2.5h，用无水乙醇洗涤三遍，烘干溶液，碾磨成粉，制得磁粉。

(2) 取80mg磁粉溶于50mL H_2O，60℃水浴搅拌3h，转速为1100r/min，将磁粉溶解；加入2.1360g硅酸钠粉末搅拌溶解，并缓慢滴加20%硫酸调节溶液pH值为4.0，45℃水浴搅拌1.5h，静置熟化8h，得到磁性聚硅酸溶液。

(3) 加入0.427mol/L的硫酸铝溶液5.8mL和0.854mol/L的硫酸镁溶液2.4mL，50℃水浴搅拌1.5h，静置熟化3h，得到磁性聚硅酸铝镁溶液。

(4) 称取0.5g淀粉溶于100mL 1.5%冰醋酸中，60℃下搅拌1h，获得淀粉溶液；取1.7mL经1.5%冰醋酸处理的淀粉溶液，加入磁性聚硅酸铝镁溶液，50℃水浴搅拌1h，静置熟化26h，制得磁性聚硅酸铝镁-淀粉复合絮凝剂。

产品应用　本品是一种磁性聚硅酸铝镁-淀粉复合絮凝净水剂，用于污水处理，如工厂废水、制药废水等化工废水的深度处理。

产品特性　本品成本低廉，操作简单，絮凝性能优质，还兼具铁磁性纳米粒子诸多优点，絮凝效果显著，所制备的絮凝净水剂不仅无毒无害，还可以回收再利用。

配方 271　油田含油污水杀菌除油絮凝净水剂

原料配比

原料		配比(质量份)					
		1#	2#	3#	4#	5#	6#
三丁基烯丙基氯化膦	三丁基膦	2	2	2	2	2	2
	烯丙基氯	2	2.6	2.2	2.4	2.4	2.3
	甲醇	4040	—	—	7240	6640	—
	乙醇	—	8080	—	—	—	6400
	丙醇	—	—	5470	—	—	—
	氯化铜	20.2	40.4	25.5	36.4	36.4	32.2
	乙酸乙酯	1212	2020	1465	1818	1547	1600
3-[(3-丙烯酰氨基丙基)二甲基铵]丙酸盐		0.2	1	1.6	0.8	0.6	0.7
丙烯酰胺		1	4	1.5	2.8	1.8	2.2
4-乙烯基吡啶		2	0.2	1.6	0.5	1.2	0.8
OP-10		122	202	148	188	158	172
十二烷基硫酸钠		81	122	92	114	98	105
水		4450	6060	4800	5300	5000	5100
20%的氨水		适量	适量	适量	适量	适量	适量
引发剂	20%的过硫酸钠溶液	202	404	—	—	—	—
	18%的过硫酸钾溶液	—	—	241	—	—	—
	16%的过硫酸钾溶液	—	—	—	356	—	—
	17 %的过硫酸铵溶液	—	—	—	—	270	—
	16 %的过硫酸铵溶液	—	—	—	—	—	300
还原剂	10%的亚硫酸钠溶液	202	404	—	—	—	—
	8%的亚硫酸钠溶液	—	—	314	—	—	—
	9%的硫代硫酸钠溶液	—	—	—	244	—	—
	6%的硫代硫酸钠溶液	—	—	—	—	370	—
	7%的硫代硫酸钠溶液	—	—	—	—	—	331

制备方法

(1) 在第1反应器中加入三丁基膦、烯丙基氯、溶剂、氯化铜，通入氮气，置换掉反应器中的空气，搅拌溶解，升温，回流保温，得到三丁基烯丙基氯化膦溶液。回流保温时间为24～48h。

(2) 将上述溶液减压蒸馏至干，得到黏稠状褐色固体，用乙酸乙酯升温溶解、过滤，降温至10℃以下，重结晶得到固体，90～100℃烘干，得到三丁基烯丙基氯化膦固体。

(3) 在第2反应器中加入上述三丁基烯丙基氯化膦、3-[(3-丙烯酰氨基丙基）二甲基铵] 丙酸盐、丙烯酰胺、4-乙烯基吡啶、OP-10、十二烷基硫酸钠和水，常温敞口搅拌，得到混合物溶液，用20%的氨水调节 pH 7～8。

(4) 在第一高位槽中加入引发剂溶液，在第二高位槽中加入还原剂溶液。

(5) 在第2反应器中滴加引发剂溶液和还原剂溶液，同时开启搅拌，20～30min 滴加完毕引发剂溶液，还原剂溶液滞后5min 滴加完毕，继续搅拌，同时升温到70～80℃，30～60min 后，溶液略显青色，停止搅拌，得到黏稠状产品。

（6）用造粒机将上述黏稠状产品进行造粒，粒径为1～4mm，得到最终产品杀菌除油絮凝净水剂。

原料介绍

所述的杀菌除油絮凝净水剂的分子量为40000～100000。

所述溶剂为甲醇、乙醇、丙醇、丁醇、异丁醇中的一种。

产品应用　本品是一种油田含油污水杀菌除油絮凝净水剂，用于油田污水的杀菌、絮凝和除油。

产品特性

（1）本品原料来源广泛，合成工艺简单，适应性强，用量少，同时不含无机絮凝成分，具有杀菌、除油和絮凝三效合一的作用。

（2）本品分子中含有季铵、酰胺、羧基等极性基团，含有烷基和嵌段长链烷基等非极性基团，这些非极性基团具有亲油性，可以吸附污水中的油，深入到油污中，可与原油发生相似相溶作用，通过渗透、乳化、剥离作用将污水中的乳化油、溶解油提取出来，形成较为稳定的絮状物，分散漂浮在溶液表面，进而达到对污水除油的目的。此外，本品合成过程中加入了OP-10和十二烷基硫酸钠等表面活性剂，一方面提高了合成质量，另一方面这些表面活性剂本身具有除油功能，加强了本品的除油效果。

（3）本品具有低浓度高效的特点：使用浓度为30mg/L时，杀菌率达到100%；使用浓度为10mg/L时，絮凝率达到90%以上；使用浓度为20mg/L时，除油率达到97%以上。

配方272　植物源除油絮凝净水剂

原料配比

原料	配比(质量份)				
	1#	2#	3#	4#	5#
柏壳香树粉	10	11	16	18	13
去离子水（电导率101μS/cm）	68	62	60	53	62
氢氧化钠溶液	10	14	12	16	13
羧化剂	12	13	12	23	12

制备方法

（1）先将柏壳香树粉加入搅拌容器中，边搅拌边加去离子水，搅拌均匀后，慢慢流加氢氧化钠溶液，不间断检测混合物的pH值，待pH值合格为宜（pH值控制范围为8.5～11.0）。

（2）逐步加热混合物，直到温度达到55～85℃。

（3）逐步加入羧化剂固体，搅拌反应10～30min后加入适量去离子水，调节黏度。

（4）继续反应1.0～2.0h后降温至0～25℃，即得产品，为红棕色黏稠液体，分子量在8000～60000之间，取代度为40%～80%，密度为1.034g/mL。

原料介绍

所述的柏壳香树粉为使用热带植物源的皮和果壳制成的80目粉，主要包括柏树、香樟树、月桂树的树皮和果实壳，经干燥后，粉碎至80目。

所述的羧化剂是一类有机给电子体化合物，如氯乙酸、乙酰氯等。

产品应用　本品主要用于油田、市政、工业等领域的污水除油。

产品特性　本品采用植物源，可以完全生物降解，无二次污染；污泥量少，安全无毒，不会产生环境污染问题；原料为树皮和果壳，来源丰富，价格低廉；除油效率高，采用含香类植物，其分子内活性基团多，与油脂有相似相溶性；而且本品的制备方法简单，只需要一步完成，无三废排放，可以根据所除油污的性质，采用不同的植物源。

3

农用净水剂

配方 1　安全环保的净水剂

原料配比

原料	配比(质量份)		
	1#	2#	3#
膨润土	25	30	45
麦饭石	15	15	20
木炭	15	20	20
稻壳	20	25	25
硅藻土	—	15	15
木鱼石粉	—	—	10

制备方法

(1) 分别取相应质量份数的各原料组分，进行粉碎研磨至 300～500 目。

(2) 将步骤 (1) 获得的原料粉体放入温水中进行浸泡 5～10h，然后通过搅拌机搅拌均匀获得浆料。

(3) 将步骤 (2) 获得的浆料通过离心成球机制成颗粒状并烘干，获得所述净水剂。

产品应用　本品用作海水集约化养殖过程中的净水剂。

产品特性　采用本品的安全环保的净水剂，实现对水中的多种污染成分的有效处理，显著降低了水中重金属等有害物质的含量，而且该净水剂采用天然非金属矿物制成，成本低，使用更加安全环保，不会产生二次污染，同时其吸附力强，具有净水效果好，净水速度快的特点。

配方 2　池塘净水剂

原料配比

原料	配比(质量份)		
	1#	2#	3#
聚合硫酸铝铁	30	20	45
沸石	30	15	140
麦饭石	10	5	15
硫酸亚铁	15	10	120
三氯化铁	20	10	10

制备方法

(1) 分别取相应质量份数的各组分，进行粉碎研磨至100～200目。

(2) 将步骤 (1) 获得的原料粉体放入硫酸中搅拌1～3h。

(3) 将步骤 (2) 的浆液经过沉淀结晶并粉碎研磨，获得所述净水剂。

产品应用　本品是一种池塘净水剂。

产品特性　采用本品的池塘净水剂，实现对水中多种污染成分的有效处理，显著降低了水中重金属等有害物质的含量，其具有净水效果好，净水速度快，安全性高，不产生二次污染的特点。该净水剂可以有效去除水中的污染成分，有效提高水体的净化效果。

配方 3　池塘用净水剂

原料配比

原料		配比(质量份)		
		1#	2#	3#
硫酸钾		13	5	19
丙烯酰胺		11	5	19
铝酸钙粉		7	3	13
活性炭		21	15	25
辣木提取物		11	5	19
木质素		6	3	12
硫酸铁		13	5	19
纳米二氧化钛		12	5	19
改性硅藻土		23	15	28
壳聚糖		15	11	22
硅藻土的预处理	硅藻土	1	1	1
	质量分数为25%的碳酸氢钠溶液	20(体积)	—	—
	质量分数为20%的碳酸氢钠溶液	—	10(体积)	—
	质量分数为30%的碳酸氢钠溶液	—	—	30
改性硅藻土	预处理的硅藻土	1	1	1
	质量分数为19%的硝酸钠溶液	20(体积)	—	—
	质量分数为20%的硝酸钠溶液	—	10(体积)	—
	质量分数为25%的硝酸钠溶液	—	—	30(体积)

制备方法　将改性后的硅藻土与硫酸钾、丙烯酰胺、铝酸钙粉、活性炭、辣木提取物、木质素、硫酸铁、纳米二氧化钛和壳聚糖混合均匀，得到池塘用净水剂。

原料介绍

所述改性硅藻土的制备方法包括以下步骤：

(1) 硅藻土的预处理：将硅藻土和碳酸氢钠溶液混合。

(2) 将预处理的硅藻土与硝酸钠溶液混合进行改性，然后将改性的硅藻土进行煅烧，得到改性硅藻土。煅烧为在温度为500～550℃的条件下煅烧8～12h。

产品应用　本品是一种池塘用净水剂。

产品特性　本品能有效增加水体溶氧，改善水质，吸收降解水体中的有机物，抗菌效率高，且安全性能高，无毒无污染，稳定性好。经本品处理后的池塘水符合农业灌溉农作物的要求。

配方 4　畜禽饮用水净水剂（1）

原料配比

原料	配比(质量份)		
	1#	2#	3#
聚合氯化铝	125	125	125
二氧化硒	40	40	40
硒酸钠	20	20	20
三氯化钾	25	25	25
亚硫酸氢钾	15	15	15
氯化镁	5～15	5～15	5～15
水	50～300	50～300	50～300
明矾	20	—	—
高锰酸钾	—	10	10
活性炭	—	—	9

制备方法　各组分加入水中进行充分混合搅拌，配成溶液即可使用。

产品应用　本品是一种畜禽饮用水净水剂。

产品特性　本品配方科学，合理，净化后水质好，无毒无害，水质可靠，能迅速溶解于水，快速杀菌且生产成本低，适用于畜禽饮用水消毒。本品克服了现有的净化剂稳定性差、抗逆性不强等问题，可用于大规模工业化生产，为畜牧家禽养殖业饮用水净化提供一种新型安全净水剂。

配方 5　畜禽饮用水净水剂（2）

原料配比

原料	配比(质量份)		
	1#	2#	3#
聚合氯化铝	125	125	125
二氧化硒	40	40	40
磷酸二氢钠	20	20	20
氯化钠	20	20	20
亚硫酸氢钾	15	15	15
氯化铵溶液	5～15	5～15	5～15
甘氨酸亚铁	6～13	6～13	6～13
氯化锰	1	1	1
水	50～300	50～300	50～300
明矾	20	—	—
甘氨酸锌	—	10	10
活性炭	—	—	9

制备方法　各组分加入水中进行充分混合搅拌，配成溶液即可使用。

产品应用　本品是一种畜禽饮用水净水剂。

产品特性　本品配方科学，合理，净化后水质好，无毒无害，水质可靠，能迅速溶解于水，快速杀菌且生产成本低，适用于畜禽饮用水消毒。成品低廉，绿色环保，克服现有的净化剂稳定性差、抗逆性不强等问题，可大规模工业化生产，为畜牧家禽养殖业饮用水净化提供一种新型安全净水剂。

配方 6　复合型水产养殖用增氧净水剂

原料配比

原料		配比（质量份）		
		1#	2#	3#
增氧剂		13	17	15
pH 值调整剂		2	6	4
活性炭		3	5	4
凹凸棒土		10	18	14
矿石添加物		20	30	25
羧甲基纤维素钠		7	9	8
壳聚糖		6	8	7
L-抗坏血酸		2	4	3
固化剂	石膏	2	—	3.5
	硅酸钙	—	5	—
稳定剂		0.5	1.5	1
增氧剂	过碳酸钠	2	2	2
	过氧化钙	1	1	1
pH 值调整剂	磷酸二氢钠	2	2	2
	硫酸锌	1	1	1
	无水氯化钙	2	2	2
矿石添加物	沸石	3	3	3
	蛭石	2	2	2
	蛇纹石	1	1	1
稳定剂	山梨酸钠	2	2	2
	磷酸盐	1	1	1

制备方法

(1) 按要求称量准备各组分原料。

(2) 将活性炭、凹凸棒土、矿石添加物加入高速粉碎机中粉碎，再加入研磨机中充分研磨，过 100 目筛，得到混合物 A。

(3) 将步骤 (2) 制得的混合物 A、适量的水加入搅拌机中，搅拌 10～15min，搅拌转速为 150～250r/min，再依次加入增氧剂、L-抗坏血酸、羟甲基纤维素钠、壳聚糖、pH 值调整剂、稳定剂、固化剂，继续搅拌 25～35min，得到混合物 B。

(4) 将步骤 (3) 制得的混合物 B 加入颗粒挤压机内成型造粒，再将成型颗粒自然晾干，36～48h 后送入烘干机中烘干为成品，烘干温度为 100～140℃，烘干时间为 1～2h，得到复合型水产养殖用增氧净水剂。

原料介绍

活性炭具有很强的吸附能力，能够有效吸收水体中的各类污染物，有效净化水质。

凹凸棒土，一方面可以吸收诸如激素、农药、病毒、毒素和重金属离子等物质，另一方面作为缓释主体，能够使得本品的增氧净水剂作用持久，各类物质缓慢释放，效果更好。

稳定剂能够避免在生产过程中金属离子导致增氧剂分解，固化剂能够使得生产的颗粒黏结性更好，不易散落。

矿石添加物主要为沸石、蛭石、蛇纹石，其与活性炭、凹凸棒土协同作用能大大提高净水剂的效率。

矿石添加的壳聚糖、羧甲基纤维素钠能大大提高增氧净水剂的耐水性，减少了投入水中引起的分散现象。

L-抗坏血酸能大大提高水产品的抗病毒能力，增加水产品的抵抗力。

pH值调整剂能够有效减少水体富营养化、无氧呼吸过多造成的pH值波动过大，维持水体在一个合适的pH值范围内。

产品应用　本品是一种复合型水产养殖用增氧净水剂。

产品特性

(1) 本品可以有效增加水体溶氧量，不产生任何次生污染，安全环保。

(2) 本品具有用量小，吸附絮凝能力强，能有效消除残饵在池塘中酸败，调节养殖池pH值，此外还可以有效增加水体溶氧量，改良水质，吸收和降低水体中的有机物。同时本品的增氧净水剂原料无毒，材料易得，生产成本较低。

配方 7　含钙镁硅矿产物的水产养殖用净水剂

原料配比

原料		配比(质量份)				
		1#	2#	3#	4#	5#
壳聚糖		10	100	50	80	100
改性沸石		3500	4500	400	3800	4200
氧化钙		1000	1500	1200	1100	1400
氧化镁		300	800	700	600	600
改性硅藻土		2000	3000	2500	2400	3000
活性炭		1300	1800	1600	1500	1700
高铁酸钾		1500	1800	1700	1600	1650
硫酸铜		1200	1400	1300	1200	1380
改性沸石	氯化钕镨	10	10	10	10	10
	沸石	1	3	2	2.5	1
改性硅藻土	硫酸锰和/或氯化铁	6	8	7.5	6～8	7
	硅藻土	100	100	100	100	100

制备方法　将各原料混合研磨后即可得到含钙镁硅矿产物的水产养殖用净水剂。混合研磨后粒径为150～250目。

原料介绍

所述改性沸石是沸石经过氯化钕镨溶液改性得到。将氯化钕镨制成沸石改性剂，与沸石混合反应，再经过过滤、水洗至中性、焙烧即可得到改性沸石。所述沸石改性剂是将氯化钕镨溶解于去离子水中，搅拌均匀后调节pH值至9～11得到。所述沸石粉碎至粒径小于80目，所述混合反应的温度为40～60℃，时间为4～8h，搅拌转速为50～80r/min；所述焙烧温度为570～630℃，时间为7～8h。

所述改性硅藻土是硅藻土经过硫酸锰和/或氯化铁改性得到。

将硫酸锰和/或氯化铁制成硅藻土改性剂，与硅藻土混合进行改性反应，再经过过滤、干燥、研磨得到改性硅藻土。所述硅藻土改性剂是由硫酸锰和/或氯化铁按照0.9～1.1mol/L浓度溶解于去离子水中制得。所述改性反应的温度为25～40℃，转速为150～250r/min，时间为3～5h；所述干燥温度为110～130℃，时间为12～24h。

产品应用　本品是一种含钙镁硅矿产物的水产养殖用净水剂。

产品特性

(1) 本品采用的原料简单易得，制备方法操作简单，有利于进行产业化生产。

(2) 本品可用于对水产养殖的废水进行处理，达到净化的效果，处理效率高，适用范围广。

(3) 本品可有效去除水体中各种污染物，具有物理净化和化学制剂协同作用，混凝效果明显，净化快速彻底，适于大规模推广使用。

配方 8　含有改性硅藻土的净水剂

原料配比

原料		配比(质量份)		
		1#	2#	3#
聚合硫酸铝铁		13	5	19
丙烯酰胺		11	5	19
膨润土		7	3	13
活性炭		21	15	25
辣木提取物		11	5	19
木质素		6	3	12
硫酸铁		13	5	19
纳米二氧化钛		12	5	19
改性硅藻土		23	15	28
壳聚糖		15	11	22
硫酸铝		14	9	17
麦饭石		11	9	14
生物酶	蛋白酶	7	—	—
	过氧化物酶	—	2	—
	纤维素酶	—	2	—
	氧化还原酶	—	—	11
微生物	亚硝化球菌属	13	7	18
预处理硅藻土	硅藻土	1	1	1
	质量分数为 25% 的盐酸溶液	20(体积)	—	—
	质量分数为 20% 的盐酸溶液	—	10(体积)	—
	质量分数为 30% 的盐酸溶液	—	—	30(体积)
改性硅藻土	预处理硅藻土	1	1	1
	质量分数为 19% 的硝酸钠溶液	20(体积)	—	—
	质量分数为 15% 的硝酸钠溶液	—	10(体积)	—
	质量分数为 25% 的硝酸钠溶液	—	—	30(体积)

制备方法　将改性硅藻土与聚合硫酸铝铁、丙烯酰胺、膨润土、活性炭、辣木提取物、木质素、硫酸铁、纳米二氧化钛、壳聚糖、硫酸铝、麦饭石、生物酶和微生物混合均匀，得到含有改性硅藻土的净水剂。

原料介绍

所述改性硅藻土的制备方法包括以下步骤：

(1) 硅藻土的预处理：将硅藻土和盐酸溶液混合 10～20h。

(2) 将预处理后的硅藻土与硝酸钠溶液混合 10～20h 进行改性，然后将改性后的硅藻土进行煅烧，得到改性硅藻土。煅烧为在温度为 500～550℃的条件下煅烧 8～12h。

产品应用　本品是一种含有改性硅藻土的净水剂。

产品特性　本品能有效增加水体溶氧，改善水质，吸收降解水体中的有机物，抗菌效率高，且安全性能高，无毒无污染，稳定性好。经本品含有改性硅藻土的净水剂处理后的池塘水符合农业灌溉农作物的要求，从而克服水质遭受污染，影响水生动物的生长、用于灌溉使农作物的生长和农产品的品质降低的缺点。

配方 9　河涌污水高效净水剂

原料配比

原料	配比(质量份)				
	1#	2#	3#	4#	5#
活性炭	22	21	20	23	23
聚合氯化铝铁	41	42	42	40	42
聚丙烯酰胺	4	4	5	2	1
膨润土	30	30	31	31	31
漂白粉	1	1	1	2	2
柠檬酸钠	2	2	1	2	1

制备方法　将活性炭、聚合氯化铝铁、聚丙烯酰胺、膨润土、柠檬酸钠、漂白粉混匀，混匀后储备于通风干燥处备用。

原料介绍

活性炭是一种黑色多孔的固体炭质，由煤通过粉碎、成型或用均匀的煤粒经炭化、活化生产。它的主要成分为碳，并含少量氧、氢、硫、氮、氯等元素。普通活性炭的比表面积在500～1700m^2/g之间，具有很强的吸附性能。活性炭与蜂窝状活性炭应用领域日益扩展，应用数量不断递增。煤质颗粒活性炭选用优质无烟煤为原料，采用先进的工艺精制而成，外观为黑色不定型颗粒。活性炭具有空隙结构发达，比表面积大，吸附能力强，机械强度高，床层阻力小，化学稳定性能好，易再生，经久耐用等优点。

聚合氯化铝铁（PAFC）是由铝盐和铁盐混凝水解而成的一种无机高分子混凝剂。

聚丙烯酰胺是一种有机高分子聚合物，同时也是一种高分子水处理絮凝剂产品，专门用来吸附水中的悬浮颗粒，在颗粒之间起连接架桥作用，使细颗粒形成比较大的絮团，并且加快沉淀的速度。

膨润土是以蒙脱石为主要矿物成分的非金属矿产。蒙脱石结构是由两个硅氧四面体夹一层铝氧八面体组成的2∶1型晶体结构，由于蒙脱石晶胞形成的层状结构中存在某些阳离子，如Cu^{2+}、Mg^{2+}、Na^+、K^+等，且这些阳离子与蒙脱石晶胞的作用很不稳定，易被其他阳离子交换，故具有较好的离子交换性。膨润土也叫斑脱岩、皂土或膨土岩。膨润土的一些性质也是由蒙脱石所决定的。蒙脱石可呈现各种颜色，如黄绿色、黄白色、灰色、白色等，可以成致密块状，也可为松散的土状，用手指磋磨时有滑感，小块体加水后体积胀大数倍至20～30倍，在水中呈悬浮状，水少时呈糊状。蒙脱石的性质与它的化学成分和内部结构有关。活性炭、膨润土起吸附作用。

聚合氯化铝铁、聚丙烯酰胺起絮凝作用。

产品应用　本品是一种河涌污水高效净水剂，专门用于除去河涌、湖泊、江流等污水中的COD、总磷，使其降至符合国家水质的标准。

产品特性　本品絮凝效果好，沉降后水体清澈，可有效降低COD和总磷。

配方 10　锦鲤、金鱼养殖鱼塘用净水剂

原料配比

原料	配比(质量份)		
	1#	2#	3#
复合菌群	10	20	15

续表

原料		配比(质量份)		
		1#	2#	3#
复合菌群	硝化细菌	2	3	2.5
	乳酸菌	1.2	1.6	1.4
	光合细菌	3	5	4
	枯草芽孢杆菌	8	12	10
	玉垒菌	3	4	3.5
生物酶		5	10	7.5
生物酶	蛋白酶	7	7	7
	纤维素酶	5	5	5
	淀粉酶	5	5	5
	脂肪酶	7	7	7
吸附剂		40	60	50
吸附剂	沸石粉	3	3～5	4
	贝壳粉	2	2～3	2.5
有机物		8	16	12
有机物	壳聚糖	2	5	3.5
	聚丙烯酰胺	2	6	4
	柠檬酸	1	3	2
无机物		4	8	6
无机物	聚合氯化铝	3	5	4
	硫酸亚铁	1	4	2.5
	碱式氯化铝	2	5	3.5
	聚合硫酸铁	2	4	3
培养基		40	80	60
培养基	酵母粉	2	2	2
	蛋白胨	4	4	4
	葡萄糖	3	3	3
	维生素	0.5	0.5	0.5
	无机盐	1	1	1

制备方法

(1) 将酵母粉、蛋白胨、葡萄糖、维生素、无机盐按其质量比放入培养容器内，并添加适量水制得所述质量份数的培养基。

(2) 取出一半质量份数的复合菌群，将复合菌群放入培养基内培养，制得微生态制剂。

(3) 将壳聚糖、聚丙烯酰胺、柠檬酸按其质量比制得所需质量份数的有机物混合物。

(4) 将微生态制剂和有机物混合物混合均匀，放入制粒机内制粒，制得生物颗粒。

(5) 将另一半质量份数的复合菌群混合均匀，添加适量水，制得复合菌群制剂。

(6) 将按质量份数取得的吸附剂、生物酶、无机物添加到复合菌群制剂内，混合均匀后，放入制粒机内，制得生物酶颗粒。

(7) 将步骤 (4) 制得的生物颗粒和步骤 (6) 制得的生物酶颗粒混合均匀，得到净水剂颗粒。

产品应用　本品是一种锦鲤、金鱼养殖鱼塘用净水剂。

产品特性　本品为颗粒状，使用方便，净水剂颗粒营养成分丰富，通过微生物降解，无毒无害，安全性高，便于改善养殖环境，促进锦鲤、金鱼生长。

配方 11 景观水用净水剂

原料配比

原料			配比(质量份)
磁性活性炭纤维吸附剂			5
复合菌种			2
活性污泥			1
磁性活性炭纤维吸附剂	碳量子点	柠檬酸	5
		邻苯二胺	3
		二乙烯三胺	0.5
	碳量子点磁性复合材料	碳量子点	2
		Fe_3O_4 磁性纳米颗粒	0.2
		十二烷基苯磺酸	5.3
		苯胺	1
		二甲苯	20(体积)
		0.6g/mL 过硫酸铵水溶液	2(体积)
	木质素		2
	聚乙烯醇的 20%纺丝液		2
	N,*N*-二甲基甲酰胺(DMF)		适量
	活性炭纤维		3
	碳量子点磁性复合材料		0.5
壳聚糖			0.5
戊二醛			4.7(体积)

制备方法　将活性污泥和复合菌种一同置于模拟废水溶液中进行驯化、培养，获得混合菌液，将磁性活性炭纤维吸附剂加入混合菌液中搅拌均匀，低温干燥，包装出料。

原料介绍

所述磁性活性炭纤维吸附剂的制备过程如下：

(1) 通过化学沉淀法制得 Fe_3O_4 磁性纳米颗粒，备用。

(2) 将柠檬酸、邻苯二胺溶于水中，加入二乙烯三胺，超声分散后将溶液加入反应釜中，加热至 150～200℃保温反应，反应结束后冷却至室温，离心分离，得到的滤液透析后冷冻干燥，得到碳量子点。

(3) 将碳量子点配制成水溶液，加入 Fe_3O_4 磁性纳米颗粒超声分散均匀，将十二烷基苯磺酸、苯胺和二甲苯混合均匀后加入该体系中，搅拌形成均匀的乳液，之后向反应体系中滴加过硫酸铵水溶液，保持体系温度在 0～20℃，反应 6h；在外加磁场的作用下分离提纯，得碳量子点磁性复合材料。

(4) 以 DMF 为溶剂配制木质素与聚乙烯醇的纺丝液，将活性炭纤维、碳量子点磁性复合材料加入纺丝液中，超声振荡使其分散均匀，静电纺丝得到磁性活性炭纤维材料。

(5) 将壳聚糖溶于乙酸溶液中，缓慢加入戊二醛，搅拌均匀后，加入磁性活性炭纤维材料，搅拌至分散均匀，转移至反应釜中，水热反应，冷却至室温，抽滤，固体洗涤烘干，即得。

所述活性炭纤维选自沥青基活性炭纤维、木质素基活性炭纤维、聚丙烯腈活性炭纤维中的一种；使用前裁剪成小块，浸渍于浓硝酸中氧化处理，取出干燥后于 200℃下煅烧 2h。

产品应用　本品是一种景观水用净水剂。

使用方法：将净水剂按照池塘面积以 $10g/m^2$ 的量直接投入水池中，该水池中具有生态植物系统，含有藻类，但也漂浮有污染物，有臭味发散；经净水剂处理十天后，观察到生态系统无明显变化，表面污染物沉降，水质逐渐清澈，臭味减轻。

产品特性

（1）本品不含成分复杂、易对水体造成二次污染的组分；所用原料大多天然环保，投加量少，净化效果好；本品以磁性活性炭纤维吸附剂为主体材料，它通过一系列改性制得，吸附性能大大提高，能适应复杂水体环境；驯化培养后的活性污泥和复合菌种与磁性活性炭纤维吸附剂混合，该净水剂置于水体环境中后，由于活性炭纤维较大的比表面积，使得复合菌种在其表面固定形成生物反应膜，提高生物活性，从而提高对水体中有机物、氮磷的降解去除率；并且对水体的影响小，净水剂周边的微生物可被水体中的原生生物吸收，起到维持生态环境动态平衡的作用；净水剂吸附一定时间后通过外加磁场即可进行回收。

（2）本品净水效果好，稳定性高，使用寿命长。

配方 12　净化水产养殖水环境的净水剂（1）

原料配比

原料		配比（质量份）		
		1#	2#	3#
A剂	介孔氧化硅 SBA-15	20	30	25
	聚二甲基二烯丙基氯化铵	10	20	15
	活性炭	15	25	20
	玛雅蓝粉末	10	20	15
	聚羟基丁酸酯	10	15	12.5
	微生物絮凝剂	12	18	15
	生物活素	5	10	7.5
	毒素降解剂	3	6	4.5
	纳米水性黏合剂	15	25	20
	水产供氧剂	10	15	12.5
B剂	浓度为 1.5～5.5mg/L 的微/纳米气泡臭氧水	15	25	20

制备方法

（1）按所述的配方称取各组分。

（2）将称取的微生物絮凝剂和生物活素混合搅拌均匀后与称取的介孔氧化硅 SBA-15 充分混合，得混合料一。

（3）将称取的聚二甲基二烯丙基氯化铵、聚羟基丁酸酯、纳米水性黏合剂、水产供氧剂进行搅拌，充分混合，得混合料二。

（4）将称取的活性炭和玛雅蓝粉末混合搅拌均匀后加工成颗粒状，作为内核，外侧包裹混合料一，形成直径为 5～10mm 的颗粒，然后在所得的颗粒外侧均匀喷涂一层厚 2～3mm 的毒素降解剂；然后在完成喷涂的颗粒表面包裹混合料二，形成直径为 10～15mm 的颗粒，即得 A 剂。

（5）将 A 剂和 B 剂快速搅拌后，即可直接施于待净化的养殖水中。

原料介绍

所述毒素降解剂由蜡状芽孢杆菌、地衣芽孢杆菌、β-复合解毒酶按质量比 5∶3∶2 混合所得。

所述微生物絮凝剂由假单胞菌发酵液/发酵液的离心上清液、类芽孢杆菌的发酵液/发酵液的离心上清液按体积比 3∶1 混合所得。

所述水产供氧剂由过碳酸钠、过氧化钙、无水氯化钙按质量比 3∶2∶1 混合所得。

产品应用　本品是一种净化水产养殖水环境的净水剂。使用时，将 A 剂和 B 剂快速搅拌后，即可直接施于待净化的养殖水中。

产品特性　本品具有无污染无毒害、稳定性能好、安全性能高、抗菌效率高等特点，且具有毒素降解功能，可以很好地减少水环境以及普通净水剂产品净化过程中产生的毒素对水产品产生伤害。

配方 13　净化水产养殖水环境的净水剂（2）

原料配比

原料		配比（质量份）		
		1#	2#	3#
聚二甲基二烯丙基氯化铵		12	15	13
微生物絮凝剂		25	40	32
供氧剂过碳酸钠		5	8	7
生物酶		9	12	11
纤维素		7	10	8
复合维生素		2	4	4
复合维生素	维生素 A	0.5	0.7	0.6
	维生素 C	1	5	3
	维生素 E	3	6	5

制备方法　将各组分原料混合均匀即可。

产品应用　本品是一种净化水产养殖水环境的净水剂。

产品特性　本品中微生物絮凝剂具有生物分解性和安全性、高效、无毒、无二次污染的特点，克服了无机高分子和合成有机高分子絮凝剂本身的缺陷，最终实现无污染排放。采用聚二甲基二烯丙基氯化铵为有机净水剂，具有用量小、絮凝能力强、效率高等特点。所述供氧剂能快速有效增加水体溶氧，改良水质、吸收和降解水体中的有机物，还能够有效的杀菌。

配方 14　池塘用净水剂

原料配比

原料		配比（质量份）		
		1#	2#	3#
聚二甲基二烯丙基氯化铵		13	5	19
丙烯酰胺		11	5	19
铝酸钙粉		7	3	13
活性炭		21	15	25
硫酸亚铁		11	5	19
碳酸镁		6	3	12
硫酸铁		13	5	19
过氧酸钠		12	5	19
改性硅藻土		23	15	28
三氯化铁		15	11	22
预处理硅藻土	硅藻土	1	1	1
	25%的碳酸氢钠溶液	20（体积）	—	—
	20%的碳酸氢钠溶液	—	10（体积）	—
	30%的碳酸氢钠溶液	—	—	30（体积）
改性硅藻土	预处理硅藻土	1	1	1
	19%的硫酸锰溶液	20（体积）	—	—
	15%的硫酸锰溶液	—	10（体积）	—
	25%的硫酸锰溶液	—	—	30（体积）

制备方法 将改性硅藻土与聚二甲基二烯丙基氯化铵、丙烯酰胺、铝酸钙粉、活性炭、硫酸亚铁、碳酸镁、硫酸铁、过氧酸钠和三氯化铁混合均匀，得到净水剂。

原料介绍

所述改性硅藻土的制备方法包括以下步骤：

（1）硅藻土的预处理：将硅藻土和碳酸氢钠溶液混合。

（2）将预处理后的硅藻土与硫酸锰溶液混合进行改性，然后将改性后的硅藻土进行煅烧，得到改性硅藻土。煅烧为在温度为500～550℃的条件下煅烧8～12h。

产品应用 本品是一种用于净化池塘水的净水剂。

产品特性 本品能有效增加水体溶氧，改善水质，吸收降解水体中的有机物，抗菌效率高，且安全性能高，无毒无污染，稳定性好。经本品净水剂处理后的池塘水符合农业灌溉农作物的要求。

配方 15 快速净化海水养殖水体的净水剂

原料配比

原料		配比（质量份）		
		1#	2#	3#
芽孢杆菌		80	85	90
稻壳		20	15	10
芽孢杆菌	枯草芽孢杆菌	20	18	20
	地衣芽孢杆菌	8	7	10
	蜡样芽孢杆菌	7	12	12
	纳豆芽孢杆菌	10	13	15
	苏云金芽孢杆菌	20	15	15
	短芽孢杆菌	5	10	8
	炭疽芽孢杆菌	10	10	10

制备方法

（1）制备菌种培养基。

（2）将枯草芽孢杆菌、地衣芽孢杆菌、蜡样芽孢杆菌、纳豆芽孢杆菌、苏云金芽孢杆菌、短芽孢杆菌和炭疽芽孢杆菌均匀混合，得到混合菌液。

（3）将菌种培养基与步骤（2）得到的混合菌液按照1∶10的比例混合，置于发酵罐内，在40～50℃的温度下发酵8～10天，得到发酵液。

（4）将发酵液与稻壳均匀混合，得到成品净水剂。

原料介绍

本品中的芽孢杆菌属于细菌的一科，能形成芽孢（内生孢子）的杆菌或球菌，包括芽孢杆菌属、芽孢乳杆菌属、梭菌属、脱硫肠状菌属和芽孢八叠球菌属等，它们对外界有害因子抵抗力强，分布广，存在于土壤、水、空气以及动物肠道等处，是芽孢杆菌科的一属细菌。芽孢杆菌繁殖快速：代谢快，繁殖快，四小时增殖10万倍，标准菌四小时仅可繁殖6倍；生命力强：无湿状态可耐低温－60℃、耐高温＋280℃，耐强酸，耐强碱，抗菌消毒，耐高氧（嗜氧繁殖），耐低氧（厌氧繁殖）；体积大：体积比一般病原菌分子大四倍，占据空间优势，抑制有害菌的生长繁殖；而且芽孢杆菌具有较强的蛋白酶、淀粉酶和脂肪酶活性，同时还具有降解饲料中复杂碳水化合物的酶，如果胶酶、葡聚糖酶、纤维素酶等，这些酶能够破坏植物饲料细胞的细胞壁，促使细胞的营养物质释放出来，并能消除饲料中的抗营养因子，减少抗营养因子对动物消化利用的妨碍，因此适用于海水养殖水体的净化。

所述培养基的配方为：主料 98.5%以及辅料 1.5%。其中主料包括麦粒和玉米粒，比例为 1∶1；辅料为石膏粉和碳酸钙，比例为 2∶1。

所述培养基的制备方法为：将主料和辅料的颗粒洗净，然后在1%石灰水中泡胀，再经文火煮沸 15～20min；然后晾至无明水后拌入余料，调 pH 值至 7.8～8.0，最后分装。

产品应用　本品是一种快速净化海水养殖水体的净水剂。

产品特性　本品无毒无害，具有高效去除海水养殖水体中的氨氮和亚硝态氮的作用，对环境耐受性强，保质期长，同时对海水养殖中的致病菌具有一定的抑菌效果，减少抗生素的同时避免水体恶化引起的病疫和死亡。

配方 16　快速净化水产养殖水体的净水剂

原料配比

原料		配比(质量份)		
		1#	2#	3#
活性成分	茶粕	24	35	44
	改性生物炭	24	20	24
	改性硅藻土	12	15	12
黏合剂	紫胶	14	13	8
	淀粉	4	4	1
	果胶	1	2	0.5
	树胶	1	1	0.5
	水	适量	适量	适量
成孔助剂	碳酸钙	8	4.5	4
	小苏打	8	4	4.5
	果糖	1	0.5	0.5
	木糖醇	2	0.5	0.5
	柠檬酸	1	0.5	0.5
改性生物炭	木材	6	6	6
	竹子	3	3	3
	秸秆	2	2	2
	稻壳	1	1	1
水		适量	适量	适量

制备方法

(1) 将紫胶、淀粉、果胶和树胶按比例混合，边搅拌边加入适量纯化水，缓慢升温至 30～40℃，直至得到浆状物，备用。

(2) 将茶粕粉碎成小于 200 目的细渣，加入改性生物炭、改性硅藻土和成孔助剂，混合均匀；缓慢升温至 60～80℃，边搅拌边加入 (1) 中所得浆状物和适量纯化水，直至黏稠态，自然冷却至 30～40℃，将其分割成粒径为 3～5cm 的球状颗粒，并干燥，自然冷却至室温，即得。

原料介绍

茶粕，又称茶籽饼，别名茶麸、茶枯，是野山茶油果实榨油后剩下的渣。茶粕的蛋白质含量较高，不仅对淤泥少、底质贫瘠的池塘可起到增肥作用，而且对水草有促长效果，对虾、蟹幼体无副作用。改性生物炭富含微孔结构，不但可以吸附水中的杂质，还可以补充土壤的有机物含量。

硅藻土是一种硅质沉积岩，具有独特的孔隙结构，质地轻软，孔隙度大，吸附性能强，水产类投放在鱼塘池内水质变清，透气性好，提高水产成活率；改性后的硅藻土包覆碳酸钙，加大了硅藻土的空隙骨架，易成型。

由于茶粕细碎，很难形成特定形状，加入此改性生物炭后，改性生物炭作为主要骨架，改性硅藻土能均匀分散，并与茶粕黏结，茶粕不易分离析出，对茶粕有进一步固定的作用。三者配伍使用，能高效地吸附水中杂质，使水质变清，透气性好；沉降到水底又起到增加水底土壤肥力的作用，有助于水草生长，为水产物提供了天然食物；改善水质的同时，提高水产品成活率和品质。

紫胶树脂黏着力强，光泽好，对紫外线稳定，电绝缘性能良好，兼有热塑性和热固性，能溶于醇和碱，耐油、耐酸，对人无毒、无刺激。淀粉是一种多糖，具有不溶于水、水中分散、60～70℃溶胀的特点，常被用作稀释剂、黏合剂、崩解剂，并可用来制备淀粉浆。

果胶，为白色至黄褐色粉末，具有凝胶性，在20倍水中形成黏稠体。树胶，价廉，具有很好的粘连性。四者都是天然植物提取物，无毒无害，紫胶的热塑性和热固性、淀粉的稀释性、果胶的凝胶性与树胶的粘连性共同作用使得本品中的何种成分更好地黏合，并且成型性好。

成孔助剂包括碳酸钙、小苏打、果糖、木糖醇、柠檬酸。碳酸钙、小苏打在加热的条件下会分解出CO_2，使净水剂具有疏松孔径，增强其吸附作用。果糖、木糖醇、柠檬酸可以起到黏合的作用，由于其可以溶于水，在净水剂使用过程中，糖、木糖醇、柠檬酸本身溶于水体后所产生的孔径加大本净水剂的吸附作用。

所述改性生物炭的制备方法：将木材、竹子、秸秆和稻壳按照比例在粉碎机中粉碎为小于1cm的小段，用0.1mol/L的盐酸浸泡1～3h，用0.1mol/L的氢氧化钾中和至pH值为6.0～7.0，离心除去水分，在80～100℃的烘箱中烘至上述原料水分含量低于2%；转入高温炉，在氮气保护下，于150～200℃烘制0.5～1h，继续升温至300～500℃烘制0.5～1h，让其缓慢降温，即得所述改性生物炭。

所述改性硅藻土的制备方法：将硅藻土加入2～5倍体积的饱和石灰水溶液中，边搅拌边加入2～6倍体积的0.5mol/L的碳酸钠溶液，加入完毕后继续搅拌0.5～1h，沉降后过滤出水分，在80～100℃烘干至水分含量低于5%，得到所述改性硅藻土。

所述紫胶是紫胶虫分泌出的紫色天然树脂。

产品应用　本品是一种快速净化水产养殖水体的净水剂。

产品特性

(1) 本品的活性成分中添加了茶粕，茶粕具有很高的蛋白质含量，对池塘起到增肥作用，对水草还有促长效果；同时，对虾、蟹幼体无副作用，提高虾苗和培育幼蟹的出塘率；同时作为清塘药物，能自行分解，无毒性残存，对蚯蚓、地老虎和其他害虫有一定杀灭作用。本品中添加的活性成分能够有效地吸附水体中的还原性污染物，并通过相互作用，降低水体中的还原性污染物的含量。

(2) 本品使用的所有原料无毒无害，可降解；本品能够快速净化水体、改善水质且安全高效，本品吸附性强，制备过程简单，可行性高。

配方 17　利用粉煤灰制备聚合硫酸铝铁净水剂

原料配比

原料	配比(质量份)	
	1#	2#
粉煤灰	1000	2000
草酸	5	—
浓度为18%的稀盐酸	—	4
浓度为10%的硫酸	2000	4000
助溶剂氯化钾	5	10
90℃的纯净水	500	—
100℃的纯净水	—	1000

制备方法

（1）去除杂质：将粉煤灰放入清水池中加水混合，在其混合浆液中加入少量的草酸或稀盐酸，搅拌均匀后，静置2h后去水滤渣，去除粉煤灰中的水溶性物质及氧化钾、氧化钠、氧化钙等杂质。

（2）酸溶水解：将去水后的滤渣送入反应罐，并加入浓度为10%的硫酸、助溶剂，搅拌均匀后，在反应釜中反应3～5h，反应釜内物料的温度保持为125～130℃，反应釜内压力为2～3个大气压，每隔1h搅拌一次，使反应更彻底，最大限度地提高滤渣中氧化铝的提取率。然后将混合物送入离心机脱水，向所得液体中加入碱化剂，搅拌均匀后静置1h，消除液体中的残余硫酸，液体经沉淀过滤后备用。所得滤渣投入反应池中加水洗涤，再次经离心机脱水，所得液体作为稀释液或与浓硫酸混合，配制成10%的硫酸溶液，用于酸溶水解的工艺中。所得固体滤渣经压缩干燥后可用于制造水泥免烧砖切块。

（3）高温熟化：将沉淀过滤后的液体送入反应釜进行熟化处理，通过高温蒸汽进行加热，使反应釜内的液体温度保持在100℃，液体在反应釜内静置1～2h后，停止加热，装入保温桶内，使其充分熟化，30～40h后变成黏稠状固态物体。

（4）稀释过滤：向熟化后的黏稠状物体中加80～100℃的纯净水进行稀释处理，过滤出残余的杂质，所述黏稠状物体与纯净水的份数比为2∶1。

（5）浓缩：将稀释过滤后的液体进行加热蒸发，逐步浓缩成黏稠状液体。

（6）干燥：将浓缩后的黏稠状液体进行喷雾干燥，制成颗粒状固体。

（7）制取成品：将制成的颗粒状固体过筛（筛孔径1～2mm）后，按10kg、25kg、50kg的标准进行包装、储存，包装袋采用带内膜的编织袋。

产品应用　本品是一种利用粉煤灰制备的聚合硫酸铝铁净水剂。

应用范围：

（1）净化生活饮用水，净化后的水质达到国家规定的饮用水标准。

（2）净化处理含氟原水、含油废水、油田回注水及煤油厂的油水等，其净化效果都比较显著。

（3）净化处理浮选尾矿溢流红水，被处理水可作工业用水。

（4）净化处理含铅、铬、镉、硫化物等的废水、生活污水，被处理水可达到排放标准。

（5）净化造纸、印染等行业废水，用量少，脱色效果佳，被处理水可回用。

（6）可广泛应用于工业用水和城市污水，处理后水质指标可达一级排放标准。

产品特性

（1）本品对铝的提取率高，所得产品含杂质较少，纯度高，色泽纯正，对高浊度水、工业用水、有机污水等适应性强，用量少，效果好，不需添加其他助剂，可使凝体形成快且粗大，活性高，沉淀快。适应pH值范围广，并可调节pH值，因而对设备无腐蚀作用。消除粉煤灰对环境的污染，提高粉煤灰的经济价值及利用率，变废为宝，利于环保，且原料的回收利用率高，节约原料，降低生产成本，适合工业化生产聚合硫酸铝铁。

（2）无毒副作用，含铝成分低，比同类产品更安全、更节省，因此可有效降低处理成本。

（3）COD去除率可达到85%～98%，处理后的废水可直接回用，并可用于农田灌溉、水产品养殖。

（4）用量少，效果好，能节省费用，该产品与其他同类产品相比，最大的优势在于它用量少，效率高。

（5）用该产品净化过的饮用水中可增添钙质与铁质，对人体大有益处，能降低水的硬度，净化后的水不需要加氯气，比聚合氯化铝和其他净水剂都有更大优势。

配方 18　明矾净水剂

原料配比

原料		配比(质量份)				
		1#	2#	3#	4#	5#
明矾	铝材	100	100	100	100	100
	2mol/L 的氢氧化钾溶液	350	420	500	600	650
	硫酸钾	80	100	120	140	150
明矾		100	100	100	100	100
纳米添加物	碳纳米管	15	8	—	—	25
	纳米氧化铁	—	10	—	—	—
	纳米氧化石墨烯	—	—	20	—	—
	纳米蒙脱土	—	—	—	22	—
壳聚糖		2	4	6	8	10
抗菌剂	抗菌肽	1	—	—	—	4
	黄芩苷	—	2	—	—	—
	氯化铜	—	—	2	3	—
络合剂	乙二酸四乙酸二钠	30	—	—	—	50
	柠檬酸三钠	—	35	—	—	—
	柠檬酸三钾	—	—	40	45	—

制备方法　将明矾、纳米添加物、壳聚糖、抗菌剂、络合剂分别加入高速搅拌机中进行搅拌混合，混合均匀后，得到明矾净水剂。搅拌的转速为 1200～1600r/min，搅拌的时间为 60～120min。

原料介绍

明矾中的铝离子易水解生成具有很强吸附能力的胶状氢氧化铝，它可吸附水体中的悬浮物，同时具有较好的杀菌效果，纳米添加物具有大的比表面积和孔道结构，能够进一步吸附水体中的杂质，加入的壳聚糖含有很多活性位点，能够快速吸附水体中的杂质离子，和抗菌剂共同作用，进一步提高了明矾净水剂的杀菌功效，净化水体，加入的络合剂能够进一步加快聚集和沉降杂质的作用。

所述明矾的制备方法包括以下步骤：将铝材粉碎成粉末备用，加入氢氧化钾溶液，水浴加热至 85～95℃，加热过程中不断搅拌，直至无气泡产生，抽滤，收集滤液；向滤液中加入硫酸溶液，产生沉淀，不再产生沉淀时，抽滤，得到沉淀；向沉淀中加入硫酸溶液直至沉淀全部溶解，再加入硫酸钾，搅拌混合，冷却后，抽滤，使用乙醇洗涤，得到明矾。产生沉淀过程中调节溶液的 pH 值为 8～9，控制反应温度为 60～75℃。

所述氢氧化钾溶液的浓度为 2mol/L；所述硫酸溶液的浓度为 3～9mol/L。

本品中加入的纳米添加物和壳聚糖均具有大的比表面积和孔道结构，能够首先吸附水体中的杂质，同时暴露出的较多的活性位点以及含有的羟基、氨基、羧基等基团能够快速地吸附水体中的杂质离子，降低水体中的杂质浓度。此时明矾电离出的铝离子生成的胶状物体氢氧化铝能够吸附水体中残留的杂质，而加入的络合剂能够进一步加快聚集和沉降杂质的作用，去除水体中的有机污染物，通过协效作用，快速去除水体中的杂质，达到净水的目的。明矾净水剂吸附和处理水体中的杂质后，得到的吸附物能够很好地被去除，绿色环保，且对水体不会产生二次污染。同时加入的壳聚糖具有一定的杀菌功效，和抗菌剂共同作用，进一步提高明矾净水剂的杀菌功效，得到的明矾净水剂具有抗菌性强的特点。

产品应用　本品是一种明矾净水剂，用于水产养殖水净化处理。

产品特性　本品可以快速使污染的水恢复澄清，稳定水体的pH值，去除水体中的有机污染物，同时还能够对水体进行杀菌处理，具有悬浮物沉降速度快且绿色环保的特点。

配方19　清除蓝藻、颤藻的净水剂

原料配比

原料		配比(质量份)							
		1#	2#	3#	4#	5#	6#	7#	8#
表面活性剂	椰油酰胺丙基甜菜碱	3	1	5	3	3	—	3	3
	月桂基羟基磺基甜菜碱	—	—	—	—	—	3	—	—
酸味剂	柠檬酸	2	1	5	10	0.2	2	—	2
	甲酸	—	—	—	—	—	—	2	—
增效剂	硫酸镁	10	5	20	10	10	10	10	—
	硫酸亚铁	—	—	—	—	—	—	—	10
水		加至100	加至100	加至100	加至100	加至100	加至100	加至100	加至100

制备方法　将表面活性剂、酸味剂、增效剂、水混合，搅拌20～50min，即得。

产品应用　本品是一种清除蓝藻、颤藻的净水剂。

使用方法：空气湿度小于60%时，将净水剂用水稀释800～1200倍后，每亩1m水深的水池泼洒200～400mL。

产品特性

(1) 当养殖池出现大量蓝藻、颤藻时，水面被厚厚的蓝绿色湖靛所覆盖，不仅抑制其他藻类的生长，而且还会导致池塘水体中溶氧不足，虾、蟹等动物生长所需的营养物质不能满足。而本品不仅能选择性杀死蓝藻、颤藻（对水体中其他动植物无影响），还不会对养殖池中的虾、蟹、鱼类等造成缺氧死亡的威胁。由于蓝藻、颤藻的特殊生物结构，椰油酰胺丙基甜菜碱能够有效破坏蓝藻、颤藻的细胞器，致其死亡，而对其他水生动植物不会造成威胁。柠檬酸用于调节溶液pH值至6～7，使椰油酰胺丙基甜菜碱更加稳定，发挥最佳的效果。硫酸镁提供镁离子，有助于其他藻类的生长，从而促进蓝藻、颤藻的死亡。椰油酰胺丙基甜菜碱、柠檬酸和硫酸镁复配，使制备得到的净水剂对水体中蓝藻、颤藻的去除效果达到最佳，不仅降低养殖成本，还实现水清草爽、蟹肥虾优、增产增效的目的。

(2) 当制剂用水稀释800～1200倍后，每亩1m水深的水池均匀泼洒200～400mL时，对水中的蓝藻、颤藻有明显的去除效果，尤其当制剂用水稀释1000倍后，每亩1m水深的水池均匀泼洒300mL时，对蓝藻、颤藻的去除效果最好。由于该含量条件下，水体的pH值适宜，有效成分椰油酰胺丙基甜菜碱更加稳定，对蓝藻、颤藻的去除效果最好；同时镁离子能够有效促进其他藻类的生长，加快蓝藻、颤藻的死亡。

配方20　鲥鱼养殖净水剂

原料配比

原料	配比(质量份)		
	1#	2#	3#
水处理活性炭	20	32	26
复合微生物菌剂	25	30	26
复合维生素制剂	10	15	12

续表

原料		配比(质量份)		
		1#	2#	3#
玉米粉		5.5	7.5	6.5
葡萄糖		15	20	18
壳聚糖		5	7	6
草木灰		15	20	17
辣木籽		5	7	6
复合微生物菌剂	芽孢杆菌	1	1	1
	硝化细菌	1	1	1
	硫化细菌	0.8	0.8	0.8
	酵母菌	0.6	0.6	0.6
	光合菌	2	2	2
复合维生素制剂	维生素 A	1	1	1
	维生素 D	1	1	1
	维生素 B_1	0.5	0.5	0.5
	维生素 B_2	0.5	0.5	0.5
	维生素 B_6	0.5	0.5	0.5
	维生素 C	2.0	2.0	2.0
	叶酸	1	1	1
	烟酰胺	0.1	0.1	0.1
	泛酸	0.05	0.05	0.05

制备方法

(1) 将复合微生物菌剂、复合维生素制剂、葡萄糖、壳聚糖、草木灰以及辣木籽投入反应釜中，反应釜的温度为20～30℃，搅拌40～50min，搅拌速度为5000～6000r/min。

(2) 将步骤 (1) 搅拌所获得的产物进行第一次发酵。

(3) 将第一次发酵后的产物与玉米粉混合搅拌，搅拌时间为35～45min，搅拌速度为5000～6000r/min，搅拌混合后进行第二次发酵。

(4) 向步骤 (3) 所得的第二次发酵的产物中加入水处理活性炭进行搅拌混合，搅拌均匀即得到鲥鱼养殖净水剂。

产品应用　本品是一种鲥鱼养殖净水剂。

产品特性

(1) 本净水剂将辣木籽作为絮凝剂，可有效去除水中的有害微生物和 Cd、Ni、Cr 等重金属，且对水体 pH 和导电性没有影响，高温下也很稳定，所产生的絮凝废物体积仅为化学净水剂的1/3，对环境无污染。壳聚糖是一种强效的螯合剂，具有极强的螯合和吸附作用，可有效吸附水体中的重金属离子，特别是 Cr^{6+}，且不会对水体环境造成任何负担。

(2) 该净水剂可有效降低鲥鱼养殖水体中氨氮、亚硝酸盐的含量，对水中的有毒有害物质进行吸附絮凝，且无毒副作用，不会产生耐药性，改善水体环境的同时可促进藻类及浮游生物生长，有利于鲥鱼生长，提高水体生产力，具有稳定性和高效性，制作过程简单，成本低廉，可在生产中广泛推广使用。

(3) 该净水剂不仅有效抑制了水中有害微生物的生长繁殖，而且有利于鲥鱼的生长，提高了水体生产力，节约了生产成本，操作步骤方便。

配方 21　适用于河湖水质提升的复合环保净水剂

原料配比

原料		配比(质量份)			
		1#	2#	3#	4#
多种天然矿物质材料		75	85	65	80
高分子助剂	阳离子型聚丙烯酰胺	5	3.5	—	—
	阴离子型聚丙烯酰胺	—	—	4	—
	羧甲基纤维素钠	—	—	—	4
有机高分子絮凝剂	聚合硫酸铝	19	10	30	—
	亚硫酸钠	—	—	—	15
氧化剂	高铁酸钾	1	1.5	—	—
	高锰酸钾	—	—	1	—
	高氯酸钾	—	—	—	1
多种天然矿物质材料	沸石天然矿物粉	50	40	45	45
	火山石	30	20	15	20
	麦饭石	10	20	15	15
	硅藻土	10	20	25	20

制备方法　将多种天然矿物质材料、高分子助剂、有机高分子絮凝剂、氧化剂加入混料机中进行高速搅拌 3～5min，然后冷却至室温，进行包装，得到复合环保净水剂。

原料介绍

所述的多种天然矿物质材料为沸石天然矿物粉、火山石、麦饭石、硅藻土、膨润土、活性炭等其中的一种或几种组合。

所述的沸石天然矿物粉的选择和制作为，首先将大块的沸石送入破碎机中进行粉碎，粉碎后的沸石送入干式球磨机内研磨制粉，制粉后的沸石，由输送机送入干式除铁器内进行除铁作业，如果需要对沸石粉进行分级，将除铁后的沸石粉送入直线振动筛，即可筛分出所需要的不同粒级的产品（粗粒级部分），细粒级部分需进入风力分级来完成，本品的粒径控制范围为 60～200 目；然后加入酸化剂进行酸化处理，处理后得到的产物就是沸石天然矿物粉。

产品应用　本品是一种适用于河湖水质提升的复合环保净水剂。

产品特性

（1）本品采用多种天然矿物质粉为载体研制而成，而不是经化学制备合成，直接利用矿物本身作为一个整体具有的物理和化学性质，将天然矿物材料进行选矿筛选、超细粉碎、表面改性、复合掺配、活化优化等加工处理得到环保绿色产品，与其他水处理技术相比，具有环保、绿色、无二次污染、效率高、成本低、易施工、稳定性高等特点。

（2）本品全覆盖水体为微生物提供高溶解氧载体，再根据水质状态调配有益菌微生物，原位接种驯化，采用生物治理综合技术能有效地吸收利用污染水体中的氮、磷、碳等元素转化大量的浮游生物，削减底泥污染，减少有害藻类，为水生动物提供丰富且天然的动物性蛋白质，逐步恢复水体的生态平衡。

（3）本品是一种晶体状的天然矿物，孔隙度高，比表面积大，表面粗糙，修复材料的微孔结构适于微生物生长繁殖，对微生物无毒害，对微生物有富集作用，可作为生物膜载体。修复材料利用矿物表面富集的各层微生物菌群，可以将吸附有机物转化为无机物，从而空出吸附位，达到原位再生、去除有机物、提升水质的目的。

（4）本品可以有效去除河道湖泊、工业废水、生活污水等水体中的 COD、BOD、氨氮、磷、悬浮物、重金属离子、高锰酸盐等，且效果显著。同时，其原材料易得，价格低廉，制备工艺简单，所得产品为环保、无毒材料，不会造成二次污染。对于污染水体环境使用，不需溶解，直接干粉投加即可，应用方便。

(5) 本品以多种天然矿物质材料为主要基础材料，辅以高分子助剂、氧化剂复合制备而成，反应时间短，且形成的矾花结团迅速、密实，矾花沉淀迅速，缩短了工艺停留时间，提高了工艺效率。

配方 22 水产养殖净水剂（1）

原料配比

原料	配比(质量份)	原料	配比(质量份)
建筑垃圾(粒径为 15mm)	55	壳聚糖	11
粉煤灰(粒径为 1mm)	12	羧甲基纤维素	11
氧化石墨烯	7	聚合硫酸铝铁	23
纳米二氧化钛	5	聚丙烯酰胺	10
EM 菌剂	2		

制备方法

(1) 将建筑垃圾粉碎成 10～20mm 的颗粒，以 2～4℃/min 的速率从室温升温至 30～40℃，保温 5～10min；再以 6～8℃/min 的速率进一步升温至 50～60℃，保温 5～10min。

(2) 将氧化石墨烯、复合菌剂溶解在蒸馏水中，加入纳米二氧化钛，超声分散，得到均质溶液。超声分散的时间为 20～30min，频率为 20～40kHz。

(3) 将壳聚糖和羧甲基纤维素加入所述均质溶液中，搅拌均匀。

(4) 对步骤 (3) 所得溶液进行喷雾干燥，得到微胶囊。喷雾干燥的条件为进风温度为 120～150℃，出风温度为 60～80℃，进料温度为 50～90℃，雾化压力为 0.2～0.5MPa。

(5) 将聚合硫酸铝铁和聚丙烯酰胺配制成溶液，向该溶液中依次投加步骤 (1) 所得建筑垃圾颗粒、步骤 (4) 所得微胶囊及粉煤灰，搅拌干燥，即得水产养殖净水剂。

原料介绍

所述的复合菌剂为 EM 菌剂。

所述的氧化石墨烯、纳米二氧化钛、复合菌剂、壳聚糖和羧甲基纤维素以微胶囊的形式存在。所述的微胶囊粒径为 4～6mm。

产品应用　本品是一种水产养殖净水剂。

产品特性　本品利用建筑垃圾形成净水剂骨架，中间填充以壳聚糖交联的羧甲基纤维素为壁材，氧化石墨烯、纳米二氧化钛和复合菌剂为芯材的微胶囊，辅以粉煤灰、聚合硫酸铝铁和聚丙烯酰胺，在取得优异净水效果的同时，也成功实现了工业废物的再次利用，具有良好的社会效益。

配方 23 水产养殖净水剂（2）

原料配比

原料	配比(质量份)		
	1#	2#	3#
纳米碳酸钙	25	20	28
凹凸棒土	18	15	19
羧甲基纤维素钠	18	15	19
高铁酸盐	13	10	15

续表

原料	配比(质量份)		
	1#	2#	3#
高锰酸钾	14	10	15
过硫酸氢钾复合盐	15	12	16
聚乙二醇-6000	7	5	8

制备方法　按上述的质量份配比称取各原料，将原料按照高铁酸盐、纳米碳酸钙、高锰酸钾、凹凸棒土、过硫酸氢钾复合盐、羧甲基纤维素钠、聚乙二醇-6000 的顺序依次加入混合搅拌机中，加完一种原料搅拌均匀后再加下一种原料，全部加完后搅拌 10～20min，在 10～30℃、相对湿度小于 50%的环境下，用造粒机或压片机制成颗粒或片剂。

原料介绍

高铁酸盐中的有效成分是高铁酸根，它具有很强的氧化性，因此能通过氧化作用进行消毒。同时，由于反应过后的还原产物是氢氧化铁，在溶液中呈胶体，能够将水中的悬浮物聚集形成沉淀，能高效地除去水中的微细悬浮物。

高锰酸钾遇水时即释放出初生态氧和二氧化锰，而无游离状氧分子放出，故不出现气泡。初生态氧有杀菌、除臭、解毒作用，高锰酸钾的抗菌除臭作用比过氧化氢溶液强而持久。二氧化锰能与蛋白质结合生成灰黑色络合物（“掌锰”），在低浓度时呈收敛作用，高浓度时有刺激和腐蚀作用。其杀菌力随浓度升高而增强，0.1%溶液可杀死多数细菌的繁殖体，2%～5%溶液能在 24h 内杀死细菌，在酸性条件下可明显提高杀菌作用，如在 1%溶液中加入 1.1%盐酸，能在 30s 内杀死炭疽芽孢。

过硫酸氢钾复合盐的活性物质为过硫酸氢钾，它具有非常强大而有效的非氯氧化能力，使用和处理过程符合安全和环保要求。

凹凸棒土具有较大的比表面积，具有良好的吸附作用，可除臭除味，除重金属离子，对水中的絮状物具有吸附沉降作用。

产品应用　本品是一种水产养殖净水剂。

产品特性

(1) 本品使用的原料无毒，腐蚀性低，无刺激性气味，使用安全环保，具有较高的净化水效率和效果，适合大规模推广使用。

(2) 该净水剂能够迅速在池低扩散，能发挥物理净化与化学净化的协同作用，将重金属离子、有机质及其他有害物质氧化破坏并笼式络合，并同时给水体提供氧气。

配方 24　水产养殖净水剂 (3)

原料配比

原料		配比(质量份)							
		1#	2#	3#	4#	5#	6#	7#	8#
过硫酸氢钾		10	40	15	30	26	26	26	26
无水硫酸钠		25	70	29	57	45	45	45	45
氯化钠		5	15	7	13	10	10	10	10
表面活性剂	硬脂酸镁	5	10	6	8.6	8	—	4.2	8
	滑石粉	—	—	—	—	—	5.1	3.9	—
发泡剂	无水柠檬酸	5	10	15	12	15	15	15	15
	碳酸银	2	4	5.5	5	6	6	6	—
	碳酸氢钠	—	—	—	—	—	—	—	10.52
	助溶剂	适量	适量	适量	适量	适量	适量	适量	适量

制备方法

(1) 混合：取颗粒粒径为3～4mm的过硫酸氢钾、无水硫酸钠、氯化钠、表面活性剂和发泡剂，把原料按比例混合，搅拌8～10min，搅拌的速度为60～80r/min。

(2) 成型：将搅拌后得到的物料投入压片机的下料器中，挤压成圆柱颗粒状的水产养殖净水剂。

原料介绍

所述发泡剂为核壳结构，无水柠檬酸包裹碳酸盐（或碳酸氢盐），以碳酸盐（或碳酸氢盐）为内核，无水柠檬酸为外壳。

所述无水柠檬酸的粒径为（0.1±0.05）mm，所述碳酸银的粒径为（0.1±0.05）mm。

所述发泡剂的制备步骤如下：无水柠檬酸溶解在助溶剂中后与碳酸银（或碳酸氢钠）混合均匀制成分散液，将分散液进行喷雾干燥，制备成颗粒，得到无水柠檬酸包裹碳酸银（或碳酸氢钠）的核壳结构发泡剂。

所述助溶剂为乙醚，所述乙醚用量小于80份。

产品应用　本品是一种水产养殖净水剂。

产品特性

(1) 把净水剂投入池塘水体后，净水剂在沉降的过程中，由于净水剂分解，净水剂中的发泡剂分解产生气体，在净水剂的表面产生气泡，因此增加净水剂受到的浮力，净水剂的沉降速度降低，进而增强净水剂对净水剂周围水体的净化效果，由此减小净水剂对池塘水体净化效果不均匀的可能性。

(2) 净水剂进入池塘水体后，净水剂中的过硫酸氢钾在水体中发生链式反应，不断产生新生态氧、次氯酸、自由羟基和过氧化氢，由于产生的物质可以破坏微生物的结构与氧化有机物、氨氮和亚硝酸盐等危害鱼类健康的物质，因此净水剂可以杀死微生物和氧化有害物质，进而减少池塘水体的富营养化，增加水质的清爽效果。

(3) 碳酸银中的银离子与过硫酸氢钾作用，一方面能逐步产生硫酸根自由基，另一方面能促进体系中的过硫酸根离子维持相对较平缓的速度产生硫酸根自由基，使得硫酸根自由基的利用效率增加，因此能够提高池塘中化学需氧量的去除率。

配方 25　水产养殖净水剂（4）

原料配比

原料	配比(质量份)	原料	配比(质量份)
十二水合硫酸铝钾	12	生物酶	10
微生物絮凝剂	30	纤维素	8
氢氧化钙	6	兽用多维	6

制备方法　将各组分原料混合均匀即可。

产品应用　本品是一种水产养殖净水剂。

产品特性　本品配方科学合理，水质净化作用显著，安全稳定，对环境无污染，有利于水产品的健康生长。

配方 26　水产养殖净水剂（5）

原料配比

原料	配比(质量份)		
	1#	2#	3#
聚二甲基二烯丙基氯化铵	12	15	13

续表

原料		配比(质量份)		
		1#	2#	3#
微生物絮凝剂		25	40	32
供氧剂片剂过碳酸钠		5	8	7
生物酶		9	12	11
纤维素		7	10	8
复合维生素		2	4	4
复合维生素	维生素A	0.5	0.7	0.6
	维生素C	1	5	3
	维生素E	3	6	5

制备方法　将各组分原料混合均匀即可。

产品应用　本品是一种净化水产养殖水环境的净水剂。

产品特性　微生物絮凝剂具有生物分解性和安全性、高效、无毒、无二次污染的特点，克服了无机高分子絮凝剂和合成有机高分子絮凝剂本身的缺陷，最终实现无污染排放。采用聚二甲基二烯丙基氯化铵为有机净水剂，具有用量小、絮凝能力强、效率高等特点。所述供氧剂能快速有效增加水体溶氧，改良水质，吸收和降解水体中的有机物，还能够有效杀菌。

配方 27　水产养殖净水剂(6)

原料配比

原料	配比(质量份)			
	1#	2#	3#	4#
聚酰胺树脂	3	9	5	8
聚二甲基二烯丙基氯化铵	5	14	9	12
抗菌肽	3	9	5	6
磷酸二氢钠	12	12	13	15
聚合氯化铝	10	10	12	14
硅藻土	5	5	9	6
纤维素	3	3	6	5
水产供氧剂	3.5	3.5	4.2	5.3
活性炭	2.6	2.6	3.3	3.8
去离子水	55	55	65	75

制备方法　将各组分原料混合均匀即可。

产品应用　本品是一种水产养殖净水剂。

产品特性　本品具有用量小、絮凝能力强、效率高等特点，另外，可以有效增加水体溶氧，改良水质，吸收和降解水体中的有机物，还能够有效杀菌。

配方 28　水产养殖类专用净水剂

原料配比

原料	配比(质量份)	
	1#	2#
异丙胺	5	30
水	5	20
左旋肉碱	8	25

续表

原料	配比(质量份)	
	1#	2#
环氧氯丙烷	10	20
无水乙醇	1	10
OP-10	3	20
单质碘	0.5	3
磷酸	1	12

制备方法

(1) 常温下将异丙胺与水混合并不断搅拌，使异丙胺充分溶解，并加热使温度升至40℃左右，将左旋肉碱一次性加入，同时加入无水乙醇，不断搅拌，过程中加热，使温度在5～10min由40℃升至68℃；此时，在乙醇作催化剂的反应中，发生N上取代反应，生成双十链的取代产物，也是产物的中间体。此反应大约需要30min。

(2) 在充分反应后，温度升至80℃左右时，加入环氧氯丙烷，利用环氧氯丙烷的氧化性，进一步发生取代反应，在N上连接上丙基，为使反应更加完全，根据有机物反应时间长的特点，将温度保持在85℃，并在不断搅拌前提下，反应3～4h，反应基本结束，待温度降至30℃时，将单质碘、磷酸、OP-10依次加入，并搅拌混合均匀，即为所得产品。

产品应用　本品是一种养殖类专用净水剂。

用法用量：预防按0.1～0.3μL/L配比，3～5天喷洒一次；水环境突发恶劣性状况按0.5μL/L配比，水面喷洒使用3～5天。患病养殖动物的浸泡，具体方法为，根据发病的具体情况，选用的浸泡浓度为0.8～1μL/L，时间为2～3h；浸泡方式为，发病个体单浴、多浴或整体池浴。

产品特性

(1) 本品为无毒无污染的绿色产品，能够有效抑制病毒、细菌、真菌及有害藻类等的生长，具有高效、持久、穿透力强、应用剂量小等特点，可广泛用于养殖水体净化和水产养殖动物的疾病防治。

(2) 本品专用于养殖水体的消毒及净化，同时用于预防和治疗海参的腐皮综合征、烂胃病、花斑症等，对虾的白斑综合征、偷死病、急性肝胰腺坏死病等。

(3) 安全性能高，产品对养殖水体本身的毒副作用很低；易降解，对环境不产生影响，对人体的健康无任何威胁，是绿色环保型产品。

(4) 使用方便，产品配比简单，溶解速度快，操作简便。

(5) 本品能够有效抑制水体内各种有害物质的生长，对氨氮、亚硝酸盐、硫化物去除率高，提高溶解氧，抑制甲藻，对改善水体浑浊、水面脏污有着良好的功效。

配方 29　水产养殖无毒净水剂

原料配比

原料	配比(质量份)					
	1#	2#	3#	4#	5#	6#
微生物絮凝剂	20	40	25	35	28	30
水产供氧剂	10	30	12	25	18	20
纳米二氧化钛	5	12	6	10	8	9
纳米硅微粉	4	10	6	8	7	7
钠云母	3	8	5	7	4	5

续表

原料	配比(质量份)					
	1#	2#	3#	4#	5#	6#
L-抗坏血酸	1	4	4	3	3	3
无水柠檬酸	2	6	2	4	3	4
木质素	2	8	3	7	7	5
碱式氯化铝	10	20	3	18	14	15
陶瓷分散剂	5	12	12	10	7	9

制备方法

(1) 将纳米二氧化钛、纳米硅微粉、钠云母、L-抗坏血酸、无水柠檬酸、木质素混合后加入加热罐中进行低温加热，且在加热过程中通入少量氧气，加热温度为40℃，加热时间为15min，静置冷却，得到混合液A。

(2) 将碱式氯化铝、陶瓷分散剂混合后加入混合液A中，之后低速搅拌至完全溶解，得到混合液B。

(3) 在混合液B中加入微生物絮凝剂、水产供氧剂，先静置30min，之后再进行匀速搅拌，即得到无毒净水剂。

原料介绍

纳米二氧化钛、纳米硅微粉具有清除异味的功效。

碱式氯化铝、陶瓷分散剂具有吸附水中重金属离子的作用。

产品应用　本品是一种水产养殖无毒净水剂。

产品特性　本品制备方法简单，制得的净水剂能够改良水质、吸收和降解水体中的有机物，还能够有效杀菌，促进水产动物的生长和降低发病率。传统的养殖用净水剂净化鱼塘的水源，需要一周才能彻底净化，而且鱼类的发病率未降低；而本品制得的净化剂净化鱼塘的水源，只需1～2天即能彻底净化，而且鱼类发病率降至0.8%。此外，本品采用的制备方法中，在加热过程中通入少量氧气，能够提高反应速率，增加溶氧量。

配方30　水产养殖用净水剂(1)

原料配比

原料	配比(质量份)		
	1#	2#	3#
无水柠檬酸	4	9	6.5
蛇床子	1	4	2.5
纳米碳酸钙	3	6	4.5
嗜酸乳酸菌	2	6	5
活性炭	8	12	10
羟基磷灰石	7	12	9.5
羧甲基纤维素钠	2	5	3.5
矿石添加物	1	4	2.5
绿萝提取液	4	7	5.5
侧孢短芽孢杆菌	1	3	2
亚硝化球菌	1	2	1.5
聚合硫酸铁	2	5	3.5
脱腆剂	1	4	2.5
食用磷酸钠	2	6	4

制备方法　将各组分原料混合均匀即可。

产品应用　本品是一种水产养殖用净水剂。

产品特性　本品使用的原料无毒，腐蚀性低，无刺激性气味，使用安全环保，具有较高的净化水效率和效果。

配方 31　水产养殖用净水剂（2）

原料配比

原料	配比(质量份)	原料	配比(质量份)
壳聚糖	0.1～1	水合硅酸镁超细粉赋形剂	5～20
纳米碳酸钙	40～50	水	50～30
纳米级氧化物	1～10		

制备方法

（1）将壳聚糖粉碎过 100 目筛后加入适量的水上胶体磨磨浆，磨成胶体状。

（2）将壳聚糖胶体、纳米碳酸钙、纳米级氧化物、水合硅酸镁超细粉赋形剂按质量份数加入配料桶中，加入适量的水搅拌 30～40min 即得净水剂膏体，将此膏体装袋封口即得成品。

产品应用　本品主要用于水产养殖领域的水质净化，改善养殖生态环境。使用时将上述纳米生态环保净水剂按 10～30g/L 添加到养殖池中。

产品特性

（1）该净水剂应用在水产养殖环保领域，其特征在于向水产养殖池中投入本净水剂，能使水中的粪便及饲料残屑等絮状物沉淀，可络合水中的 Hg^{2+}、Ni^{2+}、Cu^{2+}、Pb^{2+}、Ag^{+} 等重金属离子，不产生氯残留、磷污染，不产生海水富营养化，还能降低海水中的氨氮、亚硝酸盐，防霉杀菌除臭，抑制一些真菌、细菌和病毒的生长繁殖，也可作为补钙剂，增加水中的钙、镁离子浓度，改善养殖水环境，净化水质，保护环境，促进水生动物生长。

（2）该环保净水剂制作工艺简单，成本低廉。

配方 32　水产养殖用无机矿物盐环保净水剂

原料配比

原料	配比(质量份)	
	1#	2#
氯化钙溶液	1	0.5
纳米碳酸钙	49	50
纳米级氧化物	10	1.5
水合硅酸镁超细粉赋形剂	10	18
水	30	5～30

制备方法

（1）将纳米碳酸钙、水合硅酸镁超细粉混合后过 100 目振动筛，加入适量的水上胶体磨磨浆，磨成胶体状。

（2）将氯化钙溶液、纳米碳酸钙、纳米级氧化物、水合硅酸镁超细粉赋形剂按质量份数加入配料桶中，加入适量的水搅拌 30～40min 即得净水剂膏体，将此膏体装袋封口即得成品。

产品应用　本品是一种水产养殖用无机矿物盐环保净水剂。

使用方法：

拌料用量：按产品海泥总量的 5%～8%比例加入本配方，搅拌均匀即可投喂。

鱼、虾、蟹：8～10kg/亩（池水深 1.5m 计），将本品用水稀释 7～10 倍，搅拌均匀全池泼洒，7～10 天一次。

投喂鲜饵料可将鲜饵浸泡于稀释后的产品中10～20min后投喂。

贝蛏类：5～10kg/亩（池水深1.5m计），将产品用水稀释20倍后搅拌均匀泼洒，泼洒次数根据单胞藻的浓度而定。

本品配方的产品存放时间越长变硬现象越明显，使用时充分搅拌，不影响使用效果。

产品特性

（1）本品不产生氯残留、磷污染，不造成海水富营养化，能降低海水中的氨氮、亚硝酸盐，可螯合重金属离子，防霉杀菌除臭。制作工艺简单，成本低廉，补充了水中的活性矿物质和微量元素，对海参、龟、虾、蟹等生物有改善肠道促进营养吸收的作用。

（2）本产品在入水后，能释放大量胶体粒子包裹住细菌和病毒，使其失去活性，从而提高生物免疫力，吸附并物理包裹水中悬浮颗粒，从而清澈水质、改良池底。

（3）本品能有效地降解硫化氢、氨氮、亚硝酸盐等有害物质，减少药物残留，具有防治纤毛虫等功效。

配方33　水产养殖专用除菌净水剂

原料配比

原料	配比(质量份)				
	1#	2#	3#	4#	5#
聚二甲基二烯丙基氯化铵	10	20	12	18	15
微生物絮凝剂	8	12	9	10	10
穿心莲提取物	4	10	5	9	7
酵母提取物	3	8	4	7	6
微量元素溶液	4	12	6	10	8
纳米二氧化硅	2	6	3	5	4
纳米氧化锌	1	4	2	3	3
壳聚糖	3	9	4	8	6

制备方法

（1）穿心莲提取物、酵母提取物、微量元素溶液、纳米二氧化硅、纳米氧化锌、壳聚糖混合后加入加热罐中低温加热，加热温度为55℃，加热时间为25min，得到混合物A。

（2）将聚二甲基二烯丙基氯化铵、微生物絮凝剂混合后加入搅拌罐中搅拌，搅拌过程中加入混合物A，搅拌速率为200r/min，搅拌时间为18min，得到混合物B。

（3）将混合物B在常温下放置5h，即得到除菌净水剂。

原料介绍

穿心莲提取物、酵母提取物混合液能够提高净水剂的除菌效果。

纳米二氧化硅、纳米氧化锌能够有效清除养殖水体中的异味。

产品应用　本品是一种水产养殖专用除菌净水剂。

产品特性　本品制备工艺简单，制得的净水剂具有净水、除臭、抗菌的功能，可降低养殖水产物的发病率，净水率达到96.6%，除菌率达到92.7%，养殖水产物的发病率降至0.6%。

配方34　新型无污染净水剂

原料配比

原料	配比(质量份)			
	1#	2#	3#	4#
水溶性硅	50	55	60	58

续表

原料		配比(质量份)			
		1#	2#	3#	4#
中草药提取物		40	45	50	47
硅酸镁		7	8	7	9
活性炭		11	9	12	10
硫酸盐		18	16	17	15
氯酸钠		5	6	6	7
碳酸氢铵		7	4	5	2
二氧化氯		1	3	5	4
聚合氯化铝		5	6	7	8
甲壳素		3	4	6	5
聚合磷酸铝铁		10	11	14	13
硫酸盐	硫酸铝	4	5	—	—
	硫酸铁	3	6	17	7
	硫酸钙	5	5	—	8
	硫酸钠	6	—	—	—

制备方法

(1) 将硫酸盐、水溶性硅、碳酸氢铵、甲壳素在去离子水中混合，室温下搅拌6～9h；然后利用电磁超声器进行超声分散，所述超声分散的功率为900～1000W，分散时间为2h，得到混合溶液。

(2) 将上述混合溶液与相应份数的中草药提取物以及氯酸钠混合，然后在70～85℃加热搅拌4～5h，压力为0.6～0.9MPa，然后逐渐升温，继续搅拌6～7h，使混合液冷却降温；在抽真空充氮气氛围下进行。

(3) 当步骤(2)中的混合液冷却至28℃时，将其置于搪瓷反应釜中，然后向其中加入硅酸镁、活性炭、二氧化氯，开动搅拌，边搅拌边加入聚合氯化铝以及聚合磷酸铝铁，搅拌30～40min，静置6～8h后出料得到净水剂。

原料介绍

所述硫酸盐为硫酸铝、硫酸铁、硫酸钙、硫酸钠中的一种或多种。

所述水溶性硅是将高品位的二氧化硅经过1650～2000℃高温物理提取法持续烧炙8h以上所得到的气化的硅元素成分。

所述中草药提取物由老鹳草、大叶按、蛇床子、南瓜子、大戟、苦皮藤、苦参、榧子、柴胡、石榴皮、枫杨、牵牛花、凤尾草、五加皮、甘草组成。

所述中草药提取物的制作方法为：将上述中草药加水漂洗，切成碎片，粉碎至40～80目，除去药材中的杂质，加水煎煮8～12h；在80～95℃温度下，浓缩2h，即得中草药提取物。

产品应用　本品主要用作水产养殖时水处理的净化剂。

使用方法：按照1000m² 水深1～1.5m的养殖池加入500～750g的净水剂用量，全池使用，间隔10～15天使用一次。

产品特性

(1) 本品将高品位的二氧化硅经过1650～2000℃高温物理提取法持续烧炙8h以上所得到的气化的硅元素成分制成水溶性硅，水溶性硅溶解到水中可以产生震荡波，从而将水中的杂质有效溶解，同时增加溶解氧的浓度，提供充足氧气，有利于鱼虾的生长发育。

(2) 本品利用电磁超声器将原料进行超声分散，提高原料的分散度以及原子振荡频率，在与水进行接触时，能够均匀地分散到水中，发挥效用速率快，可以迅速改善水质，保持水体稳定。

(3) 本品采用中草药提取物及水溶性硅与其他原料进行混合，没有有毒物质，能有效杀菌，对鱼虾没有危害，有效防止二次污染，同时不会对人体产生毒害作用，安全性高。

(4) 施用本品净水剂后，可以有效抑制水体中藻类的过度繁殖，改善养殖水体的富营养化状态，对修复养殖系统水环境具有显著效果，可为虾的高产、高效养殖营造良好的水域生态环境，促进鱼虾生长，提高鱼虾品质。

配方 35　养殖场水体絮凝增氧杀菌净水剂

原料配比

原料		配比(质量份)		
		1#	2#	3#
改性吸附填土		40	50	45
增氧剂		10	16	13
净水生物剂		1	2	1.5
活性炭		8	10	9
贝壳粉		7	9	8
纳米添加物		5	7	6
复配植物提取液		10	14	12
虫胶		10	12	11
腐殖酸盐		3	5	4
净水生物剂	粪链球菌	2	2	2
	光合细菌	1	1	1
	硝化细菌	2	2	2
	枯草芽孢杆菌	3	3	3
增氧剂	过碳酸钠	2	2	2
	过氧化钙	3	3	3
	过碳酰胺	1	1	1
复配植物提取液	紫罗兰	3	3	3
	石竹	2	2	2
	铃兰	4	4	4
	紫薇	1	1	1
	水	适量	适量	适量
纳米添加物	纳米氧化锌	3	3	3
	纳米二氧化钛	2	2	2
	纳米氧化铜	1	1	1
腐殖酸盐	腐殖酸钠	2	2	2
	腐殖酸钾	2	2	2
	柠檬酸	1	1	1

制备方法

(1) 将改性吸附填土、贝壳粉、纳米添加物加入高速搅拌机中，搅拌得到混合物 A。

(2) 将适量的水、虫胶、复配植物提取液加入搅拌机中，搅拌 10～15min，搅拌转速为 150～250r/min，再依次加入腐殖酸盐、步骤 (1) 制得的混合物 A、活性炭，继续搅拌 25～35min，再加入净水生物剂、增氧剂，继续搅拌 5～10min，得到混合物 B。

(3) 将步骤 (2) 制得的混合物 B 加入颗粒挤压机内成型造粒，再将成型颗粒自然晾干，24～48h 后，2～6℃冷藏得到养殖场水体絮凝增氧杀菌净水剂。

原料介绍

改性吸附填土，主要对凹凸棒土、硅藻土进行一系列改性，能够大大提高填土的孔间间隙，增强其吸附性能，能够有效吸收去除有机污染物，又能沉降重金属离子，吸附能力远超同类吸附物质。

净水生物剂为粪链球菌、光合细菌、硝化细菌、枯草芽孢杆菌，在分解有机物过程中增殖快，将水体中大量的有机物用于合成自身细胞组织，并且具有絮凝作用，降低了排泄物中的氨态氮的浓度，减少了排泄物中的不消化物，净化了水体。

增氧剂主要为过碳酸钠、过氧化钙和过碳酰胺，其能够有效提高水体氧含量，防止水产生物缺氧，其增氧效果明显，其配合吸附填土使用，显著降低了增氧剂的释放速率，达到提高增氧效果持续时间的作用。

纳米添加物为纳米氧化锌、纳米二氧化钛、纳米氧化铜，一方面其对细菌细胞膜具有破坏作用，从而起到杀菌、消毒的作用；另一方面可以将水分解成氢气和氧气，从而提供给水产品充足的氧气，有效增加水体溶氧量，不产生任何次生污染，安全环保。

复配植物提取液，是纯天然植物抗菌剂，杀菌作用强，对人畜安全，减轻了环境污染，杀菌广谱，速效和持效性好，增强了杀菌效果，在进行水体消毒杀菌时，还能够通过水产生物的吸收消化提高水产生物自身的免疫力。

所述改性吸附填土的制备方法为：将凹凸棒土、硅藻土在温度为480～520℃下煅烧1～2h，冷却后，球磨过100～200目筛，然后于8%～10%的乙酸溶液中浸泡2～4h，取出，去离子水洗涤至中性，再加入相当于凹凸棒土、硅藻土总质量2%～4%的硅烷偶联剂KH550、相当于凹凸棒土、硅藻土总质量1%～3%的月桂醇硫酸钠和相当于凹凸棒土、硅藻土总质量3%～5%的碳化铌于400～600r/min转速条件下搅拌15～25min，然后加入相当于凹凸棒土、硅藻土总质量8%的质量分数为10%的壳聚糖溶液，搅拌并加热至30～45℃，反应3～5h，离心分离，充分洗涤，真空干燥，研磨过筛即得。

所述复配植物提取液的制备方法为：将紫罗兰、石竹、铃兰、紫薇按照质量比3∶2∶4∶1粉碎后加入相对混合物总质量10～12倍的水煎煮1～2h，过滤，收集煎煮液和滤渣；将滤渣加入滤渣质量8～10倍的水中再次煎煮2～3h，过滤得煎煮液，合并两次煎煮液并浓缩至原体积的1/4～1/3，得浓缩液。

产品应用　本品是一种养殖场水体絮凝增氧杀菌净水剂。

产品特性　本品具有絮凝和净化水产养殖用水环境的作用，能够吸附重金属离子，同时杀灭水体致病菌体，提高水体中有益微生物的含量，增加水体含氧量，对水产生物无毒无害，安全环保，材料易得，生产成本较低。

配方36　养殖池净水剂

原料配比

原料		配比(质量份)		
		1#	2#	3#
有益菌		80	70	90
沸石粉		20	30	10
有益菌	枯草芽孢杆菌	5	3	6
	地衣芽孢杆菌	1	0.5	1.5
	纳豆芽孢杆菌	1	0.8	1.6
	光合菌	1	0.5	2

制备方法　将有益菌、沸石粉混合，搅拌20～50min，即得。

原料介绍

所述枯草芽孢杆菌的含量为1500～2500亿/g。

所述地衣芽孢杆菌的含量为1500～2500亿/g。

所述纳豆芽孢杆菌的含量为1500～2500亿/g。

所述光合菌的含量为150～250亿/g。

产品应用　本品是一种养殖池净水剂。

使用方法：每亩1m深水池泼洒100～150g。

产品特性

（1）本品用于维护出现特殊情况的水体，具有很好的净化水体的效果。该净水剂能够快速分解养殖池水体中剩余的饵料、粪便、死藻等有害物质，改善水质，明显提高水体透明度；同时还可以抑制弧菌，分解藻类等毒素，减少养殖池水体中氨氮、亚硝态氮、硫化氢等有害物质的含量。

（2）本品实现了物理和生物方法的有机结合，各组分稳定性好，无毒，使用安全，不会引发二次污染，都具有一定的环境和经济效益。

配方37　用于畜禽养殖废水处理的高效复合净水剂

原料配比

原料	配比（质量份）	
	1#	2#
PAC	8	7
PAM	4	3
$CaCl_2$	8	8
$AlCl_3$	8	6
聚合硫酸铁	22	20
芥酸酰胺	—	0.3
季戊四醇硬脂酸酯	—	0.06
去离子水	260	200

制备方法

（1）将$CaCl_2$和$AlCl_3$充分混合，加入60～100份去离子水，加热，控制水温为35～40℃，混合搅拌均匀。

（2）在加热和搅拌条件下，在2～5份PAM中加入步骤（1）得到的液体，控制水温为45～52℃，搅拌速率为100～200r/min。加完后高速搅拌，搅拌速率为400～600r/min。

（3）在4～10份PAC中加入剩余去离子水，溶解完全后，将其缓慢加入步骤（2）中的高速搅拌下的物质中，加热搅拌，控制水温为45～52℃，滴加液体的速度为4～7滴/s。

（4）将步骤（3）得到的液体真空低温浓缩干燥，真空度为55～65kPa，温度为50～58℃，浓缩干燥时间为2～4h。然后置于颗粒挤压机内成型造粒，颗粒大小为1.8～2.5mm。将成型颗粒烘干，烘干温度为80～100℃，时间为2～3h，得到用于畜禽养殖废水处理的高效复合净水剂。

产品应用　本品是一种用于畜禽养殖废水处理的高效复合净水剂。

产品特性

（1）有机组分与无机组分结合紧密，得到的絮凝体的絮凝能力极大提高，对水中的磷具有非常好的去除效果，总磷去除率在95%以上。

（2）对水中的有机小分子物质和高分子有机物均具有很好的吸附作用，COD去除率在50%以上，色度去除率在60%以上。

（3）能够快速絮凝颗粒状的浑浊物，形成的絮凝体大、密实，沉淀速度快，对浊度具有很好的去除效果，浊度去除率在85%以上。

(4) 与传统的水处理产品相比，此高效复合净水剂用量可大幅减少，成本更加低廉，处理费用可节省20%～50%。

(5) 适应水体pH值范围宽，为4～11，最佳pH值范围为6～9，净化后原水的pH值与总碱度变化幅度小，对处理设备腐蚀性小。

(6) 芥酸酰胺和季戊四醇硬脂酸酯可附着在$AlCl_3$和聚合硫酸铁的表面，改变其分子空间结构，提高$AlCl_3$和聚合硫酸铁对水中磷的去除率，从而提高禽畜养殖废水处理效率。

配方38 用于河道治理的微生物净水剂（1）

原料配比

原料		配比(质量份)		
		1#	2#	3#
复合菌		0.1	0.12	0.09
复合菌	光合细菌	0.01	0.03	0.01
	乳酸菌	0.02	0.02	0.015
	酵母菌	0.02	0.02	0.02
	芽孢菌	0.03	0.03	0.03
	发酵丝状菌	0.02	0.02	0.015
辅料	水	25	25	25
	稻壳粉	15	15	15.1
	菜籽粕	25	25	25
	蒙脱石粉	7	7	7
	葡萄糖	2.9	2.9	3
	明矾	10	9.8	10
	活性炭粉末	15	15	15

制备方法

(1) 原料准备：对复合菌及其辅料进行备料。

(2) 稻壳粉、菜籽粕混合，并加入足量的水，获得混合物A。

(3) 向混合物A中加入蒙脱石粉和明矾，经过超声波分散以及机械搅拌获得混合物B。超声波分散时间为25min，操作温度在5～20℃之间；机械搅拌时间为12min。

(4) 混合物B在持续搅拌下加入复合菌原料，并控温，再投入活性炭粉末，持续搅拌，获得混合物C。温度控制在15℃以下，搅拌时间在20min以内。

(5) 将葡萄糖投入混合物C中，反应后获得净水剂。

原料介绍　所述复合菌菌总量不低于1000亿/g。

产品应用　本品是一种用于河道治理的微生物净水剂。

产品特性　本品能够稳定水色，改善水质，使水体活而爽，使水体不臭不腐，无硫化氢、氨等臭味，可延长换水时间，增加水中溶氧量。

配方39 用于河道治理的微生物净水剂（2）

原料配比

原料	配比(质量份)		
	1#	2#	3#
稻壳粉	40	35	30

续表

原料	配比(质量份)		
	1#	2#	3#
菜籽粕	30	35	40
明矾	5	4	3
蒙脱石粉	2	3	4
乙二胺四乙酸四钠盐	6	4	3
柠檬酸	1	1	2
玻璃短纤维	2	1.5	1
甘蔗渣	6	4	3
腐殖酸钠	2	2	1
红糖	0.5	0.6	0.8
复合芽孢杆菌	0.02	0.03	0.04
水	10	20	30

制备方法

(1) 按照配比称取各原料备用。

(2) 将稻壳粉、菜籽粕和甘蔗渣相混合并加入20%的水，混合均匀，即得微生物净水剂主料，备用。

(3) 向剩余水中依次加入红糖、腐殖酸钠、柠檬酸和乙二胺四乙酸四钠盐，溶解完全得混合液A，向混合液A中加入明矾和蒙脱石粉，超声分散20～30min，再将玻璃短纤维加入，机械搅拌10～15min，得混合物B。所述超声分散的温度控制在5～25℃。

(4) 在100～200r/min的搅拌条件下，将步骤(2)制备的微生物净水剂主料加入混合物B中，并在加料后继续搅拌10～15min，得混合物C，然后将混合物C的温度降至10～15℃，再将步骤(1)称取的复合芽孢杆菌加入，并保持温度在10～15℃的条件下搅拌3～5min，再进行发酵、灌装即得用于河道治理的微生物净水剂。

原料介绍

所述复合芽孢杆菌为枯草芽孢杆菌、地衣芽孢杆菌、巨大芽孢杆菌、侧孢芽孢杆菌和胶质芽孢杆菌的复配物，且复合芽孢杆菌的有效活菌数大于400亿cfu/g。

本品以稻壳粉和菜籽粕为主要原料共同作为供碳体，为微生物的发酵提供必要条件，同时稻壳粉还具有吸附作用，对河道中的重金属离子具有一定的吸附作用。

本品中添加合理比例的明矾、乙二胺四乙酸四钠盐、柠檬酸、玻璃短纤维和甘蔗渣可以有效减少河道水体中的重金属离子、胶粒、悬浮物质，降低水体中杂质和重金属离子的浓度，协同达到净化水体的作用。

本品中合理比例的蒙脱石粉、腐殖酸钠和红糖的加入可以有效提高复合芽孢杆菌的活性，以及有益菌的滋生，并且有益菌种可以吸附在蒙脱石粉中，在使用时均匀分散在河道水体中，增大有益菌种与河道水体的接触面积，进而增大有益活菌的作用效果，分解水体中的有机物质，提高水体洁净度，进一步提高净化作用，提高河道治理效果。

产品应用　本品是一种用于河道治理的微生物净水剂。

产品特性

(1) 本品制备方法简单，各原料的混合效果好，且复合芽孢杆菌的分散效果好，稳定性好，作用时间长。

(2) 本品配方合理，有效降低河道水体中的重金属离子、胶粒、悬浮物质，净化效果好，有益活菌的作用效果显著，河道的综合治理效果好。

配方 40 用于河湖生态复苏的复合矿物抑藻净水剂

原料配比

原料	配比(质量份)	原料	配比(质量份)
聚合氯化铝	50～100	100～200 目的麦饭石	100～200
富马酸	40～80	100～200 目的高岭土	200～400
100～200 目的沸石粉末	100～500		

制备方法 将上述材料混合均匀后，加入挤压造粒机中，制成净水剂。

原料介绍 所述的聚合氯化铝，为饮用水级固体，其中，氧化铝含量≥30%。

产品应用 本品是一种用于河湖生态复苏的复合矿物抑藻净水剂。

使用方法，包括以下步骤：先将一定量的复合矿物抑藻净水剂在自来水中搅拌，成为矿物泥浆状混合物，水与复合矿物抑藻净水剂的比例为 20：1，然后用泵将泥水混合物喷洒到需要治理的水体中，藻体和水体悬浮物絮凝后沉降到水底。所述复合矿物抑藻净水剂在藻华水体中应用时：待处理水体与生态除藻剂的用量的体积比为 1000：(0.3～0.6)，其用量相当于 0.3～0.6g/L。

产品特性

(1) 本品使用的改性剂聚合氯化铝为饮用水级，是我国自来水行业常用净水剂，安全低毒；富马酸是天然小分子有机酸，不仅来源广泛，而且是生物体的中间代谢产物，合成富马酸的原料简单且应用安全。

(2) 该产品工程用量低，对水体 pH 不会造成显著影响。水体中喷入该复合矿物抑藻净水剂后，藻类与复合矿物形成较大质量的复合絮体，沉入水底，絮体中的富马酸可以进一步对藻细胞进行抑制，同时部分破裂细胞释放的污染物被复合矿物吸收，对环境的影响小，无二次污染。

(3) 复合矿物中的沸石、麦饭石和高岭土均为常见的矿物材料，储量丰富，价格低廉。沸石和麦饭石常用于饮用水净化、水产养殖行业，对氨氮和磷酸盐等吸附性较强，安全无毒。复合矿物中的钙、铁、镁及微量元素和小分子氨基酸等释放到水体中，为后续水生植被的恢复提供养分支持。

(4) 本品可使用机械装置快速施工喷洒，使用后 1h 内即可使藻体沉降至水底，水体透明度大幅提升，适用于以蓝藻和绿藻为优势种的湖库及缓流水体除藻。该方法安全可靠，操作简单，除藻彻底，速度快，用量小，能够安全有效地控制藻类水华，同时提升水体透明度，降低水体中氮磷浓度，快速改善水体生态景观，为河湖复苏提供先决条件。

配方 41 用于净化海水养殖水体的净水剂

原料配比

原料	配比(质量份)		
	1#	2#	3#
沸石	30	30	45
麦饭石	10	15	10
黏土	8	10	16
稻壳	20	20	25
木炭	—	15	15
木鱼石粉	—	—	10

制备方法

(1) 分别取相应质量份数的各原料组分，粉碎研磨至300～500目。

(2) 将步骤(1)获得的原料粉体放入温水中浸泡5～10h，然后通过搅拌机搅拌均匀获得浆料。

(3) 将步骤(2)获得的浆料通过离心成球机制成颗粒状并烘干，获得所述净水剂。

产品应用　本品是一种用于净化海水养殖水体的净水剂。

产品特性　本品可实现对水中多种污染成分的有效处理，显著降低了水中重金属等有害物质的含量，而且该净水剂采用天然非金属矿物制成，成本低，使用更加安全，不会产生二次污染，同时其吸附力强，具有净水效果好，净水速度快的特点。

配方 42　用于水产养殖的复合微生物净水剂

原料配比

原料		配比(质量份)			
		1#	2#	3#	4#
枯草芽孢杆菌		18	20	22	24
丁酸梭菌		25	34	38	45
蜡样芽孢杆菌		20	24	28	30
酵母菌		14	16	18	20
绿藻		12	14	16	18
沸石		90	94	96	100
辅料		10	14	16	20
辅料	乙酸钠	1	1	1	1
	玉米淀粉	0.8	0.9	1	1.2
水		适量	适量	适量	适量

制备方法

(1) 将备用的枯草芽孢杆菌、丁酸梭菌、蜡样芽孢杆菌和酵母菌进行混合，加入玉米淀粉和水，搅拌均匀，进行发酵培养得到微生物发酵液，备用。发酵的温度为30～35℃，发酵时间为3～4天。枯草芽孢杆菌、丁酸梭菌、蜡样芽孢杆菌和酵母菌的总质量与水的质量比为1∶(3～4)。微生物发酵液中的活菌总数大于300亿个/g。

(2) 将备用的沸石破碎、研磨过筛处理；过60～90目筛处理。

(3) 将所述的微生物发酵液加入水中稀释，然后加入步骤(2)处理的沸石、备用的辅料和绿藻，混合均匀，得到所述的用于水产养殖的复合微生物净水剂。微生物发酵液与水的体积比为1∶(7～8)。

原料介绍

枯草芽孢杆菌可以降低水体中的氨氮和亚硝酸盐水平。

蜡样芽孢杆菌利用碳源作为电子供体。

硝酸根和亚硝酸根作为电子受体，将硝酸盐和亚硝酸盐还原成氮气，同时还能去除有机物和含氮污染物。

本品加入丁酸梭菌后会明显提高亚硝酸盐的处理效率，快速有效地降解水体中的有机物，分解氨态氮、亚硝酸盐、硫化物和磷等多种有害物质，通过微生物繁殖及其代谢产物，消除或大大减少水底淤积，净化改良水质，维护水体环境生态平衡，能有效抑制病原菌，明显提高经济效益。本品中加入绿藻的目的是通过绿藻的繁殖去除水中的氮、磷营养物质及重金属，还能与其他菌类形成复杂的共生系统，促进水质的净化，本品中的绿藻与其他菌类共同生长，不会产生藻类繁殖过快破坏生态平衡的现象。

辅料中的乙酸钠作为碳源促进蜡样芽孢杆菌对氨氮、亚硝酸盐的降解；玉米淀粉也可以作为碳源或小分子碳源的补充剂，还可以作为分散剂，保持菌剂干燥。经过发酵处理制备的微生物发酵液，提高了微生物的活性，增加了复合微生物中的活菌数量，经检测微生物发酵液中的活菌总数大于 300 亿个/g，同时增强了菌群的环境适应能力，使之能够在水中持续繁殖与净化。沸石主要起到吸附处理水中杂质和吸附微生物的作用。沸石的物理性质包括密度、堆积密度、细度、比表面积等，不同性质的沸石具有不同的净水能力，在 60～90 目筛下处理效果较好，且能使得微生物较长时间悬浮在水体中。

产品应用　本品是一种用于水产养殖的复合微生物净水剂。

产品特性

(1) 本品采用微生物与藻类复合，通过各类菌的协同作用，有效去除水产养殖水域中的有害物质，加入丁酸梭菌后明显提高了亚硝酸盐的处理效率，且净水剂中微生物的大量繁殖与代谢产物，快速有效地降解水体中的有机物，分解氨态氮、亚硝酸盐、硫化物和磷等多种有害物质，通过微生物繁殖及其代谢产物，消除或大大减少水底淤积，净化改良水质，维护水体环境生态平衡，能有效抑制病原菌，明显提高经济效益。

(2) 本品无毒、无副作用，不产生耐药性，还可以抑制病菌生长，减少和预防水产动物的疾病，维持生态系统平衡，改善水产养殖生态环境。

(3) 本品制备方法简单，生产成本低，易于大规模生产。

(4) 本品主要为改善南美白对虾养殖水域中的水质问题，不但可以明显降低亚硝酸盐的含量，而且还可以减少细菌性疾病，本品的净水剂通过各个菌种与辅料的协同作用，增加了复合微生物菌剂中的活菌数量，同时起到了物理净化和化学净化的作用，净化快速彻底。

配方 43　用于水产养殖的环保型净水剂

原料配比

原料		配比(质量份)		
		1#	2#	3#
十二水合硫酸铝钾		34	34	35
聚二甲基二烯丙基氯化铵		20	20	21
聚丙烯酰胺		18	18	20
凹凸棒土	粒径为 4μm	14	14	—
	粒径为 7μm	—	—	15
粉煤灰		12	12	14
活性炭		10	10	11
纳米二氧化硅		9	9	10
纳米氧化硅		9	9	10
纳米二氧化钛		7	7	8
壳聚糖		6	6	7
乙二胺四乙酸二钠		5	5	6
氧化石墨烯		3	3	4
硫酸铝		2	2	3
聚合硫酸铁		1	1	2
活性炭	花生壳活性炭	5	5	7
	杏壳活性炭	3	3	3

制备方法

(1) 将凹凸棒土、粉煤灰、活性炭、纳米二氧化硅、纳米氧化硅、纳米二氧化钛、壳聚糖、乙二胺四乙酸二钠、氧化石墨烯依次加入高速搅拌机中，转速为 1250～1350r/min，搅拌 45～

55min，制得混合物 A。

(2) 将步骤 (1) 制得的混合物 A、十二水合硫酸铝钾、聚二甲基二烯丙基氯化铵、聚丙烯酰胺、硫酸铝、聚合硫酸铁加入高速混合机中，充分搅拌以使所有材料混合均匀，搅拌速度为1100～1200r/min，搅拌时间为1～2h，即得用于水产养殖的环保型净水剂。

原料介绍

粉煤灰比表面积大，作为载体将活性炭、壳聚糖、凹凸棒土与水体污染物作用，活性炭、壳聚糖吸附作用优异，将污染物吸附，主料、辅料进行科学地搭配，使净水效果最佳。

乙二胺四乙酸二钠为络合剂，用于络合金属离子和分离金属，添加的聚二甲基二烯丙基氯化铵为强阳离子聚电解质，可以处理水体的污染物，二者协同作用，增强净水效果。

产品应用　本品是一种用于水产养殖的环保型净水剂。

产品特性　本品绿色环保、高效，同时净水效果好，不会产生二次污染，具有较高的使用价值和良好的应用前景。

配方 44　用于污水净化的复合型净水剂

原料配比

原料		配比(质量份)			
		1#	2#	3#	4#
活性碳酸钙		30	40	50	45
聚合氯化铝铁		30	20	10	25
活性氯化钙		20	13	7	5
活性蒙脱石粉		5	15	20	15
聚丙烯酰胺		7	5	8	2
活性氧化铝		8	7	5	8
聚丙烯酰胺	阳离子型聚丙烯酰胺	9	10	9	11
	两性离子型聚丙烯酰胺	2	3	3	4
	非离子型聚丙烯酰胺	4	5	4	6

制备方法　按配方称量原料组分，将原料组分进行混合并研磨，即得所述复合型净水剂。研磨于研磨机中进行，研磨后过 200 目筛。

原料介绍

活性碳酸钙经过活化处理后，分子结构改变，粒径分布均匀，呈极强的疏水性。

所述聚合氯化铝铁是由铝盐和铁盐混凝水解而成的一种无机高分子混凝剂，其水解速度快，水合作用弱，形成的矾花密实，沉降速度快，受水温变化影响小，吸附性能高。

所述活性氧化铝，是一种多孔性、高分散度的固体材料。其具有很大的比表面积，吸附容量高，吸水后不胀不裂保持原状，无毒、无嗅、不溶于水。

所述聚丙烯酰胺，是水溶性高分子聚合物，具有良好的絮凝性，絮凝效果好。

所述阳离子型聚丙烯酰胺是一类高分子聚电解质，其可与水中带负电荷的微粒起中和及吸附架桥作用，使体系中的微粒脱稳、絮凝，从而利于沉降和过滤脱水，并具有良好的除浊和脱色等功能。

所述两性离子型聚丙烯酰胺是由乙烯酰胺和乙烯基阳离子单体、丙烯酰胺单体水解共聚而成。所述两性离子型聚丙烯酰胺分子内含阳离子基团和阴离子基团，它具备阳离子和阴离子型絮凝剂的功效，耐硬水性好，可在大范围的 pH 值内使用，具有良好的重金属吸附功能。

所述非离子型聚丙烯酰胺是水溶性的高分子聚合物或聚电解质，其能吸附水中悬浮的固体粒子，使粒子间架桥或通过电荷中和使粒子凝聚形成沉淀等，其亲水性高，适应酸性环境，相溶性好，可促进固体快速下沉和液体澄清，也具有良好的重金属吸附功能。

产品应用　本品主要应作已被污染的江河、湖泊、池塘及饮用水源等水体内的立体生态环境的复合型净水剂。

产品特性

(1) 阳离子型聚丙烯酰胺、两性离子型聚丙烯酰胺和非离子型聚丙烯酰胺三者复配使用，会产生协效作用，使净水剂的水净化效果更好。

(2) 本品组分之间的复配不仅丰富了净水剂的水处理功能，使净水剂同时具备对水中污物进行絮凝和沉淀、去除重金属及对污水进行快速脱色、降低污水色度等多种功能；组分之间的复配还会产生协同效应，使净水剂的水处理功能更强。

(3) 本品工艺简单，制备所需设备少，且都为简单常用的设备，制备成本低，生产效果好。

(4) 本品对污水具有快速净化作用，能对水中的污染物质进行絮凝和沉淀，还能有效并快速地去除污水中的氨氮和重金属类污染物。此外，本品的复合型净水剂还能对污水进行快速脱色，有效地降低污水的色度。

配方 45　用于鱼饲养的速效生物净水剂

原料配比

原料	配比(质量份)											
	1#	2#	3#	4#	5#	6#	7#	8#	9#	10#	11#	12#
沸石	30	20	23	25	28	30	35	38	40	42	45	42
麦饭石	18	20	18	17	16	15	14	13	12	11	12	16
食品级硅藻土	32	25	27	29	30	32	36	38	39	40	28	28
凹凸棒石黏土	10	16	15	14	12	10	9	8	9	12	12	10
稻壳	20	15	16	19	20	22	24	26	28	30	26	23
氯化锌	6	8	7	6	5	6.5	6	5	7.5	6	7	6
硫酸亚铁	3	1	2	3	4	4.5	5	4	3.5	4	3.5	2
硫酸铝	4	5	4.5	4	3	2.5	2	1	3	2	2.5	4

制备方法

(1) 将原料沸石、麦饭石、食品级硅藻土、凹凸棒石黏土、稻壳进行粉碎研磨至200目。

(2) 将步骤 (1) 获得的原料粉体放入35～45℃温水中浸泡5～10h，然后通过搅拌机搅拌均匀获得浆料，接着向浆料中加入氯化锌、硫酸亚铁和硫酸铝，搅拌均匀得到混合浆料。

(3) 将步骤 (2) 获得的混合浆料烘干获得所述产品。

产品应用　本品是一种用于鱼饲养的速效生物净水剂。

产品特性　本品实现对水中多种污染成分的有效处理，显著降低了水中重金属等有害物质的含量，而且该净水剂采用天然非金属矿物制成，成本低，使用更加安全，不会产生二次污染，同时其吸附力强，具有净水效果好，净水速度快的特点。该净水剂的主要成分均为鱼类所需的营养元素，溶于水呈中性，不含有害物质，不会毒化水质，使用方便。

配方 46　鱼塘用净水剂

原料配比

原料	配比(质量份)		
	1#	2#	3#
聚合氯化铝	4	3	5
聚合氯化铝铁	8	5	10
碱式氯化铝	4	2	6
聚丙烯酰胺	5	3	8
硫酸亚铁	4	1	5

续表

原料	配比(质量份)		
	1#	2#	3#
硫酸铝	7	3	10
聚合硫酸铁	4	3	5
硫酸铝	6	4	8
硫酸铁	6	3	9
氯化铁	4	1	5
四氯化钛	7	3	8
去离子水	40	20	50

制备方法　将各组分原料混合均匀即可。

产品应用　本品是一种鱼塘用净水剂。

产品特性　本品主要成分均为鱼类所需的营养元素，溶于水呈中性，不含有害物质，不会毒化水质，而且能将水中因残余饵料、鱼的排泄物及有机物腐烂产生的硫化氢、亚硫酸盐等氧化分解，并且根据不同的用途选择不同的配方和剂型能有效地控制放氧时间和速度，使用时直接投撒，十分方便。

配方 47　工业固体废物基复合絮凝剂

原料配比

原料		配比(质量份)				
		1#	2#	3#	4#	5#
有机絮凝剂	有机絮凝剂 CPAM 粉末	1	1	1	1	1
	纯水	100(体积)	100(体积)	100(体积)	100(体积)	100(体积)
无机絮凝剂	$AlCl_3$ 粉末	3	3	3	3	3
	纯水	100(体积)	100(体积)	100(体积)	100(体积)	100(体积)
工业固体废物		3	3	3	3	3
有机絮凝剂		2(体积)	2(体积)	2(体积)	2(体积)	2 体积)
无机絮凝剂		6(体积)	4(体积)	1(体积)	6(体积)	4 体积)
工业固体废物	生石灰	5	5	5	10	7
	磷石膏	35	35	35	40	45
	赤泥	20	20	20	20	10
	膨润土	40	40	40	30	38

制备方法

(1) 将工业固体废物生石灰、磷石膏、赤泥、膨润土按照比例混匀。

(2) 按照比例将以纯水为溶剂配制的有机絮凝剂溶液与无机絮凝剂溶液加入所得工业固体废物中，进行混匀，得到工业固体废物基复合絮凝剂。

原料介绍

所述磷石膏主要成分为硫酸钙，硫酸钙含量达到 70%以上。

所述磷石膏目数不低于 100 目。

所述赤泥目数不低于 200 目。

所述膨润土目数为 200 目。

产品应用　本品是一种主要由工业固体废物组成的高效复合絮凝剂，用于湖泊底泥沉淀处理领域。

产品特性　本品具有制备简单，制备时间短，原材料来源广泛、易得，制作过程不需复杂的机械设备，制作成本低廉。

配方 48　牧场养殖废水絮凝剂

原料配比

原料		配比(质量份)			
		1#	2#	3#	4#
盐酸		210	215	220	205
氯化锌		12	14	16	11
三氯化铁		3	4	5	7
复配的木质素	阳离子木质素	2	2	2	2
	阴离子木质素	0.8	0.8	0.8	0.8
复配的木质素		1.1	1.4	1.2	1.6
壳聚糖		1.6	1.1	1.7	1.4
稻糠		70	75	85	65
淀粉		10	12	11	10.5

制备方法

(1) 制备氯化锌溶液：将氯化锌固体投加到盐酸溶液中，恒温加热并搅拌。加热温度为45～50℃，恒温搅拌1～2h。

(2) 氯化锌-铁聚合反应：将三氯化铁投加到氯化锌溶液中，恒温加热，加热温度为55～65℃，恒温搅拌2～6h，制得氯化锌-铁溶液。

(3) 复配木质素：将阳离子木质素与阴离子木质素按比例混合均匀。

(4) 木质素溶解：将复配木质素与壳聚糖恒温加热并搅拌。

(5) 浸泡：向(4)混合液中加入稻糠和淀粉，恒温加热并搅拌、浸泡，制得成品牧场养殖废水絮凝剂。加热温度为80℃，恒温搅拌6～8h，浸泡24h。

原料介绍

稻糠是稻谷制米过程中去除稻壳和净米后的部分，主要物质是米皮和稻壳碎屑及少量米粉，是比较廉价的可用副产物，稻糠的蛋白质含量较高，而且稻糠中硫氨酸、赖氨酸、纤维质等可以被农作物所吸收，引入稻糠还有一个原因是养殖废水絮凝沉淀后需要载体，稻糠由于粒径大，便于形成絮凝沉降体，加速沉淀，本身的营养物质又可作为肥料。

锌盐絮凝剂对COD和色度的去除效果明显没有铝盐絮凝剂理想，采用铁和锌水解产物能使水中胶体杂质脱稳并发生电中和凝聚作用，产生的卷扫作用明显，形成较大的絮体。这是因为氢氧化铁[$Fe(OH)_3$]对细小颗粒也具有非常强的吸附能力，可以吸附养殖废水中的微小颗粒物，在养殖废水中形成巨大的矾花状疏松污泥大颗粒沉淀物，疏松污泥大颗粒具有很小的过滤阻力，这样就可以改变剩余养殖废水难以脱水的不利结构，使其更加容易脱水，通过过滤使固相与液相分离，达到固液分离的目的。

阴、阳离子木质素复配，其具有较强的吸附能力，克服了无机絮凝剂由于絮体小不易沉降的问题，可增强絮体的沉降性能，使污水中有害物质很快形成稳定的大块絮凝物而易于沉降，对于多种悬浮物和不可沉降悬浮物都具有较好的处理效果，而木质素具有离子交换及吸附性能，可以用于去除水中的重金属离子，且木质素对部分芳香有机化合物有较强的结合能力，故可用于去除养殖废水中部分有机物质，且相比于传统的聚合氯化铝，本品的牧场养殖废水絮凝剂对于COD和悬浮物具有更高的去除率，且其成本更加低廉，从而降低了废水处理的成本，且对于牧场养殖废水中普遍含有的大量有机物质具有更好的去除效果。

壳聚糖具有高阳离子活性及电荷密度，絮凝和凝结作用明显，由于牧场养殖废水中含有大量有机物质，而本品的壳聚糖带有多种螯合基团可对污水中的有机物质进行螯合，进而产生稳定的疏水性结构而沉淀，使污水中的有机物质易于分离，故对于牧场养殖废水具有较好的处理效果。

产品应用　本品是一种牧场养殖废水絮凝剂。

产品特性　本品的制备方法流程简便，成本低，性能稳定，处理效果好。

配方 49　抑菌除污环保高效净水剂

原料配比

原料		配比(质量份)		
		1#	2#	3#
生物炭		5	7	6
矿石填料		15	25	20
纳米添加物		3	5	4
植物杀菌提取物		2	4	3
吸附填料		10	20	15
水体改善剂		4	6	5
壳聚糖		6	8	7
矿石填料	麦饭石	4	4	4
	电气石	2	2	2
	沸石	1	1	1
纳米添加物	纳米氧化锌	1	1	1
	纳米氧化亚铜	2	2	2
	纳米二氧化钛	1	1	1
植物杀菌提取物	紫茎泽兰茎叶	3	3	3
	辣木籽	2	2	2
	艾叶	4	4	4
	芦荟	1	1	1
吸附填料	凹凸棒土	3	3	3
	贝壳粉末	1	1	1
	硅藻土	2	2	2
水体改善剂	L-抗坏血酸	2	2	2
	无水柠檬酸	1	1	1
	苹果酸	2	2	2
	月桂酸	3	3	3

制备方法

(1) 将矿石填料、吸附填料加入高速粉碎机中粉碎，再加入研磨机中充分研磨，过 100 目筛，得到混合物 A。

(2) 将壳聚糖、纳米添加物、水体改善剂、植物杀菌提取物、适量的水加入搅拌机中，搅拌 10～15min，搅拌转速为 150～250r/min，再依次加入步骤 (1) 制得的混合物 A、生物炭，继续搅拌 25～35min，得到混合物 B。

(3) 将步骤 (2) 制得的混合物 B 加入颗粒挤压机内成型造粒，再将成型颗粒自然晾干，24～48h 后，送入烘干机中烘干为成品，烘干温度为 70～80℃，烘干时间为 1～2h，得到抑菌除污环保高效净水剂。

原料介绍

本品中添加生物炭，既实现了资源的可持续利用，又能够有效吸收去除有机污染物，还能沉降重金属离子。

纳米添加物为纳米氧化锌、纳米氧化亚铜、纳米二氧化钛，一方面其对细菌细胞膜具有破坏作用，从而起到杀菌、消毒的作用；另一方面可以将水分解成氢气和氧气，从而提供给水产品充足的氧气，有效增加水体溶氧量，不产生任何次生污染，安全环保。

凹凸棒土、贝壳粉末、硅藻土，一方面对水中的悬浮物进行聚集沉降，达到净化消毒水的目的，同时可以吸收诸如激素、农药、病毒、毒素和重金属离子等类物质；另一方面其作为缓释主体，能够使得本品的增氧净水剂作用持久，各类物质缓慢释放，效果更好，此外贝壳粉末还有一定的杀菌性能。

植物杀菌提取物，是纯天然植物抗菌剂，杀菌作用强，对人畜安全，减轻了环境污染，杀菌广谱，速效和持效性好，增强了杀菌效果，在进行水体消毒杀菌时，极大程度上杀死水体中的微生物和致病细菌。

矿石添加物主要为沸石、电气石、麦饭石，其与生物炭、凹凸棒土协同作用能大大提高净水剂的效率；添加的L-抗坏血酸、无水柠檬酸、苹果酸、月桂酸，能有效改善水体pH值，能大大提高水产品的抗病毒能力，增强其体内抵抗力。

所述生物炭通过以下方法制备得到：将稻草秸秆、棉花秸秆晒干至含水量在20%以下，然后切割或粉碎，投入炭化炉内，在限氧条件下，以15℃/min的速度升温到350～450℃，恒温保持5～10min，出炭时用水过滤降温至室温，然后将炭烘干，粉碎，即得生物炭。

所述植物杀菌提取物的制备方法为：将紫茎泽兰茎叶、辣木籽、艾叶、芦荟按照质量比3∶2∶4∶1粉碎后加入相对混合物总质量2～4倍的浓度为95%的乙醇中，加热回流1～2h，过滤得滤渣，将滤渣再次加入相对于滤渣质量2～4倍的浓度为95%的乙醇中，加热回流1～2h，过滤除杂，合并过滤液，除去乙醇，浓缩至原体积的1/3～1/2后即得。

产品应用　本品是一种抑菌除污环保高效净水剂。

产品特性　本品能够极大程度上杀死水体中的微生物和致病细菌，能快速吸附去除有机污染物，又能沉降重金属离子，还能够分解水中的余氯，增加水中氧含量，其对人体安全环保，无毒无害；同时本品的增氧净水剂原料无毒，材料易得，生产成本较低，工艺简明，作为水产养殖用增氧净水剂具有较高的实用价值和良好的应用前景。

参考文献

CN201510851561.7

CN201711308432.9

CN201710781761.9

CN201610418772.6

CN201610448986.8

CN201710706054.3

CN202110997684.7

CN201710987593.9

CN202111233822.0

CN201711035410.X

CN201910982493.6

CN201611039287.4

CN201611254417.6

CN202110600824.2

CN201810440672.2

CN201710107581.2

CN201710980807.X

CN201610656429.5

CN201710781758.7

CN201710650131.8

CN201911378340.7

CN201910080644.9

CN201810224965.7

CN201811299805.5

CN201610436330.4

CN201810539791.3

CN201810539806.6

CN201710327996.0

CN202211045369.5

CN202211723516.X

CN202210415095.8

CN202210575883.3

CN202210102808.5

CN201710980811.6

CN201610656525.X

CN201710739740.0

CN201610013074.8

CN201710396434.1

CN201710798131.2

CN201910050696.1

CN202110138084.5

CN201910385414.3

CN201810969781.3

CN201710987574.6

CN201710987581.6

CN201810051627.8

CN201610457329.X

CN201710987573.1

CN201711096720.0

CN201810336107.1

CN201610833998.2

CN201810324686.8

CN201811397916.X

CN201710781728.6

CN202010770554.5

CN201610455957.4

CN201910303064.1

CN201610264193.0

CN201610166259.2

CN201810195193.9

CN201910127236.4

CN202110370195.9

CN201711031557.1

CN201811290460.7

CN202011603687.X

CN201610148991.7

CN202210318236.4

CN202011222877.7

CN201811622671.6

CN201710201840.8

CN201610042145.7

CN201811397900.9

CN201710118787.5

CN201711031525.1

CN201710626358.9

CN202210315457.6

CN201610019450.4

CN202111101645.0

CN201710757439.2

CN201510570726.3

CN201810900465.0

CN201710832564.5

CN201910679578.7

CN201811397914.0

CN201910182315.5

CN201910146128.1

CN201910979943.6

CN201711031684.1

CN201811196232.3

CN201910126959.2

CN202010936843.8

CN202010104372.4

CN201711005383.1

CN201610656209.2

CN202010772411.8

CN201810522545.7

CN202110946891.X

CN201610438872.5

CN201810682344.3

CN201911346500.X

CN201810484037.4

CN201610451510.X

CN202010551292.3

CN201711035426.0

CN201811317270.X

CN201711298795.9

CN201811364611.9

CN201911200685.3

CN201610656521.1

CN202010148118.4

CN201610737142.5

CN201810423102.2

CN201710841663.X

CN201710424557.1

CN202010389334.8

CN201710501274.2

CN202010546249.8

CN201710650126.7

CN201610656442.0

CN201610253558.X

CN201810538709.5

CN201710781727.1

CN202011560668

CN202210719830.4

CN201610418742.5

CN201710903631.8

CN201710398496.6

CN201710980798.4

CN201610418457.3

CN201810215419.7

CN201811202139.9

CN201710987469.2

CN201510796731.6

CN201610565816.8

CN201710107393.X

CN201810156811.9

CN201910971005.1

CN201710295413.0

CN202110333967.1

CN202111423332.7

CN201710506974.0

CN201710494511.7
CN201910126583.5
CN202111250704.0
CN201710376127.7
CN201610461151.6
CN201610461388.4
CN201610461164.3
CN201910981423.9
CN201610438791.5
CN201610461186.X
CN201810828656.0
CN202210318221.8
CN202111249061.8
CN201610461117.9
CN201610461448.2
CN201811284673.9
CN201710190992.2
CN201610516341.3
CN201410446473.4
CN201610446229.7
CN202210381136.6
CN201911412160.6
CN201811579924.6
CN201610457701.7
CN201911420144.1
CN201811436333.3
CN201610448948.2
CN201710616672.9
CN201610448969.4
CN201710793091.2
CN202111414025.2
CN201610461447.8
CN201611053644.2
CN202211396125.1
CN201710083025.6
CN201710677186.8
CN201610524888.8
CN201810538750.2
CN201811294325.X
CN201710312562.3
CN201911328007.5
CN201810156814.2
CN201810715076.0
CN202010780169.9
CN201610462428.7
CN201710750297.7
CN201610481452.5
CN201610480215.7
CN201610481434.7
CN201810494208.1
CN201610834015.7
CN201611074786.7
CN201811109347.4
CN201811285267.4
CN201610985856.8
CN201810343491.8
CN201810508078.2
CN202011424858.2
CN201610985867.6
CN201810551082.7
CN201610985860.4
CN201811286360.7
CN201610985425.1
CN201811286940.6
CN201910631058.9
CN202111250665.4
CN201810751108.2
CN201710621289.2
CN201710405343.X
CN201711426822.6
CN201610656234.0
CN202210125049.4
CN201910630184.2
CN201610447031.0
CN202011430987.2
CN201610866348.8
CN201610323636.9
CN202011477257.8
CN201810214223.6
CN202010868340.1
CN201710955292.8
CN201610455892.3
CN201911123245.2
CN201610436479.2
CN201910854030.1
CN202211169163.3
CN201610436503.2
CN201710248156.5
CN201811630956.4
CN201910161861.0
CN201811500993.3
CN201811003034.0
CN202010077811.7
CN201911420580.9
CN201610441278.1
CN201610441323.3
CN201810516473.5
CN201610149149.5
CN202010741732.1
CN202211081082.8
CN202210053456.9
CN～202210676643.2
CN202210918619.5
CN202210621728.0
CN202211569163.2
CN202210914468.6
CN202211335251.6
CN202211725315.3
CN202211267383.X
CN202211153796.5
CN202211072823.6
CN202210602876.8
CN202211244199.3
CN202310049533.8
CN202310331880.X
CN202310587566.8
CN202210052914.7
CN202210387178.0
CN202211734450.4
CN202210069823.4
CN202210667624.3
CN202310357230.2
CN202210279796.3
CN202211501757.X
CN202211727661.5
CN202210151188.4
CN202210137478.3
CN202210484917.8
CN202310122824.5
CN202211655468.5
CN202211325791.6
CN202210843482.1
CN202210681595.6
CN202211396238.1
CN202210613772.7
CN202210859891.0
CN202210772949.8
CN202210833536.6
CN202310197092.6
CN202210667602.7
CN202211342836.0
CN202210784127.1
CN202210333412.1
CN202211229709.X
CN202211042623.6
CN202211431569.4
CN202310476014.X
CN202210181830.3
CN202310057252.7
CN202211378103.2

CN202210648562.1
CN202211160118.1
CN202210682934.2
CN202210365641.1
CN202210130706.4
CN202210428267.5
CN202211304636.6
CN202210413005.1
CN202210622754.5
CN202210800388.8
CN202211165192.2
CN202211081170.8
CN202210501837.9
CN202310458423.7
CN202210675584.7
CN202210623122.0
CN201610456033.6
CN201610448953.3
CN201611053656.5
CN201610425157.8
CN201610425159.7
CN201710410175.3
CN202010309191.5
CN201611055198.9
CN201710610228.6
CN202010283372.5
CN202211190095.9
CN201711051958.3
CN201611086804.3
CN201611054440.0
CN201610048356.1
CN201710882010.6
CN201410446472.X
CN202210359788.X
CN202010284032.4
CN201811249648.7
CN202111566848.7
CN201910509271.2
CN201910414862.1
CN202210719795.6
CN201610749292.8
CN201710440895.4
CN201510506053.5
CN201711089039.5
CN201710741653.9
CN201710937612.7
CN201510540710.8
CN202011088102.5
CN201711295993.X
CN201810534560.3
CN201810318342.6
CN202010283853.6
CN201710305839.X
CN202110121166.9
CN201810172019.2
CN202210859206.4
CN201610455654.2
CN201811072327.4
CN201810233991.6
CN201810696205.6
CN201810700220.3
CN201711063307.6
CN202211464647.0
CN202211529528.9
CN202210785475.0
CN201810281612.0